工业和信息化普通高等教育"十二五"规划教材立项项目

21 世纪高等学校计算机规划教材

21st Century University Planned Textbooks of Computer Science

大学计算机基础

（第2版）

Basic Computer Science for University Students (2nd Edition)

林士伟 李立春 主编

于波 金炳涛 邢雪 副主编

高校系列

人民邮电出版社

北 京

图书在版编目（CIP）数据

大学计算机基础 / 林士伟，李立春主编. -- 2版
. -- 北京：人民邮电出版社，2012.9
　　21世纪高等学校计算机规划教材
　　ISBN 978-7-115-28622-2

　　Ⅰ. ①大… Ⅱ. ①林… ②李… Ⅲ. ①电子计算机—
高等学校—教材 Ⅳ. ①TP3

中国版本图书馆CIP数据核字(2012)第172678号

内 容 提 要

本书分为9章，主要包括计算机基础知识、计算机系统、操作系统、文字处理软件 Word 2003、电子表格处理软件 Excel 2003、演示文稿制作软件 PowerPoint 2003、计算机网络与信息安全、数据库基础知识、软件技术基础等内容。另外，为了巩固所学知识，每章都附有相应的练习题。

本书可作为高等学校计算机基础教材或计算机基础培训教材。

21 世纪高等学校计算机规划教材

大学计算机基础（第 2 版）

- ◆ 主　　编　林士伟　李立春
  副主编　于　波　金炳涛　邢　雪
  责任编辑　武恩玉

- ◆ 人民邮电出版社出版发行　　北京市崇文区夕照寺街 14 号
  邮编　100061　电子邮件　315@ptpress.com.cn
  网址　http://www.ptpress.com.cn
  北京艺辉印刷有限公司印刷

- ◆ 开本：787×1092　1/16
  印张：21.25　　　　　　2012 年 9 月第 2 版
  字数：561 千字　　　　2012 年 9 月北京第 1 次印刷

ISBN 978-7-115-28622-2

定价：42.00 元

读者服务热线：(010)67170985　印装质量热线：(010)67129223
反盗版热线：(010)67171154

前言

随着计算机的日益普及，熟练操作计算机已经成为当代大学生必须具备的基本技能之一。全国高等院校计算机基础的内容一直随着计算机的发展和学生计算机应用水平的不断提高进行调整，以满足实际发展的需要。

本书作者根据教育部计算机基础课程教学指导委员会提出的高等学校计算机基础课程教学要求，参考全国计算机等级考试一级大纲，并根据学生入学时计算机应用水平参差不齐的特点，从应用型本科和大专院校的培养目标出发，以理论学习与实际操作能力并重为主线，结合实际工作需要编写了这本实用的计算机基础教材。

本书以 Windows XP 为平台，系统讲述了 office 2003 套件中常用办公软件的使用，同时增加了网络安全、数据库应用和软件技术基础等知识。

本书共分 9 章，主要包括计算机基础知识、计算机系统、操作系统、文字处理软件 Word 2003、电子表格处理软件 Excel 2003、演示文稿制作软件 PowerPoint 2003、计算机网络与信息安全、数据库基础知识、软件技术基础等内容。另外，为了巩固所学知识，每章都附有相应的练习题。

为方便读者，本书提供了配套的教学课件和文字图片素材等计算机辅助教学资源。如有需要，请到人民邮电出版社教学服务与资源网（http://www.ptpedu.com.cn）免费下载。

本书参阅了大量的相关资料和出版物，在此谨向这些资料和出版物的作者表示衷心的感谢！同时对编者所在院校领导及同行的大力支持和帮助一并表示深深的谢意。

本书第 1 章由林士伟编写，第 2 章～第 3 章由邢雪编写，第 4 章～第 6 章由李立春编写，第 7 章～第 8 章由金炳涛编写，第 9 章与实验 1～16 及附录由于波编写。全书由林士伟审阅。

由于作者水平有限，书中难免存在疏漏之处，恳请读者批评指正，联系方式为 13843225557@126.com。

编　者
2012 年 6 月

目 录

第一篇 教 材 篇

第1章
计算机基础知识

从 1946 年第一台计算机诞生以来，经历了 60 多年的迅猛发展，其应用已经渗透到各行各业，有力地推动了整个社会信息化的发展。在此期间，计算机发展非常迅速，已成为科学研究、工农业生产和社会生活中不可缺少的重要设备。21 世纪，掌握以计算机为核心的信息技术基础知识并提高应用能力是对当代大学生必不可少的基本要求。

1.1　计算机概述

计算机是一个系统，从狭义上讲，它由硬件系统和软件系统组成。从广义上讲，它由人员（People）、数据（Data）、设备（Equipment）、规程（Procedures）和程序（Program）组成。

1.1.1　计算机的定义与特点

1. 什么是电子计算机

目前所说的计算机或电子计算机，其全称为电子数字计算机。计算机是一种能按照人们事先编写的程序连续、自动地工作，并能对输入的数据信息进行加工处理、存储、传送的高速电子设备。由于计算机能够模仿人脑，如记忆、分析、判断、分类、推理等，并能参与一些复杂的科学计算、信息处理和辅助设计等工作，也就是能够代替部分脑力劳动，所以人们形象地把计算机称为"电脑"。

人们利用计算机解决科学计算、工程设计、过程控制或人工智能等各个方面问题的方法都是按照一定的算法来进行的。这些算法是定义精确的一系列规则、步骤，它指出怎样使得对于给定的输入信息经过有限的处理过程产生所需要的结果。

算法的特殊表示称为程序。计算机进行信息处理的一般过程是使用者针对需要解决的问题，根据设计好的算法步骤编写程序，并将其存入计算机内，然后利用存储程序指挥控制计算机按照规定步骤进行自动处理，直至获得最终需要的结果。

2. 计算机的特点

计算机作为一种通用的信息处理工具，它具有极高的处理速度、很强的存储能力、精确的计算和逻辑判断能力，主要有如下几个方面的特点。

（1）运算速度快。当今计算机系统的运算速度已达到百万亿次/秒，微型计算机也可以达到数亿次/秒，这使得大量复杂的科学计算问题可以快速得到解决。例如天气预报、飞船升天等，人工计算需要几年甚至几十年，现在应用计算机只需几天甚至几分钟就可以完成。

（2）计算精度高。一般来说，现在的计算机运算精度均可以达到 15 位有效数字，通过一定的软件技术可以满足任何精度的要求。

（3）具有记忆和逻辑判断能力。计算机不仅能够计算，而且可以像人脑一样，将大量的数据和程序"记忆"起来而不丢失，在计算的同时还可以把中间和最后结果保存起来，以供用户随时使用。此外，计算机还可以对各种信息（如语言、文字、图形、图像、声音等）通过编码技术进行算术运算和逻辑运算，甚至进行推理和证明。

（4）具有自动控制能力。计算机内部操作是根据人们事先编写好的程序自动控制进行的。用户根据需要，事先设计好运行步骤和程序，计算机十分严格地按照程序规定的步骤进行操作，整个过程几乎不需要人为干预。

（5）可靠性高、通用性强。由于计算机运算速度快、具有较强的记忆和自动控制能力，同时配备各种软件，所以广泛应用到社会的各个领域，成为人们工作、生活、学习、娱乐必不可少的工具。

1.1.2　计算机的分类

根据用途和适用领域，计算机可以分为专用计算机和通用计算机。

1. 专用计算机

专用计算机就是为解决某一类问题而设计的计算机。它的硬件和软件配置是依据解决特定问题的需要而设计的。专用计算机功能单一，配有解决特定问题的程序，能高速、可靠地解决特定问题。一般在过程控制中使用该类计算机。

2. 通用计算机

通用计算机顾名思义就是应用广泛，适应性强的计算机。其功能齐全，适合于科学计算、数据处理、过程控制等方面。它具有较高的运算速度、较大的存储容量、配备较齐全的外部设备及软件。一般的数字电子计算机都属于此类。

通用计算机可根据体积、功耗、性能、数据存储能力、指令系统规模、价格、软件配置等方面的综合性能指标的不同分为巨型机、大型机、小型机、微型机、工作站等。这个分类标准不是固定不变的，只能针对某一个时期。现在的大型机，过了若干年后可能成了小型机。

（1）巨型机。巨型计算机（Supercomputer）也称为高性能计算机，或超级计算机。计算机界通常把当时性能最高、运算速度最快的一类计算机称为巨型计算机。其主要特点表现为高速度和大容量，配有多种外部和外围设备及丰富的、高性能的软件系统。

巨型计算机实际上是一个巨大的计算机系统，主要用来承担重大的科学研究、国防尖端技术和国民经济领域的大型计算课题及数据处理任务。如大范围天气预报，整理卫星照片，探索原子核物质，研究洲际导弹和宇宙飞船等。制定国民经济的发展计划，项目繁多，时间性强，要综合考虑各种各样的因素，依靠巨型计算机能较顺利地完成。

自 1963 年"克雷 1 号"（CARY-1）巨型计算机诞生以来，各个国家对巨型计算机的研究就没有停止过，截至 2008 年 6 月底 IBM 以每秒千万亿次的超级计算机 Roadrunner（走鹃）1.026 petaflop/s（千万亿次浮点运算每秒）的计算能力位列榜首。近几年，我国巨型计算机的研发也取得了重大成绩，推出了"曙光"、"银河"、"联想"等代表国内最高水平的巨型机系统。曙光 5000A 以每秒 233.5 万亿次 flops 的运算速度位列全球第十，这是中国超级计算机得到国际同行认可的最好成绩。

巨型计算机是电子计算机发展的一个重要方向。它的研制水平标志着一个国家的科学技术和工业发展的程度，体现着国家经济发展的实力。一些发达国家正在投入大量资金、人力和物力，研制运算速度达几百万亿次的超级大型计算机。

（2）大型机。大型机（Mainframe）也具有很高的运算速度和很大的存储容量，可允许众多用户同时使用。但其在量级上不及巨型计算机，价格也相对便宜。这类计算机通常用于大型企业、商业管理或大型数据库管理系统中，也可作为大型计算机网络中的主机。

（3）小型机。小型机（Minicomputer）规模小，结构简单，设计周期短，便于采用先进工艺，用户不必经过长期培训就可以使用和维护，因此小型机比大型机有更大的吸引力，更易推广和普及。

小型机应用范围很广，如工业自动控制、大型分析仪器、医疗设备中的数据采集、分析计算等，也可以作为大型机、巨型机的辅助机，并广泛应用于企业管理以及大学和科研院所的科学计算等。

（4）微型机。微型计算机（Microcomputer）又称个人计算机（Personal Computer，PC），通常称为微机，俗称电脑。这类计算机体积小、便宜，只能由一个用户使用。平时使用的计算机就属于这一类。

（5）工作站。工作站（Workstation）与功能较强的高档微型计算机之间的差别不是十分明显。通常，它比微型机有较大的存储空间和较快的运算速度，且配备大屏幕显示器，主要用于图像处理和计算机辅助设计等领域。

20 世纪 90 年代，计算机进入网络时代，网络计算机（Network Computer）的概念也应运而生。网络计算机是一种专门用于网络计算环境下的终端设备。与 PC 机相比没有硬盘、软驱、光驱等存储设备。它通过网络获取资源，应用软件和数据也都存放在服务器上。

1.2　计算机的发展

人类最早的计算工具可以追溯到数千年前中国人发明的筹算。在漫长的文明史上，人类不断发明和改进各类计算工具，先后发明了算盘、计算尺、机械式计算机、电子计算机。第一台电子计算机是 1946 年 2 月诞生的，其后经历半个多世纪惊人的发展，历经了 4 代变革，才有了今天辉煌的成就。

1.2.1　电子计算机的发展

根据电子计算机所采用的物理器件，一般可把计算机的发展划分为 4 个阶段，见表 1.1。

表 1.1　　　　　　　　　　　　　　　　计算机发展史简表

		第 1 代 （1946～1957 年）	第 2 代 （1958～1963 年）	第 3 代 （1964～1969 年）	第 4 代 （1970 年以后）
硬件	元器件	电子管	晶体管	中小规模集成电路	大规模或超大规模集成电路
		磁鼓磁芯等	磁芯磁盘	磁芯或镀线半导体等	半导体存储器
	代表机型	ENIAC IBM-701	IBM7000 系列 PDP11（小）	IBM-System/ 360 PDP-11 系列	IBM4300 3090 系列 小型机 微型机
软件		机器语言 汇编语言	批处理操作系统 FORTRAN\COBOL\ALGOL60\Pascal 等高级语言	分时操作系统 C 语言 网络软件	程序系统工程化 数据结构化 网络管理 多媒体技术
其他		固定字长 体积庞大	固定字长 体积小	固定或可变字长	
应用		科学计算	科学计算 数据处理 实时控制	系统模拟 系统设计 智能模拟	巨型机用于尖端科技 微型机用于办公、生活

1.2.2　微型计算机的发展

微型计算机（Microcomputer）简称 μC 或 MC，是指以微处理器为核心，配上由大规模集成电路制作的存储器、输入/输出接口电路及系统总线所组成的计算机（简称微型机，又称微型电脑）。

微型计算机的发展主要表现在微处理器的发展上，从 1971 年美国 Intel 公司首先研制成世界上第一块微处理芯片 4004 以来，几乎每隔 2～3 年就推出一代新的微处理器产品。如今已经推出了第 5 代微处理器产品。微处理器的发展带动了微机系统其他部件的相应发展，如微机系统结构的进一步优化、存储器存储容量的不断增大、外围设备性能的不断改进、新设备的不断出现等。微型计算机的换代，通常是按其 CPU 字长和功能来划分的。

第 1 阶段（1971～1973 年）是 4 位和 8 位低档微处理器时代。通常称为第 1 代，其典型产品是 Intel 4004 和 Intel 8008 微处理器和分别由它们组成的 MCS-4 和 MCS-8 微机。基本特点是采用 PMOS 工艺，集成度低（4 000 晶体管/片），系统结构和指令系统都比较简单，主要采用机器语言或简单的汇编语言，指令数目较少（20 多条指令），基本指令周期为 20～50μs，用于家电和简单的控制场合。

第 2 阶段（1974～1977 年）是 8 位中高档微处理器时代。通常称为第 2 代，其典型产品是 Intel 公司的 8080/8085、Motorola 公司的 MC6800、Zilog 公司的 Z80 等，以及各种 8 位单片机，如 Intel 公司的 8048、Motorola 公司的 MC6801、Zilog 公司的 Z8 等。它们的特点是采用 NMOS 工艺，集成度提高 4 倍，运算速度提高 10～15 倍（基本指令执行时间为 1～2μs），指令系统比较完善，具有典型的计算机体系结构和中断、DMA 等控制功能。软件方面除了汇编语言外，还有 BASIC、FORTRAN 等高级语言和相应的解释程序和编译程序，在后期还出现了操作系统，如 CM/P 就是当时流行的操作系统。

第 3 阶段（1978～1984 年）是 16 位微处理器时代。通常称为第 3 代，其典型产品是 Intel 公司的 8086/8088、80286，Motorola 公司的 M68000，Zilog 公司的 Z8000 等微处理器。其特点是采用 HMOS 工艺，集成度（20 030～70 000 晶体管/片）和运算速度（基本指令执行时间是 0.5μs）都比第 2 代提高了一个数量级。指令系统更加丰富、完善，采用多级中断、多种寻址方式、段式存储机构、硬件乘除部件，并配置了软件系统。

这一时期的著名微机产品是 IBM 公司的个人计算机（Personal Computer，PC）。1981 年推出的 IBM PC 机采用 8088 CPU。紧接着 1982 年又推出了扩展型的个人计算机 IBM PC/XT，它对内存进行了扩充，并增加了一个硬磁盘驱动器。1984 年 IBM 推出了以 80286 处理器为核心的 16 位增强型个人计算机 IBM PC/AT。由于 IBM 公司在发展 PC 时采用了技术开放的策略，使 PC 风靡世界。

第 4 阶段（1985～1992 年）是 32 位微处理器时代。通常称为第 4 代，其典型产品是 Intel 公司的 80386/80486，Motorola 公司的 M68030/68040 等。其特点是采用 HMOS 或 CMOS 工艺，集成度高达 100 万晶体管/片，具有 32 位地址总线和 32 位数据总线。每秒钟可完成 600 万条指令（Million Instructions Per Second，MIPS）。微机的功能已经达到甚至超过超级小型计算机，完全可以胜任多任务、多用户的作业。同期，其他一些微处理器生产厂商（如 AMD、TEXAS 等）也推出了 80386/80486 系列的芯片。

第 5 阶段（1993 年以后）是奔腾（Pentium）系列微处理器时代，通常称为第 5 代。这个时代是 64 位计算机时代，典型产品是 Intel 公司的奔腾系列芯片及与之兼容的 AMD 的 K6 系列微处理器芯片。内部采用了超标量指令流水线结构，并具有相互独立的指令和数据高速缓存。随着 MMX（Multi Media eXtended）微处理器的出现，使微机的发展在网络化、多媒体化和智能化等方面跨上了更高的台阶。2003 年 11 月，Intel 推出 Pentium Ⅳ 微处理器，集成度高达 4 200 万晶体管/P.B 片，主频 1.5GHz，前端总线 400MHz，使用了全新的 SSE2 指令集。2002 年 11 月，Intel 推出的 Pentium 4 微处理器的时钟频率达到 3.06GHz。2005 年 4 月 19 日，Intel 发布首款双内核处理器，其代号为 Pentium Extreme Edition 840，每一个核心主频均为 3.2GHz，目前，Intel 已将酷睿™2 4 核处理器作为其主流微处理器发展重点。微处理器还在不断发展，性能也在不断提升。

Intel 公司在不同时期生产的 80X86 系列微处理器见表 1.2。

表 1.2　80X86 系列微处理器性能

微处理器	代号	推出时间	CPU 频率	晶体管数量 (million)	寄存器宽度	数据总线宽度	最大寻址空间	Cache 大小	工艺(nm)	电压(V)
8086	N/A	1979	4.77~10 MHz	0.029	16	16	2^{20}(1M)	No	3 000	5
80286	N/A	1982	6~12 MHz	0.134	16	16	2^{24}(16M)	No	1 500	5
80386DX	P3	1985	16~33 MHz	0.275	32	32	2^{32}(4G)	0	1 000~1 500	5
80486DX	P4,P24,P24C	1989	16~100 MHz	1.185	32	32	2^{32}(4G)	8K	800~1 000	3.3~5
Pentium	P5,P54	1993	60~200 MHz	3.1~3.3	32	64	2^{32}(4G)	8K+8K	800-600-350	3.3~5
Pentium(MMX)	P55	1997	133~300 MHz	4.5	32	64	2^{32}(4G)	16K+16K	350	2.8
Pentium Pro	P6	1995	150~200 MHz	5.5	32	64	2^{36}(64G)	8K+8K 256~1024KB	350~600	3.3
Pentium II	Klamath	1997	233~300 MHz	7.5	32	64	2^{36}(64G)	16K+16K 512KB	350	2.8
Pentium II	Deschutes	1998	300~450 MHz	7.5	32	64	2^{36}(64G)	16K+16K 512KB	350	2
Pentium III	Katmai	1999	150~600 MHz	9.5	32	64	2^{36}(64G)	16K+16K 512KB	250	2
Pentium III	Coppermine	1999	500~1133 MHz	28.1	32	64	2^{32}(4G)	16K+16K 256KB	180	1.6~1.8
Celeron	Covington /Mendocino	1998	266~300/ 300~533 MHz	7.5/19	32	64	2^{32}(4G)	16K+16K 0/128KB	250	2
Pentium 4	Willamette	2003	1.3~2 GHz	42	32	64	2^{32}(4G)	8K+12Küops 256KB	180	1.7
Pentium 4	Northwood	2001	1.8~3.4 GHz	55	32	64	2^{32}(4G)	8K+12Küops 512KB	130	1.55
Pentium 4	Prescott	2004	2.4~3.8 GHz	125	32	64	2^{32}(4G)	8K+12Küops 1024KB	90	1.25~1.5
Core Duo	Yonah	2006	1.06~2.33 GHz	151	32	64	2^{32}(4G)	32KB+32KB 2048KB	65	0.9~1.3
Core 2 Duo	Conroe	2006	1.8~3 GHz	291	64	64	2^{36}(64G)	32KB+32KB 2048KB	65	1.5
Core i7	Nehalem	2008	2.66~3.2 GHz	731	64	64	2^{40}(1T)	4×32KB 4×256KB	45	0.8~1.3

1.2.3 未来计算机的发展趋势

1. 计算机的发展趋势

随着计算机应用的广泛和深入，对计算机技术本身提出了更高的要求。当前，计算机的发展表现为 4 种趋向——巨型化、微型化、网络化和智能化，即"四化"。

（1）巨型化。巨型化是指发展高速度、大存储量和强功能的巨型计算机。这是诸如天文、气象、地质、核反应堆等尖端科学的需要，也是记忆巨量的知识信息，使计算机具有类似人脑的学习和复杂推理功能所必需的。巨型机的发展集中体现了计算机科学技术的发展水平。

（2）微型化。微型化就是进一步提高集成度，利用高性能的超大规模集成电路研制质量更加可靠、性能更加优良、价格更加低廉、整机更加小巧的微型计算机。

（3）网络化。网络化就是把各自独立的计算机用通信线路连接起来，形成各计算机用户之间可以相互通信并能使用公共资源的网络系统。网络化能够充分利用计算机的宝贵资源并扩大计算机的使用范围，为用户提供方便、及时、可靠、广泛、灵活的信息服务。

（4）智能化。智能化是指让计算机具有模拟人的感觉和思维过程的能力。智能计算机具有解决问题和逻辑推理、知识处理和知识库管理等功能。人与计算机的联系是通过智能接口，用文字、声音、图像等与计算机进行自然对话。目前，已研制出各种"机器人"，有的能代替人劳动，有的能与人下棋……智能化使计算机突破了"计算"这一初级的含义，从本质上扩充了计算机的能力，可以越来越多地代替人类脑力劳动。

2. 非冯·诺依曼计算机

目前，各类新型（非冯·诺依曼型）计算机的研究如火如荼，进展快速，这些研究和思想将深刻影响和改变计算机的未来。其中具有代表性的研究如下。

（1）光计算机。光计算机是利用光作为载体进行信息处理的计算机。1990 年，美国的贝尔实验室推出了一台由激光器、透镜、反射镜等组成的计算机。这就是光计算机的雏形。随后，英、法、比、德、意等国的 70 多名科学家成功研制了一台光计算机，其运算速度比普通的电子计算机快 1 000 倍。光计算机又叫光脑。电脑是靠电荷在线路中的流动来处理信息的，而光脑则是靠激光束进入由反射镜和透镜组成的阵列中来对信息进行处理的。与电脑相似之处是光脑也靠产生一系列逻辑操作来处理和解决问题。计算机的功率取决于其组成部件的运行速度和排列密度，光在这两个方面都很理想。光子的速度即光速，为 300 000km/s，是宇宙中最快的速度。激光束对信息的处理速度可达现有半导体硅器件的 1 000 倍。光子不像电子那样需要在导线中传播，即使在光线相交时，它们之间也不会相互影响，并且在满足干涉的条件下也互不干扰。光束的这种互不干扰的特性，使得光脑能够在极小的空间内开辟很多平行的信息通道，密度大得惊人。一块截面为 1 角硬币大小的棱镜，其通过能力超过全球现有全部电话电缆的许多倍。贝尔实验室研制成功的光学转换器，在字母 O 中可以装入 2 003 个信息通道。因此科学家们早就设想使用光子了。

（2）模糊计算机系统。1956 年，英国人查德创立了模糊信息理论。依照模糊理论，判断问题不是以是、非两种绝对的值（或 0 与 1 两种数码）来表示，而是取许多值，如接近、几乎、差不多、差得远等模糊值来表示。用这种模糊的、不确切的判断进行工程处理的计算机，就是模糊计算机，或称模糊电脑。模糊电子计算机是建立在模糊数学基础上的计算机。这种计算机除了具有一般计算机的功能之外，还具有学习、思考、判断和对话的能力，它可以立即辨别外界物体的形状和特征。

（3）神经计算机。模仿人类大脑功能的神经计算机已经开发成功，它标志着电子计算机的发展进入第6代。第6代电子计算机是模仿人的大脑判断能力和适应能力，并具有可并行处理多种数据功能的神经网络计算机。与以逻辑处理为主的第5代计算机不同，它本身可以判断对象的性质与状态，并能采取相应的行动，而且可同时并行处理实时变化的大量数据，并引出结论。以往的信息处理系统只能处理条理清晰，经络分明的数据。而人的大脑却具有能处理支离破碎、含糊不清信息的灵活性，第6代电子计算机将类似人脑的智慧和灵活性。电子计算机的发展已经进入了第6代，这种发展可能仅仅是刚起步，前途没有止境。

（4）量子计算机。1996年初，美国的科学家说，他们发现在某种条件下，光子能够发生相互作用，这个发现能够被用来制造新的信息处理器件，从而导致世界上性能最好的超级计算机的出现。目前已研制出了一种可瞬间进行图像数据计算的光电计算机。

美国加利福尼亚理工学院的物理学家已经证明，个体光子通常不相互作用，但是当它们与光学谐振腔内的原子聚在一起时，相互之间会产生强烈影响。光子的这种相互作用，能用于改进利用量子力学效应的信息处理器件的性能。这些器件转而能形成建造"量子计算机"的基础，量子计算机的性能能够超过基于常规技术的任何处理器件的性能。量子计算于1994年跃居科学前沿，当时研究人员发现了在量子计算机上分解大数因子的一种数学技术。这种数学技术意味着，在理论上，量子计算机的性能能够超过任何可以想象的标准计算机。量子计算机潜在的用途将涉及人类生活的每一个方面，从工业生产线到公司的办公室，从军用装备到学生课桌，从国家安全到自动柜员机。科学家们在实验中已经证明，光子和光学谐振腔内的原子之间的相互作用，能为建造光学量子逻辑门奠定基础。

（5）生物计算机。生物计算机主要是以生物电子元件构建的计算机。由于半导体硅芯片电路密集引起的散热问题难以解决，科学家便投入了生物计算机的研究与开发。生物计算机的性能是由元件与元件之间电流启闭的开关速度来决定的。科学家发现，蛋白质有开关特性，用蛋白质分子作元件制成集成电路，称为生物芯片。使用生物芯片的计算机称为蛋白质计算机，或称为生物计算机。已经研制出利用蛋白质团来制造的开关装置有合成蛋白芯片、遗传生物芯片、红血素芯片等。

用蛋白质制造的计算机芯片，在$1mm^2$的面积上即可容纳数亿个电路。因为它的一个存储点只有一个分子大小，所以它的存储量可以达到普通计算机的10亿倍。由蛋白质构成的集成电路，其大小只相当于硅片集成电路的十万分之一，而且运转速度更快，大大超过人脑的思维速度。生物计算机元件的密度比大脑神经元的密度高100万倍，传递信息的速度也比人脑思维的速度快100万倍。

（6）高速超导计算机。超导计算机是使用超导体元器件的高速计算机。所谓超导，是指有些物质在接近绝对零度（相当于−269℃）时，电流流动是无阻力的。1962年，英国物理学家约瑟夫逊提出了超导隧道效应原理，即由超导体—绝缘体—超导体组成器件，当两端加电压时，电子便会像通过隧道一样无阻挡地从绝缘介质中穿过去，形成微小电流，而这一器件的两端是无电压的。约琴夫逊因此获得诺贝尔奖。

用约瑟夫逊器件制成的电子计算机，称为约瑟夫逊计算机，也就是超导计算机，又称超导电脑。这种计算机的耗电仅为用半导体器件制造的计算机所耗电的几千分之一，它执行一个指令只需十亿分之一秒，比半导体元件快10倍。日本电气技术研究所成功研制了世界上第一台完善的超导计算机，它采用了4个约瑟夫逊大规模集成电路，每个集成电路芯片只有$3\sim5mm^3$大小，每个芯片上有上千个约瑟夫逊元件。

1.3 计算机的应用

计算机的应用已渗透到各行各业，正在改变着传统的工作、学习和生活方式，推动着社会的发展。计算机的主要应用领域如下。

1. 科学计算

科学计算（数值计算）是指利用计算机来完成科学研究和工程技术中提出的数学问题的计算。在现代科学技术工作中，科学计算问题是大量的、复杂的。利用计算机的高速计算、大存储容量和连续运算的能力，可以实现人工无法解决的各种科学计算问题。

例如，建筑设计中为了确定构件尺寸，通过弹性力学导出一系列复杂方程，长期以来由于计算方法跟不上而一直无法求解。而计算机不但能求解这类方程，而且引起弹性理论上的一次突破，出现了有限单元法。

2. 数据处理

数据处理（信息处理）是指对各种数据进行收集、存储、整理、分类、统计、加工、利用、传播等一系列活动的统称。据统计，80%以上的计算机主要用于数据处理，这类工作量大面宽，决定了计算机应用的主导方向。

数据处理从简单到复杂已经历了3个发展阶段，它们是：

① 电子数据处理（Electronic Data Processing，EDP），它是以文件系统为手段，实现一个部门内的单项管理。

② 管理信息系统（Management Information System，MIS），它是以数据库技术为工具，实现一个部门的全面管理，以提高工作效率。

③ 决策支持系统（Decision Support System，DSS），它是以数据库、模型库和方法库为基础，帮助管理决策者提高决策水平，改善运营策略的正确性与有效性。

目前，数据处理已广泛地应用于办公自动化、企事业计算机辅助管理与决策、情报检索、图书管理、电影电视动画设计、会计电算化等各行各业。信息正在形成独立的产业，多媒体技术使展现在人们面前的信息不仅是数字和文字，也有声情并茂的声音和图像信息。

3. 辅助技术

计算机辅助技术（计算机辅助设计与制造）包括CAD、CAM和CAI等。

（1）计算机辅助设计。计算机辅助设计（Computer Aided Design，CAD）是利用计算机系统辅助设计人员进行工程或产品设计，以实现最佳设计效果的一种技术。它已广泛地应用于飞机、汽车、机械、电子、建筑和轻工等领域。例如，在电子计算机的设计过程中，利用CAD技术进行体系结构模拟、逻辑模拟、插件划分、自动布线等，从而大大提高了设计工作的自动化程度；在建筑设计过程中，可以利用CAD技术进行力学计算、结构计算、绘制建筑图纸等，这样不但提高了设计速度，而且可以大大提高设计质量。

（2）计算机辅助制造。计算机辅助制造（Computer Aided Manufacturing，CAM）是利用计算机系统进行生产设备的管理、控制和操作的过程。例如，在产品的制造过程中，用计算机控制机器的运行，处理生产过程中所需的数据，控制和处理材料的流动以及对产品进行检测等。使用CAM技术可以提高产品质量，降低成本，缩短生产周期，提高生产率和改善劳动条件。

将CAD和CAM技术集成，实现设计生产自动化，这种技术被称为计算机集成制造系统

（CIMS）。它的实现将真正做到无人化工厂（或车间）。

（3）计算机辅助教学。计算机辅助教学（Computer Aided Instruction，CAI）是利用计算机系统使用课件进行教学。课件可以用多媒体制作工具或高级语言来开发制作，它能引导学生循序渐进地学习，使学生轻松自如地从课件中学到所需要的知识。CAI的主要特色是交互教育、个别指导和因人施教。

4. 过程控制

过程控制（实时控制）是利用计算机及时采集检测数据，按最优值迅速地对控制对象进行自动调节或自动控制。采用计算机进行过程控制，不仅可以大大提高控制的自动化水平，而且可以提高控制的及时性和准确性，从而改善劳动条件、提高产品质量及合格率。因此，计算机过程控制已在机械、冶金、石油、化工、纺织、水电、航天等部门得到广泛的应用。

例如，在汽车工业方面，利用计算机控制机床、控制整个装配流水线，不仅可以实现精度要求高、形状复杂的零件加工自动化，而且可以使整个车间或工厂实现自动化。

5. 人工智能

人工智能（智能模拟）（Artificial Intelligence，AI）是计算机模拟人类的智能活动，诸如感知、判断、理解、学习、问题求解和图像识别等。现在人工智能的研究已取得不少成果，有些已开始走向实用阶段。例如，能模拟高水平医学专家进行疾病诊疗的专家系统，具有一定思维能力的智能机器人等。

6. 网络应用

计算机技术与现代通信技术的结合构成了计算机网络。计算机网络的建立，不仅解决了一个单位、一个地区、一个国家中计算机与计算机之间的通信，各种软、硬件资源的共享，也大大促进了国际间的文字、图像、视频和声音等各类数据的传输与处理。

微型计算机的出现和发展，掀起了计算机普及的浪潮，在短时间内其应用范围急剧扩大，计算机从需要编程而只有少数科技人员使用的专用工具迅速演变为可以通过操作现成软件来解决实际问题的大众化工具，进入了社会各行各业和个人家庭生活之中。不管你是否意识到或是否愿意，计算机已经深入了我们的生活，它就在我们的身边。与此同时，我国的微型计算机事业也得到了迅速发展，在某些方面已达到国际先进水平。但是，与发达国家相比，我国计算机技术仍有一定差距，需要艰苦努力，迎头赶上。

1.4 计算机中信息的表示

在计算机中使用的数据有两大类：数值数据和字符数据。数值数据用于表示数的大小和正负。日常所使用的十进制数要转换成等值的二进制数才能在计算机中存储和操作。字符数据又叫非数值数据，包括英文字母、汉字、数字、运算符号以及其他专用的符号，它们在计算机中也要转换成二进制编码的形式。

1.4.1 进位计数制

进位计数制是指数字符号按序排列成数位，并遵照某种由低位到高位进位的方法进行计数来表示数值的方式，简称进位制。比如，常用的十进位计数制，简称十进制，就是按照"逢十进一"的原则进行计数的。进位计数制的特点是表示数值大小的数码与它在数中所处的位置有关。一种进位计数制包含一组数码符号以及3个基本要素：数位、基数和位权。

数码：用不同的数字符号来表示一种数制的数值，这些数字符号称为"数码"，如十进制中的 0～9 这些数字符号。

数位：数码在一个数中所处的位置。

基数：在某种进位计数制中，每个数位上所能使用的数码的个数。例如，十进制计数制中，每个数位上可以使用 0、1、2、3、4、5、6、7、8、9 共 10 个数码，即其基数为 10。在基数为 R 的计数制中，包含 0、1、…、$R-1$ 共 R 个数字符号，进位规律是"逢 R 进一"，称为 R 进位计数制，简称 R 进制。

位权：在某一种进位计数制表示的数中，用来表明不同数位上数值大小的一个固定常数。不同数位有不同的位权，某一个数位的数值等于在这个数位上的数码乘上与该位对应的位权。R 进制数的位权是 R 的整数次幂。例如，十进制数的位权是 10 的整数次幂，其个位的位权是 10^0，十位的位权为 10^1。一般情况下，对于 R 进制数，整数部分第 i 位的位权为 R^{i-1}，而小数部分第 j 位的位权为 R^{-j}。

在计算机中，常见的进位计数制的有二进制、十进制、八进制、十六进制。

1. 十进制

一个十进制数有两个主要的特点。

① 有效数码：0，1，2，3，4，5，6，7，8，9。

② "逢十进一"，借一当十，进位基数是 10。

十进制数整数部分从小数点起自右向左记录位数，个位记为 0，十位记为 1，百位记为 2，以此类推；小数部分从小数点起自左向右记录位数，小数点后第一位记为-1，第二位记为-2，以此类推。假设每一位的位数为 n，则该位的权值等于 10^n，并且这个数可以表示为每一位的数字乘以位权值之和。

例 1.1 十进制数$(324.79)_{10}$的表示。

324.79:　　3　　　2　　　4　　　7　　9
位权值:　　10^2　　10^1　　10^0　　10^{-1}　　10^{-2}

$(324.79)_{10}=3\times10^2+2\times10^1+4\times10^0+7\times10^{-1}+9\times10^{-2}$

因此，任意一个具有 n 位整数，m 位小数的十进制数 $D=D_{n-1}D_{n-2}\cdots D_1D_0.D_{-1}D_{-2}\cdots D_{-m}$，都可以表示为：

$$D = D_{n-1}\times10^{n-1} + D_{n-2}\times10^{n-2} +\cdots+ D_1\times10^1 + D_0\times10^0 + D_{-1}\times10^{-1} + D_{-2}\times10^{-2} +\cdots+ D_{-m}\times10^{-m}$$

上式称为"按权展开式"，权是以 10 为底的幂。

2. 二进制

与十进制相似，二进制有两个主要特点。

① 有效数码：0 和 1。

② "逢二进一"，借一当二。

例 1.2 二进制数$(101.01)_2$ 的表示。

101.01:　　1　　0　　1　.　0　　1
位权值:　　2^2　　2^1　　2^0　　2^{-1}　　2^{-2}

$(101.01)_2=1\times2^2+0\times2^1+1\times2^0+0\times2^{-1}+1\times2^{-2}$

因此，任意一个具有 n 位整数，m 位小数的二进制数 $B=B_{n-1}B_{n-2}\cdots B_1B_0.B_{-1}B_{-2}\cdots B_{-m}$，都可

以表示为：

$$B = B_{n-1} \times 2^{n-1} + B_{n-2} \times 2^{n-2} + \cdots + B_1 \times 2^1 + B_0 \times 2^0 + B_{-1} \times 2^{-1} + B_{-2} \times 2^{-2} + \cdots + B_{-m} \times 2^{-m}$$

二进制不符合人们的使用习惯，在日常生活中，不经常使用。数据在计算机内部是用二进制来表示的，其主要原因如下。

（1）可行性。二进制只有 0 和 1 两个数码，表示 0，1 两种状态的电子器件很多，如开关的接通与断开、晶体管的导通与截止、电位电平的高与低等都可以表示 0，1 两个数码。使用二进制两种状态分明，工作可靠，抗干扰能力强。

（2）简易性。二进制数的运算规则少，运算简单，可使计算机运算器的硬件结构大大简化。如十进制乘法九九口诀有 55 种法则，而二进制乘法只有 3 种规则。二进制的运算规则如下。

加法规则：0+0=0   0+1=1+0=1
　　　　　　1+1=0（同时向高位进 1）

减法运算：0-0=0   0-1=1（同时向高位借 1）
　　　　　　1-0=0   1-1=0

乘法运算：0×0=0   0×1=1×0=0
　　　　　　1×1=1

除法运算：0÷1=0   1÷1=1

（3）逻辑性。由于二进制 0 和 1 正好和逻辑代数的"假"和"真"相对应，也就是说，可以用一个逻辑变量来代表一个二进制数码。这样，在逻辑运算中可以使用逻辑代数这一数学工具。

计算机中基本逻辑运算有"非"、"与"、"或" 3 种，其他复杂的逻辑运算关系都可以由这 3 种基本逻辑关系组合而成。

① 逻辑"非"运算。

逻辑"非"的运算规则如下：

$\overline{0} = 1$　　$\overline{1} = 0$

② 逻辑"与"运算。

逻辑"与"的运算规则如下：

0·0=0　　0·1=0
1·0=0　　1·1=1

其中"·"表示"与"运算，读作"与"；0 表示逻辑值为"假"，1 表示逻辑值为"真"。由运算规则可见，当两个逻辑变量进行与运算时，只有两个逻辑值均为"真"时，结果才为"真"，其他情况结果均为"假"。

③ 逻辑"或"运算。

逻辑"与"的运算规则如下：

0+0=0　　0+1=1
1+0=1　　1+1=1

其中"+"表示"或"运算，读作"或"；0 表示逻辑值为"假"，1 表示逻辑值为"真"。由运算规则可见，当两个逻辑变量进行或运算时，只有两个逻辑值均为"假"时，结果才为"假"，其他情况结果均为"真"。

3. 八进制

八进制数主要的特点如下。

① 有效数码：0，1，2，3，4，5，6，7。

② "逢八进一"，借一当八，进位基数是8。

例 1.3 八进制数$(324.72)_8$的表示。

324.72:　　　3　　　　2　　　　4　　　.　　7　　　2

位权值:　　　8^2　　　8^1　　　8^0　　　　　8^{-1}　　8^{-2}

$(324.72)_8 = 3 \times 8^2 + 2 \times 8^1 + 4 \times 8^0 + 7 \times 8^{-1} + 2 \times 8^{-2}$

因此，任意一个具有 n 位整数，m 位小数的八进制数 $Q = Q_{n-1}Q_{n-2}\cdots Q_1Q_0.Q_{-1}Q_{-2}\cdots Q_{-m}$，都可以表示为：

$$Q = Q_{n-1} \times 8^{n-1} + Q_{n-2} \times 8^{n-2} + \cdots + Q_1 \times 8^1 + Q_0 \times 8^0 + Q_{-1} \times 8^{-1} + Q_{-2} \times 8^{-2} + \cdots + Q_{-m} \times 8^{-m}$$

4. 十六进制

十六进制数主要的特点如下。

① 有效数码：0，1，2，3，4，5，6，7，8，9，A，B，C，D，E，F；其中 A，B，C，D，E，F 分别代表十进制数中的 10，11，12，13，14，15。

② "逢十六进一"，借一当十六，进位基数是16。

例 1.4 八进制数$(B84.E2)_{16}$的表示。

B84.E2:　　　B　　　8　　　4　　　.　　E　　　2

位权值:　　　16^2　　　16^1　　　16^0　　　　16^{-1}　　16^{-2}

$(B84.E2)_{16} = 11 \times 16^2 + 8 \times 16^1 + 4 \times 16^0 + 14 \times 16^{-1} + 2 \times 16^{-2}$

因此，任意一个具有 n 位整数，m 位小数的十六进制数 $H = H_{n-1}H_{n-2}\cdots H_1H_0.H_{-1}H_{-2}\cdots H_{-m}$，都可以表示为：

$$H = H_{n-1} \times 16^{n-1} + H_{n-2} \times 16^{n-2} + \cdots + H_1 \times 16^1 + H_0 \times 16^0 + H_{-1} \times 16^{-1} + \cdots + H_{-2} 16^{-2} + \cdots + H_{-m} \times 16^{-m}$$

八进制和十六进制都是计算机中常用的计数方法，以弥补二进制数书写位数过长的缺点。

在程序设计中，为了区分不同进制数，通常在数字后面用一个英文字母为后缀加以区分，十进制数用 D（Decimal）或 d，二进制数用 B（Binary）或 b，八进制数用 O（Octal）或 o，十六进制数用 H（Hexadecimal）或 h。

十进制、二进制、八进制、十六进制数的转换关系对照表见表1.3。

表 1.3　　　　　　　　　　各种进制数码对照表

十进制	二进制	八进制	十六进制	十进制	二进制	八进制	十六进制
0	0	0	0	8	1000	10	8
1	1	1	1	9	1001	11	9
2	10	2	2	10	1010	12	A
3	11	3	3	11	1011	13	B
4	100	4	4	12	1100	14	C
5	101	5	5	13	1101	15	D
6	110	6	6	14	1110	16	E
7	111	7	7	15	1111	17	F

综合上述4种进制，可以把它们的特点概括如下。

① 有效数码：不同进制数有效数码不同，见表1.4。

表1.4 各种进制有效数码

进 制	有 效 数 码																形 式 表 示
二进制	0	1															B
八进制	0	1	2	3	4	5	6	7									O
十进制	0	1	2	3	4	5	6	7	8	9							D
十六进制	0	1	2	3	4	5	6	7	8	9	A	B	C	D	E	F	H

② "逢 J 进一"，J 为进制。不同进制数的每一个数位 i，对应的权值为 J^i。任意 J 进制的数 $X = X_{n-1}X_{n-2}\cdots X_1 X_0.X_{-1}X_{-2}\cdots X_{-m}$ 可以表示为：

$$X = X_{n-1}\times J^{n-1} + X_{n-2}\times J^{n-2} + \cdots + X_1\times J^1 + X_0\times J^0 + X_{-1}\times J^{-1} + X_{-2}\times J^{-2} + \cdots + X_{-m}\times J^{-m}$$

1.4.2 进制的转换

计算机中数的存储和运算都使用二进制数。计算机在处理其他进制的数时，都必须将其转换成相应的二进制数；处理完成输出结果时，再把二进制数转换为常用的数制。下面分别介绍不同进制间的转换方法。

1. 十进制与非十进制数之间的转换

（1）十进制数转换为二进制数。十进制数转换为二进制数，整数部分和小数部分要分别进行转换。

① 整数部分转换方法：除 2 取余，先余为低，后余为高。

② 小数部分转换方法：乘 2 取整，先整为高，后整为低。

例 1.5 将十进制数 $(26.125)_{10}$ 转换为二进制数。

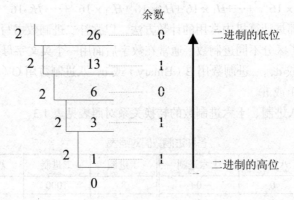

即整数部分 $(26)_{10} = (11010)_2$

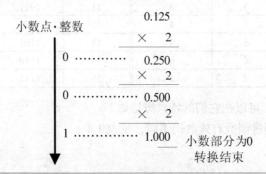

即小数部分$(0.125)_{10}=(0.001)_2$

所以$(26.125)_{10}=(11010.001)_2$

（2）十进制数转换为八进制数。与十进制数转换为二进制数方法相似，十进制数转换为八进制数，整数部分和小数部分要分别进行转换。

① 整数部分转换方法：除 8 取余，先余为低，后余为高。

② 小数部分转换方法：乘 8 取整，先整为高，后整为低。

例 1.6 将十进制数$(129.125)_{10}$转换为八进制数。

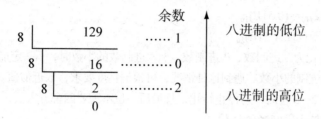

即整数部分$(129)_{10}=(201)_8$

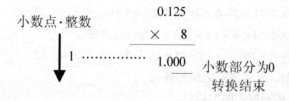

即小数部分$(0.125)_{10}=(0.1)_8$

所以$(129.125)_{10}=(201.1)_8$

（3）十进制数转换为十六进制数。与十进制数转换为二进制数方法相似，十进制数转换为十六进制数，整数部分和小数部分要分别进行转换。

① 整数部分转换方法：除 16 取余，先余为低，后余为高。

② 小数部分转换方法：乘 16 取整，先整为高，后整为低。

例 1.7 将十进制数$(4586.32)_{10}$转换为十六进制数。

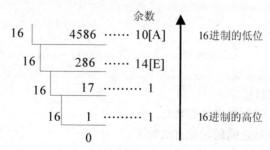

即整数部分$(4586)_{10}=(11EA)_{16}$

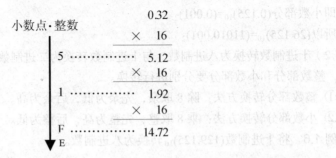

即小数部分$(0.32)_{10} \approx (0.51E)_{16}$

所以$(4586.32)_{10} \approx (11EA.51E)_{16}$

十进制纯小数转化为二进制数、八进制数、十六进制数的小数时，不一定能转化为完全等值的二进制、八进制、十六进制的小数。遇到这种情况，可根据精度要求，取近似值。如果没有具体要求，转化的小数位数达到2～3位时，可停止转化，且最后一位不需要四舍五入。

2. 非十进制数与十进制数的转化

非十进制数与十进制数的转化，只需将给定的非十进制数按权展开即可。

例1.8 将$(101.01)_2$，$(324.72)_8$，$(B84.E2)_{16}$转化为十进制数。

$(101.01)_2 = 1 \times 2^2 + 0 \times 2^1 + 1 \times 2^0 + 0 \times 2^{-1} + 1 \times 2^{-2} = (5.25)_{10}$

$(324.72)_8 = 3 \times 8^2 + 2 \times 8^1 + 4 \times 8^0 + 7 \times 8^{-1} + 2 \times 8^{-2} = (212.906)_{10}$

$(B84.E2)_{16} = 11 \times 16^2 + 8 \times 16^1 + 4 \times 16^0 + 14 \times 16^{-1} + 2 \times 16^{-2} = 2948.882$

3. 二进制、八进制、十六进制之间的转化

（1）二进制数与八进制数之间的转化。

二进制数与八进制数之间的转化方法如下。

整数部分从小数点向左，小数部分从小数点向右，3位并一位，不足位补0

二进制 ←———————————→ 八进制

整数部分从小数点向左，小数部分从小数点向右，一位拆3位，不足位补0

例1.9 将$(1101.1101)_2$化为八进制数；将$(25.63)_8$转化为二进制数。

001'101.110'100
 1   5   6   4

$(1101.1101)_2 = (15.64)_{10}$

 2   5   6   3
010'101 · 110'011

$(25.63)_8 = (10101.110011)_2$

（2）二进制数与十六进制数之间的转化。

二进制数与十六进制数之间的转化方法如下。

整数部分从小数点向左，小数部分从小数点向右，4位并一位，不足位补0

二进制 ←———————————→ 十六进制

整数部分从小数点向左，小数部分从小数点向右，一位拆4位，不足位补0

例1.10 将$(101101.11111)_2$化为十六进制数；将$(A5.C3)_{16}$转化为二进制数。

$$\underbrace{0010}_{2}{}'\underbrace{1101}_{D}.\underbrace{1111}_{F}{}'\underbrace{1000}_{8}$$

$(101101.11111)_2=(2D.F8)_{16}$

$$\underbrace{\underset{10100101}{A\quad 5}}\cdot\underbrace{\underset{11000011}{C\quad 3}}$$

$(A5.C3)_{16}=(10100101.11000011)_2$

（3）八进制数与十六进制数之间的转化

八进制数与十六进制数之间的转化，可将二进制数作为其中间转换数，然后按照二进制与八进制数、十六进制数转换方法进行转换即可。

例 1.11　将$(25.63)_8$转化为十六进制数；将$(A5.C3)_{16}$转化为八进制数。

$(25.63)_8=(10101.110011)_2=(15.CC)_{16}$

$(A5.C3)_{16}=(10100101.11000011)_2=(245.606)_8$

1.4.3　计算机中数据的表示

数据是指可由人工或自动化手段加以处理的那些事实、概念、场景和指示的表示形式，包括字符、符号、表格、声音、图形等。数据可记录在物理介质上，并通过外围设备被计算机接收，经计算机处理得到结果。

数据能被送入计算机处理，包括存储、传送、转换、计算等操作，得到人们需要的结果。数据经过处理并赋予一定的意义后，便成为信息。

数据分为人读数据和机读数据。例如，图书、资料等都是人才能理解的数据，叫人读数据；印刷品上的条形码、光盘上的数据等都需要通过特制的设备才能将这些信息传送到计算机处理，它们属于机读数据。

1. 计算机中数的表示

（1）真值与机器数。在计算机中，因为只有 0 和 1 两种形式，为了表示数的"正"、"负"，必须用 0 和 1。通常把一个数的最高位定义为符号位，用 0 表示"正"，用 1 表示"负"，称为数符；其余位表示数值，若一个数占 8 位，表示形式如图 1.1 所示。把在计算机中存放的正、负号数码化的数称为机器数，把机器外部正、负号表示的数称为真值数。

例如，真值数$(+0101101)_2$，其机器数为 00101101，存放在机器中如图 1.1 所示。

要注意的是机器数表示的范围受到计算机字长和数据类型的限制。字长和数据类型确定了，机器数所能表示的范围也就确定了。例如，计算机的字长为 32 位，一个正整数，在计算机中可表示的最大机器数为 0111 1111 1111 1111 1111 1111 1111 1111，最高位为符号位，因此该数的最大值为2^{31}。若数值超过2^{31}，计算机就提示"溢出"。为了表示较大和较小的数，就要用浮点数来表示。

（2）原码、反码和补码。从上面简述的机器数知道，数在计算机中存放时数符用 0 表示"正"，用 1 表示"负"。在机器上运算时，若将符号位和数值同时参加运算，则会产生错误的结果；否则就要考虑结果的符号问题，这将增加计算机实现的难度。为了解决此类问题，在机器数中，负数有 3 种表示法：原码、反码和补码。

为了简单起见，这里只以整数为例，且假定字长为 8 位。

① 原码。原码表示法是机器数的一种简单的表示形式。其符号位用 0 表示正号，用 1 表示负号，原码与真值转换方便。设有一数为 X，则原码表示可记作[X]原。

例如：

$X_1 = +1010110$

$X_2 = -1001010$

其原码记作：

$[X_1] = [+1010110]_原 = 01010110$

$[X_2] = [-1001010]_原 = 11001010$

在原码表示中，0 有两种表示形式，即

$[+0]_原 = 00000000$ $[-0]_原 = 10000000$

② 反码。整数 X 的反码是指：对于正数与原码相同；对于负数，符号位 1 不变，将原码各位取反。设有一数为 X，则反码表示可记作$[X]_反$。

例如：

$[+1]_反 = 00000001$

$[-1]_反 = 11111110$

在反码表示中，0 有两种表示形式，即

$[+0]_反 = 00000000$ $[-0]_反 = 11111111$

③补码。整数 X 的补码是指：对于正数与原码相同；对于负数，将其反码末位加 1。设有一数为 X，则原码表示可记作$[X]_补$。

例如：

$[+1]_补 = 00000001$

$[-1]_补 = 11111111$

在补码表示中，0 有唯一的形式，即

$[+0]_补 = [-0]_补 = 00000000$

利用补码可以方便地进行运算。例如(−9)+(−5)运算如下。

```
   11110111      −9 的补码
+  11111011      −5 的补码
 ──────────
 1 11110010      （由于受计算机字长的限制，最高位进位丢失）
```

丢失高位 1，运算结果机器数为 11110010，是−14 的补码形式。

由此可见，利用补码可以方便地实现正、负数的加法运算，规则简单。在数的有效存放范围内，符号如同数值一样参加运算，也允许产生最高位的进位（被丢失），所以使用广泛。

2. 定点数与浮点数

在计算机中，难以表示小数点，故在计算中对小数点的位置加以规定。因此有定点整数、定点小数和浮点数之分。

（1）定点整数。定点整数可以认为它是小数点位置在数值最低位右面的一种数据。分为带符号定点整数和不带符合定点整数两类。带符号的定点整数，符号位在最高位，如图 1.2 所示。可以将带符号的定点整数写成 $N = \pm a_{n-1}a_{n-2}\cdots a_2a_1a_0$，其值的范围是 $|N| \leqslant 2^n - 1$。

对于不带符号的整数，所有的 $n+1$ 位二进制位均看成数值，如图 1.3 所示。因此该数值表示的范围是 $0 \leqslant N \leqslant 2^{n+1} - 1$。

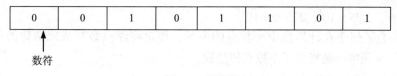

图 1.1　机器数

图 1.2　带符号的定点整数

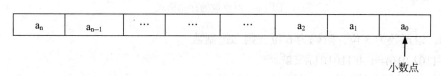

图 1.3　不带符号的定点整数

在计算机中，一般可以使用不同位数的整数，如 8 位、16 位和 32 位等。例如，用定点整数表示十进制整数，如 $(98)_{10}$（假设某计算机的定点整数占两个字节），则其在计算机内表示如图 1.4 所示。

0	0	0	0	0	0	0	0	0	1	1	0	0	0	1	0

图 1.4　十六位定点整数

（2）定点小数。定点小数是指小数点准确固定在数据某一个位置上的小数，这种表示法主要用在早期的计算机中。一般把小数点固定在最高数据位的左边，小数点前再设一符号位，如图 1.5 所示，称为定点小数。任何一个小数都可以写成 $N = \pm a_{-1}a_{-2}a_{-3}\cdots a_{-m}$。

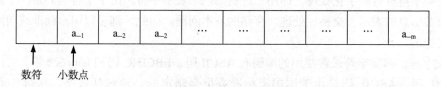

图 1.5　定点小数

例如，用定点小数表示十进制纯小数-0.324（假设某计算机的定点小数占两个字节），那么其在计算机内的表示为-0.010100101111000。

定点数表示数的范围很有限，为了扩大定点数的表示范围，可以通过编程技术，采用多字节表示一个数的方法来实现。

（3）浮点数。浮点表示法就是小数点在数中的位置是浮动的。在以数值计算为主要任务的计算机中，由于定点表示法所能表示的数的范围太窄，不能满足计算问题的需要，为了表示特大或特小的数，就要采用浮点表示法。在同样字长的情况下，浮点表示法能表示的数的范围更大。

计算机中的浮点表示法包括两个部分：一部分是阶码（表示指数，记作 E），另一部分是尾数（表示有效数字，记作 M）。

例如，0.235×10^4，则 0.235 为尾数，4 为阶码。

在浮点表示法中，小数点的位置是浮动的，比如十进制的 2350，可以表示为：

$$0.235 \times 10^4, \ 2.35 \times 10^3, \ 23500 \times 10^{-1}$$

等多种形式，为了便于在计算机中小数点的表示，规定将浮点数写成规格化的形式，即尾数 $0.1 \leqslant |M| < 1$，从而唯一地规定了小数点的位置。

设任意一个二进制规格浮点数 N 可以表示为：

$$N = \pm d \times 2^{\pm p}$$

其中 2 为基数，d 为尾数，其前面的"±"表示数符；p 为阶码，前面的"±"表示阶符。浮点数在机器中的存储如图 1.6 所示。

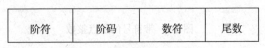

| 阶符 | 阶码 | 数符 | 尾数 |

图 1.6　浮点数的存储格式

例如，设尾数为 8 位，阶码为 6 位，则二进制数
$$N = (-1101.010)_2 = (-0.110101)_2 \times 2^{(100)_2}$$
浮点数的存放形式如图 1.7 所示。

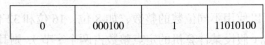

| 0 | 000100 | 1 | 11010100 |

图 1.7　$N = (-1101.010)_2$ 的存放

阶码本身的小数点约定在阶码的最右面。尾数部分的符号位确定该浮点数的正负。阶码给出的总是整数，它确定小数点浮动的位数，若阶符为正，则表示向右移动，若为负，表示向左移动。

3. 字符的编码

字符主要包括西文字符（字母、数字、各种符号）和中文字符（汉字、图形等），对字符进行处理时，要对字符进行数字化处理，即用二进制编码来表示字符。由于字符编码是一个涉及全世界范围内有关信息的表示、交换、处理、存储的基本问题。因此，都是以国家标准或国际标准的形式颁布实施的。

（1）西文字符。西文字符最常使用的编码有 ASCII 码、EBCDIC 码和 Unicode 等。

① ASCII 码。ASCII 码是由美国国家标准委员会制定的一种包括数字、字母、通用符号和控制字符在内的字符编码集，全称叫美国国家信息交换标准代码（American Standard Code for Information Interchange）。ASCII 码是目前国际上使用最广泛的计算机字符编码。

ASCII 码的编码规则为：每个字符用 7 位二进制数（$b_6 b_5 b_4 b_3 b_2 b_1 b_0$）来表示（见 1.5），7 位二进制数共有 128（2^7）种状态，可表示 128 个字符，7 位编码的取值范围为 0000000~1111111。在计算机中，每个字符的 ASCII 码用 1 个字节（8 位）来存放，最高位（b_7）为校验位，通常用 0 来填充，后 7 位（$b_6 b_5 b_4 b_3 b_2 b_1 b_0$）为编码值。7 位编码的 ASCII 码字符集包括了 128 个字符，称为标准的 ASCII 码字符集。

表 1.5　　　　　　　　　　　　　　　标准的 ASCII 码字符集

$b_6 b_5 b_4$ / $b_3 b_2 b_1 b_0$	000	001	010	011	100	101	110	111
0000	NUL	DEL	SPACE	0	@	P	`	p
0001	SOH	DC1	!	1	A	Q	a	q

续表

b₃b₂b₁b₀ \ b₆b₅b₄	000	001	010	011	100	101	110	111
0010	STX	DC2	"	2	B	R	b	r
0011	ETX	DC3	#	3	C	S	c	s
0100	EOT	DC4	$	4	D	T	d	t
0101	ENQ	NAK	%	5	E	U	e	u
0110	ACK	SYN	&	6	F	V	f	v
0111	BEL	ETB	'	7	G	W	g	w
1000	BS	CAN	(	8	H	X	h	x
1001	HT	EM	)	9	I	Y	i	y
1010	LF	SUB	*	:	J	Z	j	z
1011	VT	ESC	+	;	K	[	k	{
1100	FF	FS	,	<	L	\	l	|
1101	CR	GS	–	=	M	]	m	}
1110	SO	RS	.	>	N	^	n	~
1111	SI	US	/	?	O	_	o	DEL

表中英文含义如下。

NUL：空字符	SOH：标题开始	STX：正文开始	ETX：正文结束
EOT：传输结束	ENQ：请求	ACK：收到通知	DEL：响铃
ES：退格	HT：水平制表符	LF：换行键	VT：垂直控制符
FF：换页键	CR：回车键	SO：不用切换	SI：启用切换
DLE：数据链路转义	DC1：设备控制 1	DC2：设备控制 2	DC3：设备控制 3
DC4：设备控制 4	NAK：拒绝接收	SYN：同步空闲	ETB：传输块结束
CAN：取消	EM：介质中断	SUB：替补	ESC：溢出
FS：文件分割符	GS：分组符	RS：记录分隔符	US：单元分隔符

在 ASCII 码字符集的 128 个字符中，前 32 个字符（表中最左侧两列，从 NUL 到 US，编码为 0000000～0011111）和最后一个字符 DEL，共 33 个字符，称为控制符。它们是不可显示、不可打印的字符，用于计算机设备的操作控制以及在数据通信时进行传输控制。其余 95 个字符为可显示、可打印的字符，包括空格符（SPACE）、字母字符（英文大、小写各 26 个）、数字字符（10 个）及其他各种字符（32 个）。

ASCII 码字符集中包括 4 类常用的字符。

● 数字。0～9 对应的 ASCII 码值为 0110000B～0111001B，习惯上用十六进制数来表示为 30H～39H。

● 字母。包括大、小写英文字符各 26 个。字母 A～Z 的 ASCII 码值为 41H～5AH；字母 a～z 的 ASCII 码值为 61H～7AH。

● 通用字符。如 "+"、"−"、"："、"，" 等共 32 个。

● 控制符号。包括空格 SPACE（20H）、回车 CR（0DH）、换行 LF（0AH）等共 34 个。

ASCII 码是一种 7 位编码，存放时必须占一个字节 $b_7b_6b_5b_4b_3b_2b_1b_0$，其中 b_7 一般恒置为 0，其余 7 位便是 ASCII 码值。

ASCII 码值大小规律是小写字母大于大写字母、字母大于数字、所有的字符都大于空格、空格大于所有的控制字符（控制符 DEL 除外）。为了增大字符的使用数量，以满足信息处理的需要，近年来出现了 8 位编码的 ASCII 码字符集，共包括 256 个字符，称为扩展的 ASCII 码字符集。但在一般情况下，7 位 ASCII 码字符集即可满足使用的需要。

② EBCDIC 码。即扩展的二—十进制交换码（Extended Binary—Coded Decimal Interchange Code），主要用在 IBM 公司的计算机中，采用 8 位二进制表示，有 256 个编码状态。

③ Unicode 码。EBCDIC 码和 ASCII 码所表示的字符，对于英语和西欧地区语言已经够用了。但对于中国等亚洲国家所使用的表意字符文字的表示则远远不够，于是就出现了 Unicode 码。Unicode 码是一种 16 位的编码，能表示 65 000 个字符或符号。而目前世界上的各种语言一般都只用到 34 000 多个符号，所以 Unicode 可以用于大多数语言。

Unicode 码与 ASCII 码完全兼容。

（2）汉字编码

英文是拼音文字，采用 128 个字符的字符集就能满足英文处理的需要，编码容易，而且在一个计算机系统中，输入、内部处理和存储都可以用同一编码。汉字是象形文字，种类繁多，编码比较困难，而且在一个汉字处理系统中，输入、内部处理、输出对汉字编码的要求不尽相同，因此需要进行一系列的汉字编码及转换，汉字信息处理中各种编码及流程如图 1.8 所示。

图 1.8　各种编码及流程

① 输入码：也称外码，是利用标准键盘上按键的不同组合来对汉字的输入进行编码。它是为了将汉字通过键盘输入计算机而设计的编码。汉字的输入编码很多，综合起来可以分为流水码、拼音类输入法、拼形类输入法和音形结合类输入法等几大类。

② 国标码：也称交换码，为了便于计算机系统之间能准确无误地交换汉字信息，规定了一种专门用于汉字信息交换的统一编码，这种编码称为汉字交换码。

《信息交换用汉字编码字符集·基本集》是我国于 1980 年制定的中文信息处理的国家标准 GB2312—1980，简称 GB 码。在国标码的字符集中收录了汉字和图形符号一共 7 445 个，其中 6 763 个汉字又按其使用频率、组词能力和用途大小分成一级汉字 3 755 个、二级汉字 3 008 个，图形符号 682 个。

一级汉字按拼音字母顺序排列，如果遇到同音字，则按起笔的笔形顺序（即横、竖、撇、点、折的顺序）排列，若起笔相同，则按第二笔的笔形顺序排列，以此类推。二级汉字按部首顺序排列。

在 GB 编码中，一个汉字用两个字节表示，每个字节只用低 7 位，最高位为 0。由于低 7 位中有 34 种状态用于控制字符，因此只有 94(128 − 34 = 94) 种状态可用于汉字编码。这样，双字节的低 7 位只能表示 94 × 94 种状态。

该标准的汉字编码表中汉字和图形符号组成一个 94 × 94 的矩阵。矩阵的每行称为一个"区"，每列称为一个"位"。由区号和位号构成了区位码。在双字节中，用高字节表示区号，低字节表示位号。非汉字图形符号置于 1～11 区，一级汉字置于 16～55 区，二级汉字置于 56～87 区。

为了与 ASCII 码兼容，在区位码的区码和位码上各加上 32 就形成了国标码。例如，"中"位于第 54 区第 48 位，区位码为 5 448，区号和位号各加 32 就构成了国标码 8 680。

③ 机内码：一个国标码占两个字节，每个字节的最高位都是 0，英文字符的机内码是 7 位 ASCII 码，最高位也是 0。为了在计算机内部能够区分汉字编码和 ASCII 码，将国标码的每个字节最高位由 0 变为 1，变换后的国标码称为汉字机内码。由此可知，汉字的机内码都大于 128，而西文字符的 ASCII 码都小于 128。

高位机内码=国标码的区码+80H(相当于将最高位 0 变为 1)

低位机内码=国标码的位码+80H(相当于将最高位 0 变为 1)

例如：

汉字	汉字国标码	汉字机内码
中	8680(01010110 01010000)$_2$	(11010110 11010000)$_2$=(D6D0)$_H$
华	5942(00111011 00101010)$_2$	(10111011 10101010)$_2$=(BBAA)$_H$

④ 字形码：汉字字形码又称汉字字模，用于汉字在屏幕或打印机上输出。

汉字通常采用点阵方式，用点阵表示字形时，汉字字形码是某个汉字字形点阵的代码。根据输出汉字的要求不同，点阵的多少也不同，主要有 16×16 点阵，24×24 点阵，32×32 点阵，48×48 点阵，64×64 点阵等。点阵规模越大，字形越清晰美观，所占存储空间也越大。以 16×16 点阵为例，每个汉字要占用 32B，因此，字模点阵只能用来构成"字库"，而不能用于机内存储。字库中存储了每个汉字的点阵代码，当显示输出时才检索字库，输出字模点阵得到字形。

⑤ 地址码：每个汉字字形码在汉字字库中的相对位移地址称为汉字地址码。需要向输出设备输出汉字时，必须通过地址码，才能在汉字字库中取到所需要的字形码，最终显示在输出设备上。地址码和机内码要有简明的对应转换关系。

习 题

一、选择题

1. 第一台电子计算机所使用的逻辑部件是由（　　）组成的。

　　A. 集成电路　　　　B. 大规模集成电路　　C. 晶体管　　　　　D. 电子管

2. 计算机的发展阶段通常是按计算机所采用的（　　）来划分的。

　　A. 内存容量　　　　B. 电子器件　　　　　C. 程序设计语言　　D. 操作系统

3. 在计算机中采用二进制，是因为（　　）。

　　A. 可降低硬件成本　　　　　　　　　　　B. 两个状态的系统具有稳定性

　　C. 二进制的运算法则简单　　　　　　　　D. 上述 3 个原因均是

4. 在计算机中不常用的进制是（　　）。

　　A. 二进制　　　　　B. 四进制　　　　　　C. 八进制　　　　　　D. 十六进制

5. 在微型计算机中，应用最普遍的字符编码是（　　）。

　　A. ASCII 码　　　　B. BCD 码　　　　　　C. 汉字编码　　　　D. 补码

6. 计算机辅助设计的英文缩写是（　　）。

　　A. CAI　　　　　　B. CAM　　　　　　　C. CAD　　　　　　D. CAT

7. 十进制数（123.125）$_{10}$对应的二进制数是（　　）。

　　A. 1111011.001　　B. 11011110.001　　　C. 1110111.001　　D. 1110011.001

8. 二进制数（11011.01）$_2$对应的十进制数是（　　）。

A. 27.05　　　　　B. 27.25　　　　　C. 28.25　　　　　D. 28.05

9. 二进制数（11011.01）$_2$对应的八进制数是（　　　）。

A. 32.2　　　　　B. 32.1　　　　　C. 33.2　　　　　D. 33.1

10. 八进制数（167.5）$_8$对应的二进制数是（　　　）。

A. 1101111.101　　B.1110111.101　　C. 110111.110　　D. 1110111.110

11. 二进制数（10011.011）$_2$对应的十六进制数是（　　　）。

A. 13.7　　　　　B. 13.3　　　　　C. 13.6　　　　　D. 13.8

12. 十六进制数（53.B7）$_{16}$对应的二进制数是（　　　）。

A. 1010011.10110111　　　　　B. 10111.10110111

C. 1010011.1011111　　　　　D. 10111.1011111

13. 十六进制数（53.7）$_{16}$对应的十进制数是（　　　）。

A. 83.4375　　　　B. 83.07　　　　C. 53.7　　　　D. 53.4375

14. −53在计算机中的表示形式为（　　　）。

A. 10110101　　　B. 11001010　　　C. 11001011　　　D. 01001010

15. 在24×24点阵的字库中，存储一个汉字的字形信息需要（　　　）字节。

A. 16　　　　　　B. 48　　　　　　C. 64　　　　　　D. 72

二、问答题

1. 简述计算机的发展史。

2. 从计算机的发展趋势来看，未来计算机将是什么样的？

3. 假定某台计算机的机器数占8位，试写出−63的原码、反码和补码。

4. GB2312—1980中一级汉字为3 755个，如果每个汉字字模采用24×24点阵，那么专用存储器的容量是多少？

5. 汉字的外码、内码、交换码的区别与联系是什么？

第2章
计算机系统

一个完整的计算机系统由硬件系统和软件系统两大部分组成。硬件是指物理上存在的各种设备,如机箱、显示器、键盘、鼠标等各种电子器件或装置,它们是计算机工作的基础。

2.1 计算机系统的组成与基本工作原理

根据计算机的工作特点,把计算机描绘成一台能储存程序和数据并能自动执行程序的机器,是一种能对各种数字化信息进行处理的工具。下面就通过对计算机组成与基本工作原理的描述,使读者对计算机的功能有一个比较准确的认识。

2.1.1 计算机的基本工作原理

1. "存储程序"工作原理

计算机之所以能够模拟人脑自动完成某项工作,就在于它能够将程序与数据装入自己的"大脑",并开始它的"脑力劳动",即执行程序处理数据的过程。

当用户要利用计算机来完成某项工作时,例如,完成一道复杂的数学计算或者进行信息的管理,都必须先制定该项工作的解决方案,再将其分解成计算机能够识别并能执行的基本操作命令,这些命令按一定的顺序排列起来,就组成了"程序"。计算机按照程序规定的流程依次执行一条条的指令,最终完成程序所要实现的目标。

由此可见,计算机的工作方式取决于它的两个基本能力:一是能够存储程序,二是能够自动地执行程序。计算机利用"存储器"(内存)来存放所要执行的程序,而被称为 CPU 的部件可以依次从存储器中取出程序中的一条条指令,并加以分析和执行,直至完成全部指令任务为止。

存储程序工作原理是由美籍匈牙利数学家冯·诺依曼于 1946 年提出的,它的主要思想是:将程序和数据存放到计算机内部的存储器中,计算机在程序的控制下一步一步进行处理,直到得出结果。虽然计算机技术发展很快,但"存储程序"原理至今仍然是计算机的基本工作原理。

2. 计算机的指令系统

机器指令是能被计算机识别并执行的二进制代码,它规定了计算机能完成的某一种操作。一条指令通常由两个部分组成。

操作码	操作数

(1)操作码。操作码是指该指令要完成的操作,即指令的功能。如取数、存数、加法、减法或输

入/输出数据等。

（2）操作数。操作数提供作为操作对象的内容或数据存放的地址。操作数在大多数情况下是地址码，地址码可以有 0～3 个。从地址码得到的仅是数据所在的地址，可以是源操作数的存放地址，也可以是操作结果的存放地址。

一台计算机的所有指令的集合，称为该计算机的指令系统。不同类型的计算机，指令系统的指令条数有所不同。但无论哪种类型的计算机，指令系统至少应包含具有下述功能的基本指令。

① 数据传送指令将数据在内存与 CPU 之间进行传送。

② 数据处理指令对数据进行算术、逻辑或关系运算。

③ 程序控制指令对指令的执行顺序进行控制，如条件转移、调用子程序、返回等。

④ 输入 / 输出指令实现主机与外部设备之间的数据交换。

⑤ 其他指令对计算机的硬件进行管理等。

2.1.2　计算机系统的组成

计算机系统由计算机硬件系统和计算机软件系统两大部分组成，如图 2.1 所示。计算机硬件是指由电子线路、元器件和机械部件等构成的具体装置，是看得见、摸得着的实体，是机器系统。硬件系统又称为裸机，裸机只能识别由 0 和 1 组成的机器代码。没有软件系统的计算机几乎是没有用的。软件系统是计算机中运行的程序及其使用的数据以及相应的文档的集合。实际上，用户所面对的是经过若干层软件"包装"的计算机，计算机的功能不仅仅取决于硬件系统，而更大程度上是由所安装的软件系统所决定的。

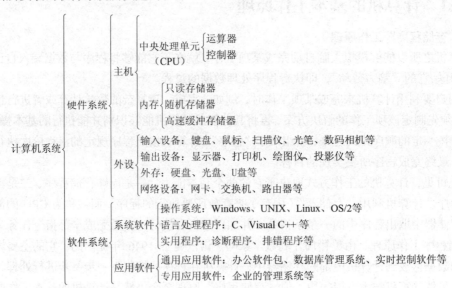

图 2.1　计算机系统组成

当然，在计算机系统中，对于软件和硬件的功能没有一个明确的分界线。软件实现的功能可以用硬件来实现，称为固化，例如，微型计算机的 ROM 芯片中就固化了系统的引导程序；同样，硬件实现的功能也可以用软件来实现，称为硬件软化，例如，在多媒体计算机中，视频卡用于对视频信息的处理（包括获取、编码、压缩、存储、解压缩和回放等），现在的计算机大多没有视频卡，而通过播放软件也能实现。

实际应用中是用硬件还是用软件，与系统价格、速度、所需存储容量及可靠性等诸多因素有关。一般来说，同一功能用硬件实现，速度快，可减少所需存储容量，但灵活性和适应性差，且成本较高；用软件实现，可提高灵活性和适应性，但通常是以降低速度来换取的。

2.1.3　计算机的硬件组成

1946 年冯·诺依曼提出了存储程序原理，奠定了计算机的基本结构和工作原理。按此原理设计的计算机称为存储程序计算机，或称为冯·诺依曼结构计算机。今天所使用的计算机，不管是巨型机、小型机，还是微型计算机、掌上计算机，都属于冯·诺依曼结构计算机。存储程序计算机由算术逻辑单元（ALU）、控制器（CU）、存储器（Memory）、输入/输出设备（I/O 设备）5 个部分组成，如图 2.2 所示。

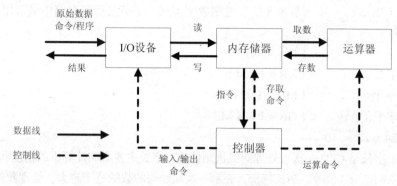

图 2.2　冯·诺依曼结构计算机

1．运算器

运算器的主要功能是进行算术运算、逻辑运算。在控制器控制下，运算器接收待运算的数据，完成程序指令指定的算术或逻辑运算。运算器中的数据取自内存，运算的结果又送回内存。

运算器又称算术逻辑单元（Arithmetic and Logic Unit，ALU）。

2．控制器

控制器是指挥和协调整个计算机系统的部件，是计算机的"指挥中心"。它从存储器中逐条取出指令、分析指令，然后根据指令要求完成相应操作，产生一系列控制命令，使计算机的各个部件协调工作。控制器和运算器合起来称为中央处理单元（Central Processing Unit，CPU）。在现代超大规模集成电路计算机中，常常把运算器和控制器集成在一块半导体芯片称为微处理器（Mcro Processor Unit，MPU），它决定了微型计算机的档次。

3．存储器

存储器是用来保存数据和程序的记忆装置。使用时，可以从存储器中取出信息，不破坏原有的内容，这种操作称为存储器的读操作；也可以把信息写入存储器，原来的内容被抹掉，这种操作称为存储器的写操作。存储器分为内存储器和外存储器。

（1）内存储器。内存储器简称内存（又称主存），是计算机中信息交流的中心。用户通过输入设备输入的程序和数据最初先送入内存，控制器执行的指令和运算器处理的数据取自内存，运算的中间结果和最终结果保存在内存中，内存中的信息如要长期保存，应送到外存储器中。

执行的程序在外存中，必须先将其读入内存，才能够运行。因此，内存的存取速度直接影响计算机的运算速度。输出设备输出的信息来自内存。

现代计算机的内存大多使用半导体存储器。半导体存储器的特点是速度快、密度高，这是计算机能够进行高速数据处理和计算的主要原因之一。

（2）外存储器。外存储器简称外存（又称辅存）。外存储器具有存储容量大、成本低、可永久脱机保存信息等特点。外存储器可存放暂不使用的数据和程序，需要时再与内存成批交换信息。常用的外存有磁盘、磁带、光盘等，而磁盘又分为软磁盘和硬磁盘。

外存与内存相比有许多不同之处。一是外存不像内存那样怕停电，如磁盘上的信息可以长期保存，CD-ROM 可以永久保存；二是外存的容量不像内存那样受多种限制，比内存大得多；三是外存速度慢，内存速度快。

存储器常用到的术语简述如下。

① 位（bit）。位是度量数据的最小单位，表示一位二进制信息。代码只有 0 和 1，其中无论是 0 还是 1，在计算机中都是一位。

② 字节（Byte）。一个字节由 8 位二进制数字组成。字节是信息存储中最常用的基本单位。常用的单位有：

B（字节）　　　　　　1 B = 8 bits

KB（千字节）　　　　1 KB = 1 024 B

MB（兆字节）　　　　1 MB = 1 024 KB

GB（吉字节）　　　　1 GB = 1 024 MB

其中 $1\ 024 = 2^{10} \approx 10^3$。

③ 字长。字长是 CPU 一次可处理的二进制位数，字长主要影响计算机的精度和速度。字长有 8 位、16 位、32 位、64 位等。字长越长，表示一次能读写的数的范围越大，处理数据的速度越快。

字节和字长的区别：由于常用的英文字符用 8 位二进制数便可以表示，所以通常就将 8 位称为一个字节。字的长度是不固定的，对于不同的 CPU，字的长度也不一样。8 位的 CPU 一次只能处理一个字节，而 32 位的 CPU 一次就能处理 4 个字节，64 位的 CPU 一次可以处理 8 个字节。

④ 地址。在计算机中，整个内存由一个个字节组成，每个字节都由一个唯一的地址来标识，如同办公大楼中每个房间必须有唯一的房间号才能找到该房间内的人一样。CPU 能够访问内存的最大寻址范围与 CPU 的地址总线的宽度有关。例如，若 CPU 的地址总线有 32 根，则寻址范围为 $0 \sim (2^{32} - 1)$。

4. 输入设备

输入设备是向计算机送入数据、程序以及各种信息的设备。常用的输入设备有键盘、鼠标、纸带输入机、图文扫描机、光笔、磁盘驱动器、触摸屏、麦克风、数码照相机等。

5. 输出设备

输出设备是用来将计算机工作的中间结果或处理后的结果进行表现的设备。常用的输出设备有显示屏幕、打印机、绘图仪、磁盘驱动器、纸带穿孔机、音响等。

2.1.4　计算机软件系统

程序是人们为使计算机完成某项特定任务而编写的、按一定次序排列并执行的命令和数据的集合。软件是各种程序及其文档的总称，分为系统软件和应用软件两大类。

● 系统软件：为使计算机系统正常高效地运转所配备的各种管理、维护系统的程序及与之相关的文件。

● 应用软件：为解决某些具体问题而编制的程序。

一旦计算机的硬件确定，软件的好坏将对计算机功能的发挥起决定作用。因此，硬件是软件运行的物质基础，软件是硬件发挥作用的必要条件。

1．系统软件

系统软件一般都是由计算机厂商提供的计算机系统必备的支撑软件，或者是为了方便地使用和管理计算机的各类资源而开发的软件。

（1）操作系统。操作系统是对计算机系统的全部硬件和软件资源进行统一管理、统一调度、统一分配的系统软件。操作系统是软件的核心，它把硬件资源潜在的功能以一系列命令的形式提供给用户，成为用户与计算机硬件的接口；同时又是其他软件开发的基础，其他的系统软件和应用软件必须在操作系统的支持下才能合理调度工作流程，因而才能正常工作。

（2）语言处理程序。语言处理程序主要有汇编程序、编译程序、连接程序和解释程序等。计算机只能接受 0 和 1 组成的代码，即机器语言程序。用高级语言编写的程序必须经过"翻译"形成机器语言程序，计算机才能执行。语言处理程序就是完成这种翻译的软件。

（3）编辑程序与链接装配程序。编辑程序能提供便于使用的编辑环境，使用户可以任意建立、修改程序文件和数据文件等，如 Windows 环境下的"记事本"。链接装配程序则将一个或多个目标程序模块进行链接，组合成一个可执行程序文件，如 link、Turbo C 中的 tlink 程序、诊断程序、调试程序、监控程序能检查出程序中的错误的程序。诊断程序用来帮助系统管理员或程序员确定故障位置，以便及时维护；调试程序用来跟踪程序的执行，以便控制程序用于分配、管理主机和外设的操作，分析并响应用户命令，实现人机联系和监控。

2．应用软件

用户为解决某一特定问题而设计、开发的软件称为应用软件。由于计算机软件的迅速发展，软件逐步标准化、模块化，一般把解决各类特别问题的应用程序的组合称为软件包。

（1）文字处理。文字处理是对字、词、文稿处理的总称，文字编辑是文字处理的基本内容。用计算机编辑文稿，具有方便、快捷、灵活和可重用的优点。常见的中文处理软件有 WPS、Red Office、中文 Word 等，它们都采用全屏幕编辑，并提供联机帮助及丰富的图文处理功能。

（2）表格处理。表格处理是指对文字数据的表格进行编辑计算、存储、打印等操作。表格处理软件可以在表格单元中输入字符、数字或公式，可进行排序、统计、计算。常见的表格处理软件有 Lotus-1-2-3、Excel、CCED、华表 2003 等。

（3）图形处理。图形处理是指对各类图形进行修补、填色、投影、编辑等。可以把一幅照片美化，改变其背景、前景、光线而得到另外的效果，常见的图形处理软件有 Photoshop、Paint Shop 等。

（4）计算机辅助软件。计算机可以用于任何领域，代替人们做重复性的、繁重的工作，或者辅助人们以便更好、更快地完成任务。这种辅助人们完成某项任务的软件称为计算机辅助软件。计算机辅助软件种类很多，有应用于教育的，有应用于生产的，有应用于设计的，也有应用于日常生活的。下面列举一些这类软件。

① 计算机辅助设计（Computer Aided Design，CAD）是利用计算机的图形处理功能进行各种工程、产品等设计的应用软件，应用领域非常广泛。常见的计算机辅助设计软件有 AutoCAD、电路设计软件、服装设计软件等。

② 计算机辅助制造（Computer Aided Manufacturing，CAM）是利用计算机对生产设备进行程序化控制和操作处理的软件。把 CAD、CAM、CAT（计算机辅助测试）集成在一起，可形成高度自动化的系统。

③ 计算机辅助教学（Computer Aided Instruction，CAI）是用来完成课程的授课、提问、解题、考试等的专用软件。目前这类软件非常多，效果也非常好。

应用软件不仅仅只有这些，这里只列举了几个方面。随着计算机的普及与发展，计算机应用软件的种类将更加丰富。

2.2 微型计算机硬件系统

微型计算机简称微机，具有体积小、重量轻、功耗小、可靠性高、对使用环境要求不严格、价格低廉和易于成批生产等特点，是目前计算机中使用最广泛、市场占有率最高的一类计算机。微型计算机系统也包括微型计算机硬件系统和微型计算机软件系统两大部分。

一台微机的硬件系统主要由主机和外部设备两大部分组成。

2.2.1 微型计算机的硬件结构

微型计算机的硬件结构也遵循冯·诺依曼计算机的基本思想。一般微型计算机都采用如图 2.3 所示的典型结构，它由中央处理器（CPU）、存储器和输入/输出接口等集成电路组成，各部分之间通过总线连接，从而实现信息交换。

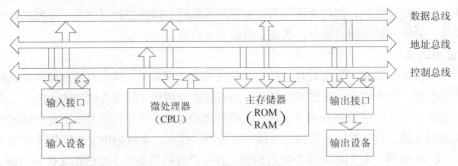

图 2.3 计算机总线结构

总线就是系统部件之间传递信息的一组公共信息传输线路，由数据总线、地址总线和控制总线3 部分组成。它们在物理上布置在一起，但工作时各司其职。总线可以单向传输数据，也可以双向传输数据，并能在多个设备之间选择出唯一的源地址和目的地址。在总线上一次能并行传输的二进制位数定义为总线的宽度。例如，32 位总线一次能传送 32 位，64 位总线一次能传送 64 位。早期的微机采用的是单总线结构，目前较先进的微机采用的是面向 CPU 或面向主存的 3 总线结构。

2.2.2 主机

通常把主板、CPU、内存和输入/输出设备接口等组件构成的子系统称为主机，即主机中包含了输入/输出设备以外的所有电路部件，是一个能够独立工作的系统。主机箱一般由特殊的金属材料和塑料面板制成，具有防尘、防静电、防干扰等作用，是微机最重要的组成部分。主机箱内主要有主板、CPU、内存、硬盘、光驱以及电源等设备。主机箱的内部结构如图2.4 所示。

图 2.4 主机箱的内部结构

1. 主板

主板（Main Board），又称为主机板、母板或系统板，是安装在机箱内最大的一块方形电路板，上面安装有微机的主要电路系统。主板的类型和档次决定着整个微机系统的类型和档次，主板的性能影响着整个计算机系统的性能。在主板上安装有控制芯片组、BIOS 芯片和各种输入/输出接口、键盘和面板控制开关接口、指示灯插接件、扩充插槽等元件。CPU、内存插接在主板的相应插槽中，驱动器、电源等硬件连接在主板上。主板上的接口扩充插槽用于插接各种接口卡，这些接口卡扩展了微机的功能。常见接口卡有显卡、声卡、网卡等。现在的主板已经把许多设备的接口卡集成在上面了，如音频接口卡（声卡）、显示接口卡（显卡）、网络接口卡（网卡）、内置调制解调器（Modem）等，使用这样的主板就没有必要另配单独的接口卡了。但是，这种集成式的主板也存在一些诸如部分集成"卡"性能不高、容易损坏、不易升级等弊端。另外，在主板上还可以看到很多铜线缠绕的线圈，这些线圈叫电感。电感主要分为磁芯电感和空心电感两种，磁芯电感电感量大，常用于滤波电路；空心电感电感量较小，常用于高频电路。主板的外观如图 2.5 所示。

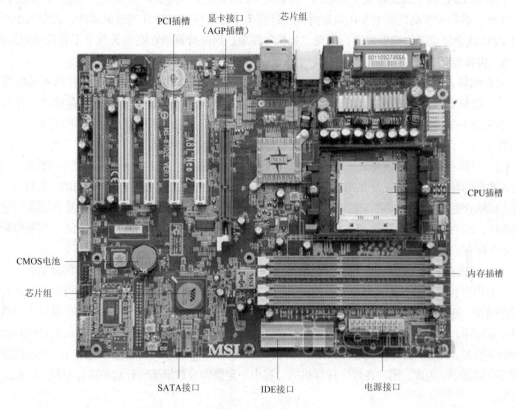

图 2.5　主板俯视图

2. CPU

CPU（Central Processing Unit，中央处理器）通常也称为微处理器，安装在主板上的专用插槽内，是整个计算机系统的核心，也是系统最高的执行单位，所以常被人们称作计算机的心脏。CPU 实际上是一个电子元件，它的内部由几百万个晶体管组成，可分为控制单元、逻辑单元和存储单元 3 大部分。CPU 的工作原理为控制单元识别输入的指令后，将其送到逻辑单元进行处理形成数据，然后再送到存储单元里，最后等着交给应用程序使用。

CPU 的性能好坏直接影响微型计算机的性能，因此它的性能指标十分重要。CPU 主要的性能指标包括：主频、外频、倍频、内部缓存、地址总线宽度和字长。从计算机使用的 CPU 型号标注也可以区分整台计算机的大致性能。如 P4 3.6、赛扬 2.4、Duron1.8 等，其中 P（奔腾）、赛扬、Duron 是 CPU 的商标，数字 4 指奔腾第 4 代，后面的数字 3.6，2.4，1.8 是指 CPU 的主频。CPU 的外观如图 2.6 所示。

图 2.6　英特尔® 酷睿™ 双核处理器的外观

现在的 CPU 由于线路集成度非常高，功率又大，因此在工作时会产生大量的热量。为保证 CPU 正常工作，必须配置高性能的专用风扇降温。计算机工作时应该有较好的通风条件，否则当散热不好时 CPU 就会停止工作或者烧毁，出现"死机"现象。因此计算机在高温天气下不宜长时间工作。

3. 内存储器

内存储器是直接与 CPU 相联系的存储设备，是微型计算机工作的基础。内存储器虽然容量不大，一般只有几百 MB 到几 GB，但速度非常快。CPU 工作需要的数据事先都存放在内存储器中，不断地根据需要取用。微型计算机的内存储器是由半导体器件构成的。从使用功能上分，内存储器有只读存储器（ROM）、随机存储器（RAM）和高速缓冲存储器（Cache）3 类。

（1）只读存储器。顾名思义，只读存储器（Read Only Memory，ROM）就是只能读出数据，而不能写入数据的存储器。ROM 中的数据是由设计者和制造商事先编制好固化在计算机内的一些程序，使用者不能随意更改。ROM 中存储的程序主要用于检查计算机系统的配置情况并提供最基本的输入/输出控制程序，如存储 BIOS 参数的 CMOS 芯片。只读存储器最大的特点是存储的程序数据不会因断电而丢失，永久保存。

（2）随机存储器。随机存储器（Random Access Memory，RAM）是计算机工作的存储区，一切要执行的程序和数据都要装入该存储器内。根据需要可以从随机存储器中读出数据，可以将数据写入随机存储器。通常说的 256MB 内存指的就是 RAM 的容量。RAM 有两大特点：一是存储器中的数据可以反复使用，只有向存储器写入新数据时存储器中的内容才能更新；二是存储器中的信息随着计算机的断电消失。RAM 是计算机处理数据的临时存储区，如果希望数据长期保存起来，必须将数据保存到外存储器中。为此，用户在操作计算机的过程中一定要养成数据随时存盘的良好习惯，以免断电时丢失。

随机存储器可以分为静态随机存储器（Static RAM，SRAM）和动态随机存储器（Dynamic RAM，DRAM）两大类。DRAM 的特点是集成度高，主要用于大容量内存储器；SRAM 的特点是存取速度快，主要用于高速缓冲存储器。现在微机的内存储器都采用 DRAM 芯片构成的内存，其可以直接插到主板的内存插槽上，内存与插槽接触的部分，行话称为"金手指"。微机中动态存储器主要有同步动态随机存储器（Sychronous Dynamic RAM，SDRAM）、双倍速率同步动态随机存储器（Double Data Rate SDRAM，DDR SDRAM）。其中 DDR SDRAM（简称 DDR）占据了内存的主流市场，而 SDRAM 因处理器前端总线的不断提高，已经无法满足新型处理器的需要了。DDR 内存的外观如图 2.7 所示。

（3）高速缓冲存储器。高速缓冲存储器（Cache）是指在 CPU 与内存之间设置一级缓存 L1 或二级缓存 L2 高速小容量存储器，集成在 CPU 内。在计算机工作时，系统先将数据通过外部设备读入 RAM 中，再由 RAM 读入 Cache 中，CPU 则直接从 Cache 中取数据进行操作。设置高速缓冲存储器的目的就是为了解决 CPU 数据处理的速度与 RAM 数据处理的速度不匹配的问题，因为 CPU 数据处理的速度比 RAM 快。

图 2.7　DDR 内存的外观

4. 驱动器

微型计算机的外存储介质常用的有软磁盘、硬磁盘、光盘、移动硬盘及 U 盘等。其中软磁盘、硬磁盘、光盘上数据信息的读/写必须通过磁盘驱动器或光盘驱动器才能实现。

磁盘驱动器（Disk Driver）是以磁盘作为记录信息媒体的存储设备，其读取、写入和存储的信息在软盘或硬盘的存储媒体上。磁盘驱动器由磁头、磁盘、读写电路及机械装置等组成。磁盘驱动器既是输入设备又是输出设备，有软盘驱动器和硬盘驱动器两种。其中硬盘驱动器是封装在硬盘中的一个组件，是计算机的主要部件之一。

光盘驱动器又简称光驱，英文名为 CD-ROM，是读取光盘信息的设备。与磁盘驱动器不同，它没有读/写磁头，只是把激光光束凝聚成一个光点，进行阅读操作。光盘存储设备的容量比磁性介质要多十几倍，甚至还可以增加密度，进一步增加存储容量。光驱的结构主要包括激光头、旋转转盘、控制器和一组信号操作系统。光驱的接口一般分为 IDE、EIDE、SCSI 和并行口 4 种，其中 EIDE 是中低档驱动器采用的标准，SCSI 是高档驱动器的接口，而外置式 CD-ROM 一般通过 USB 与主机相连。光驱的外观如图 2.8 所示。

图 2.8　光盘驱动器的外观

随着多媒体计算机的兴起，光驱的需求越来越大，品种也越来越多，主要有以下几种类型。

① CD-ROM（Compact Disk Read Only Memory）：只能读取光盘上的数据。CD-ROM 光驱最重要的性能指标之一是光驱的"倍速"，该指标反映的是光驱的传输数据的速度大小。"单倍速"是指每秒从光驱中读取 150MB 数据，目前市面上的光驱已经达到 52 倍速甚至百倍速。

② DVD-ROM（数字视频光驱）：用于读取 DVD 光盘上的数据，并且它可以兼容读取 CD 光盘上的数据。

③ CD-R 刻录机：不仅能读光盘，还可以刻写光盘，但是刻盘后盘中的数据不可更改，光盘也是一次性的。

④ CD-RW 刻录机：不仅能读光盘，还可以刻写光盘，而且能够在同一张可擦写的光盘上进行多次数据擦写操作。

⑤ DVD 刻录机：包括 DVD-R 刻录机和 DVD-RW 刻录机两种，既可以读取 DVD/CD 碟片，也可以刻写 DVD 碟片。

目前常见的普通 CD-ROM 光驱有 40 倍速、44 倍速、52 倍速等；DVD 光驱有 4 倍速、16 倍速等。

5. 各种接口

如图 2.9 所示是主板后面提供的一组标准接口，用于连接各种标准设备。下面分别做简单介绍。

鼠标接口

声卡接口

键盘接口　　　RS232　　　并口　　　USB接口　网卡接口

图 2.9　主板后面标准接口

（1）键盘、鼠标接口。键盘、鼠标接口是专用接口，两者形状完全相同，但连接时绝对不能混淆。通常用紫色表示键盘接口，用绿色表示鼠标接口。

（2）并行口。并行口一般用于连接打印机等设备，具有较高的数据传输速率。所谓"并行"是指 8 位数据同时通过并行线进行传输，这样数据传输速率大大提高。但并行传输的线路长度受到限制，因为长度增加，干扰就会增加，容易出错。常用的并行口有 LPT1、PRN 口，有的计算机还配有多个并行口。

（3）串行口。外置调制解调器通常连接在串行口中，它的数据和控制信息是一位接一位的串行下去的。这样，其传输速率相对于并行口来说要低一些，但传送距离较并行口更长，因此长距离的通信应使用串行口。

（4）USB 口。USB 口是近几年由 Microsoft、Intel、IBM 等大公司共同推出的一种新型接口，具有速度快、即插即用等特点。开发 USB 口的目的就是要替代速度较慢的串行通信接口，进而取代并行口。USB 口分 1.1 和 2.0 两种标准，分别可提供 12Mbit/s 和 480Mbit/s 的传输速率。现在符合 USB 口的设备越来越多，如喷墨打印机、扫描仪、键盘、鼠标、数码相机、移动硬盘、手机充电器等都有被设计为该类接口的设备。

（5）音频接口。音频接口是由集成了音频适配器（声卡）的主板所提供的接口。这种声卡通常为 AC97，提供 3 个接口，分别用于音频输出、音频输入和麦克风输入。

（6）硬盘接口。硬盘接口是硬盘与主机系统之间的连接部件，作用是在硬盘缓存和主机内存之间传输数据。不同的硬盘接口决定着硬盘与计算机之间的连接速度，在整个系统中，硬盘接口的优劣直接影响着程序运行快慢和系统性能好坏。从整体的角度上，硬盘接口分为 IDE、SCSI、SATA 和光纤通道 4 种。IDE 接口的硬盘多用于家电产品中，部分也用于服务器；SCSI 接口的硬盘则主要应用于服务器市场；光纤通道只用于高端服务器上，价格昂贵；SATA 是一种新生的硬盘接口类型，用于各种计算机的主流市场。

（7）电源。电源是为计算机中所有的部件提供电能的装置。质量差的电源不仅不能保证整个计算机系统的稳定性，而且会影响其他部件的使用寿命，因此不能忽视电源的质量。电源的外观如图 2.10 所示。

（8）风扇。风扇用于解决主机箱的散热问题，以免因温度过高而烧坏 CPU。风扇的外观如图 2.11 所示。

图 2.10　电源的外观　　　　　　　　　　　图 2.11　风扇的外观

2.2.3　输入设备

外部信息与计算机的接口称为输入设备。输入设备用于将程序和数据输入到计算机内存。

目前通用的输入设备包括键盘、鼠标、扫描仪、数字化仪、触摸屏、数码相机和数码摄像机等。

1. 键盘

键盘是实现人机对话最基本的输入设备，同时也是计算机与外界交换信息的主要途径。知名度较好的键盘有宏基、罗技、LG、双飞燕、爱国者等。

键盘的种类可以按以下几种方式划分。

按照键盘键数区分，目前常用 101 键键盘和 104 键键盘。

按照键盘的内部结构区分，通常包括机械式键盘和电容式键盘。

① 机械式键盘：按键全为触点式，每个按键就像一个按钮式的开关，按下去后，金属片就会和触点接触而连通电路。缺点是击键声音大、手感差、磨损快、故障率较高；优点是较易维修。

② 电容式键盘：利用电容器电极间的距离变化来产生电容的电量变化，实现非接触的电流变化来对应不同的按键，是目前广泛使用的一种键盘。其优点是按键开关采用封闭式包装、击键声音小，手感较好、使用寿命长，工作过程中不会出现接触不良等问题，灵敏度高，稳定性强；缺点是不容易维修。

按照功能划分，可将键盘分为主键盘区，功能键区，编辑控制键区和小键盘区 4 个大区，另外在键盘的右上方还有 3 个指示灯，如图 2.12 所示。

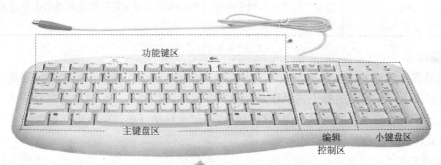

图 2.12　键盘区域划分

① 功能键区：是位于键盘上部的一排按键。从左到右分别是【Esc】键，一般起退出或取消作用；F1~F12 共 12 个功能键，一般用作"快捷键"；【Print Screen】键，在 DOS 环境下，其功能是打印整个屏幕信息，在 Windows 环境下，其功能是把屏幕显示作为图形存到内存中，以供处理；【Sroll Lock】键，在某些环境下可以锁定滚动条，在右边有一盏 Sroll Lock 指示灯，亮着表示锁定；【Pause/Break】键，用于暂停程序或命令的执行。

② 主键盘区：只要是由字母键、数字键、符号键和制表键等组成，其按键数目及排列顺序与标准英文打字机基本一致，通过主键盘区可以输入各种命令，但一般是和编辑控制键区一起用于文字的录入和编辑。

③ 编辑控制键区：主要用于控制光标的移动。

④ 小键盘区：又称副键盘区或数字键区，是为提高数字输入的速度而增设的，由打字键区和编辑控制键区中最常用的一些键组合而成，一般被编制成适合右手单独操作的布局。只有一个【Num Lock】键是特别的，它是数字输入和编辑控制状态之间的切换键。当【Num Lock】键指示灯亮着的时候，表示副键盘区正处于数字输入状态；反之则正处于编辑控制状态。

计算机键盘中几种键位的功能说明见表 2.1。

表 2.1　　　　　　　　　　　计算机键盘中几种键位的功能说明

键　位	功　能　说　明
【Enter】键	回车键。将数据或命令送入计算机时即按此键
【Space】键	空格键。是主键盘区的中下方的长条键
【Backspace】键	退格键。由于它可使光标回退一格，常用于删除当前行中的错误字符
【Shift】键	换档键。由于整个键盘上有 30 个双字符键，即每个键面上标有两个字符，并且英文字母还分大小写，因此通过此键可以转换。在计算机刚启动时，每个双字符键都处于下面的字符和小写英文字母的状态
【Ctrl】键	控制键。一般不单独使用，通常和其他键组合成复合控制键
【Alt】键	交替换档键。它与其他键组合而成特殊功能键或复合控制键
【Tab】键	制表定位键。一般按下此键可使光标移动 8 个字符的距离
【PrtSc】（Print Screen）键	打印屏幕键。把当前屏幕显示的内容全部打印出来
光标移动键	用箭头↑，↓，←，→分别表示上，下，左，右移动光标
屏幕翻页键	【PgUp】（Page Up）键，翻回上一页；【PgDn】（Page Down）键，翻至下一页
双态键	包括【Ins】键和 3 个锁定键。【Ins】键的双态是插入状态和改写状态；【Caps Lock】键是字母状态和锁定状态；【Num Lock】键是数字状态和锁定状态；【Scroll Lock】键是滚屏状态和锁定状态

2. 鼠标

鼠标是图形界面的操作系统中不可缺少的输入设备，可以代替键盘的大部分功能。鼠标对应于显示器屏幕上一个特定的标识，当在桌面上平移鼠标时屏幕上的标识也会跟着移动，这个标识在屏幕不同区域会有不同的形状，用户可以通过定位、移动、单击、双击、拖曳的功能操作控制计算机完成相应的工作。

鼠标的工作原理是将鼠标移动方向，位移和键位信号编码后输入计算机，以确定屏幕上光标的位置，实现对计算机的操作。

从工作原理来分，鼠标有光电鼠标和机械式鼠标两大类。光电鼠标具有定位准，不易脏，寿命长等优点，适用于图形环境，但是价位较高。鼠标还有单键，双键和三键之分。目前市场上又出现了一些较新颖的鼠标，例如无线鼠标、3D 鼠标、蓝牙鼠标等。与键盘配套使用，知名度较好的鼠标有宏基、罗技、LG、双飞燕、雷柏、微软等。各种鼠标的外观如图 2.13 所示。

按鼠标接口类型可分为串行鼠标、PS/2 鼠标、总线鼠标、USB 鼠标、蓝牙鼠标、无线鼠标等几种。串行鼠标是通过串行口与计算机相连，有 9 针接口和 25 针接口两种；PS/2 鼠标通过一个 6 针微型 DIN 接口与计算机相连，它与键盘的接口非常相似，使用时注意区分；其他类型鼠标属于"即插即用"型。

3. 扫描仪

扫描仪是计算机输入图片和文字使用的一种输入设备，它内部有一套光电转换系统，可以将彩色图片、印刷品等各种图片信息自动转换成计算机图像数据，并传送给计算机，再由计算机进行图像处理、编辑、存储、打印输出或送给其他设备。

扫描仪的外观如图 2.14 所示。

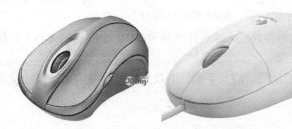 

图 2.13　鼠标的外观　　　　　　　　图 2.14　扫描仪的外观

按色彩来分，扫描仪分为单色和彩色两种；按操作方式来分，可以分为手持式和台式扫描仪。扫描仪的主要技术指标有分辨率、灰度级、色彩数、扫描速度、扫描幅面等。

4. 其他输入设备

除了以上介绍的常用输入设备外，还有许多其他的输入设备，如图 2.15 所示。

摄像头、录音笔、数码相机
图 2.15　其他输入设备

① 手写笔：手写笔一般是使用支一专门的笔或者手指在特定的区域内书写文字。手写笔通过各种方法将笔或者手指走过的轨迹记录下来，然后识别为文字。对于不喜欢使用键盘或者不习惯使用中文输入法的人来说这是非常有用的，因为它不需要学习输入法。同时手写笔还具有鼠标的作用，可以代替鼠标操作 Windows，并可以用于精确制图，例如可用于电路设计、CAD、图形设计、自由绘画以及文本数据的输入等。手写笔一般都由两部分组成，一部分是与计算机相连的写字板，另一部分是在写字板上写字的笔。写字板由连接线接在计算机的串行口，有些还要使用键盘获得电源，即将其上面键盘口的一头接键盘，另一头接计算机的 PS/2 输入口。

② 摄像头：摄像头可以作为数码摄像机的另一种形式，一般它没有存储功能，而是需要直

接与计算机连接，将摄像结果即时保存到计算机中去。使用摄像头可以和远隔万里的朋友进行面对面的交流，也可以组建可视电话网络等，把自己或者当前情况传给计算机另一端的朋友。

③ 麦克风和音箱：麦克风的作用就是采集声音信息，送入声卡;而音箱则是发声设备，根据从声卡送来的声音电信号，发出相应的声音。

④ 录音笔：录音笔是一种声音录入设备，它可以采集声音并存储成声音文件，其作用有点类似于数码照相机，只是采集的对象不同。

⑤ 数码相机：数码相机（Digital Camera，DC）又叫数字式相机，是集光学、机械、电子于一体的产品。它集成了影像信息的转换、存储和传输等部件，具有即时拍摄，图片数字化存储、浏览简便、与计算机交互处理等特点。数码相机的核心是成像感光器件，它代替传统相机的"胶卷"。当感光器件表面受到光线照射时，能把光线转换成电荷，通过模/数转换芯片转换成数字信号，所有感光器件产生的信号加在一起，就构成了一幅完整的画面，数字信号经过压缩后由相机内部的闪存和内置硬盘卡保存。

数码相机的种类繁多，性能各不一样。它的主要性能参数如下。

● 像素数目。像素数目有 100 万、300 万、500 万、1000 万等。像素数目越多，所获得的图片分辨率越高，质量也越好，但需要更多的存储空间，价格相应也越贵。

● 感光器件。感光器件是数码相机的关键部件。成像部件主要有 CCD 原件和 CMOS（互补金属氧化物导体）器件。

除以上提到的常用输入设备外，也可以把话筒、游戏手柄、游戏摇杆等设备当作计算的输入设备，使用它们向计算机输入各种信息。

2.2.4 输出设备

输出设备用于将计算机处理后的结果信息，转换成外界能够识别和使用的数字、字符、声音、图形等信息形式。常用的输出设备有显示器、打印机、绘图仪、音响设备等。当然，有些设备可以作为输入设备，又可以作为输出设备。例如软盘驱动器，硬盘，磁带机等。

1. 显示器

计算机的显示系统由显示器与显示控制适配器两部分组成。显示器（Display）是微机中重要的输出设备，其作用是将电信号转换成可以直接观察到的字符、图形或图像。用户通过它可以很方便地查看送入计算机的程序、数据、图形等信息及经过计算机处理后的中间结果和最后结果。显示控制适配器又称为显示接口卡（简称显卡，或叫图形加速卡），插在主板的扩展槽上，是主机与显示器之间的接口，其基本作用是控制计算机的图形输出。有的计算机显卡集成在主板上。

显示器按其显示内容可分为图形显示器、图像显示器和文字显示器；按显示色彩的颜色可分为单色显示器和彩色显示器（分辨率高）；按显示设备所用的显示器件的不同可分为阴极射线管显示器（CRT）、液晶显示器（LCD）、等离子显示器（PDP）和发光二级管显示器（LED）等类型；按其扫描方式可分为光栅扫描显示器和随机扫描显示器；按分辨率高低可分为高分辨率显示器、低分辨率显示器和中分辨率显示器；根据显示管对角线的尺寸分为 17 英寸、19 英寸、22 英寸、24 英寸等几种，尺寸越大，显示的有效范围就越大。对于一般的计算机，有专家认为，17 英寸显示器最符合人眼视力的特点。生产显示器的著名制造商有三星、LG、索尼、飞利浦、明基、现代、AOC 等。

目前，液晶显示器凭借节能和辐射少等优势逐步取代阴极射线管显示器（CRT），但 CRT 也有其使用的场合。各类显示器的外观如图 2.16 所示。

图 2.16　显示器的外观

特别值得一提的是显示器必须配置相匹配的适配器（俗称显卡）才能取得良好的显示效果。

2. 打印机

如果要把显示的内容输出到纸张上，就必须使用打印机。通过打印机可以把计算机处理的信息，包括文本、图像等输出到纸张或其他介质上，以便保存与传播。所以，打印机也是计算机的重要输出设备。常见的打印机如图 2.17 所示。

打印机作为重要的计算机输出设备，其种类繁多。根据不同的分类标准，打印机的分类情况描述如下。

① 根据工作原理分类，有针式打印机、喷墨打印机、激光打印机 3 种。

图 2.17　各种打印机

● 针式打印机是较早的一类打印机，其工作原理是用一排针头把色带上的颜色按点图模式击打在纸上形成文字或图案。其优点是耗材便宜，可使用连续纸张；缺点是噪声大、速度不够快。针式打印机按打印头上针的多少可分为 9 针式和 24 针式等类型。

● 喷墨打印机的工作原理有些类似于针式打印机，只是把针式打印机的打印头换成了喷墨头，色带换成了墨盒装在喷墨头后，按点阵图模式在纸张上喷出图案墨点然后烘干就可以了。这种打印机价格低廉，但是速度慢、耗材贵，适合于打印量不多的家庭使用。喷墨打印机属于单页式打印机。

● 激光打印机采用静电原理将墨粉烫印在纸张上，因此对纸的质量要求比较高。它的优点是速度快，打印效果非常好；缺点是价格太高，特别是彩色激光打印机。

② 根据色彩分类，有彩色和单色之分。目前常见的针式打印机和激光打印机基本上都是单色（黑色）打印机，其在办公室中普及率高。在家庭中使用较多的是彩色喷墨打印机。

③ 根据打印纸张宽度和纸张大小分类，针式打印机有宽行和窄行之分。当使用专用纸时，针式打印机可连续打印达几十米长的文字图案；根据打印纸张大小分类，常见的是 A4 幅面打印机，此外还有 A3 幅面和专业单位使用的 A1、A2 以及更大幅面的打印机。

3. 音箱

音箱是将音频信号变换为声音的一种设备。通俗地讲，就是指音箱主机箱体或低音炮箱体内自带功率放大器，对音频信号进行放大处理后由音箱本身回放出声音。音箱的外观如图 2.18 所示。

图 2.18　音箱的外观

音箱由扬声器、箱体、分频器 3 部分组成。音箱的分类方法很多，按使用场合可分为专业音箱与家用音箱两大类；按放音频率可分为全频带音箱、低音音箱和超低音音箱；按用途可分为主放音音箱、监听音箱和返听音箱等；按箱体结构可分为密封式音箱、倒相式音箱、迷宫式音箱、声波管式音箱和多腔谐振式音箱等。

2.2.5　存储器

计算机的存储器由两部分组成——内存储器和外存储器。内存储器最突出的特点是存取速度快，存储容量小；外存储器的特点是存取速度慢，存储容量大。内存储器用于存放当前要用的程序和数据；外存储器用于存放暂时不用的程序和数据。内存储器和外存储器之间常常频繁地交换信息。需要指出的是，外存储器只能与内存储器交换信息，不能被计算机系统的其他任何部件直接访问。外存储器也称为辅助存储器，用于长期存放数据信息和程序信息。外存储器分为磁介质型存储器和光介质型存储器两种，磁介质型存储器常指硬盘和软盘（已淘汰）；光介质型存储器则指光盘。

1. 软盘

软磁盘存储器简称软盘，是一种在软质基片上涂有氧化铁磁层的记录介质，其封装在方形保护套内。软盘驱动器的磁头与盘面是在接触状态下工作的，因而转速很低。早期软盘盘径为 8 英寸（1 英寸＝2.54cm），后来发展成 5.25 英寸，现在又广泛采用 3.5 英寸软盘。3.5 英寸软盘的外形结构如图 2.19 所示。

软盘具有以下一些技术指标。

① 面数（Side）：只能用一面存储信息的软盘称为单面软盘，且称此面为第 0 面。可用两面存储信息的软盘称为双面软盘。两面分别称为第 0 面和第 1 面。

② 磁道（Track）：磁道是以盘片中心为圆心的一些同心圆轨道。每一圆周称为一个磁道，各磁道与中心的距离不等。数据是存储在软盘盘片的磁道上的。3.5 英寸软盘有 80 个磁道，磁道的编号从 0 开始，即 0～79 道。

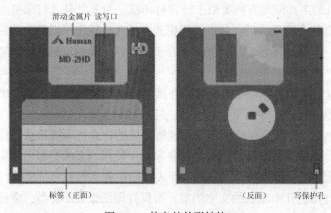

图 2.19　软盘的外形结构

③ 扇区（Sector）：将每个磁道分成若干个区域，每一个区域称为一个扇区。扇区是软盘的基本存储单位。计算机进行数据读/写时，无论数据多少，总是读/写一个完整的扇区或几个扇区。每个磁道上的扇区数可为 8、9、15 或 18，扇区编号从 1 开始。每个扇区为 512B。图 2.20 所示是3.5 英寸双面高密软盘上磁道分布情况的示意图，图中有 80 个磁道，每个磁道有 18 个扇区，总的存储容量为 1.44MB。

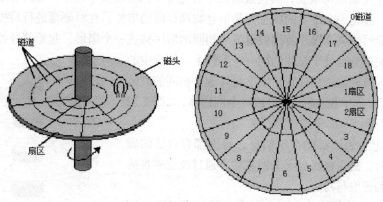

图 2.20 软盘的磁道分布

④ 存储容量：存储容量指软盘所能存储的数据字节总数，常用千字节（KB）、兆字节（MB）或吉字节（GB）来表示。软盘存储容量可用下式计算。

存储容量 = 字节数/扇区 × 扇区数/道 × 磁道数/面 × 面数

例如，一张双面软盘，有 80 个磁道，18 个扇区/道，其格式化存储容量为：

$$512 \times 18 \times 80 \times 2B = 1\,474\,560B \approx 1.44MB$$

2. 硬盘

硬盘是计算机中利用磁记录技术在涂有磁记录介质的旋转圆盘上进行数据存储的辅助存储器。操作系统、各种应用软件和大量数据都存储在硬盘上。硬盘是磁存储器，不会因为关机或停电丢失数据。它具有容量大、数据存取速度快、存储数据可长期保存等特点，是各种计算机安装程序、保存数据的最重要存储设备。决定普通硬盘速度的主要因素是转速，常见的有 3 类：5 400r/min、7 200 r/min 和 10 000 r/min，转速越快，速度越高。硬盘也有自己的缓存，缓存越大，性能越好，常见的有 8MB、16MB 等几种。近年来，硬盘容量提高得很快，现在已达到 1.5TB，当前主流容量是 500GB。

（1）硬盘的信息存储结构。硬盘驱动器和硬盘是作为一个整体密封在防尘盘盒内的，不能将硬盘从硬盘驱动器中取出，如图 2.21 所示。

图 2.21 硬盘的外观

硬盘由若干张质地较硬的涂有磁性材料的金属圆形盘片叠加而成，单一硬盘盘片是表面涂有磁性材料的无磁性的合金或塑料材料，呈圆盘状，像一个表面极为光亮的金属盘。磁盘上有上千个磁道，呈同心圆排列。磁道由外至内编号为0号磁道、1号磁道、2号磁道……每个磁道构成一个密闭圆环，并被平均分为若干个扇区。一个扇区存储数据为512B。扇区也有编号，称为1扇区、2扇区……

硬盘上若干个扇区构成簇，簇包含扇区个数的多少视硬盘大小而定。硬盘容量大则扇区个数多，反之就少。簇是一个重要的概念，是信息物理存储的单位。在对硬盘进行写操作时，上一个簇写满了，才能写下一个簇。所用磁道编号相同的扇区构成一个扇形，起始部分处于盘片的同一条半经上，结束部分也处于盘片的同一条半径上。硬盘中的多个磁盘片像一摞光盘一样放置，上下盘片编号相同的磁道和扇区必须重合，都串在主轴上，形成一个圆柱体，如图2.22所示。

每个盘片上下表面都能存储信息，每面都有自己的磁头，读写硬盘时，磁头在磁盘上来回移动，通过改变磁盘的磁性进行数据的读取与写入。

磁性圆盘高速旋转产生的托力使磁头悬浮在盘面上而不接触盘面，所有的磁头同步运动，某一时刻都处于对应盘片相同编号的磁道和相同编号的扇区。硬盘是按柱面号、磁头号和扇区号存取信息的，数据在硬盘上的位置通过柱面号、磁头号和扇区号3个参数来确定。

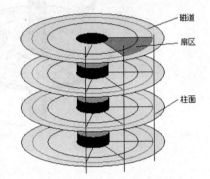

图2.22　硬盘磁道与扇区

根据盘片的以上排列规律，可以按下列公式计算硬盘的总容量。

总容量：磁头数（盘片数×2）×磁道数×扇区数×每扇区字节数（512B）

（2）硬盘的性能指标。

① 硬盘容量。硬盘容量是指在一块硬盘中可以容纳数据的容量。硬盘作为计算机最主要的外部存储器，其容量是第一性能指标，通常以GB为单位。硬盘的容量发展很迅速，已经从过去的几百MB，发展到现在的几百GB。目前主流硬盘容量有120GB，160GB和500GB等。

② 硬盘转速。硬盘转速是指硬盘的电动机旋转的速度，它的单位是r/min（Revolutions Per Minute），即每分钟多少转。硬盘转速是决定硬盘内部传输率的决定因素之一，它的快慢决定了硬盘的速度，同时也是区别硬盘档次的重要标志。目前，硬盘的转速主要有5 400r/min和7 200r/min两种。转速越快，硬盘的性能越好，较高的转速可缩短硬盘的平均寻道时间和实际读写时间。

③ 高速缓存。硬盘数据传输率可以分为内部数据传输率和外部数据传输率，通常所说的数据传输率是指外部数据传输率，数据传输率越高，硬盘性能越好。由于硬盘内部传输速度与硬盘外部传输速度目前还不能一致，必须通过缓存来缓冲。因此，高速缓存是计算机缓解数据交换速度差异使之同步的必备设备，高速缓存的大小对硬盘的传输速度有较大影响。目前主流硬盘的高速缓存主要有8MB和16MB等。其类型一般是EDODRAM或SDRAM，一般以SDRAM为主。硬盘高速缓存的工作方式是读盘时，系统检查数据是否在高速缓存中，如果存在，则直接读取数据；写盘时，系统首先将数据写入高速缓存直到磁盘空闲时才把高速缓存中的数据写入磁盘。

④ 平均寻道时间。平均寻道时间（Average Seek Time）是指硬盘在接收到读写指令后，硬盘的读写磁头在盘面上移动到数据所在磁道需要的时间，它是衡量磁盘机械能力的重要指标。平均

寻道时间越短，数据读/写速度自然就越快，表示硬盘的性能越好。目前大多数硬盘的平均寻道时间都在 9ms 左右。

⑤ 硬盘驱动器接口。硬盘驱动器接口是指连接硬盘驱动器和计算机的专用部件，它对计算机的性能以及扩充系统时计算机连接其他设备的能力有着很大的影响。不同类型的接口往往制约着硬盘的容量，更影响硬盘速度的发挥。一般按接口来分，硬盘主要有 IDE 接口、SCSI 接口、新兴的是 SATA 接口。其中 SATA 与 IDE 接口是当前硬盘的主流接口。IDE 是 Integrated Device Electronics（电子集成驱动器）的简称，是硬盘普遍采用的一种接口。它完成硬盘驱动器承担接口卡所做的工作，即编码、解码、错误校验和控制等都由硬盘承担，这样使接口卡变得简单且便宜，还解决了计算机、接口卡和硬盘之间的兼容性问题。

（3）硬盘的分区与格式化。硬盘在使用前要进行低级格式化，一般由制造商完成。只有当硬盘出现严重问题或被病毒感染时，用户才需要对硬盘重新进行低级格式化。进行低级格式化必须使用专门的软件。

对于一块新硬盘是无法立即投入使用的，必须对硬盘进行逻辑分区和格式化后才可以使用。因为硬盘的容量太大，存放的数据日积月累会非常多，此时找某个文件必然会花费很多时间。解决办法就是对硬盘进行分区，即把一块物理硬盘按柱面划分成若干个分区（区域），每个分区就可以当作一块独立的硬盘来用，用户可以把不同类型的数据存放在不同的分区内。当一个硬盘被划分成若干个分区后，第一个分区称为主分区，余下部分称为扩展分区，扩展分区再次划分后，形成若干个逻辑分区。主分区和每个逻辑硬盘都有各自对应的一个盘符，硬盘的盘符总是从 C: 开始，按顺序分配。有时，一台计算机也可以配备多个物理硬盘，每个硬盘划分分区的方法都相同，使用时 Windows 会自动给它们分配盘符。

3. 光盘

光盘是注塑成形的碳粉化合物圆盘，其上涂了一层铅质的薄膜，最外面又涂了一层透明的聚氯乙烯塑料保护层。光盘是以激光束记录数据和读取数据的数据存储媒体，是一种新型的大容量辅助存储器，需要与光盘驱动器配合使用。与软盘和硬盘一样，光盘也能以二进制数据（由 0 和 1 组成的数据模式）的形式存储文件和音乐信息。要在光盘上存储数据，首先必须借助计算机将数据转换成二进制，然后用激光按数据模式灼刻在扁平的、具有反射能力的盘片上。激光在盘片上刻出的小坑代表 1，空白处代表 0。

（1）光盘的种类。光盘的种类很多，但其外观尺寸是一致的。一般光盘尺寸统一为直径 12cm，厚度 1mm。光盘存储器按读/写方式来分，大致可分为以下 4 种类型。

① 只读光盘（Digital Audio CD，数字声音光盘）、Video CD（视频光盘）：是一次成型的产品，以 CD-ROM 为代表，用户只能读取光盘上已经记录的各种信息，不能修改或写入新的信息。只读式光盘由专业化工厂规模生产，首先要精心制作好金属原模，也称为母盘，然后根据母盘在塑料基片上制成复制盘。因此，只读式光盘特别适合大批量地制作同一种信息，非常廉价。这种光盘的数据存储量为 650～700MB。此外还有一些小直径的光盘，它们的容量在 128MB 左右。

② CD-R（CD Recordable，一次性可写入光盘）：它需要专用的刻录机将信息写入，刻录好的光盘不允许再次更改。这种光盘的数据存储量一般为 650MB。CD-R 的结构与 CD-ROM 相似，不同的是 CD-ROM 的反射层为铝膜，故称为"银盘"；而 CD-R 为金膜，故称为"金盘"。

③ CD-RW（CD-ReWritable，可擦写的光盘）：与 CD 光盘本质的区别是可以重复读/写，即对于储存在光盘上的信息，可以根据操作者的需要而自由更改、读取、复制和删除。

④ DVD（Digital Video Disc，数字可视光盘）：主要用于记录数字影像。它集计算机技术、

光学记录技术和影视技术等为一体。一张单面DVD-ROM光盘有4.7GB的容量，相当于7张CD盘片（650MB）的总容量。DVD碟片的大小与CD-ROM相同，由两个厚0.6mm的基层粘成，最大的特点之一在于可以单面存储，也可以双面存储，而且每一面还可以存储两层资料。DVD的碟片分为4种：单面单层（DVD-5），容量为4.7GB；双面单层（DVD-9），容量为8.5GB；单面双层（DVD.10），容量为9.4GB；双面双层（DVD-18），容量为17GB。

（2）光盘的特点。

① 高容量。存入的信息可以是程序、操作的数据、图形和声音信息。

② 标准化。光盘广泛应用的原因之一是产品的标准化，可在任一光盘驱动器中操作。

③ 持久性。一般来说，光盘的寿命长达数十年，甚至一百年。这是因为光盘在光驱中操作时是以非接触方式进行的，无磨损问题，也不会感染病毒。

④ 经济实用。目前，光盘驱动器与光盘价格迅速降低，光盘信息所覆盖的领域不断扩大，各种光盘出版物的种类及发行量大增。

此外，光盘还具有读取速度快、数据可靠性高、便于保存和携带、对保存环境要求不高等特点，是最适合保存多媒体数据的载体。

（3）光盘的保养。光盘必须放在专用的容器内保存而不能把它们堆放或叠放在一起。当需要把光盘放入光盘驱动器中进行阅读时，要用手指托住光盘的里、外边缘以避免指印，并且使标记面朝上，然后放入光盘驱动器的托盘。此外，还要保护光盘不受强光照射，避免将光盘存放在过热、过冷或潮湿的地方。如果光盘变脏，可用水或酒精清洗。注意不要使用玻璃清洁剂或溶剂，因为这些溶剂会使聚碳酸酯变模糊。用一块软布从中心向边缘轻轻擦拭，不能沿圆形轨边擦拭。

4. 可移动存储器

除了以上的硬盘、软盘、光盘外，现在还能见到U盘、移动硬盘等可移动存储设备。

（1）U盘。U盘即USB盘的简称，而优盘只是U盘的谐音称呼。U盘是闪存的一种，因此也叫闪盘或者闪存盘，是采用闪存（Flash Memory）存储介质和通用总线接口，以电擦写方式存储数据、制造的移动存储器。自从1999年深圳朗科公司发明U盘，开创了全球U盘行业以来，U盘就以其轻巧精致、容量大、速度快、使用与携带方便、即插即用和数据存储安全稳定、价格低等优点而很快流行起来，很多人已把U盘作为软盘的替代品。U盘一般接在USB接口上，U盘的外观如图2.23所示。

部分品牌型号的闪盘还具有加密功能。U盘的使用寿命主要取决于存储芯片的寿命，通常情况下，闪存芯片至少可擦写10万次。一般的U盘容量有512MB，1GB，2GB，4GB，8GB等几种，价格上以最常见的4GB为例，80元左右就能买到。U盘采用USB接口。操作系统是Windows2000、Windows XP、Windows 2003、Windows Vista或是苹果机系统，将U盘直接插到机箱前面或后面的USB接口上，系统就会自动识别。

U盘一般都有写保护开关，但应该在插入计算机接口之前切换，不要在工作状态下进行切换。U盘都有工作状态指示灯，当插入主机接口时，灯亮表示接通电源，当灯闪烁时表示正在读写数据。如果是两个指示灯，一般有两种颜色，一个在接通电源时亮，一个在U盘进行读写数据时亮。绝对不要在U盘的读写状态指示灯闪得飞快时拔出U盘，因为这时正在读取或写入数据，中途拔出可能会造成硬件、数据的损坏。值得注意的是备份文档时，如果U盘上的读写状态指示灯还在闪烁，不要关闭备份文档，因为那个时候备份工作还没完全结束，拔出U盘会影响备份结果。为了保护主板以及U盘的USB接口，预防变形减少摩擦，尽量使用USB延长线。U盘的存储原理和硬盘有很大出入，不用整理碎片，否则影响使用寿命。将U盘放置在干燥的环境中，不要让 U 盘口接口长时间暴露在空气中，否则容易造成表面金属氧化，降低接口敏感性。

（2）移动硬盘。移动硬盘（Mobile Hard Disk）是以硬盘为存储介质、便携性的存储设备。目前市场上绝大多数的移动硬盘都是以标准硬盘为基础的，而只有很少部分以微型硬盘（如 1.8 英寸硬盘等）为基础，但价格因素决定着主流移动硬盘还是以标准笔记本硬盘为基础。移动硬盘数据的读写模式与标准 IDE 硬盘是相同的。移动硬盘多采用 USB 和 IEEE1394 等传输速率较快的接口，以较高的速度与系统进行数据传输。移动硬盘的外观如图 2.24 所示。

图 2.23　U 盘的外观

图 2.24　移动硬盘的外观

移动硬盘的特点如下。

① 容量大：移动硬盘可以提供相当大的存储容量，是一种性价比较高的移动存储设备。当前大容量 U 盘还未问世，而移动硬盘能在用户可以接受的价格范围内，提供给用户较大的存储容量和便携性。移动硬盘能提供 80GB、120GB、160GB 等容量，一定程度上满足了用户的需求。

② 传输速率高：移动硬盘大多采用 USB 和 IEEE1394 接口，能提供较高的数据传输速率。不过移动硬盘的数据传输速率一定程度上还受到接口速度的限制，尤其在 USBl.1 接口规范的产品上，最高只能提供 12Mbit/s 的传输速率。而 USB2.0 和 IEEEl394 接口就相对好很多。

③ 使用方便：现在的计算机基本都配备了 USB 功能，主板通常可以提供 2～8 个 USB 口，一些显示器也提供了 USB 转接器，USB 口已成为个人计算机中的必备接口。USB 设备在大多数版本的 Windows 操作系统中，都可以不需要安装驱动程序，实现了真正的"即插即用"，使用起来灵活方便。

④ 可靠性提升：数据安全一直是移动存储用户最为关心的问题，也是人们衡量该类产品性能好坏的一个重要标准，移动硬盘以高速、大容量、轻巧便捷等优点赢得了许多用户的青睐，而更大的优点还在于其存储数据的安全可靠性。这类硬盘与笔记本电脑硬盘的结构类似。

（3）MP3 播放器和 MP4 播放器。简单地说，MP3 播放器就是可播放 MP3 格式的音乐播放工具。MP3 播放器本身也可以用作 U 盘，它既能存储 MP3 格式的音响文件，又可以存储任意的数字文件。MP3 播放器的外观如图 2.25 所示。

图 2.25　MP3 和 MP4 播放器的外观

MP3 是 MPEG Audio Layer 3 的简称，MPEG 压缩格式是由运动图像专家组（Motion Picture Experts Group）制定的关于影像和声音的一组标准，其中 MP3 就是为了压缩声音信号而设计的一种新的音频信号压缩格式标准。如今市面上的 MP3 播放器除听歌以外，还有视频播放、电子书、图片浏览，录音等功能，而少数一些比较特殊的 MP3 会有拍照、GPS 等功能。为需要的用户提供了高性价比的解决方案。有些 MP3 除了这些功能外还可以储存电话号码。

MP4 播放器是一种集音频、视频、网片浏览、电子书、收音机等于一体的多功能播放器，其外观如图 2.25 所示。

MP4 也叫 MPEG-4，是 MPEG 格式的一种，文档扩展名为.mp4，以储存数码音讯及数码视讯为主，是活动图像的一种压缩方式。通过这种压缩，可以使用较小的文件提供较高的图像质量，是目前最流行（尤其在网络中）的视频文件格式之一。现在对 MP4 播放器的功能没有具体界定，虽然不少厂商都将它定义为多媒体影音播放器，但它除了听看电影的基本功能外还支持音乐播放、图片浏览，甚至部分产品还可以上网。

2.3　计算机中的常用术语

本章中曾提到了数据、字长和计算机速度等计算机术语和概念。为了加深印象，本小节详细介绍以下几个计算机的术语。

1. 数据

可由计算机进行处理的对象，如数字、字母、符号、文字、图形、声音和图像等。在计算机中数据是以二进制的形式进行存储和运算的。数据共有 3 种计量单位：位、字节和字。

① 位（bit）：也称比特，是计算机存储数据的最小单位。计算机中所有的数据都是以二进制来表示的，一个二进制代码称为一位。一个二进制位只能表示一个 0 或 1。

② 字节（Byte）：数据信息存放的最基本单位称为"字节"或称为"存储单元"，是计算机处理信息的最小单位。每个字节的数据由 8 位（bit）二进制数（0 或 1）组成。从键盘上输入的每一个数字、英文字母（不分大小写）、符号占一个字节的空间，一个中文汉字占两个字节的空间。

③ 字（Word）：字是指计算机进行算术运算或数据处理的一组二进制数。一个字由若干个字节组成。每个字中所含的位数是由 CPU 的类型所决定的，如 8 位、16 位、32 位和 64 位等。通常运算器是以字节为单位进行运算的，而控制器是以字为单位进行接收和传递的。

2. 字长

字长（Word Length）是指 CPU 在单位时间内能一次处理的二进制数的位数。因此，CPU 的字长反映了计算机可处理的最大二进制数。如 Pentium 4 的 CPU 字长为 32 位，表示其能处理的最大二进制数为 2^{32}。不同等级的计算机的字长是不同的，计算机中常用的字长从最初的 4 位、8 位、16 位、32 位已经发展到现在的 64 位。

3. 存储量

存储量是指计算机存储信息的容量，是衡量计算机存储能力的一个常用各词。存储量的计量单位有 B（Byte）、KB、MB、GB、TB、PB 等。

4. 运算速度

计算机的运算速度是指每秒钟所能执行的机器指令条数，也叫做计算机的平均运算速度，单位为每秒百万条指令（简称 MIPS）或者每秒百万条浮点指令（简称 MFPOPS）。

5. 主频

主频也称为时钟频率或内频，通常用一秒钟内处理器所能发出的电子脉冲数来确定，也就是指 CPU 在单位时间内处理指令的次数，常用的单位是 MHz（每秒兆（百万）次）或 GHz（每秒吉（亿万）次）。主频是衡量 CPU 速度快慢的一个重要指标，主频的大小近似地反映了 CPU 的执行速度。如一个 Pentium 4 的主频为 1.7GHz，则表示该 CPU 每秒可执行 1.7×10^9 个操作。主频越高，CPU 的速度就越快，整机的性能就越高。

6. 外频

外频是指系统总线的工作频率，也是各种外部设备如主板、硬盘、显卡等的工作频率。由于内存速度、主板速度大大低于 CPU 的运行速度，为了能够与内存、主板等保持一致，CPU 在与外部设备通信时只好降低自己的速度，这就是外频。外频是由主板为 CPU 提供的基准时钟频率。正常情况下 CPU 总线频率与内存总线频率相同，所以当 CPU 外频提高后，与内存之间的交换速度也相应地得到提高，这对提高计算机整体运行速度影响较大。

7. 倍频

倍频是 CPU 的主频与外频之间的一个比值。即：主频 = 外频 × 倍频。在倍频一定的情况下，要提高 CPU 的速度可通过提高 CPU 的外频来实现；相反，如果在外频一定的情况下，提高倍频也可实现。有些 CPU 的主频可以超过它的标准工作频率，通过提高外频和倍频来提高系统的性能，这就是习惯上称的"超频"。但是超频会导致 CPU 的功耗增加，使 CPU 工作温度升高，甚至损坏 CPU。

习　题

一、选择题

1. 内存中每个基本单位都赋予唯一的一个序号，称为（　　　）。

　　A. 地址　　　　　　　　B. 编码　　　　　　　　C. 字节　　　　　　　　D. 容量

2. 微型计算机的键盘上（　　　）键单独使用不起作用。

　　A.【Alt】　　　　　　　B.【Ctrl】　　　　　　　C.【Shift】　　　　　　D.【Enter】

3. 在计算机运行时，把程序和数据一起存放在内存中，这是 1946 年由冯·诺依曼领导的研究小组正式提出并论证的。这个理论被称为（　　　）。

A. 计算机运行方法　　　B. 存储程序概念　　　C. 冯氏理论　　　D. 以上都对

4. 在计算机中，控制器从（　　　）中按顺序取出各条指令，分析并执行这些指令。
　　A. 运算器　　　　　　B. 内存　　　　　　C. 外存　　　　　　D. 文件

5. 计算机的发展是以（　　　）的发展为表征的。
　　A. 软件　　　　　　B. 硬件　　　　　　C. CPU　　　　　　D. 控制器

6. 微型计算机系统包括（　　　）。
　　A. 主机和外设　　　　　　　　　　　B. 硬件系统和软件系统
　　C. 主机和各种应用程序　　　　　　　D. 运算器、控制器和存储器

7. 通常所说的微型计算机的主机主要包括（　　　）。
　　A. CPU　　　　　　　　　　　　　　B. CPU 和内存
　　C. CPU，内存和外存　　　　　　　　D. CPU，内存和硬盘

8. 微型计算机中的内存储器是（　　　）。
　　A. 按二进制编址　　B. 按字节编址　　　C. 按字长编址　　　D. 按十进制编址

9. 在下列存储器中，存取速度最慢的是（　　　）。
　　A. 软盘　　　　　　B. 光盘　　　　　　C. 硬盘　　　　　　D. 内存

10. 在目前的计算机存储系统中，存取数据速度最快的是（　　　）。
　　A. RAM　　　　　　B. Cache　　　　　C. HD　　　　　　D. CD-ROM

11. 只读存储器（ROM）与随机存储器（RAM）的主要区别是（　　　）。
　　A. ROM 是辅助存储器，RAM 是外存储器
　　B. ROM 是内存储器，RAM 是外存储器
　　C. 断电后，ROM 信息会丢失，RAM 则不会
　　D. ROM 可以永久保存信息，RAM 在断电后信息会丢失

12. 为解决 CPU 和主存之间的速度匹配问题，通常采用的方法是（　　　）。
　　A. 光盘　　　　　　B. 辅存　　　　　　C. Cache　　　　　D. 辅助软件

13. 配置高速缓冲存储器（Cache）是为了解决（　　　）。
　　A. 内存与辅助存储器之间速度不匹配问题
　　B. CPU 与辅助存储器之间速度不匹配问题
　　C. CPU 与内存储器之间速度不匹配问题
　　D. 主机与外设之间速度不匹配问题

14. CPU 中有一个程序计数器（又称为指令计数器），它用于存放（　　　）。
　　A. 正在执行的指令的内容
　　B. 下一条要执行的指令的内容
　　C. 正在执行的指令的内存地址
　　D. 下一条要执行的指令的内存地址

15. 微型计算机系统最基本的输入输出模块是（　　　）。
　　A. Cache　　　　　B. BIOS　　　　　C. 硬盘接口　　　　D. 软驱接口

16. 在微型计算机系统中，最基本的输入输出模块存放在（　　　）中。
　　A. RAM　　　　　　B. ROM　　　　　　C 硬盘　　　　　　D. 寄存器

17. 在微型计算机系统中，计算机最先启动的基本程序是放在（　　　）。
　　A. RAM 中　　　　B. ROM 中　　　　C. 硬盘中　　　　D. 寄存器中

18. 主机板上 CMOS 芯片的主要用途是（　　　）。

    A. 管理内存与 CPU 的通信

    B. 增加内存的容量储存

    C. 时间、日期、硬盘参数与计算机配置等信息

    D. 存放基本输入输出系统程序、引导程序和自检程序

19. 微型计算机中内存储器的功能是（　　　）。

    A. 存储数据   B. 输入数据   C. 运算和控制   D. 输出数据

20. 不是计算机硬件系统主要性能指标的是（　　　）。

    A. 字长   B. 存储器容量

    C. 主频   D. 操作系统性能

21. 在一条计算机指令中，规定其执行功能的部分称为（　　　）。

    A. 源地址码   B. 操作码   C. 目标地址码   D. 数据码

22. 微型计算机系统采用总线结构对 CPU，存储器和外部设备进行连接。总线通常由 3 部分组成，它们是（　　　）。

    A. 数据总线、地址总线和控制总线

    B. 数据总线、信息总线和传输总线

    C. 址总线、运算总线和逻辑总线

    D. 逻辑总线、传输总线和通信总线

23. 在计算机工作过程中，将内存的信息传送到外存中的过程称为（　　　）。

    A. 写盘   B. 计算   C. 读盘   D. 输入

24. 通常所说的"32 位微型计算机"中的 32 指的是（　　　）。

    A. 微机型号   B. 内存容量   C. 存储单位   D. 机器字长

25. 下面关于显示器的 4 条叙述中，有错误的一条是（　　　）。

    A. 显示器的分辨率与微处理器的型号有关

    B. 显示器的分辨率为 1 024 像素 × 768 像素，表示屏幕水平方向每行有 1 024 个点，垂直方向每列有 768 个点

    C. 显示卡是显示系统的一部分，显示卡的存储量与显示质量密切相关

    D. 像素是显示屏上能独立赋予颜色和亮度的最小单位

二、问答题

1. 计算机系统中硬件系统和软件系统各起什么作用？

2. 计算机性能指标有哪些？各个性能指标的含义是什么？

3. 计算机内存与外存的区别和联系，各自特点是什么？

4. 微型计算机主板上的芯片组分为哪几个部分？各起什么作用？

第3章
操作系统

　　操作系统是计算机系统中最基础的必不可少的系统软件，是整个计算机系统的灵魂。一个操作系统是一个复杂的计算机程序集，它提供操作过程的协议或行为准则。没有操作系统，计算机就无法工作，就不能解释和执行用户输入的命令或程序。

　　随着计算机技术的发展，操作系统的组成越来越复杂，硬件技术、处理功能、系统集成等技术飞速发展，应用需求、应用领域日新月异，在这样的情况下，操作系统也在不断地发展。

3.1　操作系统的概念

　　操作系统（Operating System，OS）是计算机系统的重要组成部分，是一个重要的系统软件，它负责管理计算机系统的硬件、软件资源和整个计算机的工作流程。如果说 CPU 是计算机硬件的核心，是计算机系统的大脑。它就是用户与计算机之间的接口，也是计算机硬件与其他软件的接口。

3.1.1　操作系统的地位

　　根据软件的分层结构，可以将操作系统看作一个分层的软件集合，图 3.1 给出了操作系统的层次模型。图中，内核为硬件系统，它是进行信息处理的实际物理装置。最外层则是使用计算机的人，即用户。人与硬件系统之间的接口界面是软件系统，大致可分为系统软件、支撑软件和应用软件 3 层。操作系统位于系统软件这一层，因此，操作系统在计算机系统中占据着一个非常重要的地位，任何计算机系统都必须在其硬件平台上加载相应的操作系统之后，才能构成一个可以协调运转的计算机系统。只有在操作系统的指挥控制下，各种计算机资源才能被分配给用户使用。也只有在操作系统的支持下，其他系统软件如各类编译系统、程序库和运行支撑环境才能得到运行条件。没有操作系统，任何应用软件都无法运行。

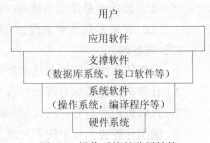

图 3.1　操作系统的分层结构

3.1.2　操作系统的定义

　　尽管操作系统这个名称诞生至今已有几十年的时间，但是到目前为止仍未有一个令人们普遍接受的、精确的定义。通常认为操作系统既是计算机系统资源的管理员，又是计算机系统用户的服务员。操作系统对资源进行管理是以提高资源利用率为目标，以给用户提供尽可能多的服务项目和最大的方便为宗旨。管理和服务的功能可用一组程序来描述，这组程序通过事件驱动以并发执行方式发挥作用，人们把这组程序称为操作系统。操作系统主要有两方面重要的作用。

1. 操作系统管理系统中的各种资源

在计算机系统中，所有硬件（如 CPU、存储器和输入输出设备等）均称作硬件资源，而程序和数据等信息称作软件资源。从微观上看，使用计算机系统就是使用各种硬件资源和软件资源。特别是在多用户和多道程序的系统中，同时有多个程序在运行，这些程序在执行的过程中可能会要求使用系统中的各种资源。操作系统就是资源的管理者和仲裁者，由它负责在各个程序之间调度和分配资源，保证系统中的各种资源得以有效的利用。

在这里，操作系统管理的含义是多层次的，操作系统对每一种资源的管理都必须进行以下几项工作。

（1）监视资源。该资源有多少（How much），资源的状态如何（How），它们都在哪里（Where），都谁在使用（Who），可供分配的又有多少（How much free），何时使用资源（When）等内容都是监视的含义。

（2）实施资源分配策略。决定谁有权限获得资源，何时获得，可获得多少，如何退回资源等。

（3）分配资源。按照已决定的资源分配策略，对符合条件的申请者分配资源，并进行相应的管理。

（4）回收资源。在使用者放弃资源之后，对该种资源进行处理，如果是可重复使用的资源，则进行回收、整理，以备再次使用。

2. 操作系统为用户提供良好的界面

一般来说，使用操作系统的用户有两类，一类是最终用户，另一类是系统用户。最终用户只关心自己的应用需求是否被满足。至于操作系统的效率是否高，所有的计算机设备是否正常，只要不影响使用，他们则一律不去关心。而后面这些问题则是系统用户所关心的，操作系统必须为最终用户和系统用户的各种工作提供良好的界面，以方便用户的工作。

用户通过输入命令使操作系统使用计算机系统。计算机通过键盘等输入设备接收用户命令。如果命令只是通过键盘传递给操作系统，那么这一操作系统采用的是字符用户界面（Character User Interface），即通常所说的命令行用户界面（Command-line User Interface，CUI）。如果操作系统的最主要输入设备是鼠标等点击设备（Point-and-click Device），那么它采用的是图形用户界面（Graphical User Interface，GUI）。有些操作系统既提供字符用户界面又提供图形用户界面，可以使用任意一种。有些操作系统采用 CUI 作为主要界面，但是允许用户运行提供 GUI 的软件。DOS、Linux 和 UNIX 等操作系统采用字符用户界面，而 Mac OS、OS/2 和 Windows 等系统采用的是图形用户界面。

尽管 GUI 让计算机更容易操作，但是它所提供的自动化设置的灵活性是很低的。GUI 还在运行任务和用户之间增加一个额外的软件层，从而降低了运行速度。相反，CUI 让用户享有完全的系统控制权，用户可以选择自己喜欢的方式来运行应用程序。另外，在 CUI 下运行任务和用户之间的软件层是最小的，从而加快了任务完成速度，提高了系统效率。Linux 的基本界面是字符界面，所有 Linux 命令都是在字符界面下执行的。但是许多因特网工具和软件开发工具都具有图形界面，因此大多数 Linux 系统都会附带一个基于 X Window 桌面环境的图形界面软件包，X Window 可提供额外的 GUI 界面。现在使用最广泛的桌面环境是 GNU 网络对象模型环境（GNU Network

Object Model Environment，GNOME）和 K 桌面环境（K Desktop Environment，KDE）。

3.1.3 操作系统的功能

操作系统具有以下几项重要的功能。

1. 进程管理

进程管理主要是对处理器进行管理。CPU 是计算机系统中最宝贵的硬件资源。为了提高 CPU 的利用率，操作系统采用了多道程序技术。当一个程序因等待某一条件而不能运行下去时，就把处理器占用权转交给另一个可运行程序。或者，当出现了一个比当前运行的程序更重要的可运行的程序时，后者应能抢占 CPU。为了描述多道程序的并发执行，就要引入进程（执行中的程序）的概念。

通过进程管理协调多道程序之间的关系，解决对处理器实施分配调度策略进行分配和回收等问题，以使 CPU 资源得到最充分的利用。由于进程能清晰刻画操作系统中的并发性，实现并发活动的执行，因而它已成为现代操作系统的一个重要基础。正是由于操作系统对处理器管理策略的不同，其提供的处理方式有作业处理方式、分时处理方式和实时处理方式等。

2. 存储管理

存储管理主要管理内存资源。随着存储芯片的集成度不断的提高，价格不断的下降，一般而言，内存整体的价格已经不再昂贵了。不过受 CPU 寻址能力以及物理安装空间的限制，单台机器的内存容量也还是有一定限制的。当多个程序共享有限的内存资源时，会有一些问题需要解决，比如，如何为它们分配内存空间，同时，使用户存放在内存中的程序和数据彼此隔离、互不侵扰，又能保证在一定条件下共享等问题，这些都属于存储管理的范围。当内存不够用时，存储管理必须解决内存的扩充问题，即将内存和外存结合起来管理，为用户提供一个容量比实际内存大得多的虚拟存储器。操作系统的这一部分功能与硬件存储器的组织结构密切相关。

3. 文件管理

系统中的信息资源（如程序和数据）是以文件的形式存放在外存储器（如磁盘、光盘和磁带）上的，需要时再把它们装入内存。文件管理的任务是有效地支持文件的存储、检索和修改等操作，解决文件的共享、保密和保护问题，以使用户方便、安全地访问文件。操作系统一般都提供功能强大的文件系统。

4. 作业管理

操作系统应该向用户提供使用它自己的手段，这就是操作系统的作业管理功能。按照用户的观点，操作系统是用户与计算机系统之间的接口。因此，作业管理的任务是为用户提供一个使用系统的良好环境，使用户能有效地组织自己的工作流程，并使整个系统能高效地运行。

5. 设备管理

操作系统应该向用户提供设备管理。设备管理是指对计算机系统中所有输入/输出设备（外部设备）的管理。设备管理不仅涵盖了进行实际 I/O 操作的设备，而且涵盖了诸如设备控制器、通道等输入/输出支持设备。

除了上述功能外，操作系统还要具备中断处理、错误处理等功能。操作系统的各功能之间并非是完全独立的，它们之间存在着相互依赖的关系。

3.1.4 操作系统的分类

1. 按用户界面分类

（1）字符用户界面操作系统。在这类操作系统中，用户只能在命令提示符下输入命令来操作计算机。例如，要运行一个程序，则应在命令提示符下输入程序文件名并按回车键才能启动。典型的命令行字符界面操作系统是 DOS 操作系统。

（2）图形用户界面操作系统。在这类操作系统中，每个文件、文件夹和应用程序都可以用图标来表示，所有的命令也都组织成菜单或按钮的形式。因此，若要运行一个程序，无需知道命令的具体格式和语法，只要使用鼠标对图标和命令进行单击或双击即可。例如，Windows 操作系统就是这样的一个典型例子。

2. 按用户数量分类

（1）单用户操作系统。在单用户操作系统中，系统所有的硬件、软件资源只能为一个用户提供服务。也就是说，单用户操作系统只完成一个用户提交的任务。例如，DOS、Windows 2003/XP Professional 等就是单用户操作系统。

（2）多用户操作系统。多用户操作系统能够管理和控制由多台计算机通过通信端口连接起来组成的一个工作环境，并为多个用户服务的操作系统，如 UNIX、Linux 就是多用户操作系统。

3. 按运行的任务数量分类

（1）单任务操作系统。在这类操作系统中，用户只能提交一个任务，待该任务处理完毕后才能提交下一个任务，如 DOS 操作系统。

（2）多任务操作系统。在这类操作系统中，系统可以同时接受并且处理用户一次提交的多个任务，如 Windows NT、Windows 2003/XP、UNIX、Linux、NetWare 等。

4. 按服务方式分类

（1）批处理系统。在批处理系统中，用户可以把作业成批地输入系统。它的主要特点是允许用户将程序、数据以及说明如何运行该作业的操作说明书组成的作业成批地提交给系统，然后不再与作业发生交互作用，直到作业运行完毕后，才能根据输出的结果分析作业的运行情况，确定是否需要适当修改后再输入。批处理系统现在已经不多见。

（2）分时操作系统。分时操作系统的主要特点是将 CPU 的时间划分成时间片，轮流接受和处理各个用户从终端输入的命令。如果用户的某个处理要求时间较长，分配的一个时间片不够用，它只能暂停下来，等待下一次轮到时再继续运行。由于计算机运算速度快和并行工作的特点，使得每个用户都感觉不到别人也在使用这台计算机，就好像他独占了这台计算机。典型的分时系统有 UNIX、Linux 等。

（3）实时操作系统。实时操作系统的主要特点是对信号的输入、计算和输出都能在一定的时间范围内完成。也就是说，计算机对输入信息要以足够快的速度进行处理，并在确定的时间内做出反应或进行控制，超出时间范围就失去了控制的时机，控制也就失去了意义。响应时间的长短，根据具体应用领域及应用对象对计算机系统的实时性要求不同而不同。根据应用领域的不同，又可以将实时系统分为两类：实时控制系统（如导弹发射系统、飞机自动导航系统）和实时信息处理系统（如机票订购系统、联机检索系统）。

（4）网络操作系统。网络操作系统是在单机操作系统的基础上发展起来的，能够管理网络通信和网络上的共享资源，协调各个主机上任务的运行，并向用户提供统一、高效、方便易用的网络接口的一种操作系统。目前常用的有 Novell NetWare、Windows NT、Windows 的服务器版、Linux、UNIX。

实际上，许多操作系统同时兼有多种类型系统的特点，因此不能简单地用一个标准划分。例如，DOS 操作系统是单用户单任务操作系统，Windows XP Professional 是单用户多任务操作系统。

3.2   典型操作系统简介

操作系统是硬件和软件之间的纽带、桥梁，是对硬件功能的扩充；换言之，是硬件功能和软件功能的集合。目前，为公众所熟知的、典型的操作系统产品有 Windows、UNIX、Linux、OS/2 等。

1. Windows

Windows 是基于图形用户界面的操作系统，因其生动、形象的用户界面，十分简便的操作方法，吸引着成千上万的用户，成为目前装机普及率最高的一种操作系统。早期的 Windows 主要有两个系列：一是用于低档 PC 机上的操作系统，如 Windows NT 3.51、Windows NT 4.0。2003 年，Microsoft 公司推出了面向个人消费者的 Windows Me 和面向商业应用的 Windows 2003。Windows Me 仍然采用 Windows 9X 内核，而 Windows 2003 采用了 Windows NT 内核并集成了 Windows 9X 的许多优点。在 Windows Me 和 Windows 2003 的基础上，Microsoft 公司推出了最新的操作系统——Windows XP。它共有 3 个版本，即 Windows XP Professional、Windows XP Home Edition 和 Windows XP 64—Bit Edition，都采用同样的 Windows NT 核心技术。

2. UNIX

UNIX 是一种发展比较早的操作系统，一直占有操作系统市场较大的份额，但是近几年被 Windows NT 和 Windows 2003/XP 抢占了许多份额。UNIX 的优点是具有较好的可移植性，可运行于许多不同类型的计算机上，具有较高的可靠性和安全性，支持多任务、多处理器、多用户、网络管理和网络应用。缺点是缺乏统一的标准，应用程序不够丰富，并且不易学习，这些都限制了 UNIX 的普及和应用。

3. Linux

Linux 是一种源代码开放的操作系统。用户可以通过 Internet 免费获取 Linux 及其生成工具的源代码，然后进行修改，建立一个自己的 Linux 开发平台，开发 Linux 软件。

Linux 实际上是从 UNIX 发展起来的，与 UNIX 兼容，能够运行大多数的 UNIX 工具软件、应用程序和网络协议。Linux 继承了 UNIX 以网络为核心的设计思想，是一个性能稳定的多用户网络操作系统，同时，它还支持多任务、多进程和多 CPU。

Linux 版本众多，厂商们利用 Linux 的核心程序，再加上外挂程序，就变成了现在的各种 Linux 版本。目前主要流行的版本有 RedHat Linux、Turbo Linux 等。我国自主开发的有红旗 Linux、蓝点 Linux 等。

4. Mac OS

Mac OS 是在苹果公司的 Power Macintosh 机及 Macintosh 族计算机上使用的。它是最早成功的基于图形用户界面的操作系统，具有较强的图形处理能力，广泛用于桌面出版和多媒体应用等领域。Macintosh 的缺点是不与 Windows 兼容，从而影响了它的普及。

5. Novell NetWare

Novell NetWare 是一个基于文件服务和目录服务的网络操作系统，主要用于构建局域网。

3.3　Windows XP 操作系统

微软公司在 2001 年推出了 Windows XP 操作系统，字母 XP 表示的英文单词是"体验"（Experience）。Windows XP 是一个把消费型操作系统和商用型操作系统融合为统一代码的操作系统。它有两个版本：Windows XP Home Edition（家庭版）和 Windows XP Professional（专业版）。Windows XP 也以 NT 技术为核心，是一个纯 32 位操作系统，主要用于 Pentium Ⅲ、Pentium 4 级的个人计算机系统或商业计算机系统。

3.3.1　Windows XP 概述

1．Windows XP 的主要特点

具体来说，Windows XP 有以下特点。

（1）易用性。在易用性方面，Windows XP 有了较大的改进。例如，分组相似任务栏功能可以让任务栏更加简洁，内置了防火墙，支持 ZIP 等格式的压缩文件，提供了强大的多媒体功能，图片缩略和幻灯片播放功能等。这些在很大程度上方便了用户，不用再另外安装软件，可以节省很多的时间，而且这些内置软件之间的兼容性很好。

（2）稳定性与可靠性。因为 Windows XP 采用了 Windows NT/2003 的核心技术，所以它的一个显著的特点就是运行可靠、稳定。

（3）网络功能。Windows XP 内置了"Internet 连接防火墙"、Windows Messenger 和 MSN explorer。"Internet 连接防火墙"能有效地防止黑客入侵，抵御来自外部的攻击，保证系统的安全。Windows Messenger 是一个即时的消息程序，可以用来与朋友聊天、发送消息。MSN explorer 集成了 Hotmail、"即时信使"、浏览器于一体，通过它可以得到 Microsoft 的所有 MSN 服务。

（4）多媒体功能。Windows XP 除了比 Windows 2003 集成了更多的多媒体功能外，还具有很好的兼容性，有些工具软件和游戏在 Windows 2003 下不能运行，在 Windows XP 下却能够流畅地运行。媒体播放器也经过了彻底的改造，已经与操作系统完全融为一体。

（5）无线网络连接。Windows XP 提供了一种比 Windows 2003 中的"红外连接"更先进的宽带无线网络技术 802.11b。另外，Windows XP 增强的媒体探测功能会自动检测在笔记本电脑有效距离之内是否有无线网络接入点，如果有，Windows XP 会自动与之建立连接，就像用电话线上网一样。正是因为对无线网络连接的良好支持，使得"随时随地进行网络运算"成为现实。

（6）系统还原。利用 Windows XP 的"系统还原"功能可以将计算机还原到以前的状态，而不会丢失个人数据文件。"系统还原"程序会监视核心文件和应用程序文件，记录更改之前这些文件的状态。

（7）防病毒管理和数据安全管理。针对可能存在的来自网络的攻击，Windows XP 提供了 3 个防止病毒程序的措施。

① 在默认的情况下，不允许执行电子邮件中的程序。

② 内置了 Internet 连接防火墙。

③ 支持多用户的加密文件系统（简称 EFS）。可以使用任意产生的密钥加密文件；加密和解密过程对用户来说是透明的；EFS 可以让多个用户访问加密的文档。

2. Windows XP 的帮助系统

在使用计算机的过程中，经常会遇到各种各样的问题。

使用 Windows XP 提供的帮助系统是获得帮助信息和寻求技术支持的最好途径。在"开始"菜单中选择"帮助和支持"命令即可打开"帮助和支持中心"窗口，如图 3.2 所示。

图 3.2   Windows XP 帮助窗口

在"搜索"文本框中输入要查询的关键字，然后单击右侧的箭头按钮，在左侧会显示包含相应关键字的搜索结果，使用鼠标单击选择某一个任务，在右侧就会给出相应的操作提示。

"帮助和支持中心"窗口提供的功能有：

① 使用搜索和索引访问联机帮助系统。

② 向联机的 Microsoft 技术支持人员寻求帮助。

③ 与其他 Windows 用户和专家利用 Windows 新闻组交换问题和答案。

④ 使用"远程协助"让计算机专家指导用户解决计算机问题。

⑤ 使用 Windows Update 更新计算机系统。

3.3.2   Windows XP 的桌面

Windows XP 启动时，首先出现欢迎界面，然后是选择用户账户并输入口令。Windows XP 启动后，呈现在用户面前的是桌面。所谓"桌面"是指 Windows XP 所占据的屏幕空间，即整个屏幕。桌面的底部是一个任务栏，其最左端是"开始"按钮，其最右端是任务栏通知区域。用户可以根据自己的喜好设置桌面，把经常使用的程序、文档和文件夹放在桌面上或在桌面上为它们建立快捷方式。

1. "开始"按钮

"开始"按钮是运行 Windows XP 应用程序的入口，是执行程序最常用的方式。使用鼠标单击"开始"按钮，会弹出如图 3.3 所示的菜单，其中列出了计算机上当前已安装的程序。

2.　任务栏

用户打开程序、文档或界面后，在任务栏上就会出现一个相应的按钮。如果要切换界面，只需单击代表相应界面的按钮即可。关闭一个界面之后，其按钮也将从任务栏上消失。

双击任务栏最右端的时钟，可以设置日期、时间和时区。

单击任务栏上的输入法按钮，会弹出如图 3.4 所示的输入法菜单，用户可以从中选择输入法。

图 3.3　Windows XP "开始" 菜单

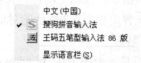

图 3.4　Windows XP 输入法菜单

在 Windows XP 运行过程中，任务栏内还将显示一些小图标，用来表示任务的状态。例如，如果出现一个打印机图标，则表示正在打印作业。双击这个图标，可以查看或更改它的设置。

3.　中文输入

中文版 Windows XP 提供了多种中文输入法：智能 ABC、微软拼音、全拼等。用户可以随时使用【Ctrl】+【Space】组合键来启动或关闭中文输入法，还可以使用【Ctrl】+【Shift】组合键切换输入法。选定中文输入法以后，屏幕上会出现一个中文输入法状态框，用户可以根据需要自己设置中/英文输入、全/半角、中/英文标点等状态，如图 3.5 所示。

图 3.5　搜狗输入法状态框

通过软键盘，用户可以输入希腊字母、拼音、数字序号等特殊符号。右键单击软键盘标识，弹出如图 3.6（a）所示的快捷菜单，在快捷菜单中选择符号类型，再单击软键盘上所需的符号即可。图 3.6（b）所示给出了选择 "数字序号" 时的软键盘。

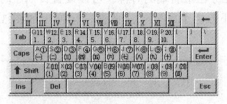

（a）软键盘快捷菜单　　　　　　　　　　（b）"数字序号"软键盘

图 3.6　软键盘

4．回收站

"回收站"是硬盘上的一块区域，用于存放被删除的文件或文件夹。从硬盘删除任何项目时，
Windows 将该项目放在"回收站"中，且"回收站"图标从
空更改为满。放在"回收站"中的项目仍然占用硬盘空间，
可以被恢复或还原到原位置，也可以永久性地将它们删除。
用户可以设置"回收站"的最大空间以限制它占用硬盘空间
的大小。右击"回收站"图标，在快捷菜单中选择"属性"
命令，系统弹出如图 3.7 所示的对话框。

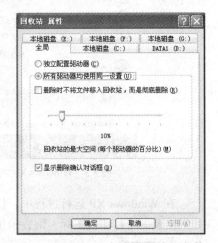

5．剪贴板

剪贴板是一个用于在 Windows 程序和文件之间传递信
息的临时内存区域。剪贴板不但可以存储正文，还可以存储
图像、声音等其他信息。通过它可以把各文件的正文、图像、
声音粘贴在一起形成一个图文并茂、有声有色的文档。剪贴
板的使用步骤是，先将信息复制或剪切到剪贴板，然后在目
标应用程序中将插入点定位在需要放置信息的位置，再使用

图 3.7　Windows XP "回收站属性"对话框

应用程序中的"粘贴"命令即可将剪贴板中的信息粘贴到当前位置。

在 Windows 中，可以把整个屏幕或某个窗口复制到剪贴板。

① 复制整个屏幕：按【Print Screen】键，整个屏幕被复制到剪贴板。

② 复制当前活动窗口：按【Alt】+【Print Screen】组合键能将当前活动窗口复制到剪贴板。

3.3.3　程序管理

在 Windows XP 中，绝大多数应用程序的扩展名是.EXE，少部分具有命令行提示符界面的程
序文件的扩展名是.COM。

1．应用程序的运行

使用一个程序，首先要启动它。Windows XP 提供了多种启动程序的方法，具体内容如下。

（1）使用快捷方式。如果在桌面上或某一文件夹中有程序的快捷方式，那么只要在桌面上或
文件夹中找到该程序的快捷方式，双击即可启动该程序。这是最简便的运行程序的方法。

（2）使用"开始"菜单。单击"开始"按钮，在弹出的菜单中找到相应的应用程序单击即可
启动。

（3）使用"开始"菜单中的"运行"命令。单击"开始"菜单中的"运行"命令，系统会弹出如图 3.8 所示的"运行"对话框。在"打开"文本框中输入应用程序的路径名及文件名，也可以单击"浏览"按钮查找并选择要运行的程序，然后单击"打开"按钮返回"运行"对话框，在"打开"文本框中自动出现应用程序的路径名及文件名，再单击"确定"按钮即可启动应用程序。

图 3.8　Windows XP 的"运行"对话框

（4）在"我的电脑"或"资源管理器"中双击程序图标。通过"我的电脑"或"资源管理器"打开程序文件所在的文件夹找到应用文件并双击它。

（5）通过文档启动应用程序。另外一种常用的启动应用程序的方法就是，选取某个具体的文档双击，直接打开编辑该文档的应用程序和文档本身。

2. 应用程序的关闭

在退出应用程序之前，首先要保存在该应用程序中处理的文档，然后选择下列任意一种方法来关闭应用程序。

① 选择"文件"菜单中的"退出"命令。

② 单击应用程序标题栏右上角的"关闭"按钮。

③ 双击应用程序标题栏左上角的控制菜单按钮。

如果在程序运行过程中由于某种原因导致程序失去响应，从而不能正常退出，那么可以按【Ctrl】+【Alt】+【Delete】组合键，系统会弹出"Windows 任务管理器"窗口，如图 3.9 所示。从中选择要关闭的应用程序，然后单击"结束任务"按钮即可。

3. 创建应用程序的快捷方式

快捷方式提供了一种简便的方法，是一种特殊类型的文件，它与用户界面中的某个对象相连。每一个快捷方式都用一个左下角带有弧形箭头的图标表示，称为快捷图标。快捷图标是一个连接对象的图标，它不是这个对象本身，而是指向这个对象的指针。

可以为任何一个对象建立快捷方式，并将快捷方式放置于 Windows XP 的任意位置。也就是说，可以在桌面、文件夹或"开始"菜单中为应用程序、文件、文件夹、控制面板、打印机或磁盘等创建快捷方式。打开快捷方式便意味着打开了相应的对象，删除快捷方式却不会影响相应的对象。

如果希望快速访问某个应用程序，就可以在桌面上或"开始"菜单中为该应用程序创建快捷方式。如果用户经常使用某个文件或文件夹，则应为文件或文件夹建立快捷方式，放置在桌面上。

创建快捷方式的一个简单方法是使用鼠标拖动文件。只要按住【Ctrl】+【Shift】组合键不放，然后将文件拖动到需要创建快捷方式的地方即可。如果拖动到桌面左下角的"开始"菜单中，则不必按住【Ctrl】+【Shift】组合键。

创建快捷方式的另一个方法是右键单击桌面空白处，在弹出的快捷菜单中选择"新建"|"快捷方式"命令，系统会弹出"创建快捷方式"对话框，如图 3.10 所示。输入或通过"浏览"按钮选择应用程序、文件或文件夹的位置，然后为其创建快捷方式即可。

"文件"菜单中也有一个"创建快捷方式"命令，用于在原地创建快捷方式，然后用鼠标将其拖动到要放置的位置即可。

图 3.9 "Windows 任务管理器"窗口

图 3.10 "创建快捷方式"对话框

3.3.4 文件管理

计算机中的所有信息都是以文件形式存放的。文件是所有相关信息的集合，可以是源程序、可执行程序、文章、信函或报表等，文件通常存放在 U 盘或硬盘等介质上，通过文件名进行管理。

"资源管理器"和"我的电脑"是 Windows XP 用来管理文件和文件夹的两个工具，用户可以根据自己的习惯和要求选择一种工具。

1. 文件和文件夹的命名

文件是"按名存取"的，所以每个文件必须要有一个确定的名称。Windows XP 文件和文件名的命名规则如下。

① 不能出现 \ ，/，*，?,"，<，>，』字符。

② 不区分大小写。例如：MYFILE.DAT 和 myfile.dat 表示同一个文件。

③ 查找和显示时可以使用通配符"？"和"*"。"？"表示在该位置可以是一个任意合法字符，"*"表示在该位置可以是若干个任意合法字符。

文件的名称由文件名和扩展名组成，扩展名和文件名之间用一个"."字符隔开。通常扩展名由 1~4 个合法字符组成，一般用来标明文件的类型。常用文件扩展名见表 3.1。

表 3.1　　　　　　　　　　　　　　　　文件扩展名与类型

扩 展 名	文 件 类 型	扩 展 名	文 件 类 型
EXE	可执行文件	C	C语言源程序文件
DOC	Word 文件	BMP	位图文件
TXT	文本文件	RAR	压缩文件
HTML	网页文件	DAT	数据文件

2. "我的电脑"与"资源管理器"

"我的电脑"是 Windows XP 管理文件和文件夹的主要工具之一，如图 3.11 所示。进入"我的电脑"后，用户可以一层一层地打开文件夹，寻找自己所要的文件或文件夹，进行打开、复制、移动、删除等操作。

图 3.11 "我的电脑"窗口

"资源管理器"也是 Windows XP 管理文件和文件夹的主要工具之一,如图 3.12 所示。从表面上看,"我的电脑"与"资源管理器"的区别是显示界面不同,"资源管理器"在界面的左侧有一个"文件夹"浏览栏,显示树形目录结构,而"我的电脑"没有,它有一个任务显示栏(随着当前状态动态变化),用户可以在任务显示栏中选择要完成的操作。

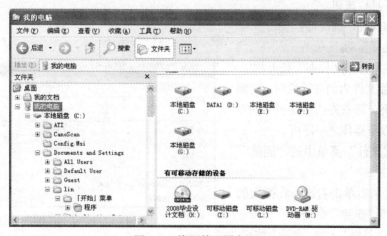

图 3.12 资源管理器窗口

"我的电脑"与"资源管理器"之间是可以互相转换的,单击工具栏上的"文件夹"按钮,就可以在"我的电脑"和"资源管理器"之间进行转换。但从本质上来讲,"资源管理器"是一个应用程序,"我的电脑"是一个系统文件夹。

在"开始"菜单中和桌面上都有"我的电脑",因此单击"开始"菜单中的"我的电脑"或双击桌面上的"我的电脑"即可打开它。

"资源管理器"位于"开始"菜单中的"附件"下,单击"开始"|"所有程序"|"附件"|"Windows 资源管理器"命令可以打开它。另外,在"开始"按钮、"我的电脑"、"我的文档"、"网上邻居"的右键快捷菜单中也有"资源管理器"命令。

3. 管理文件和文件夹

管理文件和文件夹是 Windows XP 的主要功能。对文件和文件夹的操作包括创建、重命名、复制、移动、删除、属性设置等。

在 Windows XP 中，最基本的操作是选定对象，绝大多数的操作都是从选定对象开始的。只有在选定对象后，才可以对它们执行进一步的操作。具体选定对象操作见表 3.2。

表 3.2 　　　　　　　　　　　　　选定对象操作

选 定 对 象	操 　 作
单个对象	鼠标左键单击
多个连续的对象	单击第一个对象，按住【Shift】键，单击最后一个对象（选定以第一个和最后一个为对角线的所有对象）
多个不连续的对象	单击第一个对象，按住【Ctrl】键，单击剩余的每个对象
全部选定	单击"编辑"菜单中的"全部选定"命令或按【Ctrl】+A 组合键
反向选定	单击"编辑"菜单中的"反向选定"命令
取消选定	在区域内任意非选定区域单击鼠标

在 Windows XP 中对文件和文件夹进行操作主要使用以下 6 种方法。

- 使用下拉菜单。
- 使用快捷菜单。
- 使用工具栏按钮。
- 使用访问键、快捷键。
- 使用鼠标拖动。
- 使用"文件和文件夹"任务栏。

下面以删除文件为例进行说明。要删除文件或文件夹，需首先选定要删除的对象，然后执行以下操作之一即可。

① 选择"文件"菜单中的"删除"命令。

② 选中对象后单击右键，在弹出的快捷菜单中选择"删除"命令。

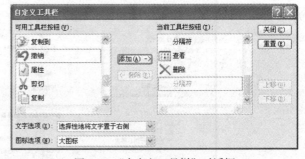

图 3.13 "自定义工具栏"对话框

③ 单击"工具栏"上的"删除"按钮。若工具栏上没有此按钮，则选择"查看"|"工具栏"|"自定义"命令打开"自定义工具栏"对话框，如图 3.13 所示。将左侧的"删除"添加到右侧的"当前工具栏按钮"中，单击"关闭"按钮，即可将所需要的按钮添加到工具栏中。

④ 如果鼠标有故障，则只能通过键盘来完成操作。有两种方法：一种是使用访问键，菜单中每一个命令都有一个访问键，用带下划线的字母来表示；另外一种是使用快捷键，Windows 为菜单使用频率高的命令定义了快捷键，不用打开菜单即可执行命令，这是执行菜单命令最快的方法，因此我们在学习过程中要逐渐记住一些快捷键。

- 按【Alt】+F 组合键，打开"文件"菜单，然后在键盘上按"删除"命令的访问键 D 即可。
- 按键盘上的【Delete】键。

⑤ 将选中的对象拖动到"回收站"中。如果不放入"回收站"而是直接删除，则按【Delete】

键的同时按【Shift】键。

⑥ 在"我的电脑"窗口左侧的"文件和文件夹任务"栏中选择"删除这个文件夹"。

管理文件和文件夹的操作有很多，常用的操作以及使用的菜单命令见表3.3。

表 3.3　　　　　　　　　　　管理文件及文件的操作及使用命令

操　作	使用的命令	操　作	使用的命令
新建	文件→新建	删除	文件→删除
重命名	文件→重命名	查看属性	文件→属性
复制	编辑→复制　编辑→粘贴	撤销	编辑→撤销
移动	编辑→剪切　编辑→粘贴	发送	文件→发送

说明

① 可以直接用鼠标拖动的方法实现移动或复制。

● 对于相同磁盘：在同一磁盘中拖动文件或文件夹执行移动命令，若拖动文件时按【Ctrl】键则执行复制操作。

● 对于不同磁盘：在不同磁盘之间拖动文件或文件夹执行复制命令，若拖动文件时按【Shift】键则执行移动操作。

② "编辑"菜单中的"剪切"、"复制"、"粘贴"命令都有对应的快捷键，分别是：【Ctrl】+X 组合键、【Ctrl】+C 组合键和【Ctrl】+V 组合键。

③ 如果想恢复刚刚被删除的文件，则选择"编辑"菜单中的"撤销"命令。如果要恢复以前被删除的文件，则应该使用"回收站"右键快捷菜单中的"还原"命令来实现。

4. 搜索文件或文件夹

在"开始"菜单中选择"搜索"命令，或者在"我的电脑"或"资源管理器"的工具栏中单击"搜索"按钮，均可启动搜索功能，如图 3.14 所示。选择要查找文件的类型，然后在如图 3.15 所示的窗口中输入查找的条件和位置，还可选择"更多高级选项"，单击"搜索"按钮即可查找。

在查询条件中可以使用通配符"?"和"*"，例如：要查找以 a 开头的文件可以使用"a*"，要查找第 3 个字母为 a 的文件可以使用"??a"。

5. 文件夹选项

在"我的电脑"或"资源管理器"窗口中单击"工具"菜单中的"文件夹选项"命令，打开"文件夹选项"对话框，如图 3.16 所示。

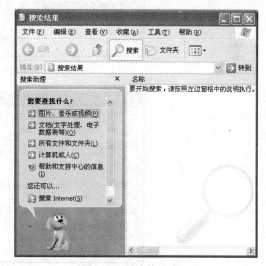

图 3.14　搜索类型窗口

通过"不显示隐藏的文件和文件夹"和"显示所有文件和文件夹"选项可以设置是否显示隐藏的文件和文件夹；通过"隐藏已知文件类型的扩展名"选项可以设置是否显示所有文件的扩展名。

例如，如图 3.17（a）所示为选中"隐藏已知文件类型的扩展名"的情况；如图 3.17（b）所示为未选中"隐藏已知文件类型的扩展名"的情况。

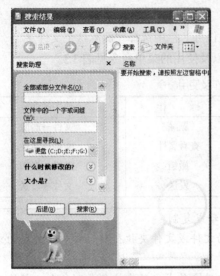

图 3.15　搜索条件窗口

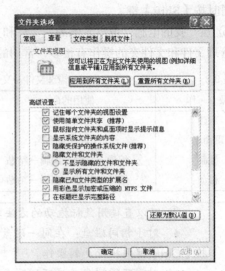

图 3.16　"文件夹选项"对话框

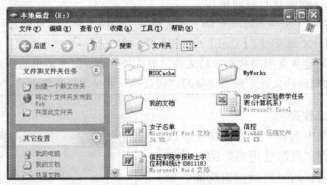

（a）选中"隐藏已知文件类型的扩展名"选项

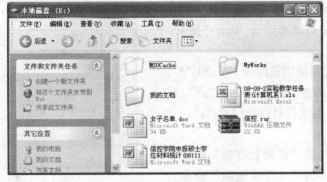

（b）未选中"隐藏已知文件类型的扩展名"选项

图 3.17　设置是否显示文件的扩展名

6．共享文件夹

在网络环境下，要访问非本机的资源，可以通过共享文件夹的方法来实现。在"我的电脑"或"资源管理器"窗口中右击要共享的文件夹，在快捷菜单中选择"共享和安全"命令，系统弹出文件夹属性对话框，如图 3.18 所示。选择"共享"选项卡，选中"在网络上共享这个文件夹"复选框，输入共享名，单击"确定"按钮。网络中的其他用户就可以通过"网上邻居"映射网络驱动器的方式访问共享文件夹。

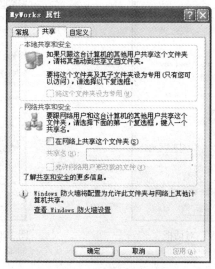

图 3.18　文件夹属性对话框

3.3.5　磁盘管理

磁盘包括软盘、硬盘和其他可移动驱动器，是计算机数据的主要存储设备。只有管理好磁盘，才能给系统创造一个良好的运行环境。磁盘管理工作主要包括磁盘属性设置、磁盘分区、磁盘格式化、磁盘清理等。

1. 磁盘属性

在磁盘管理中，了解磁盘属性是相当重要的。在"我的电脑"或"资源管理器"窗口中，右击要查看的磁盘驱动器，在快捷菜单中选择"属性"命令，系统弹出"磁盘属性"对话框，如图 3.19 所示。在"常规"选项卡中，不仅可以设置磁盘的名称，还可以查看磁盘的空间及使用情况，在"工具"选项卡中，可以使用磁盘扫描、碎片整理和磁盘备份 3 种工具维护磁盘。

2. 格式化磁盘

磁盘在使用之前，通常都必须先进行格式化。格式化磁盘时，会彻底删除磁盘上的数据，所以在进行格式化之前，一定要确认该磁盘上是否还有有用但未备份的数据。

在"我的电脑"或"资源管理器"窗口中，右键单击要格式化的磁盘，在快捷菜单中选择"格式化"命令，系统弹出如图 3.20 所示的"格式化"对话框。在"文件系统"下拉列表框中选择 FAT、FAT32 或 NTFS 文件系统，在"卷标"文本框中输入磁盘的名称，然后单击"开始"按钮开始进行格式化。

① FAT（File Allocation Table）文件系统是从 MS-DOS 发展过来的一种文件系统，最大只能管理 2GB 的磁盘空间。

② FAT32 文件系统可以管理磁盘空间高达 2048GB 卷，缺点是兼容性没有 FAT 好。

③ NTFS（New Technology File System）文件系统是一种从 Windows NT 开始引入的高性能、高安全性、高可靠性的文件系统，增加了对文件访问权的控制等保密措施，可提供加密、磁盘配额和压缩等高级功能。

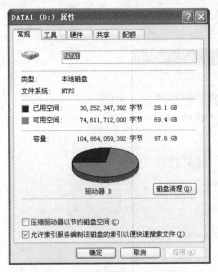

图 3.19 "磁盘属性"对话框　　　　图 3.20 磁盘"格式化"对话框

3. 磁盘清理

计算机使用一段时间后，可以运行"磁盘清理"程序清除不需要的文件，以便整理出更多磁盘空间。

单击"开始"|"所有程序"|"附件"|"系统工具"|"磁盘清理"命令，系统弹出"选择驱动器"对话框，如图 3.21（a）所示。选择要清理的驱动器，单击"确定"按钮，系统弹出"磁盘清理"对话框，如图 3.21（b）所示。选择要删除的文件，在"其他选项"选项卡中还可以选择删除不用的 Windows 组件、不用的应用程序、系统还原点等。

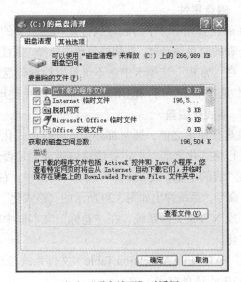

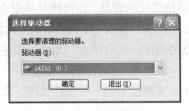

（a）"驱动器选择"对话框　　　　（b）"磁盘清理"对话框

图 3.21 磁盘清理

4. 磁盘碎片整理

"磁盘碎片整理"功能可以重新安排磁盘的已用空间和可用空间，不但可以优化磁盘的结构，而且可以提高磁盘的读写效率。

单击"开始"|"所有程序"|"附件"|"系统工具"|"磁盘碎片整理程序"命令，系统弹出"磁盘碎片整理程序"窗口，如图 3.22 所示。首先选择要整理的磁盘，然后单击"分析"按钮分析是否需要整理，如果需要单击"碎片整理"按钮进行整理。

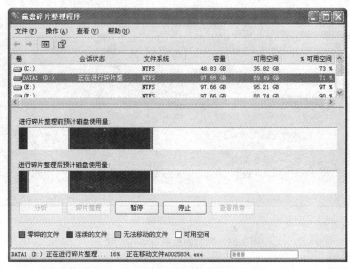

图 3.22 "磁盘碎片整理程序"对话框

3.3.6 控制面板

"控制面板"是用来进行系统设置和设备管理的一个工具集。在"控制面板"中，用户可以根据自己的需要对鼠标、键盘、桌面等进行设置和管理，还可以进行添加或删除程序等操作。

启动"控制面板"的方法很多，最简单的是选择"开始"菜单中的"控制面板"命令。"控制面板"有两种形式，即经典视图和分类视图，可以通过左上角的切换按钮进行切换，如图 3.23（a）和图 3.23（b）所示。

（a） 经典视图窗口

图 3.23 控制面板窗口形式

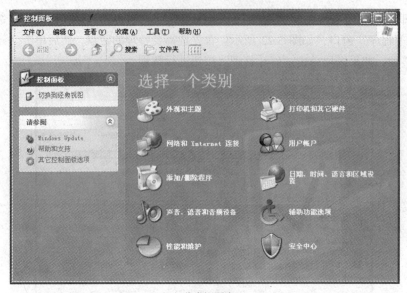

（b）分类视图窗口

图 3.23　控制面板窗口形式（续）

1. 显示属性设置

双击"控制面板"中的"显示"图标，系统弹出"显示属性"对话框，如图 3.24 所示。该对话框共有 5 个选项卡，分别用来选择主题、修改桌面、更换屏幕保护程序、设置外观和显示器属性。

（1）主题。主题决定了桌面的总体外观，一旦选择一个新的主题，"桌面"、"屏幕保护程序"、"外观"、"设置"选项卡中的设置也将随之改变。一般来说，用户如果需要根据自己的喜好设置显示属性，则首先应该选择主题，然后再在其余的选项卡中进行修改。

Windows XP 提供的主题有 Windows XP 和 Windows 经典。修改后的主题可以保存，后缀为.theme。

（2）桌面。在这个选项卡中，用户可以选择自己喜欢的桌面背景、设置桌面的颜色、自定义桌面属性。除了 Windows XP 提供的背景之外，用户还可以使用

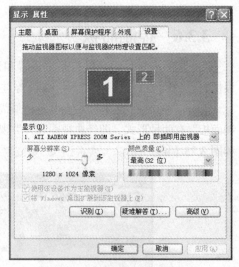

图 3.24　"显示属性"对话框

自己的 BMP、GIF、JPG、PNG、HTML 文档作为背景。作为背景的图片或 HTML 文档在桌面上有 3 种排列方式：居中、平铺和拉伸。

（3）屏幕保护程序。对于 CRT 显示器，如果屏幕长时间显示同一画面，不但容易损坏显示器，而且会缩短显示器的使用寿命。利用屏幕保护程序的功能，可以在不使用计算机时自动启用屏幕保护程序，这样就不会对屏幕造成伤害了。同时屏幕保护程序还能保障系统安全，通过设置密码保护，可以使得只有本人才能恢复屏幕的内容。

（4）外观。在"外观"选项卡中，用户可以选择自己喜欢的外观方案，并且可以修改外观方案中的各个项目的颜色、大小、字体等属性。

（5）设置。在"设置"选项卡中，用户可以对显示器进行设置。显示器的颜色质量和屏幕分

辨率的设置根据显示适配器的不同而有所不同。

① 颜色有 4 种选择：16 色、256 色、增强色（16 位）和真彩色（24 位或 32 位）。

② 分辨率通常有 800×600、1 024×768、1 440×900 或更高。

2．安装和删除程序

"添加或删除程序"窗口如图 3.25 所示，用于更改或删除程序、安装新程序、添加或删除 Windows XP 组件等。删除应用程序最好不要直接从文件夹中删除，因为一方面不可能删除干净，另一方面很可能会删除某些其他程序也需要的 DLL 文件，导致破坏其他依赖这些 DDL 文件运行的程序。所以，一般情况下通过"添加或删除程序"窗口来完成。

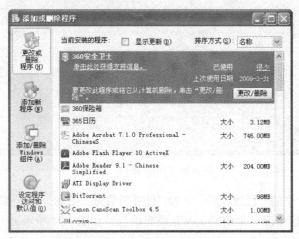

图 3.25　"添加或删除程序"窗口

安装应用程序的方法如下：如果应用程序是以光盘形式提供的，一般光盘上会有自动运行文件 Autorun.inf，根据向导进行安装即可；如果没有自动运行文件，用户可以手动运行安装盘上的安装程序（通常是 Setup.exe 或 Install.exe）。

3．设置用户账户

当多个用户共用一台计算机时，为了方便用户使用以及保证系统的安全，控制用户能够访问哪些资源、文件和应用程序，应该为不同的用户创建不同的账户和密码。

Windows XP 系统有两种类型的用户账户：计算机管理员账户和受限账户。在计算机上没有账户的用户可以使用来宾账户（Guest）。

计算机管理员账户是专门为可以对计算机进行系统更改、安装程序和访问计算机上所有文件的用户而设置的。只有拥有计算机管理员账户的用户才拥有对计算机上其他用户账户的完全访问权。

受限制的账户可以查看自己创建的文件、访问已经安装在计算机上的程序，但无法安装软件或硬件，只能创建、更改或删除本用户密码，无法更改其账户类型。

来宾用户是针对那些在计算机上没有用户账户的用户。来宾账户没有密码，所以可以快速登录，以便收发电子邮件或者浏览 Internet。

双击"控制面板"中的"用户账户"图标，系统弹出"用户账户"窗口，如图 3.26 所示。用户可以根据需要选择"创建一个新账户"或"更改账户"等任务。

4．查看硬盘分区

硬盘分区是指将硬盘的整体存储空间分成多个独立的区域，分别用来安装操作系统、应用程序以及存储数据文件等。一块硬盘可以分为多个分区，每个分区单独成为一个逻辑磁盘。用户可以通过"控制面板"查看磁盘分区情况。

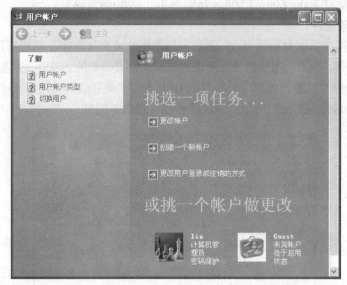

图 3.26　"用户账户"窗口

双击"控制面板"中的"管理工具"下的"计算机管理"图标，在弹出的窗口的左侧双击"磁盘管理"，即可查看分区情况、采用的文件系统等信息，如图 3.27 所示。

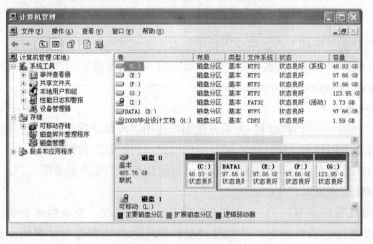

图 3.27　查看磁盘分区

3.3.7　Windows 注册表

1. 注册表的概念

注册表（Registry）实质上是 Windows 操作系统内部的信息数据库，控制着 Windows 的启动、硬件驱动程序的装载以及 Windows 应用程序的运行，从而在整个系统中起着核心作用。

Windows XP 和所有的应用程序都使用注册表中的信息来完成用户给它们发布的命令。当用户改变设置或安装新程序时，注册表会自动更新。因此，需要用户直接修改注册表的情况很少出现，只有当计算机中出现某些问题并且不能用其他手段解决的时候，才会用到注册表。

2. 注册表的功能

① 注册表是连接操作系统、硬件及驱动程序的数据库。在 Windows 操作系统中驱动程序的位置、存放地址和版本号等信息都保存在注册表中。有了这些针对各种设备的信息后，操作系统就可以通过驱动程序使用相应的硬件设备了。

② 注册表也是操作系统与应用程序相关联的数据库。当启动一个应用程序时注册表就会向操作系统提供与该应用程序相关的设置，如文件位置、配置文件及启动应用程序所需要的其他必要设置等。

3. 注册表的层次结构

Windows 提供了一个"注册表编辑器"（regedit.exe），是用来人工添加、编辑或删除注册表数据的工具。单击"开始"菜单中的"运行"命令，在"打开"文本框中输入 regedit，然后单击"确定"按钮，即可打开"注册表编辑器"窗口，如图 3.28 所示。

图 3.28 "注册表编辑器"窗口

从图 3.28 中可以看到，在左边窗格中有 5 个分支，每个分支都以 HKEY 开头，称为主键（Key），展开后可以看到主键下还包含了多个子键（SubKey）。当单击某一主键或子键时，右边窗格中显示的是所选键下包含的一个或多个键值（Value）。

注册表中各分支的功能如下。

● HKEY_CLASSES_ROOT：该主键中包含了启动应用程序所需要的全部信息。

● HKEY_CURRENT_USER：该主键中包含了与当前用户有关的配置信息。

● HKEY_LOCAL_MACHINE：该主键中保存了使该系统及其软、硬件正常运行所需要的设置。

● HKEY_USERS：该主键中包含了所有用户的配置信息，其中大部分设置都可以通过"控制面板"来修改。

● HKEY_CURRENT_CONFIG：该主键中包含了系统硬件的配置信息。

键值由名称、类型和数据 3 部分组成。键值数据分为 3 种类型。

（1）字符串值。字符串值一般用来表示文件的描述和硬件的标识。通常由字母和数字组成，也可以是汉字，最大长度不超过 255 个字符。

（2）二进制值。二进制值是没有长度限制的，可以是任意字节长。在"注册表编辑器"中，二进制数以十六进制的形式表示。

（3）DWORD 值。DWORD 值是一个 32 位的数值。在"注册表编辑器"中也以十六进制的形式表示。

4. 注册表应用举例

例 3.1 驱动器的隐藏与恢复。

（1）驱动器的隐藏。

HKEY_CURRENT_USER\Software\Microsoft\Windows\CurrentVersion\Policies\Explore 分支下的 NoDrivers 键值是一个 DWORD 值 XXXXXXXX，包含 32 个二进制位，从第 0 位到第 25 为分别代表驱动器 A～Z。要隐藏某个驱动器，将相应位设置为 1 即可。例如：

隐藏 A 驱动器：00000001；

隐藏 B 驱动器：00000002；

隐藏 A 驱动器和 B 驱动器：00000003；

隐藏 C 驱动器：00000004；

隐藏所有驱动器：ffffffff。

（2）恢复驱动器的隐藏。

将 HKEY_CURRENT_USER\Software\Microsoft\Windows\CurrentVersion\Policies\Explore 分支下的 NoDrivers 键值更改为 DWORD：00000000 即可。

例 3.2 让隐藏文件实现彻底隐藏。当将文件设置为"隐藏"属性，而在"文件夹选项"对话框中选择"显示所有文件和文件夹"选项（如图 3.16 所示）时，在"我的电脑"和"资源管理器"窗口中仍然会显示隐藏的文件，通过注册表能够让隐藏文件实现彻底隐藏。

（1）让隐藏文件实现彻底隐藏。

将 HKEY_CURRENT_USER\Software\Microsoft\Windows\CurrentVersion\Policies\Explore\Advanced\Floder\Hidden\SHOWALL 分支下的 CheckedValue 键值更改为 DWORD：00000000，即可在任何情况下隐藏文件。

（2）恢复彻底隐藏。

将 HKEY_CURRENT_USER\Software\Microsoft\Windows\CurrentVersion\Politicies\Explore\Advanced\Floder\Hidden\SHOWALL 分支下的 CheckedValue 键值更改为 DWORD：00000001 即可。

习 题

一、选择题

1. 操作系统诞生于（　　　）代计算机。

    A. 第 1　　　　　　　B. 第 2　　　　　　　C. 第 3　　　　　　　D. 第 4

2. 操作系统的主要功能是（　　　）。

    A. 实现软硬件转换　　　　　　　　　B. 管理系统所有的软硬件资源

    C. 把源程序转换为目标程序　　　　　D. 进行数据处理

3. 操作系统的 5 大基本功能模块为（　　　）。

    A. 程序管理、文件管理、编译管理、设备管理和用户管理

    B. 硬盘管理、软件管理、存储器管理、文件管理和批处理管理

    C. 运算器管理、控制器管理、打印机管理、磁盘管理和分时管理

    D. 处理器管理、存储器管理、设备管理、文件管理和作业管理

4. 操作系统中，文件管理的主要功能是（　　　）。

　　A. 实现文件的虚拟存取　　　　　　　B. 实现文件的高速存取

　　C. 实现文件的按内容存取　　　　　　D. 实现文件的按名存取

5. 被称做"裸机"的计算机是指（　　　）。

　　A. 没有装外部设备的微机　　　　　　B. 没有装任何软件的微机

　　C. 大型机器的终端机　　　　　　　　D. 没有硬盘的微机

6. Windows XP 是一个（　　）操作系统。

　　A. 单用户单任务　　　　　　　　　　B. 单用户多任务

　　C. 多用户单任务　　　　　　　　　　D. 多用户多任务

7. 以下关于 Linux 操作系统的描述，不正确的是（　　　）。

　　A. Linux 是一种源代码开放的操作系统

　　B. 用户可以对 Linux 系统进行修改，建立一个自己的 Linux 开发平台

　　C. Linux 与 UNIX 兼容，能够运行大多数的 UNIX 工具软件

　　D. 是一个性能稳定的多用户单任务网络操作系统

8. Windows XP 操作系统是一个真正的 32 位系统，它可以管理的内存是（　　　）。

　　A. 32MB　　　　　B. 1GB　　　　　　C. 64MB　　　　　　D. 4GB

9. Windows XP 是一个多任务操作系统，这个多任务是指 Windows XP（　　　）。

　　A. 可运行多个类型各异的应用程序　　B. 可同时运行多个应用程序

　　C. 可供多个用户同时使用　　　　　　D. 可同时管理多种资源

10. 对文件的确切定义应该是（　　　）。

　　A. 记录在磁盘上的一组相关命令的集合

　　B. 记录在磁盘上的一组相关程序的集合

　　C. 记录在存储介质上的一组相关数据的集合

　　D. 记录在存储介质上的一组相关数据记录的集合

11. Windows XP 的文件夹组织结构是一种（　　　）。

　　A. 表格结构　　　B. 树形结构　　　　C. 网状结构　　　　D. 线性结构

12. 在 Windows XP 中，文件夹只能包含（　　）。

　　A. 文件和子文件夹　　　　　　　　　B. 文件

　　C. 子文件夹　　　　　　　　　　　　D. 子目录

13. 在 Windows 中，"开始"菜单包括 Windows XP 系统的（　　　）。

　　A. 主要功能　　　B. 全部功能　　　　C. 部分功能　　　　D. 初始化

14. Windows XP 在其附件中提供了屏幕保护程序，在屏幕保护时是否支持"关闭监视器"功能取决于（　　　）。

　　A. 监视器是否符合"能源之星"标准

　　B. 是否安装了屏幕保护程序

　　C. 屏幕保护程序内容的安装选择

　　D. 屏幕保护程序操作内容的选择

15. Windows XP 中，文件的属性不包括（　　　）。

　　A. 只读属性　　　B. 存档属性　　　　C. 系统属性　　　　D. 只写属性

16. 在 Windows XP 中，关于"对话框"叙述不正确的是（　　　）。

　　A. 对话框没有最大化按钮　　　　　　B. 对话框没有最小化按钮

C. 对话框的形状大小不能改变　　　　D. 对话框不能移动

17. Windows XP 的对话框中，某些项目前有小方框出现，如果被选中，则其左边的方框打钩，该方框称为（　　　）。

  A. 复选框　　　　B. 列表框　　　　C. 核对框　　　　D. 文本输入框

18. 在 Windows XP 的"资源管理器"或"我的电脑"窗口中，要选择多个不相邻的文件以便对其进行某些处理操作（如复制、移动），选择文件的方法是（　　　）。

  A. 用鼠标逐个单击各文件

  B. 用鼠标单击第一个文件，再用鼠标右键逐个单击其余各文件

  C. 按住【Ctrl】键，再用鼠标逐个单击各文件

  D. 按住【Shift】键，再用鼠标逐个单击各文件

19. 在 Windows XP 中，用鼠标选定若干连续排列文件的操作是（　　　）。

  A. 单击第一个文件，然后单击最后一个文件

  B. 双击第一个文件，然后双击最后一个文件

  C. 单击第一个文件，然后按住【Shift】键单击最后一个文件

  D. 单击第一个文件，然后按住【Ctrl】键单击最后一个文件

20. 在"资源管理器"中，文件夹树中的某个文件夹左边的"+"表示（　　　）。

  A. 该文件夹含有子文件夹　　　　　　B. 该文件夹含有隐藏文件

  C. 该文件夹含有系统文件　　　　　　D. 该文件夹为空

21. 菜单选项后面，有的有省略号（…），有的有三角标记（▶），下列说法正确的是（　　　）。

  A. 选择跟有省略号的会弹出一个相应对话框，跟有三角标记的有下级子菜单

  B. 选择跟有三角标记的会弹出一个相应对话框，跟有省略号的有下级子菜单

  C. 选择跟有省略号的会弹出一个相应对话框，跟有三角标记的会弹出一个窗口

  D. 选择跟有省略号的会弹出一个窗口，跟有三角标记的有下级子菜单

22. 在下拉菜单里的各个操作命令中，有一类被选中执行时会弹出子菜单，这类命令的显示特点是（　　　）。

  A. 命令的右面有一实心三角　　　　　B. 命令的右面有省略号

  C. 命令本身以浅灰色显示　　　　　　D. 命令位于一条横线以上

23. 在 Windows XP 中，欲将当前窗口复制到剪贴板中，应使用（　　　）。

  A.【PrintScreen】键　　　　　　　　B.【Alt】+【PrintScreen】组合键

  C.【Ctrl】+【Space】组合键　　　　　D.【Shift】+【Space】组合键

24. Windows XP 中的"剪贴板"是（　　　）。

  A. 硬盘上的一块区域　　　　　　　　B. 软盘上的一块区域

  C. 内存中的一块区域　　　　　　　　D. 高速缓冲中的一块区域

25. 有些下拉菜单中有这样一组命令，它们自成一组，与其他项之间用一条横线隔开，用鼠标单击其中一个命令时其左面会显示有圆点符号。这是一组（　　　）。

  A. 多选设置按钮　　　　　　　　　　B. 单选设置按钮

  C. 有对话框的命令　　　　　　　　　D. 有子菜单的命令

26. 在 Windows XP 中，若系统长时间不响应用户的要求，为了结束该任务，应使用（　　　）组合键。

A.【Shift】+【Ctrl】+【Tab】 B.【Crtl】+【Shift】+【Enter】

C.【Alt】+【Shift】+【Enter】 D.【Alt】+【Ctrl】+【Delete】

27. 在安装 Windows XP 的微型计算机中，如果鼠标突然失灵，则可用（　　）组合键来结束一个正在运行的应用程序（任务）。

A.【Alt】+【F4】 B.【Ctrl】+【F4】

C.【Shift】+【F4】 D.【Alt】+【Shift】+【F4】

28. 在 Windows XP 中，当一个窗口内容不能完全显示时，便会在窗口中出现（　　）。

A. 滚动条 B. 对话框 C. 图标 D. 列表框

29. 在 Windows XP 中，应用程序窗口间的切换可按（　　）。

A.【Alt】+【Tab】组合键 B.【Tab】键

C.【Ctrl】+【Tab】组合键 D.【Esc】键

30. 在 Windows XP 中，将一个应用程序窗口最小化后，该应用程序（　　）。

A. 仍在后台运行 B. 暂时停止运行

C. 完全停止运行 D. 出错

31. 在下列关于 Windows XP "任务栏" 的叙述中，错误的是（　　）。

A. 任务栏可以移动

B. 可以将任务栏设置为自动隐藏

C. 在任务栏上，只显示当前活动窗口名

D. 通过任务栏上的按钮，可实现窗口之间的切换

32. 在 Windows XP 中，屏幕上可以同时打开若干个窗口，但（　　）。

A. 其中只能有一个是当前活动窗口，它的标题栏颜色与众不同

B. 其中只能有一个在工作，其余都不能工作

C. 它们都不能工作，只有其余都关闭、留下一个才能工作

D. 它们都不能工作，只有其余都最小化以后、留下一个窗口才能工作

33. 当 Windows 进入到 MS-DOS 方式，按（　　），可以在全屏幕与窗口方式之间切换。

A.【Alt】+【Enter】组合键 B.【Shift】+【Enter】组合键

C.【Ctrl】+【Enter】组合键 D.【Enter】键

34. 在 "我的电脑" 或 "资源管理器" 窗口中改变一个文件夹或文件的名称，可以采用的方法是，先选取该文件夹或文件，再用鼠标左键（　　）。

A. 单击该文件夹或文件的名称 B. 单击该文件夹或文件的图标

C. 双击该文件夹或文件的名称 D. 双击该文件夹或文件的图标

35. Windows XP 中的 "回收站" 是（　　）的一个区域。

A. 内存中 B. 硬盘上 C. 软盘上 D. 高速缓存中

36. 在 Windows XP 中，利用 "回收站"，（　　）。

A. 只能恢复刚刚被删除的文件、文件夹

B. 可以在任何时候恢复以前被删除的所有文件、文件夹

C. 只能在一定时间范围内恢复被删除的硬盘上的文件、文件夹

D. 可以在任何时间范围内恢复被删除的磁盘上的文件、文件夹

37. 对于错误的操作，可以使用 "撤销" 功能，"撤销" 命令的组合键是（　　）。

A.【Ctrl】+Z B.【Ctrl】+X C.【Ctrl】+Y D.【Ctrl】+D

38. 在 Windows XP 的"关闭系统"对话框中选择"重新启动系统并切换到 MS-DOS 方式"进入 MS-DOS 系统后，可以输入（　　　）命令返回 Windows XP。

    A. sys   B. tree   C. exit   D. quit

39. Windows XP "系统工具"中的"磁盘碎片整理程序"具有（　　　）功能。

    A. 增加硬盘的存储空间   B. 备份文件

    C. 修复已损坏的存储区域   D. 加快程序运行速度

40. 在中文 Windows XP 中，中文和英文输入方式的切换是按（　　　）组合键。

    A.【Ctrl】+【Space】   B.【Shift】+【Space】

    C.【Alt】+【Space】   D.【Ctrl】+【Alt】

二、问答题

1. 什么是操作系统？它有哪些功能？

2. 什么是用户界面？常用的人-机界面有哪些？

3. 简述 Windows XP 文件的命名规则。

4. 快捷方式和文件有什么区别？

5. 在"Windows 资源管理器"中，如何剪切、删除、移动文件和文件夹？发送命令和复制命令有什么区别？

6. "回收站"的功能是什么？什么样的文件删除后不能再恢复？

7. 什么情况下不能格式化磁盘？

8. 使用"控制面板"中的"添加/删除程序"，删除 Windows 应用程序有什么好处？

第4章
文字处理软件 Word 2003

Word 2003 文字处理软件是 Office 系列软件中普及最广，使用频率最高的组件之一，广泛应用于各种办公文件、商业资料、科技文章以及各类书籍的文档编辑。Word 2003 不仅可以对文字进行录入、编辑、排版和管理，还可以对图文进行混排。该软件具有友好的用户界面、直观的屏幕效果、丰富的处理功能、方便快捷的操作方式以及易学易用等特点。

4.1 Word 2003 简介

4.1.1 Word 2003 的特点

Word 2003 是 Microsoft 公司推出的一种多功能图文混排处理程序，是 Office 2003 的最重要组成部分。Word 2003 集字处理、表格、电子邮件、传真、HTML 和 Web 主页制作等功能于一体，具有强大的文档编辑和排版功能。Word 2003 除了继承以前 Word 系列版本的所有优点外，还增加了大量的功能，使文档的创建、共享和阅读变得更加容易。改进后的审阅和标记功能为用户提供了多种跟踪更改和管理批注的方式。Word 2003 还支持"可扩展标记语言"（XML）文件格式，并可作为功能完善的 XML 编辑器。另外，用户还可以保存和打开 XML 文件以采集单位内的关键商业数据。

Word 2003 新增功能及特点如下。

1. 支持 XML 文档

将文档保存为 XML 格式使文档内容可以用于自动数据采集和其他用途。用户可以从普通商业文档中识别和提取特定的商业数据片段。

2. "信息检索"任务窗格

新的"信息检索"任务窗格可以为用户提供一系列参考信息和扩充资源。用户可以使用百科全书、Web 搜索或通过访问第 3 方来搜索特定主题的内容。

3. "人名自动标记"菜单

使用"人名自动标记"菜单可以快速查找联系人信息并完成任务（如会议日程安排）。可在 Excel 中任何具有人名的地方使用该菜单。

4. 文档工作区

创建"文档工作区"可简化在实时环境中与其他人员协同创作、编辑和审阅文档的过程。"文档工作区"网站是集中保存一篇或多篇文档的 Microsoft Windows SharePoint Services 网站，通常在用户使用电子邮件将文档作为共享附件发送时创建。

5. 增强文件的保护功能

微调文档保护可进一步控制文档格式设置及内容。例如，用户可以指定使用特定的样式，并规定不得更改这些样式。当保护文档内容时，用户不再需要将相同的限制应用于每一名用户和整篇文档，可以有选择地允许某些用户编辑文档中的特定部分。

6. 信息权限管理

使用"信息权限管理"（IRMS）可创建或查看具有受权限限制的内容。IRM 允许每一位作者为文档或电子邮件指定用户访问权限和文档使用权限，这些有助于防止未经授权的人打印、转发或复制敏感信息。

7. 增强的国际功能

Word 2003 为创建使用其他语言的文档和在多语言设置下使用文档提供了增强功能。根据特定语言的要求，"邮件合并"功能可以根据收件人的性别选择正确的问候语格式，还可以根据收件人所在的地理区域设置地址格式。增强的排版功能更好地实现了多语言文本显示。Word 2003 支持更广的 Unicode 编码范围并能更好地使用音调符号。

8. 增强的可读性

Word 2003 使文档在计算机上的阅读工作变得前所未有的简单。新增的阅读版式使文档阅读性得以提高。

9. 文档并排比较

使用"并排比较"可以比较两篇文档间的差别。

10. 支持墨迹输入

如果用户正在使用如 Tablet PC 等墨迹设备进行输入，可利用 Word 2003 的手写输入功能。

4.1.2 Word 2003 的启动与退出

1. Word 2003 的启动

启动 Word 2003 有多种方法，常用的方法有 3 种。

① 单击"开始"|"程序"|"Microsoft Office"|"Microsoft Office Word 2003"程序项即可启动 Word 2003。

② 若桌面上有 Word 2003 快捷图标，双击该图标即可。

③ 双击 Word 文档图标，即可打开 Word 2003，同时将该文档打开。

Word 2003 成功启动后，屏幕显示 Word 2003 应用程序窗口，并自动建立一个文件名为"文档1"的文件。

2. Word 2003 的退出

退出 Word 2003 可以选择下面方法的任意一种。

① 单击 Word 2003 窗口右上角的"关闭"按钮。

② 单击"文件"|"退出"命令，或按【Alt】+F4组合键。

③ 双击 Word 2003 左上角的控制菜单图标。

退出 Word 2003 时一定要注意，当前编辑的文档是否需要保存，如果需要保存，在弹出的窗口中单击"是"按钮，如图4.1所示。

图 4.1　提示用户是否保存文档对话框

4.1.3　Word 2003 的窗口组成

像所有 Windows 窗口一样，Word 2003 的工作窗口有相似的标题栏、菜单栏、工具栏、状态栏及对话框等，如图 4.2 所示为 Word 2003 的工作窗口。

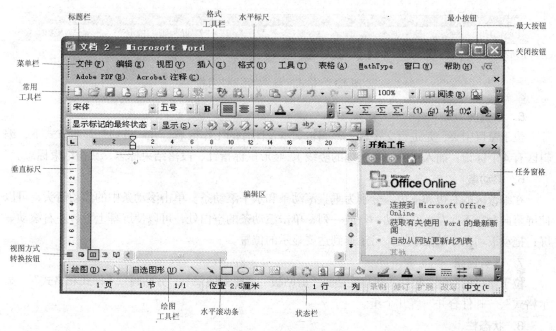

图 4.2　Word 2003 的工作窗口

1. 标题栏

显示正在编辑的文档和程序名。启动 Word 时，会自动产生一个名为"文档 1"的新文档。

2. 菜单栏

显示通过分类组织的程序命令菜单。中文 Word 中的菜单只有 9 个，分别是"文件"、"编辑"、"视图"、"插入"、"格式"、"工具"、"表格"、"窗口"、"帮助"。单击菜单栏中的菜单名，便会出现下拉菜单，如果菜单没有完全显示，可以单击菜单最下面的打开完整菜单按钮，显示出完整的菜单。

3. 工具栏

一个工具栏包括一组快速打开命令的工具按钮。在编辑操作中，还可以根据需要，对工具栏中显示的按钮进行添加和删除。第一次启动 Word 时，程序窗口并列显示"格式"和"常用"两个工具栏，如图 4.3 所示。选择"视图"菜单下的"工具栏"命令，可以在弹出的子菜单中选择需要显示或隐藏的工具栏选项。

4. 标尺

标尺上有数字、刻度和各种标记，单位通常是 cm，标尺在排版和制表、定位上起着重要的作用。

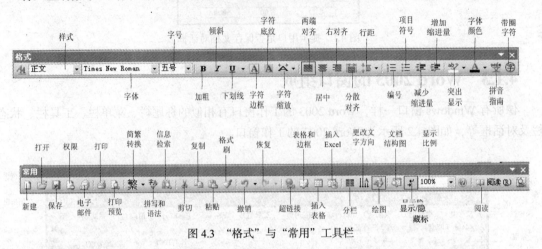

图 4.3 "格式"与"常用"工具栏

5. 编辑区

位于窗口中央，是进行文字输入，编辑文本及图片的工作区域。在"普通"显示方式下，编辑区有 4 个标记：插入点（一条闪烁的竖线）、竖形鼠标指针、段落结束标志、文档结束标志。

6. 滚动条

在编辑区的右边和下边，分别为垂直滚动条和水平滚动条。单击滚动条中的滚动箭头，可以使屏幕向上、下、左、右滚动一行或一列；单击滚动条的空白处，可以使屏幕上下、左右滚动一屏；拖动滚动条中的滚动块，可迅速到达要显示的位置。

7. 任务窗格

位于窗口的右侧，包括"新建文档"、"剪贴板"、"搜索结果"、"剪贴画"、"样式和格式"、"显示格式"、"邮件合并"等几个组。

8. 状态栏

显示当前页状态（所在的页数、节数、当前页数/总页数）、插入点状态（位置、第几行、第几页）、4 种 Word 编辑状态（录制、修订、扩展、改写）、"语言"状态（如：中文（中国）、英文（美国））等。

4.2　Word 2003 基本操作

4.2.1　文档的创建与保存

1. 新建文档

新建空白 Word 文档的方法很多，根据需要进行选择。

① 启动 Word 2003 后自动新建文档，默认文件名为"文档 1"。

② 在 Word 2003 应用程序启动后新建文档。单击"常用"工具栏上的"新建空白文档"按钮来建立空白文档；也可以选择"文件"|"新建"命令，在任务窗格中选择"空白文档"，或者在任务窗格中选择"本机上的模板"，显示如图 4.4 所示窗口，选择"空白文档"图标，单击"确定"

按钮。

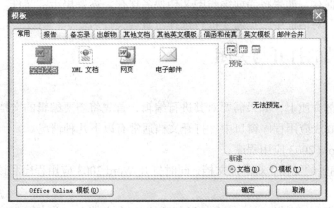

图 4.4　"模板"对话框

2．保存文档

文档编辑、修改后必须存放到外部介质上才能长期保存，保存文档有如下几种方法。

（1）新建文档保存。保存新建文档的步骤如下。

① 单击"常用"工具栏上的"保存"按钮，或选择"文件"|"保存"命令，将弹出"另存为"对话框，如图 4.5 所示。

图 4.5　"另存为"对话框

② 在"保存位置"下拉列表框中选择保存位置，在"文件名"下拉列表框中输入文件名。

③ 单击"保存"按钮即可。

在默认状态下，Word 自动将文档第一段的部分字符作为默认的文件名，保存在"我的文档"中。如果用户想修改文件名，可在"文件名"下拉列表框中输入新的文件名，还可以单击"保存位置"下拉列表框中的下拉按钮，选择不同的文件夹作为保存位置。

（2）保存已有的文档。如果文档已经存在于外部介质上，可以使用下面的方法保存。

方法一：单击"常用"工具栏上的"保存"按钮。

方法二：按【Ctrl】+S 组合键。

方法三：单击"文件"|"保存"命令。

这时不出现"另存为"对话框，直接将文件保存到原来的文档中，以当前的内容代替原来的内容，当前编辑状态保持不变。

（3）文档换名保存。如果将当前编辑的文档换名保存，需要单击"文件"|"另存为"命令，在弹出的"另存为"对话框中根据需要进行选择位置与文件名。

4.2.2 文档的打开与关闭

1. 打开文档

文档保存到外部介质上，如果需要对其进行编辑，首先将需要编辑的文档读入内存，该文档才能显示在 Word 2003 应用程序窗口中。打开文档通常有以下几种情况。

（1）未开启 Word 2003 应用程序。

① 找到需要编辑的文档，双击该文档，同时打开 Word 2003 应用程序和该文档，即把该文档读入内存。

② 单击"开始"|"文档"选项，在最近打开的 4 个文档中，单击需要编辑的文件名系统自动关联到创建该文档的应用程序，在启动 Word 2003 的同时打开该文档。

（2）已开启 Word 2003 应用程序。如果 Word 2003 应用程序已经启动，可通过下列步骤打开文档。

① 单击"常用"工具栏中的"打开"按钮，或者单击菜单栏中的"文件"|"打开"命令，弹出如图 4.6 所示的"打开"对话框。

图 4.6 "打开"对话框

② 在"查找范围"下拉列表框中选择文档所在的驱动器和文件夹，或使用对话框左边的常用文件夹按钮选择文件夹，也可以单击"历史"按钮来快速访问已经操作过的 Office 文档。

③ 双击要打开的文档名，可将该文档调入编辑窗口；如果要打开其他类型的文件，可单击"文件类型"下拉列表框右侧的下拉按钮，选择文件类型。

（3）最近使用过的文档。

① 在"开始"|"文档"下面列出了最近使用过的文件名字，单击要打开的文件名，即可打开相应的文档。

② 在 Word 2003 应用程序窗口中"文件"菜单下面列出了最近使用过的 Word 文档文件名，单击要打开的文件名，即可打开相应的文档。

2. 关闭文档

关闭正在编辑的文档的操作步骤如下。

① 单击"文件"|"关闭"命令，或者单击菜单栏右端的"关闭"按钮。

图 4.7　文件关闭对话框

② 在弹出的窗口（见图 4.7）中，根据需要进行相应的选择。

"关闭"与"退出"命令是有区别的，"关闭"文档只关闭当前活动的文档；"退出"则结束所有打开的文档，同时关闭 Word 应用程序。

4.3　文档的编辑

4.3.1　文档的视图

Word 2003 提供了 4 种视图方式，分别为"普通视图"、"Web 版式视图"、"页面视图"和"大纲视图"。选择这些方式可以改变视图显示模式，包括页边距、页眉、页脚或显示附加的编辑工具栏等窗口元素。

1. "普通视图"方式

"普通视图"方式可以用来输入文本、编辑和格式编排工作。但是"普通视图"看不到页眉和页脚、首字下沉、脚注及分栏的结果，绘图以及图文混排的效果也不能完全显示出来。"普通视图"方式的优点是工作速度较快。

2. "Web 版式视图"方式

"Web 版式视图"方式显示的文字比实际打印的文字大一些，并且能够自动换行以适应窗口的大小，而不显示实际的打印形式。"Web 版式视图"方式的优点是使联机阅读更为方便。

3. "页面视图"方式

在"页面视图"方式下，可以看到页边距、图文框、分栏、页眉和页脚的正确位置，也可以像在"普通视图"方式下那样编辑和排版文档。但是，在"页面视图"方式下运行速度较慢。通常先在"普通视图"方式下完成输入和编辑工作，然后在"页面视图"方式下进行最后的调整以及查看文档打印的外观等。"页面视图"方式的优点是可以取得所见即所得的效果。"页面视图"为 Word 2003 的默认设置。

4. "大纲视图"方式

为了更好地组织文档，可使用"大纲视图"方式。在"大纲视图"方式中，可以折叠文档以便只看一级标题、二级标题、三级标题等，或者展开文档，以便查看整个文档。在折叠方式下，当移动标题时，所有的子标题及从属的正文也将自动随着移动。其优点是有助于用户将文档组织成多层次标题和正文文本。

以上介绍了 Word 2003 各种视图方式的特点及使用范围，用户在操作时可根据实际情况加以选择。另外，注意不要将 Word 的视图方式与"全屏显示"相混淆。

"全屏显示"并不是 Word 的一种视图方式，而是一种独特的显示方式。显示时将 Word 所有的屏幕组件（如标题栏、菜单栏、工具栏等）隐藏，将整个屏幕全部用来显示 Word 文档的内容，以便在屏幕上显示更多的文档信息。"全屏显示"与 Word 的视图方式并不冲突，在任何一种视图方式下均可采用"全屏显示"，执行"视图"菜单中的"全屏显示"命令即可切换到"全屏显示"方式。单击"全屏显示"工具栏上的"关闭全屏显示"按钮，或按【Esc】键就可以关闭全屏显示。

4.3.2　文档的编辑操作

1. 文本的输入和插入

（1）文本的输入。建立一个新文档，输入文本是最基本的操作。文本的输入与书写文章顺序一致：从左至右，从上而下。

在输入文本时首先要在任务栏上选择合适的输入法，然后在编辑区插入点开始进行文本输入。如果录入了错误字符，可按【BackSpace】键删除该字符；当输入到一行的最右边时，光标会自动移到下一行。只有在需要提前结束该行输入时，才按【Enter】键，表示下面输入的文本另起一段。

（2）文本的插入与改写。在文档编辑过程中，可能需要在指定位置插入一些新的内容。在插入新的内容时一定要注意当前编辑状态是"插入"状态还是"改写"状态。"插入"状态下，在插入点输入新内容时，光标之后的字符自动向后移动；若是"改写"状态，输入的内容会代替当前插入点位置的内容。

双击状态栏中的"改写"按钮，可实现"改写"与"插入"状态的切换，也可通过键盘上的【Insert】键来实现切换。

除了可以插入文字外，还可以插入文件和特殊的字符。

如果将其他文件的内容插入到当前文档的插入点处，可采用如下步骤。

① 将鼠标移动到需要插入该文件内容的位置，单击确定插入点，在菜单栏中选择"插入"|"文件"命令，弹出如图4.8所示对话框。

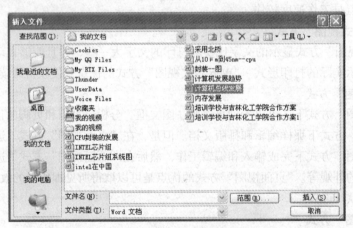

图4.8　"插入文件"对话框

② 在对话框中找到需要插入的文件名，单击"插入"按钮即可完成插入文件操作。

如果要插入特殊符号，可按如下步骤操作。

① 单击需要插入符号的位置，确定插入点。

② 在菜单栏中选择"插入"|"特殊符号"命令，弹出如图4.9所示的对话框。

③ 选择不同的选项卡，双击要插入的符号，或单击需要插入的符号，再单击"确定"按钮。

2. 内容的选定

在编辑的过程中，可对文档中的内容进行删除、

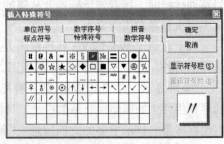

图4.9　"插入特殊符号"对话框

复制、移动、粘贴等操作，在进行这些操作前一定要对需要操作的内容进行选定，然后再进行相应的操作，即"先选择，后操作"。

选定文本块常用的方法如下。

① 任意内容：鼠标拖动法。即将鼠标定位到需要选择文本的开始处，按住鼠标左键不放，拖动鼠标到需要选择文本的末尾，这时被选内容高亮显示，然后放开鼠标。

② 选定一行内容：将鼠标移动到该行的左侧，鼠标变为一个向右的箭头时单击即可。

③ 选定一句：按住【Ctrl】键，在该句中任意位置单击即可。

④ 一个段落：将鼠标移动到该段的左侧，鼠标变为一个向右的箭头时双击即可，或者在该段落中的任意位置三击。

⑤ 两个标点间内容：在两标点间任意位置单击即可。

⑥ 整篇文档：将鼠标移动到该文档的左侧，鼠标变为一个向右的箭头时三击即可，更快捷的方式是按【Ctrl】+A 组合键。

⑦ 列块内容：将鼠标定位到需要选择文本的开始处，按住【Alt】键不放，同时按下鼠标左键拖动，拖动到内容结束位置，释放【Alt】键与鼠标即可。

若要取消选定，在 Word 2003 编辑区的任意位置单击，或按一下键盘上的非控制键即可。

3．内容的删除、复制和移动

（1）内容删除。选定需删除的内容，按【Delete】键；或单击常用工具栏上的"剪切"按钮；或选择菜单栏中的"编辑"|"剪切"命令；或在选定的内容上单击右键，在弹出的菜单中选择"剪切"命令。

（2）复制与粘贴。

① 复制：选定要复制的内容，按【Ctrl】+C 组合键；或选择常用工具栏上的"复制"按钮；或选择菜单栏中的"编辑"|"复制"命令；或在选定的内容上单击右键，在弹出的菜单中选择"复制"命令。

② 粘贴：只有在剪切或复制后方可使用粘贴操作。将光标移到需要粘贴的位置单击，按【Ctrl】+V 组合键；或选择常用工具栏上的"粘贴"按钮；或选择菜单栏中的"编辑"|"粘贴"命令；或在插入点处单击右键，在弹出的菜单中选择"粘贴"命令。

（3）移动。选定需要移动的内容，然后采用"剪切"和"粘贴"操作；或按鼠标左键，将需要移到的内容拖到相应的位置。

如果多次使用了"剪切"、"复制"命令，这些对象就会暂存在 Office 剪贴板中，并在"任务窗格"内自动显示 Office 剪贴板，可根据需要选择粘贴对象。

4．查找与替换

查找与替换的操作步骤如下。

① 在菜单栏上选择"编辑"|"查找"命令，打开如图 4.10 所示的"查找和替换"对话框。

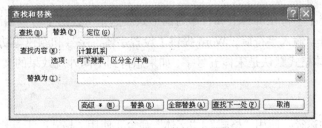

图 4.10　"查找和替换"对话框

② 单击"查找下一处"可以查找相应的内容。

③ 当需要替换时，只需在"替换为"文本框内输入需要替换的内容，单击"替换"或"全部替换"按钮就可以完成一处或全部替换。

如果要替换带有特定格式的内容，在"查找和替换"对话框中单击"高级"按钮，打开如图 4.11 所示的扩展对话框，单击"格式"按钮，可设置相应的字体或段落格式。单击"特殊字符"按钮，可以查找和替换一些特殊的符号。

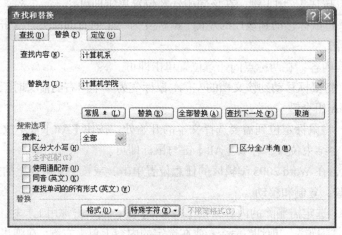

图 4.11 "查找和替换"扩展对话框

5. 撤销与恢复

在编辑文档时，常常要使用撤销和恢复操作。Word 支持多级撤销与恢复。

（1）撤销。如果对先前执行的操作不满意，在"常用"工具栏上单击"撤销"按钮，可取消对文档的最后一次操作，如多次单击该按钮，则可从后往前依次撤销各操作。

（2）恢复。如果想恢复上次被撤销的操作，可单击"常用"工具栏上"恢复"按钮。如果多次单击该按钮，则可从后往前依次恢复各操作，直至按钮变成灰色。

4.4 文档格式设置

输入文档后，需要对文档格式进行设置，包括字符格式、段落格式等，可以使文档更加美观并且便于阅读。Word 提供了"所见即所得"的显示方式，更改格式后即可查看效果。

4.4.1 字符格式设置

字符的格式决定了字符在屏幕上和打印时的形式。这里所说的字符包括汉字、字母、数字、符号及各种可见字符。输入字符后，Word 提供了设置字体、字号和颜色等功能。

Word 文档的字体格式默认是宋体五号字，如果想得到不同外观效果的文字，则需要对文字进行字体格式的设置。

1. 设置字体

设置字体有两种途径：使用"格式"|"字体"命令；使用"格式"工具栏。后一种方法快捷，适于进行少量项目的设置。若设置比较复杂，最好使用菜单命令。

方法一：使用菜单命令设置。

① 先选定需要设置字体格式的文本。

② 选择"格式"|"字体"命令，打开"字体"对话框，如图 4.12 所示。

③ 选择"字体"选项卡，在其中可以设置字体、字形、字号、字体颜色、下划线和效果等。通过"预览"框可以即时查看设置后的效果。

图 4.12　"字体"对话框

- 字体：设置字体类型可从"中文字体"下拉列表框中选择一种，如宋体、黑体、楷体等。

- 字形："字形"列表框中有"加粗"、"倾斜"等选项，当选择"加粗倾斜"选项时，字形是粗斜体。

- 字号："字号"列表框中有中文字号八号～初号、英文磅值 5～72，其中部分字号与磅值的对应关系见表 4.1。

表 4.1　　　　　　　　　　　　　　字号与磅值的对应关系

字号	初号	一号	二号	三号	四号	五号	六号	七号	八号
磅值	42	26	22	16	14	10.5	7.5	5.5	5

- 字体颜色：在"字体颜色"下拉列表框中可以设置字符颜色。Word 默认的字体颜色是黑色，如果要编辑彩色文档，可单击"字体颜色"下拉按钮，在弹出的调色板中选择所要的颜色，即可改变选中文字的颜色。除了在调色板中选择颜色外，也允许用户自定义颜色。彩色的文档只能在彩色显示器上编辑、查看，在彩色打印机上输出。

- 效果：在"效果"选项区域中设置字符的特殊效果，各种效果如图 4.13 所示。在"效果"选项区域中可选择多个复选框，为文字设置多种效果。

加粗　　*倾斜*　下划波浪线　字符边框　字符底纹　着重号　删除线　上标　下标

图 4.13　字符效果

④ 单击"确定"按钮确认设置并关闭对话框。

在如图 4.13 所示的字体设置效果例子中，对所选文字进行如下设置：宋体、倾斜、四号、双删除线。

方法二：使用"格式"工具栏设置。

"格式"工具栏中显示的是当前插入点处字符的格式。用户可以通过"格式"工具栏上的各按钮来完成对文本格式的设置。单击所需按钮，对应设置起作用；再单击，则取消该项设置。

2. 设置字符间距

"字体"对话框的"字符间距"选项卡上主要有以下几个选项。

①"缩放"：用于对所选文字进行缩放，如果要设定一个特殊的缩放比例，可以直接在文本框中输入 1～600 的一个数值。

②"间距"：有"标准"、"加宽"和"紧缩"3 个选项，用于对所选文本的字间距进行调整。选用"加宽"或"紧缩"选项时，右边的"磅值"文本框被激活，在其中可设置想要加宽或紧缩

的磅值。

③ "位置"：有"标准"、"提升"和"降低"3个选项。选用"提升"或"降低"时，右边的"磅值"文本框被激活，在其中可以设置磅值，从而相对于基准提升或降低所选文字。

④ "为字体调整字间距"：选中复选框后，可在"磅或更大"文本框中选择字号，对等于或大于选定字号的字符，Word会自动调整字符间距。

⑤ "如果定义了文档网格，则对齐网格"：如果选中此复选框则定义了文档网格对齐。

字符间距及字符位置设置如图4.14所示。

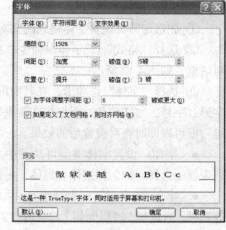

图4.14 "字体"对话框的"字符间距"选项卡

3. 设置文字效果

这项设置可以使选定文字具有动态效果。在"字体"对话框中，切换到"文字效果"选项卡，在"动态效果"列表框中选择一种效果，即可通过"预览"框查看。

4.4.2 中文版式设置

在Word的"格式"菜单下的"中文版式"子菜单中，有"拼音指南"、"带圈字符"、"纵横混排"、"合并字符"和"双行合一"命令，如图4.15所示。这些命令用户平时可能很少会用到它，但熟悉并合理使用这些命令，能够制作出很多的特殊效果。

1. 拼音指南

使用"拼音指南"命令的操作步骤如下。

① 选中要设置读音的文字。

② 选择"格式"|"中文版式"|"拼音指南"命令，打开"拼音指南"对话框，如图4.16所示。

③ 在"基准文字"文本框中显示了选定的文本；在"拼音文字"文本框中自动给出了每个汉字的拼音，如需对某个文字进行注释，可在其"拼音文字"文本框中进行添加。

④ 单击"对齐方式"下列拉列表框，为基准文字和拼音选择一种对齐方式。

⑤ 设置"偏移量"，指定拼音和汉字的距离。

⑥ 使用"字体"和"字号"下拉列表框，为拼音选择字体和字符大小。

⑦ 单击"确定"按钮即可。

图4.15 "中文版式"子菜单　　　　　　　　图4.16 "拼音指南"对话框

2. 带圈字符

设置带圈字符的操作步骤如下。

① 选定要添加圈号的字符。若是汉字、全角的符号、数字和字母，只能选择一个字符；若是半角的符号、数字和字母，最多可选择两个，多选的将自动被舍弃。

② 选择"格式"|"中文版式"|"带圈字符"命令，打开"带圈字符"对话框，如图 4.17 所示。可见选中的文字已经出现在"文字"文本框中，列表中还列出了最后所使用过的字符。

③ 在"圈号"列表框中选择要选用的圈号类型。

④ 单击"确定"按钮即可。

3. 纵横混排

纵横混排与改变文字方向不同，它可以在同一个页面中，改变部分文字的排列方向，由原来的纵向变为横向，或由原来的横向变为纵向，尤其适用于少量文字（例如日期）的排版，如图 4.18 所示。

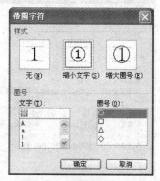

图 4.17 "带圈字符"对话框

图 4.18 "纵横混排"对话框

设置文本纵横混排的操作步骤如下。

① 选择要改变方向的文本。

② 选择"格式"|"中文版式"|"纵横混排"命令，打开"纵横混排"对话框，如图 4.18 所示。

③ 选中"适应行宽"复选框，可使文本旋转方向后自动压缩其高度，使其与该行的高度相同。

④ 单击"确定"按钮即可。

4. 合并字符与双行合一

双行合一是将选定的文字（最多 6 个字符）合并在一起。双行合一功能与合并字符功能相似，只是"双行合一"命令不改变字体和字号，还可增加括号。

上述功能还可以通过"其他格式"工具栏来实现，如图 4.19 所示。

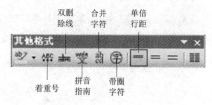

图 4.19 "其他格式"工具栏

4.4.3 段落格式设置

在 Word 中，用段落标记"↵"表示一个段落的结束。段落标记中含有该段中的段落格式信息（如缩进、行间距、制表符），段落标记由【Enter】键产生。

1. 设置段落的对齐方式

文档中出现的中西文混排和字符大小不统一等情况，会导致段落的边缘不能对齐，这时可以打开"段落"对话框，在"对齐方式"下拉列表框中选择相应的对齐方式。

- "左对齐"：段落的左边缘和左页边距对齐。
- "右对齐"：段落的右边缘和右页边距对齐。
- "两端对齐"：段落的左、右边缘和左、右页边距对齐。对英文文本有效，但对于中文文本其效果等同于"左对齐"。
- "居中"：段落以页面中心为标准对齐，常用于标题（如正文标题、图的标题和表的标题）。
- "分散对齐"：将段落中不满一行的文字均匀地分布在一行中，但会使段落看起来不美观。

设置段落对齐的操作步骤如下。

① 选定需要对齐的文本或将光标移到段落中的任意位置。

② 单击"格式"菜单中的"段落"命令，打开"段落"对话框，选择"缩进和间距"选项卡，在"对齐方式"下拉列表框中选择对齐方式，如图 4.20 所示。文章的正文默认使用两端对齐。也可以使用"格式"工具栏上的"对齐"按钮 来完成对齐操作。

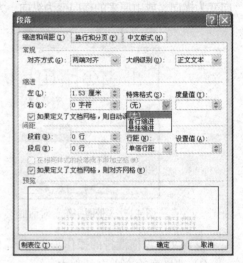

图 4.20 "段落"对话框

2. 设置段落缩进

缩进是指调整文本与页面边界之间的距离。有 4 种方法可以设置段落的缩进，但设置前一定要选中段落或将插入点放到要进行缩进的段落内。

方法一：使用"段落"对话框，如图 4.20 所示。这种方法可以实现精确的缩进。在"段落"对话框中可以设置 4 种缩进模式。

- "左缩进"：控制段落左边界缩进位置。
- "右缩进"：控制段落右边界缩进位置。
- "首行缩进"：控制段落中第一行的起始位置。
- "悬挂缩进"：控制段落中除首行以外其他行的起始位置。

方法二：使用水平标尺。在水平标尺上，有 4 个段落缩进滑块：首行缩进、悬挂缩进、左缩进和右缩进，如图 4.21 所示。

图 4.21 水平标尺

- 左缩进：将某个段落整体向右进行缩进。缩进滑块形状为矩形。
- 右缩进：将某个段落整体向左进行缩进。缩进滑块在水平标尺的右侧，其形状为正立三角形。
- 悬挂缩进：将某个段落首行不缩进，其余各行缩进。缩进滑块形状为正立三角形。

另外，如果要实现更加精确的缩进，可以在按【Alt】键的同时拖动鼠标，标尺上会出现数值指示。

以这种方式拖动时，鼠标不再每次移动固定距离，而是可以实现微小的移动。这种方法的优点是灵活易用，只需要多按一个键即可轻松实现精确缩进。

方法三：利用"格式"工具栏上的"减少缩进量"和"增加缩进量"按钮，可以将段落的左边界缩进到默认位置或定义的制表位位置。

方法四：用【Tab】键对段落进行左缩进和首行缩进。

① 选择"工具"｜"自动更正选项"命令，在打开的对话框中切换到"键入时自动套用格式"选项卡。

② 在"键入时自动实现"选项栏下，选中使用【Tab】键和【BackSpace】键设置"左缩进"和"首行缩进"复选框。

③ 若要缩进段落的首行，则将插入点置于首行开始处按一次【Tab】键，再继续按【Tab】键，则整个段落左缩进；若要直接缩进整个段落，可以先将插入点置于其他行的开始处，再按【Tab】键。

无论用哪种缩进方法，在输入完一个段落后，按【Enter】键时，Word 会自动继承上一段的缩进格式，这样极大地提高了输入效率。若要取消默认缩进格式，可以在按【Enter】键后，按一下键盘上的【BackSpace】键，光标会定位到没有缩进量的最左边，在这里可以设置新的缩进量。

3．设置行距或段落间距

默认情况下，文档中段落间距和行距两者都是统一的"单倍行距"，用户可以根据需要设置行距、段前和段后的间距。

（1）设置行距。行距是从一行文字的底部到另一行文字底部的距离。Word 会自动调整行距以容纳该行中最大的字符和图形。设置行距的操作步骤如下。

① 单击要设置格式的段落。

② 在"格式"工具栏上单击"行距"按钮。如果要应用新的设置，可单击"行距"按钮后的下拉箭头，从下拉列表中选择所需的选项。

- "单倍行距"：将行距设置为该行最大字符的高度加上一小段额外间距。
- "1.5 倍行距"、"两倍行距"和"多倍行距"：分别为单倍行距的 1.5 倍、2 倍和多倍（选"多倍行距"需在旁边的"设置值"文本框中输入倍数，倍数可以不是整数）。
- "最小值"：为将文件的字体全部显示的值，当行中最大字符的高度大于最小值时，Word 将进行调整，取最高字符的高度为行距。
- "固定值"：行距固定为旁边"设置值"文本框中输入的值，它限制了只能用这一个值，Word 将不进行调整，当最大字符的高度大于固定值时，超出部分将丢失。

（2）设置段前间距和段后间距。设置段前间距和段后间距的操作步骤如下。

选择要设置间距的段落，打开"段落"对话框，选择"缩进和间距"选项卡，在"间距"选项区域的"段前"和"段后"文本框中分别输入所需的间距，段间距的单位可以是行或磅。

- "段前"：段落第一行和上一段最后一行之间的距离。
- "段后"：段落最后一行和下一段第一行之间的距离。

4.4.4　边框和底纹

1．段落的边框和底纹

在 Word 文档中，为一些重要的内容或段落添加边框或底纹，既可以使内容突出，又可以使版面美观，底纹的操作步骤如下。

① 选定要设置边框或底纹的文本或段落。

② 选择"格式"|"边框和底纹"命令，打开"边框和底纹对话框"，如图 4.22 所示。

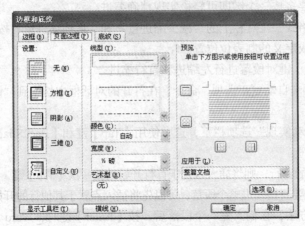

图 4.22 "边框和底纹"对话框

③ 单击"边框"选项卡，在"设置"选项区域中选择边框线的种类，在"线型"列表框中选择边框线的形状，在"颜色"下拉列表框中选择边框的颜色，在"宽度"下拉列表框中选择边框线的宽度。

④ 单击"底纹"选项卡，出现底纹设置界面，如图 4.23 所示。在"填充"选项区域中选择一种颜色，作为底纹的背景色；在"图案"选项区域的"式样"下拉列表框中选择一种样式，作为底纹的图案；在"颜色"下拉列表框中选择一种颜色，作为底纹的前景色。

⑤ 在"应用于"下拉列表框中有"文字"和"段落"两个选项。若选择"文字"，则添加边框或底纹以行为单位，仅对选定的文本起作用；若选择"段落"，则添加的边框或底纹以段为单位，且不局限于所选定的文本。

⑥ 设置完毕后，单击"确定"按钮即可。

2. 页面的边框和底纹

打开"边框和底纹"对话框，单击"页面边框"选项卡，在"设置"选项区域中选择边框线的种类，在"线型"列表框中选择边框线的形状，在"颜色"下拉列表框中选择边框线的颜色，在"宽度"下拉列表框中选择边框线的宽度。注意这里的"应用范围"是"整篇文档"，再单击"确定"按钮即可。

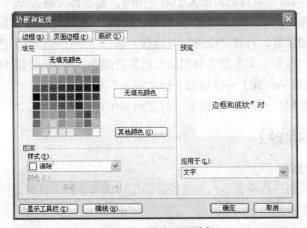

图 4.23 "底纹"选项卡

4.4.5　格式刷复制格式

如果之前已经设置了格式，可用格式刷非常便捷地复制字符和段落格式。

1. 复制字符格式

字符格式包括字体、字号、字形等。使用格式刷复制字符格式的操作步骤如下。

① 选取所需格式的文本，注意不包括段尾标记（段末回车符）。

② 单击"常用"工具栏上的"格式刷"按钮，此时鼠标指针变为刷子形状。

③ 选取需要应用此格式的文本后松开鼠标即可。

2. 复制段落格式

段落格式包括制表符、项目符号、缩进、行距等。复制段落格式的操作步骤如下。

① 单击要复制格式的段落，使光标定位在该段落内。

② 单击"常用"工具栏上的"格式刷"按钮，此时鼠标指针变为刷子形状。

③ 把刷子移到需要应用此格式的段落，单击段内的任意位置即可。

3. 多次复制格式

① 双击"常用"工具栏上的"格式刷"按钮，此时鼠标指针变为刷子形状。

② 依次选取需要应用此格式的文本。

③ 完成后，再次单击"常用"工具栏上的"格式刷"按钮即可。

4.4.6　项目符号和编号

项目符号和编号是文档编辑中常用的功能，特别是在分章、节编写文档时，该功能可使文档中的条目排列清楚、引人注目，便于阅读和理解。

1. 项目符号和编号有两种方法

（1）使用"格式"工具栏上的铵钮。

① 选定要添加项目符号的段落。如果只有一段，可将插入点置于此段落中。

② 单击"格式"工具栏上的"项目符号"按钮，即按默认设置为选定的段落添加项目符号。

（2）使用"项目符号和编号"对话框。

① 选定要添加项目符号或编号的段落。如果只有一段，可将插入点置于此段落中。

② 单击"格式"|"项目符号与编号"命令（或在选定段落上单击右键，选择快捷菜单中的"项目符号与编号"命令），在弹出的"项目符号和编号"对话框的"项目符号"选项卡中，选择所需的列表样式，如图 4.24 所示。

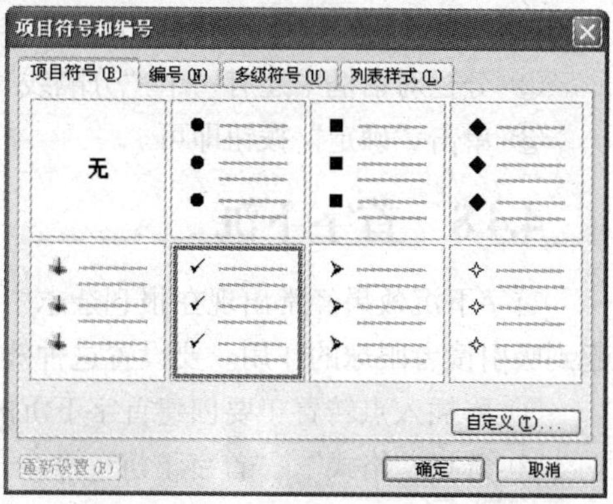

图 4.24　"项目符号与编号"对话框

③ 单击"确定"按钮，将指定的样式应用到选定的段落中。

2. 项目符号和编号的自动创建

Word 能够自动创建项目符号。若段落以"1"、"一"、"a）"等编号开始，输入文本后按【Enter】键，Word 自动将该段转换成项目列表，并创建下一个编号。同样，在段首输入"*"，并在后面添加空格，输入文字后按【Enter】键，此段落及其下面的新建段落就会自动应用项目符号。

实现这种功能，需选择"工具"|"自动更正选项"命令，打开"自动更正"对话框，选择"键入时自动套用格式"选项卡，在"键入时自动应用"选项栏中，使"自动项目符号列表"复选框处于选中状态。

3. 取消项目符号

当插入点位于设置了项目符号的段落中时，"格式"工具栏上的"项目符号"按钮处于选中状态，单击此按钮可取消此段落的项目符号。选定带有项目符号的段落，在"项目符号和编号"对话框的"项目符号"选项卡中选"无"，再单击"确定"按钮，即可清除段落的项目符号。

4.4.7 分栏

为了美化版面的布局，报刊、杂志的排版往往会将页面一分为二（或更多），从而使内容的分布更加合理。在规划版面时，可直接使用"页面设置"对话框对页面进行分栏。如果在文档的编辑过程中需要分栏，则使用"分栏"按钮或"分栏"对话框较为方便。

分栏的操作步骤如下。

① 选中要分栏的文档内容。

② 选择"格式"|"分栏"命令，打开"分栏"对话框，如图4.25所示。

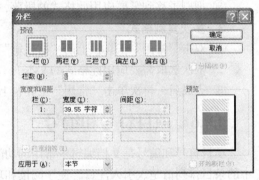

根据需要，选择"预设"选项区域中的样式，或在"栏数"文本框中直接设置分栏数。默认情况下，自定栏数时，各栏宽度相等，如果要调整它们的宽度，可取消"栏宽相等"复选框的选择，然后对栏宽、栏间距精确调整。在该对话框右下角可预览设置后的效果。

图4.25 "分栏"对话框

① "应用于"下拉列表框中自动显示为"所选文字"，单击下拉按钮，也可选择其他作用范围。根据文档是否分节、选中内容与否，该下拉列表框中的选项略有不同，有"所选文字"、"整篇文档"、"插入点之后"、"所选节"和"本节"等。

② 分栏对话框中还有一个"分隔线"复选框，选中后可在栏间插入直线进行分隔。

③ 单击"确定"按钮即可。

4.4.8 首字下沉

首字下沉效果经常出现在报刊杂志中。文章或段落开始的第一个字字号明显下沉数行，能够起到吸引读者眼球的作用。要设置这种效果，可以按下面的步骤进行操作。

① 将插入点转置于要创建首字下沉的段落中的任意位置。

② 选择"格式"|"首字下沉"命令，打开"首字下沉"对话框，如图4.26所示。

③ 在"位置"选项区域中，选择"下沉"或"悬挂"选项。在段落没有被设置为缩进时，选择"悬挂"选项后，下沉的首字将会占据左边距。选择"无"选项可取消首字下沉。

④ 在"字体"下拉列表框中，为下沉的首字选择字体。

⑤ 在"下沉行数"文本框中，设置下沉占据的行数。

⑥ 在"距正文"文本框中，设置首字距正文的距离。

图4.26 "首字下沉"对话框

⑦ 单击"确定"按钮。

建立首字下沉后，首字将被一个图文框包围，单击图文框的边框，拖动控点可以调整其大小，里面的文字也会随之改变大小。

4.4.9　样式及模板

1. 样式

样式是一组定义好的字符和段落格式设置的集合。针对文档中不同类型的对象，Word 会应用不同的样式，从而快速改变文本的外观。查看样式时只要单击"格式"工具栏左侧的"样式"下拉按钮，就可以打开样式下拉菜单，其中包含了标准样式及用户定义的所有样式。标准样式包括标题 1、标题 2、标题 3、默认段落字体和正文。

（1）新建样式。Word 提供了几十种内置样式，但仍然无法满足某些特定的需要，这时可以自创样式。

方法一：使用"格式"菜单中的"样式"命令（以新建段落样式为例）。

① 选择"格式"|"样式和格式"命令，打开"样式和格式"对话框，显示在 Word 窗口右边的任务窗格内。

② 单击 Word 窗口右边任务窗格中的"新样式"按钮，打开"新建样式"对话框，如图 4.27 所示。

- 在"名称"文本框中输入样式的名称。
- 在"样式类型"下拉列表框中选择"段落"或"字符"。
- "段落"样式：控制段落外观的所有格式，也包括字符格式。
- "字符"样式：控制段落内选定文字的外观，但不会影响段落格式。

③ 单击"格式"按钮，打开下拉菜单，单击"字体"

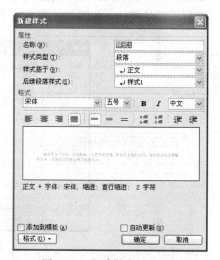

图 4.27　"新建样式"对话框

命令，可以设置样式的字体格式；单击"段落"命令，可以设置样式的段落格式。

④ 返回到"样式"对话框，单击"关闭"按钮，该样式便保存在样式列表中。

方法二：使用"格式"工具栏上的"样式"下拉按钮应用样式。

① 对字符或段落进行格式化，如果要使段落样式具有某种字符格式，需要将此字符格式应用于段落中的所有字符。

② 将插入点置于段落中。

③ 在"格式"工具栏上的"样式"下拉列表框中输入新样式的名称。

④ 按【Enter】键，即建立了一个新样式。

（2）应用样式。段落样式用于定义整个段落，字符样式用于定义选定的文本。其中最常用到是段落样式。

① 选定需要应用样式的文本。

② 选择"格式"|"样式和格式"命令，打开"样式和格式"对话框。在任务窗格的"显示"下拉列表框中选择"所有样式"。

③ 单击要应用的格式。

（3）修改和删除样式。若对设置的段落样式和字符样式不满意，可选定这些段落或字符，修改或删除应用于该文本的样式即可。

修改样式的操作是：选择"格式"|"样式和格式"命令，打开"样式和格式"对话框，右键单击要修改的样式，在弹出的快捷菜单中选择"修改"命令，弹出"修改样式"对话框，重新设置格式，再单击"确定"按钮，回到"样式和格式"对话框，最后单击"关闭"按钮即可。

若要删除已有的样式，右键单击要删除的样式，在弹出的快捷菜单中选择"删除"命令，弹出"删除"对话框，单击"是"按钮即可。

2. 模板的使用

模板是一种具有固定格式的框架文件，利用模板可以方便、快捷地创建文件。模板的概念和样式的概念类似，都是为了某个对象建立一个统一的版式。不同的是，样式针对段落或文本，而模板是针对整个文档。

Word 提供了多种类型的模板，包括常用、Web 页、报告、备忘录、出版物、其他文档、信函和传真，以及英文向导模板。用户可单击"文件"|"新建"命令，打开"新建"对话框，从中选择所需的模板，如图 4.28 所示。系统默认选择的是"空白文档"，使用的是 Normal.dot 模板。

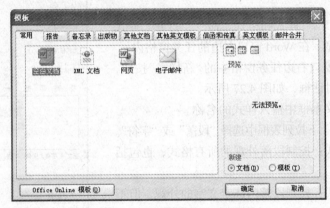

图 4.28 "新建模板"对话框

除了可以使用 Word 提供的模板外，用户还可以将已有文档的"保存类型"设为"文档模板（.dot）"，然后从该模板新建文档。

4.5 页面格式设置

在 Word 中创建的内容都以页为单位进行显示的，前面所做的文档编辑，都是在默认的页面设置下进行的，即套用 Normal 模板中设置的页格式。这种默认页面设置多数情况下并不符合用户的要求，因此需要对其进行调整。

页面设置主要包括设置页面的大小、打印方向、页边距、页眉、页脚和页码等。

4.5.1 页面设置

页面设置主要包括设置文档打印时所用的纸张大小、页边距、纸张来源、页面行数、字符数和打印方向等。

1．设置页边距

面边距可以在标尺上设置，但要精确地设置，则必须在"页面设置"对话框的"页边距"选项卡中完成。具体操作步骤如下。

（1）选择"文件"|"页面设置"命令，在打开的对话框中选择"页边距"选项卡，如图 4.29 所示。

（2）在"上"、"下"、"左"、"右"文本框中分别输入需要的数值，即文本与页面边距的 4 个距离值。选择后可以通过"预览"框查看效果。

若要修改默认页边距，可在选择新的页边距后单击"默认"按钮，新默认设置将保存在该文档基于的模板中。每一个基于该模板创建的新文档将自动使用新的页边距设置。

2．设置纸张

在"页面设置"对话框中选择"纸张"选项卡，如图 4.30 所示。

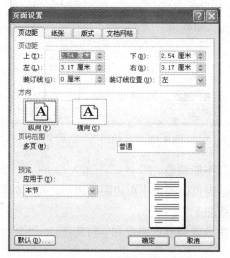

图 4.29　"页边距"选项卡

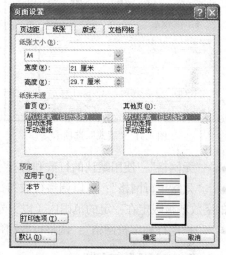

图 4.30　"纸张"选项卡

（1）选择纸张大小。选择"文件"|"页面设置"命令，打开"页面设置"对话框，单击"纸张"选项卡，在"纸张大小"下拉列表框中可以选择某个型号的纸张。

如果要更改文档中部分段落的纸张大小，应先在文档中选择这些段落，然后在"纸张"选项卡中选择不同的纸张，再从"应用于"下拉列表框中选择"所选文字"选项，此时 Word 将自动在使用新纸张的页面前后插入分节符。如果文档已划分为若干节，可以单击某个节或选定多个节，再改变纸张大小，使该段文字应用新纸张。

（2）选择页面方向。在"页边距"选项卡的"方向"选项区域中选择"纵向"或"横向"，可以设置打印方向。

3．设置纸张来源

在"纸张"选项卡中可以选择首页或其他页的送纸方式，有"默认纸盒"和"手动进纸"等方式。

4．设置版式

版面是指整个文档的页面格局。选择"页面设置"对话框中的"版式"选项卡，如图 4.31 所示。在"页眉和页脚"选项区域中，可以设置页眉和页脚的"奇偶页不同"或"首页不同"。在"垂直对齐方式"下拉列表框中，可供选择的对齐方式有：顶端对齐、居中、底端对齐和两端对齐，若文本的内容占满一页，则垂直对齐的设置没有意义。"节的起始位置"选项表示该版面设置的作用范围。

5. 设置文档网格

选择"页面设置"对话框中的"文档网格"选项卡，如图 4.32 所示，它主要用来调整每页的行数和每行的字数。

图 4.31 "版式"选项卡

图 4.32 "文档网格"选项卡

- "无网格"：使用默认的行数和每行字符数，不能调整。
- "只指定行网格"：可以调整行数和行跨度。当页面的大小页边距确定后，每页的行数和每行的字数就被限定在一定的范围内（以五号字为基准）了。
- "指定行和字符网格"：调整行数和每行字符数或调整行跨度和字符跨度。

4.5.2　页眉和页脚

一般情况下，页眉和页脚分别出现在文档的顶部和底部，在其中可以插入页码、文件名和章名等内容，也可以在页眉和页脚中插入图形。页眉出现在每页的顶端，打印在每页上边距中；页脚出现在每页的底端，打印在每页下边距中。

1. 创建页眉和页脚

创建页眉和页脚的操作步骤如下。

① 选择"视图"|"页眉和页脚"命令，Word 将自动切换到页眉和页脚编辑区域，并显示"页眉和页脚"工具栏，如图 4.33 所示。

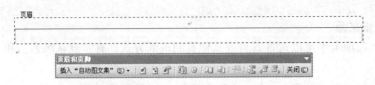
图 4.33　设置页眉与页脚

Word 默认先打开页眉编辑区，可以输入页眉的内容。此时，正文以灰色显示，表示不可操作。若要创建页脚，只要单击"页眉和页脚"工具栏中的"在页眉和页脚间切换"按钮，即可打开页脚编辑区。

对创建的页眉和页脚，同样可以设置字体格式、段落格式、边框和底纹等，利用"格式"|"字体"命令或"格式"工具栏来操作即可，还可在"页眉和页脚"工具栏中选择插入的内容，如页码、日期和时间等。

② 页眉和页脚编辑完毕后，单击"页眉和页脚"工具栏中的"关闭"按钮，或在正文中双击，即可退出页眉和页脚的编辑状态。

在 Word 中，只要在第一页设置页眉和页脚，所有的页面都会出现相同的页眉和页脚。但有的文档需要在不同的页面设置不同的页眉和页脚，如许多书籍和杂志的版面中常有根据不同的章节或栏目设置不同的页眉和页脚的情况。在 Word 的不同页面中设置不同的页眉和页脚要将文档分节才可以实现，具体操作步骤如下。

① 将光标插入到文档中需要分节的地方。

② 选择"插入"|"分隔符"命令，打开"分隔符"对话框，如图 4.36 所示。

③ 在其中的"分节符类型"选项区域中有 4 种类型："下一页"、"连续"、"偶数页"和"奇数页"。根据编排的需要选择一项，单击"确定"按钮回到文档中。

完成以上操作后即可在不同的节设置不同的页眉和页脚。从第 2 节开始，打开"页眉和页脚"工具栏时，在"页眉-第 2 节"后会出现"与上一节相同的"字样，单击"页眉和页脚"工具栏上的"同前"按钮，去掉"与上一节相同"几个字，再设置页眉，这样的页眉就与上一节的页眉不同了。页脚的设置与此相同。

2．删除页眉或页脚

删除一个页眉或页脚时，Word 自动删除整篇文档中相同的页眉或页脚，操作步骤如下。

① 单击"视图"|"页眉和页脚"命令。

② 在页眉或页脚编辑区中，选定要删除的文字或图形，然后按【Delete】键即可。

4.5.3　插入页码

Word 具有给文档的每个页面自动编号的功能，即在文档上添加连续的页码。在 Word 文档中插入页码的方法有两种，一种是利用"页眉和页脚"工具栏上的"插入页码"按钮完成，另一种是通过"页码"对话框完成。

通过"页码"对话框插入页码的操作步骤如下。

① 选择"插入"|"页码"命令，打开如图 4.34 所示的"页码"对话框。

② 单击"位置"下拉列表框，可选择页码插入到页面的位置，有"页面顶端（页眉）"、"页面底端（页脚）"、"页面纵向中心"、"页面外侧"和"页面内侧"5 个选项。

③ 单击"对齐方式"下拉列表框，可选择页码的对齐方式，有"左侧"、"右侧"、"居中"、"内侧"、"外侧"5 种对齐方式。例如，书的页码一般选择"页面底端"、"外侧"对齐方式。插入页码后的效果在预览框中可观察到，也可在"页面"视图模式下看到。

如果要在首页显示页码，应选中"首页显示页码"复选框。如果起始页码不是从 1 开始的，或者要使用其他格式的页码数字，可单击"格式"按钮进行设置。

单击"格式"按钮，弹出"页码格式"对话框，如图 4.35 所示。在"数字格式"下拉列表框中设置页码的显示方式，可以是数字，也可以是文字；在"起始页码"文本框中可输入页码的起始值，便于文件内长文档页码的统一设置。

插入页码后若对文档进行了大幅增减，系统会自动调整页码，并可以从状态栏中看到页码的变化。

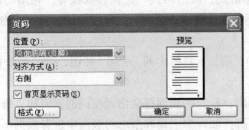

图 4.34 "页码"对话框

图 4.35 "页码格式"对话框

4.5.4 插入分隔符

选择"插入"|"分隔符"命令，可以打开"分隔符"对话框，如图 4.36 所示。

1. 分页符

在 Word 中输入文本时，Word 会按照页面设置中的参数将文字填满一行后自动换行，填满一页后自动分页。而分页符则可以使文档从插入分页符的位置强制分页。如果要在某个特定位置分页，可插入"手动"

图 4.36 "分隔符"对话框

分页符，这样可以确保章节标题在新的一页开始。其操作步骤是：将光标放在插入分页符的位置，选择"插入"|"分隔符"命令，打开"分隔符"对话框，单击"分页符"单选按钮，然后单击"确定"按钮。另外，也可以在插入分页符的位置按【Ctrl】+【Enter】组合键实现分页。

2. 分栏符

对文档（或某些段落）进行分栏后，Word 文档会在适当的位置自动分栏，若需要某些内容出现在下页的顶部，则可用插入分栏符的方法来实现，具体步骤如下。

① 在"页面视图"中，将插入点置于另起新栏的位置。

② 选择"插入"|"分隔符"命令，打开"分隔符"对话框。

③ 在"分隔符类型"选项区域中选择"分栏符"单选按钮，单击"确定"按钮即可。

3. 换行符

在"分隔符"对话框中选择"换行符"单选按钮，单击"确定"按钮（或直接按【Shift】+【Enter】组合键）后，即可在插入点位置强制换行（换行符显示为灰色"↓"形）。与直接按【Enter】键不同，这种方法产生的新行仍将作为当前段的一部分。

4. 分节符

节是文档的一部分。插入分节符之前，Word 将整篇文档视为一节。在需要改变行号、分栏数、页面、页脚或页边距等特性时，需要创建新的节。插入分节符的步骤如下。

① 将插入点定位到新节的开始位置。

② 选择"插入"|"分隔符"命令，打开"分隔符"对话框。

③ 在"分节符类型"选项区域中，选择下面的一种类型。

● "下一页"：选择此项，光标当前位置后的全部内容将移到下一个页面上。

● "连续"：选择此项，Word 将在插入点位置添加一个分节符，新节从当前页开始。

● "偶数页"：光标当前位置后的内容将转至下一个偶数页上，Word 自动在偶数页之间空出一页。

● "奇数页"：光标当前位置后的内容将转至下一个奇数页上，Word 自动在奇数页之间空出
一页。

④ 单击"确定"按钮即可。

4.6　表　格　操　作

在文档中制作表格是 Word 的重要功能，包括表格的建立、编辑和对表格内容的操作。表格
通常由多个行和列构成，行和列交叉的"矩行方格"称为单元格，可以在单元格中输入文字或插
入图片。表格经常用于组织和显示信息，在多数情况下可以使文档看起来简洁、明了。表格可以
用来按列对齐数字，然后对数字进行排序和计算。

4.6.1　表格创建

表格由水平的行与垂直的列组成，行与列交叉产生的方格称为"单元格"，在单元格中可以输
入文字和数字，插入图形，甚至插入其他表格。

1. 创建空表格

如果需要在文档中插入一个空的表格，可先将光标定位在要插入表格的位置，再插入表格。
其方法有如下 3 种。

方法一：单击"常用"|"插入表格"按钮，在弹出的面板中向右下角拖动鼠标来确定表格的
行数和列数，如图 4.37 所示。

方法二：选择"表格"|"插入"|"表格"命令，弹出"插入表格"对话框，如图 4.38 所
示。在该对话框中可设定表格的行数和列数，也可以设定列宽，设置完毕后，单击"确定"
按钮即可。

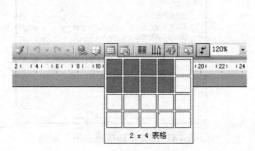

图 4.37　工具栏"插入表格"

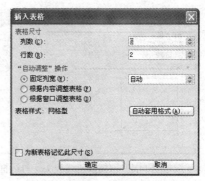

图 4.38　"插入表格"对话框

方法三：绘制自由表格，其操作步骤如下。

① 选择"视图"|"工具栏"|"表格和边框"命令，弹
出"表格和边框"工具栏，如图 4.39 所示。

② 单击"绘制表格"按钮，鼠标指针变成钢笔形状，在
需要绘制表格的地方拖动鼠标，可先画出表格的外框，然后

图 4.39　"表格和边框"工具栏

在表格外框上根据需要拖动鼠标绘制表格的行线和列线，在单元格的对角之间还可绘制斜线。

③ 单击"擦除"按钮，鼠标指针变成橡皮形状，在需要擦除表格线的地方拖动鼠标，可擦除表格线。

④ 在"表格和边框"工具栏上还可选择表格的线型、宽度和颜色。

2. 绘制斜线表头

表头总是位于所选表格第一行、第一列的单元格中。用"绘制表格"按钮仅能在单元格的对角线之间绘制斜线，如果要表格设计更复杂的斜线表头，可使用"绘制斜线表头"命令，其操作步骤如下。

① 单击要添加斜线表头的单元格。

② 选择"表格"|"绘制斜线表头"命令，弹出"插入斜线表头"对话框，如图 4.40 所示。

③ 在"表头样式"下拉列表框中，选择所需的样式。

在各个标题框中输入所需要的行、列标题，在"预览"框中可以预览所选的表头。

在利用"表格"|"绘制斜线表头"命令编辑表头时，新的表头将代替原有的表头。如果单元格中容纳不下输入的标题，会弹出警告，并且容纳不下的字符会被截掉。由于这种表格的斜线表头是用绘图的方法实现的，因此表头中的斜线不能用"擦除"按钮擦除。

3. 文本转换成表格

将文本转换成表格的方法是：选定文本，选择"表格"|"转换"|"文字转换成表格"命令，弹出"将文字转换成表格"对话框，如图 4.41 所示。在该对话框中选择文本的分隔符和列数即可。

4. 输入表格内容

表格创建好以后，需要向表格中输入内容，这时可以按【Tab】键使光标移到下一个单元格，按【Shift】+【Tab】组合键使光标移到上一个单元格，也可以用鼠标直接单击某个单元格。当光标在表格最后一个单元格时，再按【Tab】键，Word 将在表格尾部自动添加一行。

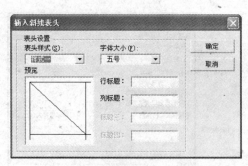

图 4.40 "插入斜线表头"对话框

图 4.41 "文本转换成表格"对话框

4.6.2 表格编辑

编辑表格是指对创建的表格本身进行修改、修饰和删除等操作，包括调整表格的尺寸，设置表格的属性，插入和删除表格的行、列、单元格，合并和拆分表格或单元格等。完成表格操作的命令可以在菜单中找到，也可以在"表格和边框"工具栏中找到大部分命令。

1. 选定表格对象

（1）选定单元格。

① 选定一个单元格：将鼠标指针放到单元格左端，当鼠标指针变成 ↗ 形状时单击，或选择"表格"|"选定"|"单元格"命令。

② 选定多个单元格：按住鼠标左键从左上角单元格拖至右下角单元格即可。

（2）选定行或列。

① 选中一列：将鼠标指针移到表格某一列的上边界，当鼠标指针变成向下的黑色箭头时单击即可。

② 选中一行：将鼠标指针移到表格某一行的左边界，当鼠标指针变成向右倾斜的白色箭头时单击即可。

（3）选定整个表格。以选定行或列的方式垂直或水平拖曳鼠标，或者选择"表格"|"选定"|"表格"命令，都可选定整个表格。

2. 插入单元格、行、列和表格

首先选定要插入的单元格、行或列的位置，然后选择"表格"|"插入"子菜单中的相应命令，如图 4.42 所示。

插入行和列的操作可以直接完成，但在插入单元格或表格时，Word 会弹出对话框，要求进行相应的选择。当插入单元格时，Word 会询问用户现有单元格如何移动。

3. 删除单元格、行、列和表格

首先选定要删除的单元格、行、列或表格对象，再选择"表格"|"删除"子菜单中的相应命令。当删除单元格时，Word 会询问用户活动单元格如何移动。

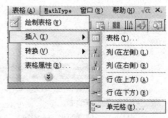

图 4.42 "插入"子菜单

4. 合并和拆分单元格

合并单元格是将多个单元格合并成一个单元格，操作步骤是：选定所有要合并的单元格，选择"表格"|"合并单元格"命令，如图 4.43 所示；或者单击右键，从快捷菜单中选择"合并单元格"命令，即可完成合并操作。

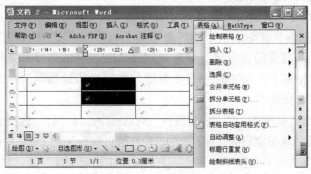

图 4.43 合并单元格示例

拆分单元格是将一个单元格拆分成多个单元格，操作步骤是：选定要拆分的单元格，选择"表格"|"拆分单元格"命令；或者单击右键，从快捷菜单中选择"拆分单元格"命令，弹出"拆分单元格"对话框，如图 4.44 所示。在该对话框中输入要拆分成的单元格的行数和列数即可。

5. 表格的移动和复制

移动和复制表格的方法与移动和复制文本的方法一样，先选定表格，然后用鼠标拖动即可。

使用"编辑"菜单上的"剪切"和"粘贴"命令可以实现移动操作，使用"复制"和"粘贴"命令可以实现复制操作。

6. 重复标题行

当表格放大到超过一页时需跨页存放，Word 会自动分页拆分表格，如果要在后续页的表格中也显示表格标题（一般是表格的第一行），可选中表格的标题行，在菜单栏上选择"表格"|"标题行重复"命令。

7. 设置表格属性

将光标定位到表格中，在菜单栏上选择"表格"|"表格属性"命令，打开如图 4.45 所示的"表格属性"对话框，在该对话框中可根据需要设置表格的尺寸、对齐方式、行高和列宽等属性。

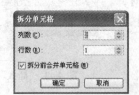

图 4.44 "拆分单元格"对话框   图 4.45 "表格属性"对话框

（1）改变表格的对齐方式。在"表格属性"对话框中选择"表格"选项卡，在"对齐方式"选项区域中可以选择"居中"、"左对齐"或"右对齐"，使表格位于页面的中间或在页面上和左边界对齐、和右边界对齐。Word 2003 还新增了"文字环绕"表格功能，通过选择"环绕"，可使文字环绕在表格的左侧、右侧或两边。

（2）改变表格的尺寸。要改变表格的宽度，可在"表格属性"对话框的"表格"选项卡中选中"指定宽度"复选框，并输入一个指定表格宽度的数值，表格的宽度可以选择以 cm 为单位，也可以选择占页面宽度的百分比。如果要同时改变表格的高度和宽度，可将鼠标指针移到表格中，这时在表格右下角会出现一个小方框，将鼠标指针指向这个方框并按鼠标左键拖动，可改变表格的高度和宽度。

（3）调整表格的行高和列宽。在"表格属性"对话框中选择"行"选项卡，选中"指定高度"复选框，并可输入数值调整指定行的高度；选中"允许跨页断行"复选框，允许表格的行跨页显示。

在"表格属性"对话框中选择"列"选项卡，选中"指定宽度"复选框，并可输入数值调整指定列的宽度。

另外，调整表格行高和列宽的方法还有以下几种。

方法一：将鼠标指针移动到表格的边框线上，这时鼠标指针形状改变，按住鼠标进行拖曳即可调整行高和列高。

方法二：选定表格，选择"表格"|"自动调整"子菜单中的相关命令来调整行高和列宽。

方法三：用鼠标单击表格的任意位置，在标尺上会出现表示行高和列宽的标记，将鼠标指针移到标记上并按下鼠标左键，当出现一条虚线时拖动鼠标，可改变行高或列宽。也可以将鼠标指针移到表格的行线或列线上，按下鼠标左键并拖动即可改变行高和列高。如要改变单元格的宽度，要选中单元格后再拖动鼠标。

（4）调整单元格宽度和边距。表格中的单元格可看作是一个窗口，可以修改和设置单元格的宽度和边距（单元格内容到单元格边界的距离）。

在"表格属性"对话框中选择"单元格"选项卡，选中"指定宽度"复选框，并可输入数值调整指定单元格的宽度。单击"选项"按钮，可打开"单元格选项"对话框，选中"与整张表格相同"复选框，则单元格使用表格的默认边距，默认值可以在"表格"选项卡上单击"选项"按钮进行设置；如果取消选择"与整张表格相同"复选框，可自行设置当前单元格的上、下、左、右边距。选中"自动换行"复选框，当输入的文字超过单元格宽度时自动换行，并增加行的高度；否则，自动加宽单元格的宽度，以适应输入的文字。选中"适应文字"复选框，当输入的文字超过单元格宽度时，自动减小字号，以便在单元格内显示输入的文字。

此外，在"单元格"选项卡上还可选择单元格中内容的垂直对齐方式。

4.6.3　表格格式化

格式化表格改变表格的外观，如修改表格的对齐方式，设置表格的边框和底纹等。

1. 表格及表格中数据的对齐

① 表格对齐：选择"表格"|"表格属性"命令，在弹出的对话框的"表格"选项卡中进行设置，或者直接用鼠标拖曳表格左上角的 ✛ 标记进行操作。

② 表格中数据的对齐：先选定操作对象，单击右键，从快捷菜单中选择"单元格对齐方式"命令，如图 4.46 所示。或者通过单击"表格和边框"工具栏上的"对齐方式"下拉按钮来实现。

2. 设置表格边框和底纹

（1）设置边框。

① 将表格选定，选择"格式"|"边框和底纹"命令，弹出"边框和底纹"对话框，如图 4.47 所示。

图 4.46　"单元格对齐方式"命令

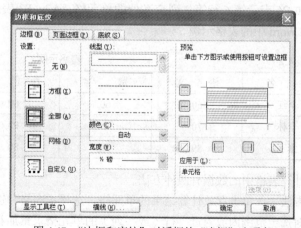

图 4.47　"边框和底纹"对话框的"边框"选项卡

② 在该对话框中，从"线型"列表框中选择线型，从"颜色"下拉列表框中选择边框的颜色，从"宽度"下拉列表中选择边框的宽度。

③ 单击"预览"框周围的"边框"按钮对表格做进一步设置。

④ 单击"页面边框"选项卡，对页面边框进行设置。

⑤ 设置完毕后，单击"确定"按钮即可。

（2）添加底纹。选定表格，选择"格式"|"边框和底纹"命令，再单击"底纹"选项卡，如图 4.48 所示。在"填充"选项区域中选择底纹的颜色，单击"确定"按钮即可。

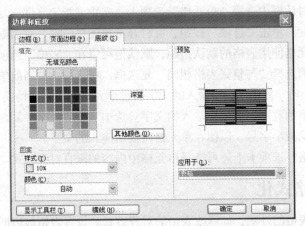

图 4.48 "边框和底纹"对话框的"底纹"选项卡

3. 表格自动套用格式

Word 中预置了很多美观大方的表格格式，套用这些现成的表格格式可以简化工作。要使表格套用这些格式，在选定表格的情况下，选择"表格"|"自动套用格式"命令，在"表格自动套用格式"对话框中选择需要的表格格式即可。所选格式的效果在"预览"框中可看到。

4.6.4 表格处理

1. 表格的计算

在 Word 表格中，单元格列号依次用字母 A、B、C、D…表示，行号依次用数字 1、2、3…表示，如 C6 表示第 6 行第 3 列交叉处的单元格，A2：F2 表示从 A2 到 F2 的 6 个单元格区域。表 4.2 为 Word 中的表格示例。

表 4.2　　　　　　　　　　　　　　表格示例

姓　　名	语　　文	数　　学	计 算 机	总　　分	平 均 分
李红	60	60	60		
李林	70	75	92		
张宇	89	52	80		

计算表格中的数据有两种方法。

方法一：单击存放计算结果的单元格，选择"表格和边框"工具栏上的"自动求和"按钮，可以对选定范围内或附近一行（或一列）的单元格求累加和。

方法二：单击存放计算结果的单元格，然后选择"表格"|"公式"命令，弹出"公式"对话框，如图 4.49 所示。在该对话框中可以输入自定义公式，或者在"粘贴函数"下拉列表框中选择所需的函数，并输入数据区域；在"数字格式"下拉列表框中可以设置数字的输出格式。

2．表格的排序

表格中的内容往往是一些彼此相关的数据，因此可以进行排序。它可以根据某几列内容按笔画、数字、日期、拼音升序来排列，但第一行一般作为字段名，不参与排序。排序方法有以下两种。

方法一：选中需要排序的列，单击"表格和边距"工具栏上的"升序"按钮或者"降序"按钮即可。

方法二：选中需要排序的列，选择"表格"|"排序"命令，弹出"排序"对话框，如图 4.50 所示。在该对话框中可以设置排序方式和排序的次序等。设置完毕后，单击"确定"按钮即可。

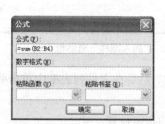

图 4.49　"公式"对话框　　　　　　图 4.50　"排序"对话框

4.7　图　文　混　排

使用 Word 2003 不仅能够编辑文本和表格，还可在文档中插入图形。在 Word 中可以使用两种基本类型的图形来增强文档效果，一种是图形对象，如自选图形、曲线、直线、艺术字图形等；另一种是由其他程序创建的图片，如位图、扫描的图片、照片、剪贴画等。

4.7.1　图片插入

1．插入剪贴画

Word 提供了一个剪贴库，它是 Office 2003 专门为自身组件提供的图片仓库，包含一些有特色的图片，而且还包括声音和视频对象。可以说，剪贴库实际上是一个简单的多媒体库。

在 Word 文档中插入剪贴画，具体的操作步骤如下。

① 将光标定位在要插入剪贴画的位置。

② 选择"插入"|"图片"|"剪贴画"命令，在任务窗格中显示如图 4.51 所示的图形。

③ 将鼠标放到所需的图片上，单击图片右侧的下拉按钮，从中选择"插入"命令，剪贴画即可插入到文档中的指定位置。

2．插入图形文件

在 Word 中可以直接插入的常用图形文件格式有 bmp、jpg、wmf（图元）和 tif 等。插入图形文件的操作步骤如下。

① 将光标定位到要插入图片的位置。

② 选择"插入"|"图片"|"来自文件"命令，打开"插入图片"对话框，如图 4.52 所示。

图 4.51　在任务窗格中插入"图片"对话框　　　　　图 4.52　"插入图片"对话框

③ 在对话框的"查找范围"下拉列表框中选择文件位置，然后在文件列表框中单击要插入的图片。

④ 单击"插入"按钮，所对应的图片即可插入到文档的指定位置。

4.7.2　图片编辑

对插入文档中的图片可以进行放大、缩小、裁剪、图像控制、移动、复制和删除等操作。编辑图片时，单击图片，使图片处于选中状态，这时在窗口中会显示如图 4.53 所示的"图片"工具栏，选择相应的工具就可以对图片进行编辑了。也可以在菜单栏上选择"格式"|"图片"命令，打开如图 4.54 所示的"设置图片格式"对话框。在对话框中有"大小"、"版式"和"图片"等选项卡，通过对这些选项卡进行设置，可完成对图片的各种编辑操作。

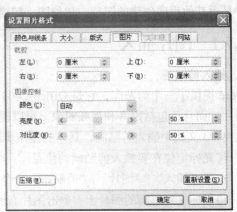

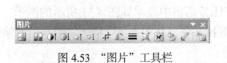

图 4.53　"图片"工具栏　　　　　图 4.54　"设置图片格式"对话框

1．图片大小设置

设置图片大小的操作步骤如下。

① 选定图片。

② 选择"格式"|"图片"命令；或者单击右键，从快捷菜单中选择"设置图片格式"命令；或双击选择图片，打开"设置图片格式"对话框。

③ 在"设置图片格式"对话框中选择"大小"选项卡，在其中可看到图片的原始尺寸。如果要缩放图片，可在"尺寸和旋转"选项区域中输入图片的高度和宽度，或者在"缩放"选项区域中输入缩放图片高度和宽度的百分比。如果选中"锁定纵横比"复选框，则改变图片高度或宽度中的任意一项，另一项也会自动随着变化。

如果对图片大小的要求不是很精确，缩放图片也可用鼠标完成。选中图片后，在图片的 4 个边有 8 个控点，将鼠标指针指向任意控点，待鼠标变成双箭头形状后，拖动鼠标即可改变图片的大小。

2. 图片版式

图片版式是指图片与周围文字之间的位置关系。不仅图片可以设置文字环绕方式，而且剪贴画、图形、艺术字和文本框也可以设置文字环绕方式。设置文字环绕方式的具体步骤如下。

图 4.55 "设置图片格式"对话框的"版式"选项卡

① 选择图片。

② 选择"格式"|"图片"命令，或者单击右键，在弹出的快捷菜单中选择"设置图片格式"命令，打开"设置图片格式"对话框，选择"版式"选项卡，如图 4.55 所示。

③ 在"版式"选项卡中，选择一种环绕方式，单击"确定"按钮即可。

Word 提供了 5 种环绕方式，即嵌入型、四周型、紧密型、浮于文字上方和衬于文字下方。

- 四周型：文字在图片边界框的四周。
- 紧密型：文字紧贴在图片自身的边缘（不是边界框）。
- 浮于文字上方：图片在文字的上方，并遮住位于图片下方的文字。
- 衬于文字下方：图片位于文字下方，这种方式可以制作有水印的背景效果。图片插入后，默认是嵌入型版式。

3. 图片裁剪及颜色控制

裁剪图片是将图片的部分内容隐藏起来，不显示也不打印，需要时再恢复。要裁剪图片，可在"图片"选项卡的"裁剪"选项区域中的"上"、"下"、"左"、"右" 4 个文本框中输入裁剪值，可实现对图片的精确裁剪。如用鼠标裁剪图片，可单击"图片"工具栏上的"裁剪"按钮，将鼠标指针指向图片四边任意的一个小方块，等鼠标指针变成裁剪形状时拖动鼠标即可。

图片控制可以改变图片的显示效果。在"设置图片格式"对话框的"图片"选项卡中，单击"颜色"下拉列表框，有"自动"、"灰度"、"黑白"和"冲蚀"（即水印）4 种显示效果。通过拖动滑块可改变图片的亮度和对比度。

此外，利用"绘图"工具栏上的按钮，可设置图片阴影、填充色和线条等显示效果。

4. 图片水印设置

可以在文档的某处用图片作水印，其操作步骤如下。

① 插入要制作成水印的图片，并调整其大小和位置。

② 选中图片，并单击右键，从快捷菜单中选择"设置图片格式"命令，在弹出的"设置图片格式"对话框中单击"图片"选项卡，在"图像控制"选项区域的"颜色"下拉列表框中选择"冲

蚀"，此时图片呈现水印效果。

③ 单击"版式"选项卡，选择"环绕方式"选项区域中的"衬于文字下方"，此时图片在文字下方显示。

4.7.3 图形绘制

在 Word 文档中，还可以自己绘制一些简单的图形。下面介绍利用 Word 的"绘图"工具栏绘制图形及设置图形属性的方法。如果"绘图"工具栏已隐藏，可以选择"视图"|"工具栏"|"绘图"命令，显示"绘图"工具栏，如图 4.56 所示。

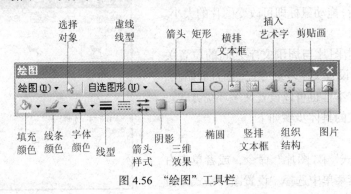

图 4.56 "绘图"工具栏

1. 绘制图形

Word 提供了一套现成的基本图形，用户可以在文档中方便地使用这些图形，其操作步骤如下。

① 选择"插入"|"图片"|"自选图形"命令，打开"自选图形"工具栏，将"基本形状"选项卡展开。

② 单击其中某一个图形，该图形呈按下状态。

③ 将鼠标指针移到文档中，此时鼠标指针变成十字形，单击鼠标并拖曳到所需要的大小。

绘制图形的默认文字环绕方式是浮于文字上方，不可以设置成嵌入型文字环绕方式。依照上述方法，还可以绘制各种不同的图形。使用绘图工具绘制图形，在 Word 2003 中称为自选图形。

2. 在自选图形中添加文字

在自选图形中可以添加文字，且文字是图形的一部分，随着图形的移动而移动。在自选图形中添加文字的操作步骤为如下。

选中图形，单击右键，从快捷菜单中选择"添加文字"命令，此时在图形上显示文本框，可以输入文字，还可以对文字进行格式设置。

3. 自选图形的编辑

与图片相似，自选图形也可以设置大小和文字环绕方式。下面主要介绍图形颜色、线条、旋转和翻转的设置。自选图形的大小和文字环绕方式的设置参见图片的设置。

（1）设置颜色、线条和箭头。设置颜色、线条和箭头的具体操作步骤如下。

① 单击自选图形。

② 选择"格式"|"自选图形"命令，或者单击右键，从快捷菜单中选择"设置自选图形格式"命令，打开"设置自选图形格式"对话框，单击"颜色和线条"选项卡，如图 4.57 所示。

● 在"填充"选项区域中，单击"颜色"下拉列表框，可以选择填充自选图形的颜色、图案和纹理等；如果选择"无填充颜色"，则自选图形为透明色，此时位于自选图形下方的内容不会被遮住。

● 在"线条"选项区域中，单击"粗细"微调按钮框，可设置线条的宽度；单击"颜色"下拉列表框，可设置线条的颜色。

● 若所绘制的自选图形是线条或箭头，则在图4.57 所示的对话框中的"箭头"选项区域将可用，可以设置箭头的形状和大小。

（2）设置旋转或翻转。设置旋转或翻转的具体操作步骤如下。

① 选中自选图形。

② 单击"绘图"工具栏中"绘图"按钮下"旋转或翻转"子菜单中的"自由旋转"命令，此时选中的

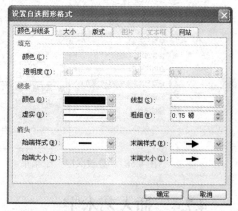

图 4.57　"设置自选图形格式"对话框

自选图形周围出现 4 个绿色小圆点，鼠标指针发生改变，将指针移至任意一个绿色小圆点上，按住左键不放移动指针即可将自选图形绕其中心以任意角度旋转。

③ 单击"绘图"工具栏中的"绘图"按钮，展开"旋转或翻转"子菜单，可以将自选图形水平或垂直翻转。

旋转操作还可以利用"设置自选图形格式"对话框来完成：单击"大小"选项卡，在"旋转"文本框中输入旋转的角度即可。

4. 多个自选图形的操作

在 Word 文档中，要绘制有特色的图形，需要利用多个自选图形进行组合。

● 调整自选图形叠放次序。

● 当在文档中绘制了多个自选图形时，图形按绘制顺序叠放在一起。最先插入的图形显示在最下面，若需要调整自选图形之间的叠放次序，则具体操作步骤如下。

① 选中自选图形。

② 单击右键，从快捷菜单中选择"叠放次序"命令，如图 4.58 所示。

（1）自选图形的组合。有时需要同时移动多个自选图形，此时可以将多个自选图形组成一个整体，这种操作称为组合。组合前要先选定多个自选图形，该操作有以下两种方式。

方法一：按【Shift】键，逐个单击需要选择的自选图形。

方法二：单击"绘图"工具栏中的"选择对象"按钮，使其呈按下状态，然后在文档中拖动鼠标形成一个虚线框，将需要选择的自选图形全部包含进来。

当"选择对象"按钮呈按下状态时，不可对文本进行编辑等操作。

组合的操作步骤如下。

① 选定需要组合的自选图形（两个或两个以上）。

② 单击右键，从快捷菜单中选择"组合"|"组合"命令，如图 4.59 所示。

（2）取消自选图形的组合。对于已组合的自选图形，为了能重新对各自选图形进行格式设置，需要将它们分开，这种操作称为取消组合。取消组合的操作步骤如下。

① 选择需要取消组合的图形。

② 单击右键，从快捷菜单中选择"组合"|"取消组合"命令，如图 4.59 所示。

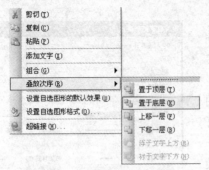 

图 4.58 "叠放次序"子菜单　　　　　　　图 4.59 "组合"子菜单

4.7.4　插入艺术字

在 Word 中可以插入艺术字，使文档的效果更加丰富多彩。插入艺术字的操作步骤如下。

① 将插入点定位至要插入艺术字的位置。

② 在菜单栏中选择"插入"|"图片"|"艺术字"命令，或者单击"绘图"工具栏中的"插入艺术字"按钮，打开"艺术字库"对话框，如图 4.60所示。

③ 在"艺术字库"对话框中选择一种艺术字样式，单击"确定"按钮，出现"编辑'艺术字'文字"对话框，如图 4.61 所示。

④ 在"编辑'艺术字'文字"对话框中输入文字，而且可以通过"字体"、"字号"下拉列表框来改变文字的字体和大小。

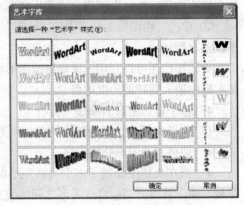

图 4.60 "艺术字库"对话框

插入艺术字后会自动显示"艺术字"工具栏，如图 4.62 所示。可以通过"艺术字"工具栏上的各个按钮来设置艺术字的格式、形状等。

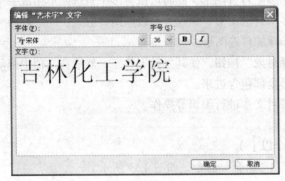

图 4.61 "编辑'艺术字'文字"对话框

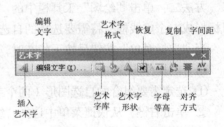

图 4.62 "艺术字"工具栏

4.7.5　文本框的使用

文本框是一种特殊的图形，它能容纳文字、表格、图形等，并且能将其中的内容精确定位在文档中。文本框有横排和竖排两种。

1. 插入文本框

插入文本框的操作步骤如下。

① 单击"绘图"工具栏中的"横排文本框"按钮，或选择"插入"|"文本框"|"横排"命令。

② 在文档中拖动鼠标，即可插入一个横排文本框。

若单击"绘图"工具栏中的"竖排文本框"按钮，或选择"插入"|"文本框"|"竖排"命令，则插入一个竖排文本框。在横排文本框中，文本水平方向输入，在竖排文本框中，文本垂直方向输入。插入的文本框默认的文字环绕方式是浮于文字上方，且文本框中的文本可以随文本框在文档中自由地移动。

2. 在文本框中输入文本

要在文本框中输入文本，只需单击文本框，选择某种输入法即可。文本框中的文本同样可以设置字体、段落等格式。若在文本框中输入的文本没有显示出来，则需要调整文本框的大小。

3. 文本框的格式设置

文本框的格式设置与自选图形一样。先将文本框选定，选择"格式"|"文本框"命令，或单击右键，从快捷菜单中选择"设置文本框格式"命令，然后在弹出的"设置文本框格式"对话框中设置颜色、线条、大小、位置、环绕方式等。只是它不可以设置旋转或翻转格式，也不可以设置嵌入式文字环绕方式。

4.7.6　公式的输入与排版

Word 文字处理软件中"Microsoft 公式 3.0"编辑器是一个非常实用的组件，利用它用户可以很方便地进行数学公式的编辑。下面以数学公式为例，介绍"Microsoft 公式 3.0"编辑器在编辑排版方式中的使用。

启动"Microsoft 公式 3.0"编辑器的具体操作方法是：单击要插入公式的位置，然后选择菜单"插入"|"对象"命令，弹出"对象"对话框，如图 4.63 所示。在"对象类型"下拉列表框中选择"Microsoft 公式 3.0"，单击"确定"按钮即可。

此时在 Word 窗口中出现编辑框、"公式"对话框等栏目，如图 4.64 所示。在编辑框中光标闪烁的地方可以输入符号和公式，编辑框随输入公式的长短而变化。在"公式"对话框中，几乎包括了所有的数学符号，其中有关系符号、运算符号、集合符

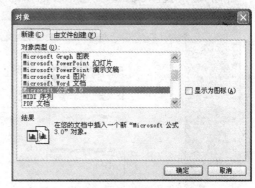

图 4.63　"对象"对话框

号、逻辑符号、箭头符号、希腊字母符号、分式和根式模板、上下标模板、矩阵模板、求和模板、积分模板、底线和顶线模板等。利用公式中的各种符号和模板可以编辑各式各样的表达式。

例如：输入公式 $f(x) = \int_0^1 2x\mathrm{d}x + \sum_{i=1}^{\infty} \dfrac{2^i}{\sqrt{i+4}}$

操作步骤如下。

① 在编辑框中输入"$f(x) =$"，然后在"公式"对话框中选定积分模板，输入 $\int_0^1 2x\mathrm{d}x +$。

② 在"公式"对话框中选定求和模板、分式模板、根式模板等，输入 $\sum_{i=1}^{\infty} \dfrac{2^i}{\sqrt{i+4}}$。

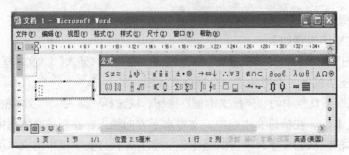

图 4.64 "Microsoft 公式 3.0"编辑器界面

4.8 打 印 文 档

一篇文档编辑、排版完成后，为了便于阅读和审查，需要将文档内容打印出来。

1. 打印预览

打印预览是 Word 提供的重要而有效的文档预览工具。在打印预览状态下可以完全看到将要打印出来的文档的样式。若文档的预览效果不理想，还可以返回到文档中进行编辑、修改。打印预览的操作步骤如下。

① 选择"文件"|"打印预览"命令，或单击"常用"工具栏中的"打印预览"按钮，屏幕将显示预览窗口，如图 4.65 所示。

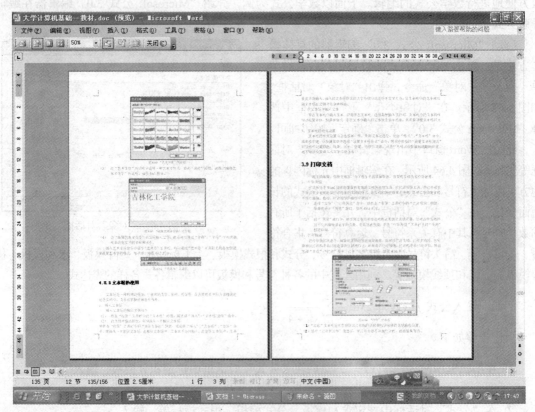

图 4.65 预览窗口

② 在"预览"窗口中,可以通过滑动鼠标上的滚动球来浏览其他页面,还可改变文档的显示比例和每屏显示的页数。若要退出预览,单击"打印预览"工具栏上的"关闭"按钮即可。

2. 打印输出

在打印预览状态下,如果对文档的预览效果满意,就可以打印文档了。打印文档时,首先要确认打印机是否已经连接到主机端口上,电源是否已经接通,打印机是否已经开启,然后选择"文件"|"打印"命令,打开"打印"对话框,如图 4.66 所示。

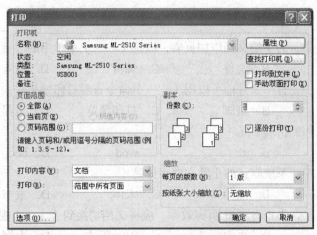

图 4.66 "打印"对话框

① 在"名称"列表框中显示了当前默认打印机的名称和可供选择的其他输出设置。

② 选中"打印到文件"复选框,则打印内容不送到打印机,而送给某文件。

③ "页面范围"选项区域用来指定文档需要打印的范围,包括打印整个文档,只打印当前页和文档中的某些页等。

④ 在"份数"文本框中可以输入需要重复打印的份数。

⑤ 选中"逐份打印"复选框表示打印一份完整的副本后才开始打印下一份的第一页。

⑥ 在"缩放"选项区域中,单击"每页的版数"下拉列表框,可以设置在一张纸中打印文档的页数;单击"按纸张大小缩放"下拉列表框,可以设置按纸张实际大小缩入打印文档的内容。

⑦ 设置完毕后,单击"确定"按钮,即可开始打印。

4.9 邮件合并

在办公事务中,许多邮件除了收信人的公司、地址、姓名及职称等内容不同外,其他内容基本相同。Word 能够自动地给出一批收信人的信息,生成一批相应的邮件,这便是邮件合并的功能。

邮件合并是指把每份邮件中都重复的内容与区分不同邮件的数据合并起来。前者称为主文档,后者称为数据源。在邮件合并操作中,主文档中包含对每个版本的合并文档都相同的文字和图形,如反复套用信函的地址和正文。即主文档中包含邮件中重复的全部内容。数据源中则包含不相重复的内容。通过在主文档中插入特殊的合并域,当数据源和主文档进行合并操作时,Word 将把主文档的合并域替换成来自数据源中的相应信息，从而迅速生成多份格式文档。由于合并文档在书信、信封、邮件标签等方面最为常用，故称为邮件合并（Mail Merge）。

邮件合并可分为 6 个步骤，选择"工具"|"信函与邮件"|"邮件合并"命令，在任务窗格中，根据向导就可以完成相应操作。

习　题

一、选择题

1. 在中文 Word 中，为了给文档添加页眉，应选（　　）菜单中的"页眉/页脚"命令。
   A. 视图　　　　　　B. 文件　　　　　　C. 编辑　　　　　　D. 插入

2. 在中文 Word 中，打印文件前可以用（　　）命令查看打印效果。
   A. 页眉　　　　　　B. 页脚　　　　　　C. 打印预览　　　　D. 另存为

3. 中文 Word 文档的扩展名是（　　）。
   A. dot　　　　　　B. xls　　　　　　C. wod　　　　　　D. doc

4. 在中文 Word 中，系统默认的正常文档字体是（　　）。
   A. 楷体　　　　　　B. 黑体　　　　　　C. 宋体　　　　　　D. 隶书

5. 在中文 Word 中，为查看页眉/页脚效果，应将文档切换到（　　）视图方式。
   A. 普通　　　　　　B. 页面　　　　　　C. Web 版式　　　　D. 大纲

6. 在 Word 中，系统默认的页面纸张是（　　）。
   A. A3　　　　　　　B. A4　　　　　　　C. B3　　　　　　　D. B4

7. Word 中保存文档的命令出现在（　　）菜单里。
   A. 保存　　　　　　B. 编辑　　　　　　C. 文件　　　　　　D. 实用程序

8. 要复制字符格式而不复制字符，需用（　　）按钮。
   A. 格式选定　　　　B. 格式刷　　　　　C. 格式工具框　　　　D. 复制

9. 在表格里移动到右边的下一个单元格要按（　　）。
   A.【Shift】+【Tab】组合键　　　　　　B.【Tab】键
   C.【Ctrl】+【Tab】组合键　　　　　　 D.【Alt】+【Tab】组合键

10. 在 Word 中，不打印却想查看要打印的文件是否符合要求，可单击（　　）。
    A. "打印预览"按钮　　　　　　　　　B. "文件"按钮
    C. "新建"按钮　　　　　　　　　　　D. "文件名"按钮

11. 下列操作中，执行（　　）不能选取全部文档。
    A. 执行"编辑"菜单中的"全选"命令或按【Ctrl】+A 组合键
    B. 把光标移到文档的左边空白处，当光标变为一个空心的大箭头时，按住【Ctrl】键，单击文档
    C. 将光标移到文档的左边空白处，当光标变为一个空心的大箭头时，连续三击文档
    D. 将光标移到文档的左边空白处，当光标变为一个空心的大箭头时，双击文档

12. 下列操作中，（　　）不能在 Word 文档中插入图片。
    A. 执行"插入"菜单中的"图片"命令
    B. 使用剪切板粘贴其他文件的部分图形或全部图形

　　　　C.　使用 "插入" 菜单中的 "文件" 命令

　　　　D.　使用 "插入" 菜单中的 "对象" 命令

13.　Word 的查找功能不能查找的内容是（　　　）。

　　　　A.　字符　　　　　　B.　字符间距　　　　C.　字体　　　　　　　D.　代码

14.　如果在普通视图方式下显示一个两栏文档时，将会看到（　　　）。

　　　　A.　两栏　　　　　　B.　分节符　　　　　C.　仅有一栏　　　D.　空屏

15.　要想观察一个长文档的总体结构，应当使用（　　　）方式。

　　　　A.　主控文档视图　　　　　　　　　　B.　页面视图

　　　　C.　全屏幕视图　　　　　　　　　　　D.　大纲视图

16.　当插入点在表的最后一行最后一单元格时，按【Tab】键（　　　）。

　　　　A.　在同一单元格里建立一个文本新行

　　　　B.　产生一个新列

　　　　C.　将插入点移到新的一行的第一个单元格

　　　　D.　将插入点移到第一行的第一个单元格

17.　下面关于表格中单元格的叙述，错误的是（　　　）。

　　　　A.　表格中行和列相交的格称为单元格

　　　　B.　在单元格中既可以输入文本，也可以输入图形

　　　　C.　可以以一个单元格为范围设定字符格式

　　　　D.　表格的行才是独立的格式设定范围；单元格不是独立的格式设定范围

18.　一份合同要输出 3 份，正确的操作是（　　　）。

　　　　A.　在 "打印份数" 里输入 "3 份"　　B.　在 "打印份数" 里输入 "3"

　　　　C.　打开 "双面打印"　　　　　　　　D.　打开 "打印到文件"

19.　"打印" 对话框中 "页面范围" 选项区域中的 "当前页" 选项是指（　　　）。

　　　　A.　当前窗口显示的页　　　　　　　B.　插入光标所在的页

　　　　C.　最早打开的页　　　　　　　　　D.　最后打开的页

20.　在表格操作中想要一次插入 5 行的表格，正确的方法是（　　　）。

　　　　A.　选择 "表格" | "插入" | "行" 命令

　　　　B.　把插入点放在行尾部，按【Enter】键

　　　　C.　选择 "表格" | "插入" | "行" 命令，选定 5 行

　　　　D.　单击 "插入表格" 按钮

21.　在 Word 文档中，选定文档某行内容后，使用鼠标拖动方法将其在文档内移动时，配合的键盘操作是（　　　）。

　　　　A.　按住【Esc】键　　　　　　　　　B.　按住【Ctrl】键

　　　　C.　按住【Alt】键　　　　　　　　　D.　不需要键盘操作

22.　在 Word 中，选择 "表格" | "插入" | "表格" 命令插入表格时，以下说法中正确的是（　　　）。

　　　　A.　只能是 2 行 3 列的表格　　　　　B.　不能够套用格式

　　　　C.　不能调整列宽　　　　　　　　　D.　可以选择任意行和列

23.　以下用鼠标选定的方法，正确的是（　　　）。

　　　　A.　选定一个段落时，把鼠标指针放在对象选定区上，双击

　　　　B.　选定一篇文档时，把鼠标指针放在选定区上，双击

C. 选定一列时，按住【Ctrl】键，同时拖动鼠标

D. 选定一行时，把鼠标指针放在该行中，双击

24. 在选中字符后，给该字符加上"赤水情深"的效果，打开"字体"对话框后，选择（　　　）选项卡。

    A. 字体　　　　　B. 字符间距　　　　C. 动态效果　　　　D. 颜色

25. 把段落的第一行向右移动两个字符的位置，正确的选项是（　　　）。

    A. "格式"菜单中的"字体"命令

    B. 标尺上的"缩进"游标

    C. "格式"菜单中的"项目符号和编号"命令

    D. 以上都不是

26. 有关表格排序的说法正确的是（　　　）。

    A. 只有数字类型可以作为排序的依据

    B. 只有日期类型可以作为排序的依据

    C. 笔画和拼音不能作为排序的依据

    D. 排序规则有升序和降序

    E. 以上都错误

27. Word 允许同时打开或建立多个文档窗口，下列关于文档窗口的描述中，不正确的是（　　　）。

    A. 可以将打开的文档窗口全部显示在屏幕上

    B. 可以将同一文档显示在不同的窗口中

    C. 光标在当前窗口中闪烁

    D. 执行"窗口"菜单中的"新建窗口"命令，可以打开与当前窗口的文档不同的另一个文档窗口

28. 在有对角斜线的表格单元格中，要把文本放在对角线右上角和左下角，正确的操作是（　　　）。

    A. 字符升降　　　B. 分散对齐　　　C. 居中图标　　　D. 无法实现

29. 为了防止文档内容被他人修改，可以通过以下（　　　）方法来实现。

    A. 单击工具栏中的"隐藏"按钮

    B. 在"工具"菜单中选择"保护文档"命令，并输入密码

    C. 在"另存为"对话框中设置密码

    D. 在"工具"菜单中选择"保护文档"命令，不输入密码

30. 打开一个 Word 文档修改以后，需要保存在其他目录下，正确的命令是（　　　）。

    A. 单击"常用"工具栏上的"保存"图标

    B. 选择"文件"菜单中的"保存"命令

    C. 选择"文件"菜单中的"另存为"命令

    D. 直接选择"文件"菜单中的"退出"命令

31. 一篇文档有 50 页，准备打印第 5，9，12～20 页，正确的页码范围是（　　　）。

    A. 5，9，12～20　　　　　　　　　B. 5912～20

    C. 5　9　12～20　　　　　　　　　D. 5～9～12，20

32. 段落的标记是在输入之后产生的（　　　）。

    A. 句号　　　　　　　　　　　　　B.【Enter】键

C.【Shift】+【Enter】组合键　　　　D.【Delete】键

33. 在 Word 编辑状态下，若要调整左右边界，比较直接、快捷的方法是（　　　）。

　　A. 工具栏　　　　B. 格式栏　　　　C. 菜单　　　　D. 标尺

34. 在 Word 的编辑状态下，文档中有一行被选择，当按【Delete】键后（　　　）。

　　A. 删除了插入点所在的行　　　　B. 删除了被选择的一行

　　C. 删除了被选择行及其之后的内容　　D. 删除了插入点及其之前的内容

35. 要将在 Windows 的其他软件环境中制作的图片复制到当前 Word 文档中，下列说法中正确的是（　　　）。

　　A. 不能将其他软件中制作的图片复制到当前 Word 文档中

　　B. 可以通过剪贴板将其他软件的图片复制到当前 Word 文档中

　　C. 先在屏幕上显示要复制的图片，打开 Word 文档时便可以使图片复制

　　D. 先打开 Word 文档，然后直接在 Word 环境下显示要复制的图片

36. Word 具有分栏功能，下列关于分栏的说法中正确的是（　　　）。

　　A. 最多可以设 4 栏　　　　B. 各栏的宽度必须相同

　　C. 各栏的宽度可以不同　　　　D. 各栏之间的间距是固定的

37. 下列菜单中，含有设定字体的菜单是（　　　）。

　　A. 编辑　　　　B. 格式　　　　C. 工具　　　　D. 视图

38. 下列方式中，能显示出页眉和页脚的是（　　　）。

　　A. 普通视图　　　B. 页面视图　　　C. 大纲视图　　　D. 全屏幕视图

39. 打开 Word 文档一般是指（　　　）。

　　A. 从内存中读文档的内容，并显示出来

　　B. 为指定文件开设一个新的、空的文档窗口

　　C. 把文档的内容从磁盘调入内存，并显示出来

　　D. 显示并打印出指定文档的内容

40. "文件"菜单底部所显示的文件名是（　　　）。

　　A. 正在使用的文件名　　　　B. 正在打印的文件名

　　C. 扩展名为.doc 的文件名　　　D. 最近被 Word 处理的文件名

41. 在 Word 中，以下说法正确的是（　　　）。

　　A. Word 中可将文本转化为表格，但表格不能转成文本

　　B. Word 中可将表格转成文本，但文本不能转成表格

　　C. Word 中文字和表格不能互相转化

　　D. Word 中文字和表格可以相互转化

二、问答题

1. 在 Word 文档中选择文本的操作方式有几种？分别是什么？

2. 在 Word 文档中"段落"的概念是什么？段落格式化主要包括哪些内容？

3. 说明"普通视图"、"页面视图"、"大纲视图"之间的区别？

4. 简述几种建立表格的方法。

5. 如何实现对已有的表格进行拆分和合并？

第5章
电子表格处理软件 Excel 2003

微软公司推出的 Excel 2003 是 Microsoft Office 2003 的主要组件之一,是一个非常实用的电子表格处理软件。Excel 2003 秉承了 Windows 友好的图形界面,用户能够轻松地完成表格中数据的计算,工作界面直观,被广泛应用于财务、金融、审计和统计等领域。

5.1 Excel 2003 的基础知识

5.1.1 Excel 2003 的启动与退出

1. Excel 2003 的启动

启动 Excel 2003 有多种方法,常用的方法有以下 3 种。

方法一:单击"开始"|"程序"|"Microsoft Office"|"Microsoft Office Excel 2003"程序项即可启动 Excel 2003。

方法二:若桌面上有 Excel 2003 快捷图标,双击该图标即可。

方法三:双击 Excel 2003 工作簿图标,即可打开 Excel 2003,同时将该文件打开。

Excel 2003 成功启动后,屏幕显示 Excel 2003 应用程序窗口,并自动建立一个文件名为 Book1 的工作簿。

2. Excel 2003 的退出

退出 Excel 2003 可以选择下面方法的任意一种。

方法一:单击 Excel 2003 窗口右上角的"关闭"按钮。

方法二:单击"文件"菜单|"退出"命令项,或按下【Alt】+F4 组合键。

方法三:双击 Excel 2003 左上角的控制菜单图标 。

退出 Excel 2003 时一定要注意,当前编辑的工作簿是否需要保存,如果需要保存,在弹出的窗口中单击"是"按钮,如图 5.1 所示。

图 5.1 保存提示对话框

5.1.2 Excel 2003 的窗口组成

像所有 Windows 窗口一样,Excel 2003 的工作窗口有相似的标题栏、菜单栏、工具栏、状态栏及对话框等,如图 5.2 所示为 Excel 2003 的工作窗口。

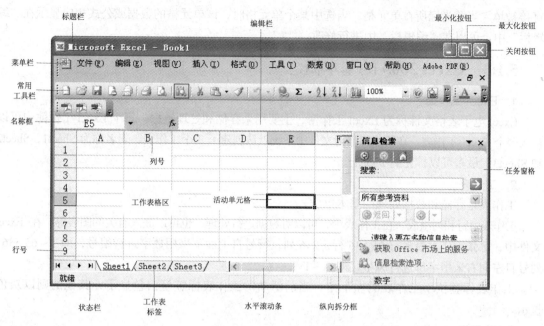

图 5.2　Excel 2003 窗口

1. 标题栏

标题栏位于窗口的顶端。在标题栏最左端为 Excel 2003 控制菜单图标、本窗口打开的应用程序名和当前编辑电子表格的文件名。

2. 菜单栏

通常情况下，标题栏下面一行为菜单栏。菜单栏从左至右依次包括 "文件"、"编辑"、"视图" 等 9 个菜单和当前工作簿尺寸重置角标。通过这 9 个菜单可以访问 Excel 的所有命令。

3. 工具栏

Excel 2003 在默认状态下，菜单栏下面依次显示 "常用" 工具栏和 "格式" 工具栏，如果要显示其他工具栏，则在菜单栏中的 "视图" | "工具栏" 中查找相应的命令。

（1）"常用" 工具栏。"常用" 工具栏中有 20 多个快捷按扭，主要包括对表格文件的操作命令（如 "新建"、"打开"、"保存" 等）、简单编辑命令（如 "剪切"、"复制"、"粘贴" 等）、常用计算命令（如 "自动求和"、"升序排序"、"降序排序" 等）以及图表操作命令。

（2）"格式" 工具栏。"格式" 工具栏是用来修饰单元格格式的一组常用命令按扭，主要包括快速设置文本格式命令（如 "样式"、"字体"、"字号" 等）、设置单元格对齐方式命令（如 "左对齐"、"居中"、"合并及居中" 等）、设置数字样式命令（如 "货币样式"、"百分比样式"、"千位分隔样式"）以及效果设置命令（如 "边框"、"填充颜色"、"字体颜色" 等）。

4. 编辑栏

编辑栏用于对单元格内容进行编辑操作，包括 "名称框"、"按钮区"、"编辑区"。在 "名称框" 中默认显示当前光标所在单元格的名称，例如 C7，即第 7 行第 3 列。当鼠标拖动选择区域时，"名称框" 中显示的是选中的行数和列数，例如选择 B2：C7 区域，鼠标移动过程中 "名称框" 表示为 6R×2C，其中 6R 表示选中区域包括 6 行，2C 为 2 列。当处于函数编辑状态时，"名称框" 中显示的是系统默认函数关键字。

"编辑栏" 是输入、编辑单元格数据的地方。在 "编辑栏" 中可以直接输入数值，该数值直接被填入当前光标所在单元格。当选中某个单元格时，该单元格的数据或公式相应显示在"编辑栏"中，可以在"编辑栏"中进行修改。

5.1.3　Excel 2003 的基本概念

1. Excel 工作簿

Excel 电子表格文件称为 Excel 工作簿，主要用来存储和处理数据。每个 Excel 工作簿中可以存入多个 Excel 工作表。在新建工作簿文件中系统默认创建了 3 个工作表，表名称为 Sheet1，Sheet2 和 Sheet3，最多可以扩充到 255 个。

2. 工作表

工作表是存储和数据处理的基本单位。

工作表由行和列组成。在工作表中，可以对数据进行处理，也可以嵌入有关的图表等。在 Excel 文件中，每张工作表最多有 65 536 行，256 列，行号自上而下采用数字进行编号，即 1 ~ 65 536；列号自左向右采用字母进行编号，即 A ~ IV。

工作表标签位于工作表的左下角，当前活动的工作表标签呈白色显示，其他的则以灰色显示。

3. 单元格

单元格是工作表的最小单元，由工作表的行和列交叉组成，一个工作表共有 65 536 × 256 个单元格。

在工作表中，每个单元格都有唯一的名字，即地址，通常用单元格所在的列字母和行数字来标识。例如，G5 表示第 5 行第 G 列。

5.2　Excel 2003 的基本操作

5.2.1　工作簿的创建与保存

1. 新建工作簿

新建工作簿的方法很多，根据需要进行选择。

方法一：启动 Excel 2003 后自动新建工作簿，并默认文件名为 Book1。

方法二：在 Excel 2003 应用程序启动后新建工作簿。单击"常用"工具栏上的"新建"按钮来建立新的工作簿；也可以选择"文件"｜"新建"命令，在任务窗格中选择"空白工作簿"，或者在任务窗格中选择"本机上的模板"，显示如图 5.3 所示窗口，选择"工作簿"图标，单击"确定"按钮。

2. 保存工作簿

工作簿编辑、修改后必须存放到外部介质上才能长期保存，保存工作簿有如下几种方法。

保存新建工作簿的步骤如下。

① 单击"常用"工具栏中的"保存"按钮，或在"文件"菜单中选择"保存"命令，将弹出"另存为"对话框，如图 5.4 所示。

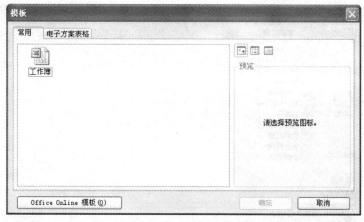

图 5.3　"模板"对话框

图 5.4　"另存为"对话框

② 在"保存位置"下拉列表框中选择保存位置，在"文件名"下拉列表框中输入文件名。

③ 单击"保存"按钮即可。

5.2.2　工作簿的打开与关闭

1．打开文档

工作簿保存到外部介质上，如果需要进行处理，首先将需要处理的文件读入内存，该工作簿才能显示在 Excel 2003 应用程序窗口中。打开工作簿通常有以下几种情况。

（1）未开启 Excel 2003 应用程序。找到需要处理的工作簿，双击该工作簿图标，同时打开 Excel 2003 应用程序和该工作簿，即把该文件读入内存。

单击"开始"|"文档"选项，在最近打开的 4 个文档中，单击需要处理的文件名，系统自动关联到创建该文档的应用程序，在启动 Excel 2003 的同时打开该文件。

（2）已开启 Excel 2003 应用程序。如果 Excel 2003 应用程序已经启动，可通过下列步骤打开文档。

单击"常用"工具栏中的"打开"按钮，或者单击菜单栏中"文件"|"打开"命令，弹出如图 5.5 所示的"打开"对话框。

图 5.5　"打开"对话框

2. 关闭文档

关闭正在编辑的文档的操作步骤如下。

① 单击"文件"|"关闭"命令，或者单击菜单栏右端的"关闭"按钮。

② 在弹出的对话框（见图 5.6）中，根据需要进行相应的选择。

"关闭"与"退出"命令是有区别的，"关闭"文档只关闭当前活动的文档；"退出"则结束所有打开的文档，同时关闭 Excel 应用程序。

图 5.6　文件关闭对话框

5.2.3　工作表的操作

1. 选定工作表

① 单个工作表。单击工作表标签栏中相应的标签，即可选定该工作表。

② 多个连续的工作表。单击第一个要选择的工作表标签，然后按住【Shift】键，再单击最后一个工作表的标签。

③ 多个不连续的工作表。单击第一个要选择的工作表标签，然后按住【Ctrl】键，再依次单击其他需要选择的工作表的标签。

2. 插入工作表

最常用的方法是选择某个工作表标签单击右键，在弹出的快捷菜单中选择"插入"命令，在"插入"对话框的"常规"选项卡中，选择"工作表"图标，单击"确定"按钮就可以在该工作表前插入一个新的工作表，如图 5.7 所示。也可以选择菜单栏中的"插入"|"工作表"命令，在活动工作表前插入一个新的工作表。

3. 删除工作表

删除工作表与插入工作表的方法一样，只不过选择的命令不同而已。

删除工作表的具体步骤如下。

① 单击工作表标签，使要删除的工作表成为当前工作表。

② 单击菜单栏中的"编辑"|"删除工作表"命令，此时当前工作表被删除，同时与它相邻的后面的工作表成为当前工作表。

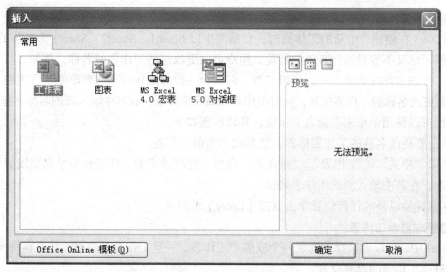

图 5.7 "插入"对话框

另外，用户也可以在要删除的工作表标签上单击右键，在弹出的快捷菜单中选择"删除"命令，来删除工作表。

在用户删除工作表前，系统会询问用户是否确定要删除，并告知用户一旦删除将不能恢复，如果确认删除，则单击"删除"按钮，否则单击"取消"按钮，如图 5.8 所示。

4. 移动工作表

（1）在工作簿内部。通常按下鼠标左键拖动被选定的工作表标签到将要插入的位置，释放鼠标即可，也可以在菜单栏中选择"编辑"|"移动或复制工作表"命令，弹出如图 5.9 所示的对话框，选定要移动的目标位置，单击"确定"按钮即可。

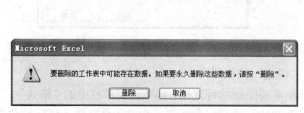

图 5.8 确认删除提示信息框

图 5.9 "移动或复制工作表"对话框

（2）在两个工作簿之间。在菜单栏中选择"编辑"|"移动或复制工作表"命令，弹出如图 5.9 所示的对话框，选定要移动的目标位置，单击"确定"按钮即可；也可以将两个工作表打开，选择菜单栏中的"窗口"|"重排窗口"命令，弹出如图 5.10 所示的对话框，选择"平铺"、"水平并排"或"垂直并排"方式，用鼠标将源工作簿的工作表拖动到目标工作簿的相应位置。

5. 复制工作表

将鼠标指向需要复制的工作表标签的同时按住【Ctrl】键，拖动鼠标到需要插入副本的位置，释放鼠标即可；也可以在菜单栏中选择"编辑"|"移动或复制工作表"命令，弹出如图 5.9 所示的对话框，选中"建立副本"复选框，单击"确定"按钮即可。

6. 重命名工作表

Excel 2003 在创建一个新的工作簿时，自动产生以 Sheet1、Sheet2、Sheet3 为名称的工作表，这样不方便记忆又不容易进行有效的管理。用户可以更改这些工作表的名称，例如，将学生成绩工作簿的工作表名称改为班级一、班级二等，以符合一般的工作习惯。要改变工作表的名称，只需要双击要更改名称的工作表标签，这时工作表以高亮度显示，在其中输入新的名称并按【Enter】键即可。也可以使用菜单来重命名工作表，具体步骤如下。

① 单击要更改名称的工作表标签，使其成为当前工作表。

② 单击"格式"|"工作表"|"重命名"命令，此时选定的工作表标签呈高亮度显示，即处于编辑状态，在其中输入新的工作表名称。

③ 在该标签以外的任何位置单击或按【Enter】键即可。

7. 隐藏或显示工作表

在 Excel 中，可以有选择地隐藏一个或多个工作表，一旦工作表被隐藏，其内容将无法显示，除非撤销对该工作表的隐藏设置。

（1）隐藏工作表。隐藏工作表的具体步骤如下。

① 选定要隐藏的工作表。

② 在菜单栏中单击"格式"|"工作表"|"隐藏"命令即可。

（2）显示工作表。显示工作表的具体步骤如下。

① 在菜单栏中单击"格式"|"工作表"|"取消隐藏"命令，将弹出"取消隐藏"对话框，如图 5.11 所示。

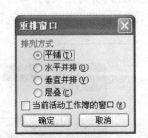

图 5.10 "重排窗口"对话框

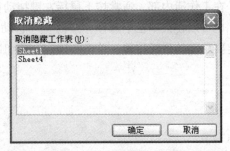

图 5.11 "取消隐藏"对话框

② 选择要取消隐藏的工作表，单击"确定"按钮即可。

若要隐藏工作表的行或列，可以先选定需要隐藏的行或列，再单击菜单栏中的"格式"|"行"（或者列）|"隐藏"命令即可；若要取消隐藏的行或列，先选定一个单元格区域（该区域包含需要显示的行或列中的部分单元格），再单击菜单栏中的"格式"|"行"（或者列）|"取消隐藏"命令即可。

8. 拆分工作表

对于一个较大的工作表，用户可以按横向或纵向进行拆分，这样就能够同时观察或编辑一张工作表的不同部分，如图 5.12 所示。Excel 工作表窗口的两个滚动条上分别有一个拆分框，拆分后的窗口被称为窗格，每个窗格都有各自的滚动条。

（1）横向拆分。先将鼠标指针指向横向拆分框，然后按鼠标左键将拆分框拖到用户满意的位置释放鼠标，即可完成对窗口的横向拆分。横向拆分后的工作表如图 5.12 所示。

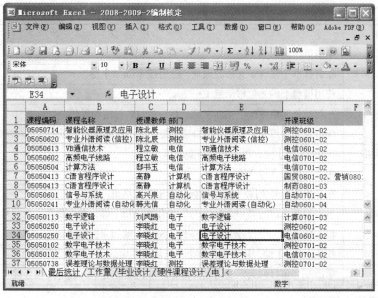

图 5.12　横向拆分后的工作表窗口

（2）纵向拆分。先将鼠标指针指向纵向拆分框，然后按鼠标左键将拆分框拖到用户满意的位置释放鼠标，即可完成对窗口的纵向拆分。纵向拆分后的工作表如图 5.13 所示。

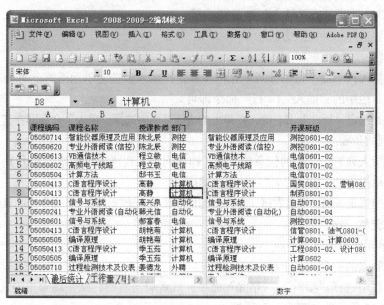

图 5.13　纵向拆分后的工作表窗口

如果选择菜单栏中的"窗口"|"拆分"命令，则是在活动单元格左上方将整个窗口同时进行横向和纵向拆分。若要取消拆分，可将拆分框拖回到原来的起始位置即可。

5.2.4　单元格的操作

1. 单元格或单元格区域的选择
在对单元格进行操作之前，需要对单元格区域进行选择，选取单元格或区域的方法见表 5.1。

表5.1 选取单元格或区域的方法

选 定 项 目	方 法
一个单元格	单击要选定的单元格
	在名称框中输入单元格的地址，然后按【Enter】键
	使用键盘上的光标移动键（←↑↓→）
连续矩形	在起始单元格中按下鼠标左键，然后沿对角线拖动鼠标
	单击左上角单元格，按住【Shift】键，单击需要选定区域的右下角单元格
多个不连续单元格	按住【Ctrl】键，单击选定需要的单元格
一行/一列	用鼠标单击行号/列号
连续多行/多列	在开始的行号/列号上拖动鼠标，直至选定结束
	单击需要选定的第一个行/列号，按住【Shift】键，单击最后一个行/列号
	单击指定第一个行/列号，按住【Shift】键和光标移动键
多个不连续行/列	按住【Ctrl】键，用该鼠标逐个单击需要选定的行（列）的行号（列号）
全部单元格	单击左上角行列交汇处的空白部分即可；或使用【Ctrl】+A 组合键

2. 插入单元格、行、列

（1）插入单元格的步骤。

① 选定一个或多个单元格。

② 在菜单栏中选择"插入"|"单元格"命令，或者单击右键，从快捷菜单中选择"插入"命令，弹出如图5.14所示的"插入"对话框。

③ 根据需要选择一种插入方式。

（2）插入行的步骤。

① 选定新插入行下面一行的任意单元格（即新行插入到选定单元格的上面）。

② 选择菜单栏中的"插入"|"行"命令即可。

常用的方法是选定一行，单击右键，在弹出的快捷菜单中选择"插入"命令即在其上面插入一行。

（3）插入列的步骤。

① 选定新插入列右边一列的任意单元格（即新列插入到选定单元格的左边）。

② 选择菜单栏中的"插入"|"列"命令即可。

常用的方法是选定一列，单击右键，在弹出的快捷菜单中选择"插入"命令即在其前面插入一列。

3. 删除单元格、行、列

（1）删除单元格的步骤如下。

① 选定欲删除的一个或多个单元格。

② 在菜单栏中选择"编辑"|"删除"命令，或者单击右键，从快捷菜单中选择"删除"命令，弹出如图5.15所示的"删除"对话框。

图5.14 "插入"对话框

图5.15 "删除"对话框

③ 根据需要选择一种删除方式。

（2）删除行的步骤如下。

① 选定欲删除的行。

② 选择菜单栏中的"编辑"|"删除"或"清除"命令即可。

常用的方法是选定一行，单击右键，在弹出的快捷菜单中选择"删除"命令即可。

（3）删除列的步骤如下。

① 选定欲删除的列。

② 选择菜单栏中的"编辑"|"删除"或"清除"命令即可。

常用的方法是选定一列，单击右键，在弹出的快捷菜单中选择"删除"命令即可删除一列。

"删除"和"清除"是不同的，"删除"是指单元格内容连同单元格本身一起从工作表中删掉；"清除"则可以根据需要，选择全部、格式、内容、批注等不同方式，但它并不删除单元格。

5.3　数据的输入

在 Excel 中，要创建一个工作簿，就必须将数据输入到工作表的单元格中，然后根据需要完成对数据的操作。

5.3.1　单元格的数据类型

在 Excel 工作表的单元格中，常用的数据类型有 4 种。文本、数字、逻辑值、日期和时间。

1. 文本

文本包括任何英文字母、汉字、数字和其他符号的组合。单元格的文本默认以左对齐方式显示。如果单元格的宽度容纳不下，可以占相邻单元格的显示位置（相邻单元格本身并不被占用），如果相邻单元格中已经有数据，就截断显示原单元格中的内容。

2. 数字

数字只能包含正号（+）、负号（−）、0~9，E、e、/、%、¥、$、小数点（.）和千分位符号（,）等，它们是正确表示数值的字符组合。数值类型的数据默认情况下以右对齐方式显示。当单元格容纳不下一个未经格式化的数字时，就用科学计数法显示它（如 $3.63E+3$）；当单元格容纳不下一个已格式化的数字时，就用"#"代替，此时用户可改变列宽来显示所有单元格中的数字。

3. 逻辑值

单元格中可以输入逻辑值，即 TRUE（真），FLASE（假），逻辑值由公式或函数产生。

4. 日期和时间

日期和时间是一种特殊的数据。日期通常为"月/日/年"或"月-日-年"。时间数据格式通常为"时：分：秒"。日期和时间格式可以在"单元格格式"对话框的"数字"选项卡中选择。

5.3.2　数据输入

在 Excel 中数据输入比较简单，首先选定单元格，然后输入数据，按【Enter】键即可。

1. 文本输入

默认情况下，在 Excel 中输入字符型数据按左对齐方式显示，但用户可以根据自己的需要改变对齐方式。在 Excel 中每个单元格最多可以输入 32 000 个字符。

如果数据全部由数字组成，且表示一类序号，如学生学号、电话号码等，输入时应在数据前输入英文状态下的单引号（'），Excel 才会将其视为字符型数据。

如果用户输入的数据较长，超过了单元格的宽度，会产生两种结果。

① 若右边相邻的单元格没有数据，则超出的文字会显示在相邻的单元格中（相邻单元格本身并不被占用）。

② 若右边相邻的单元格有数据，则超出单元格宽度的部分不显示（超出部分仍然存在），只要加大列宽或在菜单栏中选择"格式"|"单元格"命令，在弹出的对话框中选择"对齐"选项卡，选中"自动换行"复选框，就可以在该单元格中看到全部内容。

2. 数值输入

默认情况下，单元格中的数值型数据采用右对齐方式显示，但用户可以根据自己的需要改变对齐方式。

如果要输入正数，可以直接将数字输入到单元格中；如果是负数，则必须在数字前加一个符号（−），或给数字加上圆括号。例如，输入−66 和（66），都可以在单元格中得到−66。

如果输入分数（如 1/3），应先输入 0 和一个空格，再输入 1/3。如果不输入 0 和一个空格，Excel 会把输入的数字当作日期格式来处理。

如果输入小数，可直接在指定位置输入小数点即可。若输入大量的数据且数据具有相同的小数位数，可以利用"自动设置小数点"功能，具体操作步骤如下。

① 选择菜单栏中的"工具"|"选项"命令，打开如图 5.16 所示的"选项"对话框。

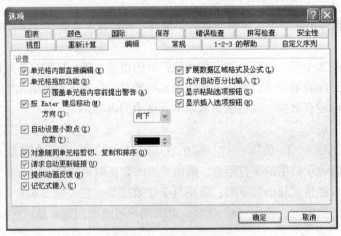

图 5.16 "编辑"选项卡

② 在"选项"对话框中选择"编辑"选项卡，选中"自动设置小数点"复选框。

③ 在"位数"微调框中输入小数位数或通过微调按钮来指定相应的小数位数。

5.3.3 数据的自动填充

在输入数据和公式的过程中，如果输入的数据具有某种规律，用户可以通过"自动填充"功能来输入数据。

1. 自动填充的数据序列

所谓序列，就是按照某种规律排列的一组数据。Excel 可自动填充如下数据序列。

① 等差序列。

② 等比序列。

③ 日期时间序列。

④ 自动填充序列。

⑤ 预设填充序列。如果初始值在 Excel 预设的自定义序列中可以找到，则按系统预设好的序列进行填充。打开自定义序列的方法是：在菜单栏中选择"工具"|"选项"命令，弹出如图 5.16 所示的"选项"对话框，选择"自定义序列"选项卡，可以看到系统预设的序列，如图 5.17 所示。

图 5.17　"自定义序列"选项卡

⑥ 自定义填充序列。除了以上 5 种情况外，Excel 还允许用户自定义填充序列，操作步骤如下。

● 在如图 5.17 所示对话框的"输入序列"列表框中，输入用户自定义序列，每项内容用逗号隔开或一行一项内容。

● 单击"添加"按钮，就将自定义序列添加到"自定义序列"列表框中。

● 单击"确定"按钮，下次可以使用所定义的序列。

2. 自动填充数据操作

用户可以使用鼠标或使用"序列"对话框来填充数据序列。

（1）使用鼠标方式填充的具体步骤如下。

① 在指定单元格输入数据。

② 单击该单元格，将鼠标指针指向该单元格右下角的填充柄，鼠标指针形变为全黑色实心的十字形。

③ 按住鼠标左键，拖动填充柄到需要填充的区域。

④ 释放鼠标，需要填充的区域自动按规定的序列填充。

（2）使用"序列"对话框填充的具体步骤如下。

① 在填充区域的第一个单元格中输入数据序列的初始值。

② 选定填充区域。

③ 在菜单栏中选择"编辑"|"填充"|"序列"命令，弹出如图 5.18 所示的"序列"对话框。

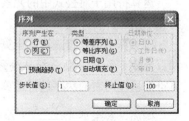

图 5.18　"序列"对话框

④ 选定序列方向及类型，输入步长和终止值。

⑤ 单击"确定"按钮即可。

5.3.4 数据有效性检查

在 Excel 中，单元格默认有效数据为任何数据。但在实际使用中，用户可预先设定单元格内输入数据的类型和范围。其操作步骤如下。

① 选定要预设有效数据的单元格区域。

② 在菜单栏中选择"数据"|"有效性"命令，弹出如图 5.19 所示的"数据有效性"对话框。

③ 选择"设置"选项卡，在"允许"下拉列表框中选择允许输入数据的类型；然后输入数据的上下限。

④ 单击"确定"按钮即可。

设置完单元格区域的数据有效性后，如果输入数据不在有效范围内，则提示用户重新输入有效的数据。

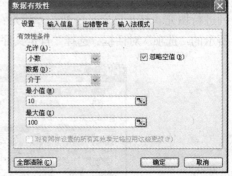

图 5.19 "数据有效性"对话框

5.4 公式和函数的使用

Excel 强大的计算功能，为用户分析和处理工作表中的数据提供了极大的方便。Excel 2003 不仅提供了公式计算的功能，还提供了大量的函数供用户使用。

5.4.1 公式的使用

公式是电子表格中数据运算的核心部分，它是对数据进行分析的表达式。在公式中，可以对工作表数值进行加、减、乘、除等运算。只要输入正确的计算公式，就会立即在单元格中显示计算结果。如果工作表中的数据源有变动，系统会自动根据公式计算结果，使用户能够随时观察到正确的数据。

1. 公式的输入

Excel 中的公式是以等号开头的式子，可以包含各种运算符、常量、变量、函数和单元格引用等，其语法为：

"= 表达式"

其中，表达式中的任何字符都应该是英文状态下输入的字符（汉字除外）。

运算符用于对公式中的元素进行特定类型的运算，分为算术运算符、文本运算符、比较运算符和引用运算符 4 类。

（1）算术运算符。算术运算符包括负号（-）、加（+）、减（-）、乘（*）、除（/）、乘幂（^）和百分数（%）。其优先级从高到低依次是：负号、百分数、乘幂、乘除、加减。相同优先级的运算符按从左向右的次序进行运算。

例如：数学公式 $\dfrac{2^3 \times 5}{8}$，在 Excel 公式中表示为：=（2^3*5）/8，其值为 5。

（2）文本运算符。Excel 中只有一个文本运算符，即"&"，其作用是将两个文本串连接起来生成一个文本串。

例如：在 A1 单元格的内容为"中国"，A2 单元格的内容为"吉林"，在 A3 单元格中输入公式：=A1&A2，则 A3 单元格的内容变为："中国吉林"（此例中均不包含引号）。

（3）比较运算符。Excel 中比较运算符包括等于（=）、小于（<）、大于（>）、小于等于（<=）、大于等于（>=）和不等于（<>），其作用是比较两个对象的大小。比较的结果是一个逻辑值。TRUE 或 FALSE。比较的条件成立结果为 TRUE，比较的条件不成立结果为 FALSE。

例如，在 A3 单元格中输入公式：=13>45，按【Enter】键，A3 中显示 FALSE，应为 13 不大于 45，即比较条件不成立。

（4）引用运算符。引用运算符包括冒号（:）、逗号（,）和空格。表 5.2 中列出了引用运算符的含义。

表 5.2　　　　　　　　　　　　　　　引用运算符

引用运算符	含　义	示　例
:（冒号）	区域运算符，对两个引用之间的所有单元格进行引用	A1:A5
,（逗号）	联合运算符，将多个引用合并为一个引用	SUM(A1:A4,B2:B5)
空格	交叉运算符，产生对同时隶属于两个引用的单元格区域的引用	SUM(B2:B5,A1:D7)，其中 B2:B5 包含在 A1:D7 中，即 B2:B5 同时隶属于两个区域

在了解了各类运算符之后，输入公式的时候需要注意运算符的优先级。用户可以在编辑栏中输入公式，也可以在单元格中直接输入公式。

在单元格（编辑栏）中直接输入公式的步骤如下。

① 单击要输入公式的单元格。

② 在单元格中（编辑栏）输入等号和公式。

③ 按【Enter】键或单击编辑栏中的"输入"按钮，即√。

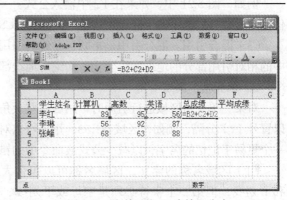

图 5.20　在单元格 E2 中输入公式

公式输入完毕后，编辑框中也显示输入的公式，按【Enter】键或单击编辑栏中的"输入"按钮，即√，运算结果就显示在 E2 单元格中，如图 5.20 所示。

2．公式的引用

在 Excel 中，经常要引用各单元格的内容，通过引用，用户可以在公式中使用工作表区域中的数据，或者在多个公式中使用同一单元格的数据。用户也可以引用同一工作簿中其他工作表中的数据。在 Excel 中引用分为相对引用、绝对引用和混合引用 3 种。

（1）相对引用。相对引用是指在公式复制时，自动调节公式中单元格地址的引用，此方式仅用列号和行号来指明数据所在的位置，如 A2、A3 等。这种引用的特点是：当进行公式复制时，复制后公式的单元格的行、列将发生变化，公式参数中的行号和列号会根据公式所在单元格和被引用数据所在单元格之间的相对位置自动变化。

如图 5.21 所示，在 F2 中输入公式：=B2+C2+D2+E2，复制 F2 单元格的内容，然后在 F3 单元格中使用"粘贴"命令，将公式粘贴到 F3 单元格，此时会发现，F3 单元格的公式自动变为：=B3+C3+D3+E3，列号没有变化而行号自动增加 1，这是因为在 F2 单元格中输入的公式使用的是单元格的相对引用。

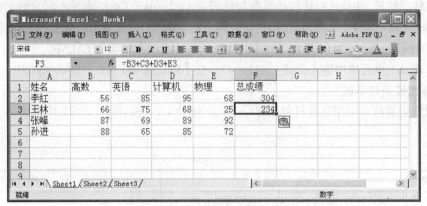

图 5.21　单元格的相对引用

（2）绝对引用。绝对引用是固定位置单元格的引用，引用时需要在行号和列号前加上绝对引用符号"$"。公式复制或移动时，被引用单元格不随公式位置变化而变化。

例如，图 5.21 中，如果在 F2 中输入公式：= B2 + C2 + D2 + E2，将其复制粘贴到任何位置，公式都不发生变化，均是 = B2 + C2 + D2 + E2。

（3）混合引用。混合引用是指既包含绝对引用又包含相对引用。当公式复制或移动时，公式中的相对引用部分的地址发生变化，而绝对地址部分不变。例如：$A1、B$2。

3. 单元格的区域引用

对某一单元格区域进行引用时，用区域左上角或右下角两个对角单元格地址表示，两地址间以冒号（:）分隔，例如，区域 A1:F3。用户可以对工作表内的单元格或区域重新命名，使它们有一个更易于记忆的名字，以减少公式或命令中的错误。

（1）区域名称的建立。区域名称可以包含大写或小写字符 A ~ Z、数字 0 ~ 9、句点（.）和下划线，但第一个字符必须是字母或下划线，长度不能大于 256 个字符，不能与单元格的引用相同。

建立区域名称的方法有两种。

① 选中要命名的区域，单击名称框，输入新区域名称，然后按【Enter】键即可。

② 选中要命名的区域，在菜单栏中选择"插入"|"名称"|"定义"命令，弹出如图 5.22 所示的"定义名称"对话框。在"当前工作簿中的名称"文本框中，输入新区域名称，然后按【Enter】键即可。

（2）区域名称的应用。单击名称框下拉列表，将会显示出本工作簿所有已定义的区域名称。单击其中任意一个名称，该名称所代表的单元格区域被激活，可快速进行区域选择和引用。

在公式中，名称也可以作为公式的参数使用。例如，定义 B3：C5 区域名称为"高数与英语"，单击 C7 单元格，输入" = min（高数与英语）"，按【Enter】键后，Excel 自动将该区域的最小值 65 显示在 C7 单元格中。

4. 工作表的引用

引用同一工作簿的其他工作表中的单元格时，需要在工作表名与引用单元格间用"!"标识。例如在 Sheet1 某一单元格中输入：=Sheet2!A2 + B5，表示引用 Sheet2 中 A2 单元格和当前工作表的 B5 单元格。

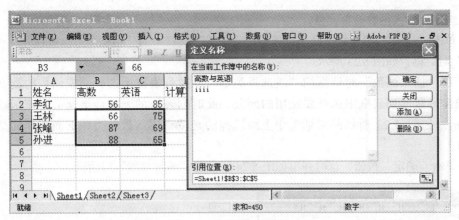

图 5.22　自定义区域名称

5.4.2　函数的使用

在 Excel 中进行数据分析工作时，常常要进行大量且繁杂的运算，使用函数可以大大简化计算过程。

函数是 Excel 为用户提供的内置算法程序，它由函数名和相应的参数组成。参数位于函数名的右侧并用括号括起来，它是一个函数用以生成新值或完成运算的信息。大多数参数的数据类型都是确定的，可以是数字、文本、逻辑值、数组、单元格引用或表达式等。参数的具体值由用户自己提供，但必须满足参数的要求。

1.　函数的分类

Excel 提供了非常丰富的函数，按其功能可以分为以下几类。

- 数据库函数：分析和处理数据清单中的数据。
- 日期和时间函数：在公式中分析和处理日期值和时间值。
- 统计函数：对数据区域进行统计分析。
- 逻辑函数：用于进行真假值判断或进行符合检查。
- 信息函数：用于确定保存在单元格中的数据类型。
- 查找和引用函数：对指定的单元格、区域返回各项信息或运算。
- 数学和三角函数：处理各类数学计算。
- 文本函数：用于在公式中处理文字串。
- 财务函数：对数值进行各种财务分析。
- 工程函数：对数值进行各种工程上的运算与分析。

2.　函数输入

Excel 提供两种函数输入方法。

（1）直接输入法。直接输入函数的方法，具体步骤如下。

① 选定要输入函数的单元格。

② 输入"="、函数名称、括号和括号中的参数，然后单击编辑栏中的"输入"按钮，即"√"或按【Enter】键即可。

（2）"粘贴函数"法。使用这种方法可以确保输入的函数名不会出错，特别是一些不常用的函数，其操作步骤如下。

① 选定要输入函数的单元格。

② 单击"插入"|"函数"命令或单击"常用"工具栏中的"粘贴函数"按钮 f_x，弹出"插入函数"对话框，如图 5.23 所示。

③ 在"插入函数"对话框的"或选择类别"下拉列表框中选择所需函数的类型，然后在"选择函数"列表框中选择要使用的函数，此时列表框的下方会出现关于该函数功能的简单提示。如图 4.23 所示的对话框中上面选择的是"常用函数"类，下面选择的是求和函数 SUM。

④ 单击"确定"按钮，这时弹出如图 5.24 所示的"函数参数"对话框。

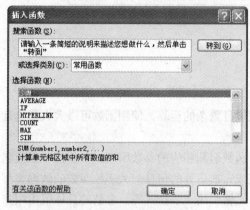

图 5.23 "插入函数"对话框

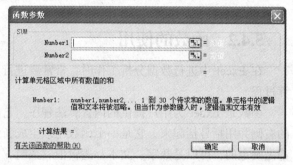

图 5.24 "函数参数"对话框

⑤ 添加参数。在"函数参数"对话框的各项参数框中输入数值、单元格或单元格区域引用等（或单击参数框右边的伸缩按钮，在工作表中选定区域，再单击伸缩按钮还原对话框）。参数输入完毕后，函数计算的结果将在对话框最下方"计算结果="处出现。

⑥ 单击"确定"按钮，计算结果将显示在所选单元格中。

3. 常用函数

常用函数及功能见表 5.3。

表 5.3　　　　　　　　　相关函数表

函　数	格　式	功　能
求和函数	=SUM(number1,number2,…)	计算单元格区域中所有数值的和
平均函数	=AVERAGE(number1,number2,…)	返回参数的平均值（算术平均值）
计数函数	=COUNT(value1,value2,…)	返回包含数字以及包含参数列表中的数字的单元格的个数
最大值函数	=MAX(number1,number2,…)	返回一组值中的最大值
最小值函数	=MIN(number1,number2,…)	返回一组值中的最小值
条件函数	=IF(logical_test,value_if_true,value_if_false)	执行真假值判断，根据逻辑计算的真假值，返回不同结果
日期函数	=DATE(year,month,day)	返回代表特定日期的序列号
时间函数	=TIME(hour,minute,second)	返回某一特定时间的小数值
随机函数	=RAND()	返回大于等于 0 及小于 1 的均匀分布随机数，每次计算工作表时都将返回一个新的数值

5.5 工作表格式的设置

为了使工作表中各项数据便于阅读并使工作表更加美观、排列整齐、重点突出，通常需要对工作表进行格式设置。工作表格式包括单元格、区域、行列和工作表自身的格式。

5.5.1 单元格格式设置

根据用户对单元格数据的不用要求，可以在工作表中设置相应的格式，如设置单元格数据类型、文本的对齐方式、字体、单元格的边框和底纹等。

1. 单元格格式设置

设置单元格格式通常有以下两种方法。

（1）使用"格式"菜单。使用"格式"菜单方法可以对单元格进行比较全面的设置，具体步骤如下。

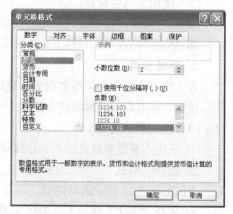

图 5.25 "单元格格式"对话框

① 选定需要设置格式的单元格或单元格区域。

② 选择"格式"|"单元格"命令，打开"单元格格式"对话框，如图 5.25 所示。该对话框包括"数字"、"对齐"、"字体"等 6 个选项卡，用户可以根据需要选择相应选项卡进行操作。

③ 单击"确定"按钮或按【Enter】键即可。

（2）使用"格式"工具栏。使用"格式"工具栏方法可以对单元格进行一些简单的设置，具体步骤如下。

① 选定需要设置格式的单元格或单元格区域。

② 单击"格式"工具栏上的相应按钮进行设置即可。

2. 数字格式设置

设置数值格式有以下两种常用方法。

（1）使用菜单设置。

① 选定需要设置格式的单元格或单元格区域。

② 选择"格式"|"单元格"命令，或单击右键，从快捷菜单中选择"设置单元格格式"命令，弹出如图 5.25 所示的对话框。

③ 选择"数字"选项卡，在"分类"列表框中选择"数值"选项，再指定小数位数、负数格式及是否使用千分位分隔符。

④ 单击"确定"按钮即可。

（2）使用工具栏设置。

① 选定需要设置格式的单元格或单元格区域。

② 单击"格式"工具栏上如图 5.26 所示的相应按钮进行设置即可。

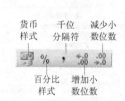

图 5.26 数字格式设置按钮

3. 对齐方式设置

在 Excel 中，对齐方式大致可以分为两类。水平对齐和垂直对齐。在默认情况下，文字为水平左对齐，数值为水平右对齐。

设置对齐方式通常有以下两种方法。

（1）使用菜单设置。

① 选定需要设置格式的单元格或单元格区域。

② 选择"格式"|"单元格"命令，或单击右键，从快捷菜单中选择"设置单元格格式"命令，弹出如图 5.27 所示的对话框。

③ 选择"对齐"选项卡，分别设置水平对齐方式和垂直对齐方式。

④ 单击"确定"按钮即可。

（2）使用工具栏设置。

① 选定需要设置格式的单元格或单元格区域。

② 单击"格式"工具栏上 ▆▆▆▆ 按钮进行设置即可。

4. 字体设置

为了使工作表中的某些数据突出显示，也为了使整个版面更美观，通常需要对字体进行设置。设置字体有以下两种常用方法。

（1）使用菜单设置。

① 选定需要设置格式的单元格或单元格区域。

② 选择"格式"|"单元格"命令，或单击右键，从快捷菜单中选择"设置单元格格式"命令，弹出如图 5.25 所示的对话框。

③ 选择"字体"选项卡，弹出如图 5.28 所示的对话框，根据需要进行设置。

④ 单击"确定"按钮即可。

（2）使用工具栏设置。

① 选定需要设置格式的单元格或单元格区域。

② 单击"格式"工具栏上 12 ·B I U 按钮进行设置即可。

5. 单元格边框设置

通常情况下，单元格的边框都是浅灰色的，这是 Excel 内部设置的便于用户操作的网格线，默认是不打印的。为使数据及其文字说明层次更加分明，在打印前一般需要设置相应的边框线。

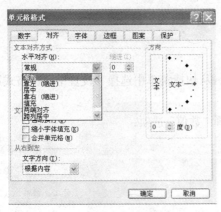
图 5.27 "对齐"选项卡

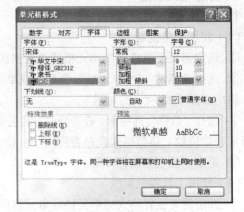
图 5.28 "字体"选项卡

设置单元格边框通常有以下两种方法。

（1）使用菜单设置。

① 选定需要设置格式的单元格或单元格区域。

② 选择"格式"|"单元格"命令，或单击右键，从快捷菜单中选择"设置单元格格式"命令，弹出如图 5.25 所示的对话框。

③ 选择"边框"选项卡，如图 5.29 所示。在"样式"列表框中，选择一种线条样式；在"颜色"下拉列表中选择颜色。如果需要设置区域的边框不一致，可重复上述操作。

④ 单击"确定"按钮即可。

（2）使用"页面设置"对话框。

① 选择"文件"|"页面设置"命令，弹出如图 5.30 所示的"页面设置"对话框。

② 选择"工作表"选项卡，选中"网格线"复选框，单击"确定"按钮即可。

图 5.29　"边框"选项卡　　　　图 5.30　"页面设置"对话框

6. 单元格底纹设置

为了使工作表中的数据便于区分、重点突出，可以设置单元格的底纹。在 Excel 中可以设置两种底纹：颜色和图案。其操作步骤如下。

① 选定需要设置格式的单元格或单元格区域。

② 选择"格式"|"单元格"命令，或单击右键，从快捷菜单中选择"设置单元格格式"命令，弹出如图 5.25 所示的对话框。

③ 选择"图案"选项卡，如图 5.31 所示。根据需要选择不同的颜色或图案。

④ 单击"确定"按钮即可。

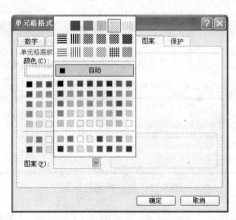

图 5.31　"图案"选项卡

5.5.2　行高与列宽设置

在单元格中输入文字或数据时，有时会出现一串"#"，看不到对应单元格的完整内容。这是单元格的宽度或高度不够造成的，因此，要对工作表中单元格的高度和宽度进行调整。

1. 行高设置

调整行高可以使用以下两种方法。

（1）使用菜单调整。

① 选定要调整的行。

② 选择"格式"|"行"|"行高"命令，弹出调整行高的对话框。

③ 在对话框中输入行高值，单击"确定"按钮即可。

（2）使用鼠标调整。

将鼠标指向需要改变行高的行编号的上或下分割线上，当鼠标变为双向十字箭头时，拖动鼠标到合适的位置，释放鼠标即可。

2. 列宽设置

调整列宽可以使用以下两种方法。

（1）使用菜单调整。

① 选定要调整的列。

② 选择"格式"|"列"|"列宽"命令，弹出调整列宽的对话框。

③ 在对话框中输入列宽值，单击"确定"按钮即可。

（2）使用鼠标调整。

将鼠标指向需要改变列宽的列编号的左或右分割线上，当鼠标变为双向十字箭头时，拖动鼠标到合适的位置，释放鼠标即可。

5.5.3　条件格式的使用

在日常使用中，用户可能需要将某些满足条件的单元格以指定的样式显示。例如，在学生成绩表中，将80分以上的成绩用红色显示，60分以下的用蓝色显示。利用条件格式功能，可以方便地进行设置。设置条件格式的步骤如下。

① 选定要设置条件格式的单元格区域，如图5.32所示。

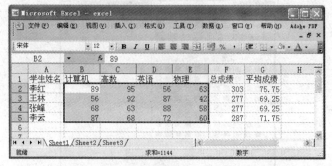

图 5.32　选定单元格区域

② 选择"格式"|"条件格式"命令，打开如图5.33所示的"条件格式"对话框。

③ "条件格式"对话框中用于设置条件的选项有条件栏、运算符栏和输入栏。

图 5.33　"条件格式"对话框

④ 单击"格式"按钮，打开"单元格格式"对话框，根据需要对字体、边框和图案等进行设置。

⑤ 单击"确定"按钮，返回到"条件格式"对话框。

⑥ 如果还要增加其他条件，可单击"添加"按钮，重复①～⑤，最多可设置 3 个条件；若要删除，可单击"删除"按钮，然后在打开的"删除条件格式"对话框中选择要删除的条件。

⑦ 设置完毕后，单击"确定"按钮即可。其效果如图 5.34 所示。

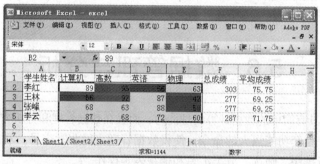

图 5.34　"条件格式"设置效果

5.5.4　自动套用格式的使用

利用"格式"菜单或"格式"工具栏可以对工作表中的单元格或单元格区域逐一进行设置，为了提高效率，Excel 提供了自动套用格式功能，供用户使用。

使用自动套用格式的步骤如下。

① 选定要设置格式的区域。

② 选择"格式"|"自动套用格式"命令，打开如图 5.35 所示的"自动套用格式"对话框。

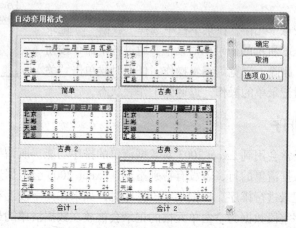

图 5.35　"自动套用格式"对话框

③ 在对话框左边的列表框中选择某种格式，若有更多设置可单击"选项"按钮。

④ 单击"确定"按钮即可。

5.5.5　格式的复制与删除

1.　复制格式

格式刷复制的步骤如下。

① 选定所需格式的单元格或单元格区域。

② 单击"常用"工具栏中的"格式刷"按钮，鼠标变为刷子形状。

③ 将鼠标指向目标区域并拖动即可。

2.　删除格式

格式删除的步骤如下。

① 选定所要删除格式的单元格或单元格区域。

② 选择"编辑"|"清除"|"格式"命令即可。

5.6　数据管理与分析

Excel 2003 不仅具有简单的数据计算处理能力，而且在数据管理和分析方面具有数据库功能。Excel 2003 提供了一整套功能强大的命令，使得数据管理变得非常容易。利用这些命令可以很容易地完成对数据进行排序、筛选、分类汇总和透视表等操作。

5.6.1　数据列表

Excel 2003 的工作表中包含相关数据的单元格区域称为数据列表，也称工作表数据库或数据清单。其数据由若干列组成，每列有一个标题，相当于数据库的字段名称，每列必须是同类型的数据，列相当于数据库的字段，行相当于记录。

对数据列表中内容的编辑，既可以像一般工作表一样进行操作，也可以利用 Excel 2003 提供的"记录单"命令来添加、删除及查看数据列表中的数据。

选择数据列表中任意单元格，在菜单栏中选择"数据"|"记录单"命令，弹出如图 5.36 所示的记录单对话框。通过各个命令按钮可以对记录进行添加、删除、浏览等编辑操作，任何时候单击"关闭"按钮，都将结束对记录单的操作，返回到工作表状态。

图 5.36　记录单对话框

5.6.2　数据排序

在统计处理中，经常会用到 Excel 2003 对数据清单的排序功能。所谓排序，就是根据特定字段的内容来重新排列数据清单的行，若没有特别指定，Excel 2003 会根据选择的"主要关键字"字段的内容按升序对记录进行排序。根据某字段排序时，如果在该字段上有相同的记录，将保持它们原来的次序，排序字段数据为空白单元格的记录会被放在数据清单的最后。当按多个字段进行排序时，若"主要关键字"中的项目完全相同，则会根据制定的"次要关键字"进行排序。

1. 单列排序

单列排序就是根据某一列的数据按单一关键字进行排序。单列排序有两种常用方法。

（1）使用"常用"工具栏按钮。

① 选择排序所依据的列中的任意单元格（如"高数"列）。

② 单击"常用"工具栏上的"升序排列"按钮即可（数据清单中的记录就按"高数"字段升序排列；"降序"按钮恰好相反）。

（2）使用菜单排序。

① 选择数据清单中包含数据的任意单元格。

② 选择菜单栏中的"数据"|"排序"命令，弹出如图 5.37 所示的"排序"对话框。

③ 在对话框中的"主要关键字"下拉列表中输入或选择要以该列进行排序的字段名。

④ 选择"主要关键字"下拉列表框右侧的"升序"或"降序"选项。

⑤ 单击"确定"按钮即可。

图 5.37　"排序"对话框

2. 多列排序

当依据某一列的内容对数据清单进行排序时，会遇到这一列中有相同数据的情况，为了区分它们的次序，可进行多列排序。Excel 2003 可同时按 3 列进行排序即"主关键字"、"次关键字"、"第三关键字"。

例如，要将如图 5.38 所示的数据清单按"总成绩"进行降序排列，"总成绩"相同时按"计算机"成绩降序排列，"计算机"成绩相同时按"高数"成绩降序排列。

多列排序的步骤如下。

① 选择数据清单中包含数据的任意单元格。

② 选择菜单栏中的"数据"|"排序"命令，弹出如图 5.37 所示的"排序"对话框。

③ 在对话框中"主要关键字"下拉列表中输入或选择要以该列进行排序的字段名（如"总成绩"），选择"升序"或"降序"选项；在"次要关键字"下拉列表中输入或选择要以该列进行排序的字段名（如"计算机"），选择"升序"或"降序"选项；在"第三关键字"下拉列表中输入或选择要以该列进行排序的字段名（如"高数"），选择"升序"或"降序"选项。

④ 单击"确定"按钮即可，排序后效果如图 5.38 所示。

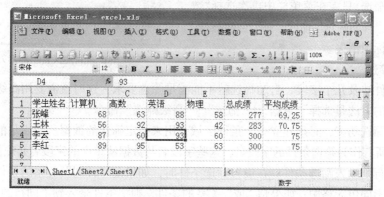

图 5.38　多列排序的结果

若想取消排序结果，可在菜单栏中选择"编辑"|"撤销排序"命令，则可恢复到原来的顺序。

5.6.3 数据筛选

Excel 2003 为用户提供了自动筛选和高级筛选功能，有利于快速从数据清单中查找到符合给定条件的数据。经过筛选后，数据清单中只显示符合条件的数据行，而将不符合条件的数据行进行了隐藏。

1. 自动筛选

自动筛选只能对单一字段名条件进行筛选。自动筛选的步骤如下。

① 选择数据清单中包含数据的任意单元格。

② 选择菜单栏中的"数据"|"筛选"|"自动筛选"命令，字段名旁出现一个下三角按钮，称作筛选箭头（表明具有自动筛选功能），如图 5.39 所示。

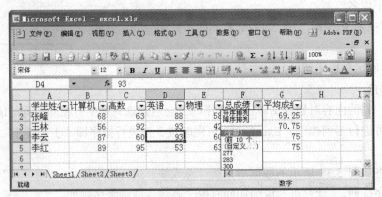

图 5.39 使用"自动筛选"后的数据清单

③ 单击要作为筛选条件的字段名旁的筛选箭头（如"总成绩"），弹出一个下拉列表，选择一个值，将等于该条件的记录筛选出来。若不是等于条件，可在下拉列表中选择"自定义"选项，弹出如图 5.40 所示的"自定义自动筛选方式"对话框。

④ 在"自定义筛选方式"对话框中，根据需要定义条件。

⑤ 单击"确定"按钮即可。

取消自动筛选，只需在菜单栏中再次选择"数据"|"筛选"|"自动筛选"命令，则"自动筛选"命令前的选中标识消失。

图 5.40 "自定义自动筛选方式"对话框

2. 高级筛选

若筛选条件涉及几个字段，自动筛选就不能满足筛选要求，这时就需要用高级筛选来完成。启动高级筛选的方法是选择"数据"|"筛选"|"高级筛选"命令。

使用高级筛选功能，必须建立一个条件区域，用来指定筛选的数据所需满足的条件。条件区域的第一行是所有作为筛选条件的字段名，这些字段名与数据清单中的字段名必须保持完全一致，条件区域第二行则输入筛选条件。在设置筛选条件时，如果是"并列"关系的条件，则把条件录入到同一行的不同单元格中；如果是"或"关系的条件，则把条件录入到不同行的不同单元格中。例如，要求对如图 5.41 所示的"学生成绩"进行高级筛选，将数据清单中"总成绩"大于280，并且"计算机"成绩大于 85 的记录筛选出来。其操作步骤如下。

① 在数据清单所在的工作表空白处选定一块条件区域,输入筛选条件如图 5.41 所示。

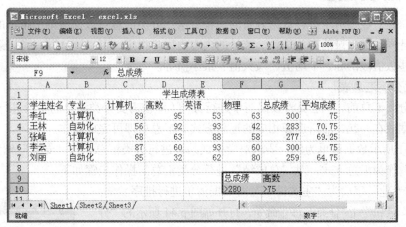

图 5.41　筛选条件区域选择与输入

② 选择需要筛选的数据清单的任意单元格。

③ 选择"数据"|"筛选"|"高级筛选"命令,打开如图 5.42 所示的"高级筛选"对话框。

④ 在"方式"选项区域中,确定筛选结果的显示位置。若选中"在原有区域显示筛选结果"单选按钮,则筛选结果显示在原数据清单位置;若选中"将筛选结果复制到其他位置"单选按钮,则筛选后的结果显示在另外的区域,与原工作表并存,但需要在"复制到"文本框中指定区域。

图 5.42　"高级筛选"对话框

⑤ 在"列表区域"文本框中输入要筛选的区域,或使用伸缩按钮通过鼠标进行选择;在"条件区域"文本框中输入或选择条件区域,如图 5.41 所示。

⑥ 单击"确定"按钮,符合条件的数据记录就显示在工作表中,如图 5.43 所示。

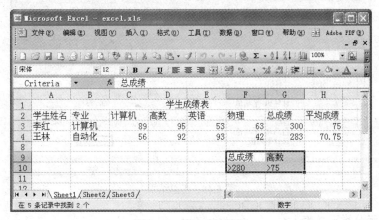

图 5.43　筛选后的结果

3.取消筛选

如果要取消筛选,显示筛选前数据清单中的全部记录,选择"数据"|"筛选"|"全部显示"

命令即可。

5.6.4 分类汇总

分类汇总是对数据清单进行数据分析的一种方法。分类汇总对数据清单中指定的字段进行分类，然后统计同一类记录的有关信息。统计的内容由用户指定，可以统计同一类记录的条数，也可以统计某些数值段的和、平均值、最大值、最小值等。

1. 建立分类汇总表

在进行分类汇总前，一定要将数据清单进行分类（即按需要分类汇总的字段进行排序），把相同类别的数据放在一起，然后选择相应的汇总方式和汇总项即可完成操作。

以图 5.41 所示数据清单为例，要求对学生成绩表进行分类汇总，以"专业"作为分类字段，以"平均值"作为汇总方式，对"总成绩"进行分类汇总。操作步骤如下。

① 以"专业"字段为"主关键字"对数据清单进行排序。

② 选择"数据"|"分类汇总"命令，打开如图 5.44 所示的"分类汇总"对话框。

③ 在"分类字段"下拉列表框中，选择需要分类汇总的字段名，本例选择"专业"字段。

④ 在"汇总方式"下拉列表框中，选择需要用于计算分类汇总的函数，这里选择"平均值"函数。

⑤ 在"选定汇总项"列表框中，选中汇总计算列所对应的复选框，这里选中"总分"复选框。

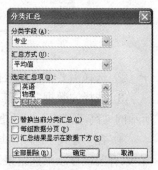

图 5.44 "分类汇总"对话框

⑥ 单击"确定"按钮即可，分类汇总结果如图 5.45 所示。

在"分类汇总"对话框中，如果选择"替换当前分类汇总"复选框，则将替换任何现存的分类汇总；如果选中"每组数据分页"复选框，则可以在每组之前插入分页符；如果选中"汇总结果显示在数据下方"复选框，则在数据末尾显示分类汇总结果。

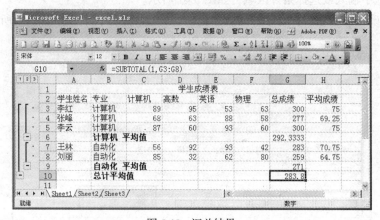

图 5.45 汇总结果

2. 分级显示分类汇总表

默认情况下生成的分类汇总表将分级显示，在工作表窗口的左侧会出现分级显示区。分级显示区上方有 1，2，3 共 3 个级别按钮，分别代表 3 种不同的级别。1 按钮，只显示数据列表中的字段名称和总计结果；2 按钮，显示出字段名称、各个分类汇总结果和总计结果；3 按钮，显示所有的详细信息。

3．删除分类汇总表

若要删除分类汇总表，只需在菜单栏中选择"数据"｜"分类汇总"命令，在弹出的对话窗口中单击"全部删除"按钮即可。

5.6.5　数据透视表

Excel 2003 提供了数据透视表功能可以使用户建立的静态的、原始的数据清单活动起来，并从中找出数据间的内在联系，挖掘出更有用的数据。

面对一个数据清单，用户只需要指定自己感兴趣的字段、表的组织形式以及运算和种类，系统就会自动生成一个用户要求的视图。数据透视表是一种动态的交互式的工作表，可以转换行和列以查看源数据的不同结果，也可以显示不同页面的筛选数据，还可以根据需要显示所选区域中的数据明细。

例如，对如图 5.46 所示的"学生成绩表"原始记录进行统计，利用透视表的功能统计各专业男、女生的人数，此外既要按专业分类又要按性别分类。使用数据透视表只需按向导操作即可，其操作步骤如下。

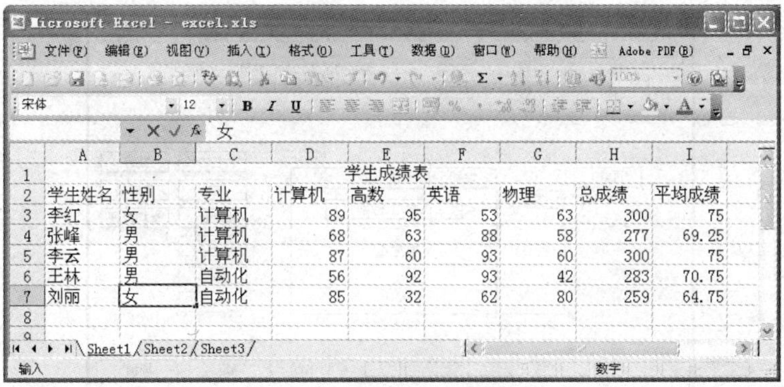

图 5.46　学生成绩清单

① 选中数据清单，选择"数据"｜"数据透视表和数据透视图"命令，弹出如图 5.47 所示的"数据透视表和数据透视图向导——3 步骤之 1"对话框。

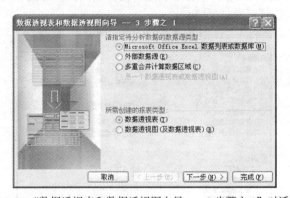

图 5.47　"数据透视表和数据透视图向导——3 步骤之 1"对话框

② 在如图 5.47 所示的对话框中选中"Microsoft Office Excel 数据列表或数据库"单选按钮，弹出如图 5.48 所示的对话框。

③ 在如图 5.48 所示的对话框中选定区域，单击"下一步"按钮，弹出如图 5.49 所示的对话框，在其中选定数据透视表的显示位置。

图 5.48　"数据透视表和数据透视图

向导——3 步骤之 2"对话框

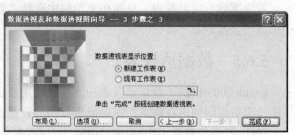

图 5.49　"数据透视表和数据透视图

向导——3 步骤之 3"对话框

④ 单击"布局"按钮，打开"布局"对话框，在其中定义透视表的行、列、页和数据字段，将"专业"标签拖到行区域，将"性别"标签拖到列区域和数据区域，如图 5.50 所示。设置完毕后单击"确定"按钮，返回到步骤之 3 对话框。

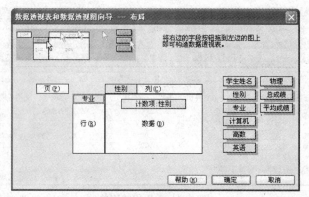

图 5.50　"数据透视表和数据透视图向导——布局"对话框

⑤ 在图 5.49 中，单击"选项"按钮，弹出如图 5.51 所示的对话框，在其中可以设置"格式选项"和"数据选项"的相关内容，单击"确定"按钮返回到步骤之 3 对话框。

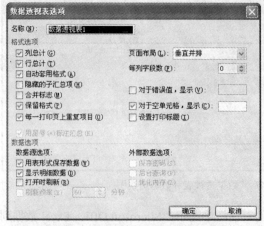

图 5.51　"数据透视表选项"对话框

⑥ 在图 5.49 中，单击"完成"按钮，则显示数据透视表，如图 5.52 所示。

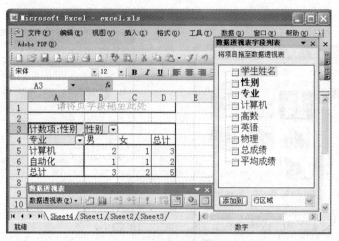

图 5.52　数据透视表结果

5.7　数　据　图　表

使用 Excel 2003 对工作表中的数据进行计算、统计等操作后，得到的计算和统计结果还不能很好地显示出数据的发展趋势或分布状况。为了解决这一问题，Excel 能将所处理的数据生成多种统计图表，这样可以直观地反映所处理的数据。

在 Excel 2003 中，图表分为两种类型。一种图表位于独立的工作表中，也就是与数据源不在同一个数据表上，这种称为"独立式图表"；另一种图表与数据源在同一个工作表上，作为工作表的一个对象，这种称为"嵌入式图表"。

5.7.1　图表的创建

图表创建有两种主要方法，下面以图 5.53 学生成绩表为例，说明创建图表的过程。

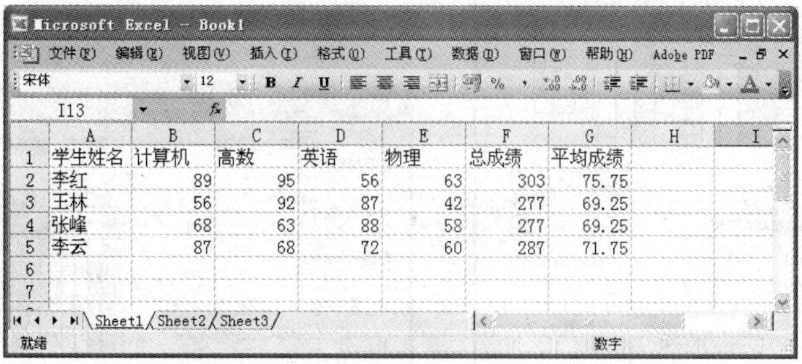

图 5.53　学生成绩表

1.　利用图表向导创建图表

在菜单栏中选择"插入"|"图表"命令，弹出如图 5.54 所示的对话框。

根据"图表向导"创建图表，具体过程如下。

① 在"图表类型"列表框中选择需要的图表类型，单击"下一步"按钮，弹出如图 5.55 所示的对话框。

图 5.54 "图表向导"对话框

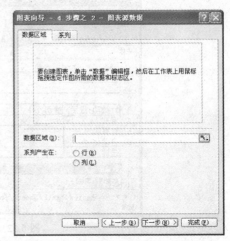

图 5.55 "图表向导"之"图表数据源"

② 在图 5.55 中，单击"数据区域"文本框右边的伸缩按钮，将窗口收缩，选择图表数据区域，弹出"源数据"对话框，如图 5.56 所示。

③ 在图 5.56 中，单击"下一步"按钮，在弹出的如图 5.57 所示的"图表选项"对话框中进行相应的设置。

④ 在图 5.57 中，单击"下一步"按钮，在弹出的对话框中选择"作为新工作表插入"或"作为其中的对象插入"，单击"完成"按钮，生成数据图表，如图 5.58 所示。

2. 图表快速创建

利用"图表"工具栏上的"图表类型"按钮，或直接按【F11】键，可以对选定的数据区域快速地建立图表。使用【F11】键创建的图表是图表类型为"柱形图"的独立图表。使用"图表"工具栏上的"图表类型"按钮创建的图表是嵌入式图表，图表类型为系统默认的子类型。

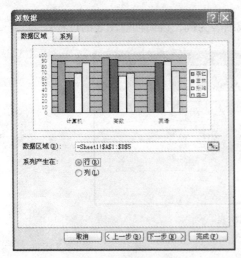

图 5.56 "源数据"对话框

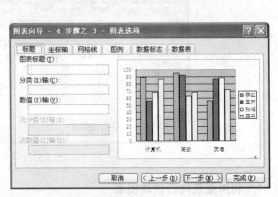

图 5.57 "图表向导"之"图表选项"

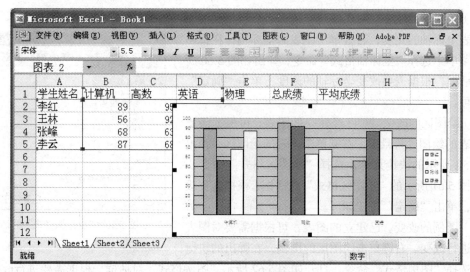

图 5.58　学生成绩数据图表

5.7.2　图表的编辑

创建一个图表后，"图表"工具栏会自动弹出，如果"图表"工具栏未出现，可以通过在菜单栏中选择"视图"|"工具栏"|"图表"命令，打开"图表"工具栏。

1. 图表的移动、复制、缩放和删除

图表的移动、复制、缩放和删除操作与 Word 中的图形操作相同。

2. 图表的编辑

（1）图表类型的改变。对已经建立的图表，可根据需要改变图表的类型，右键单击图表的绘图区，弹出如图 5.59 所示的快捷菜单，选择"图表类型"命令，打开"图表类型"对话框，根据需要选择图表类型，单击"确定"按钮即可。

（2）图表选项的改变。对已经建立的图表，可根据需要改变图表的选项，右键单击图表的绘图区，弹出如图 5.59 所示的快捷菜单，选择"图表选项"命令，打开"图表选项"对话框，根据需要改变选项，单击"确定"按钮即可。

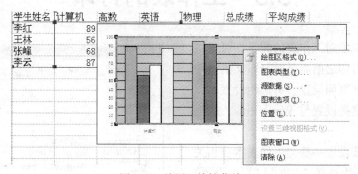

图 5.59　绘图区快捷菜单

（3）数据源的改变。对已经建立的图表，可根据需要改变图表的数据源，右键单击图表的绘图区，弹出如图 5.59 所示的快捷菜单，选择"数据源"命令，打开如图 5.56 所示的"数据源"对话框，根据需要重新选择数据，单击"确定"按钮即可。

（4）坐标轴的改变。对已经建立的图表，可根据需要改变图表坐标轴的刻度，右键单击图表的坐标轴，在弹出的快捷菜单中选择"坐标轴格式"命令，弹出如图 5.60 所示的对话框，根据需要改变坐标轴的刻度，单击"确定"按钮即可。

图 5.60 "坐标轴格式"对话框

（5）绘图区的改变。对已经建立的图表，可根据需要改变图表的绘图区背景等，右键单击图表的绘图区，弹出如图 5.59 所示的快捷菜单，选择"绘图区格式"命令，打开如图 5.61 所示的"绘图区格式"对话框，根据需要改变选项，单击"确定"按钮即可。

（6）图例的改变。已建立的图表，可根据需要对图表的图例进行改变。右键单击绘图区的图例，在弹出的快捷菜单中选择"图例格式"命令，打开如图 5.62 所示"图例格式"对话框，根据需要进行改变，单击"确定"按钮即可。

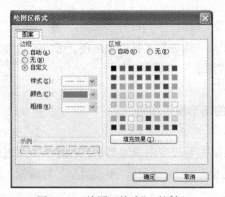

图 5.61 "绘图区格式"对话框

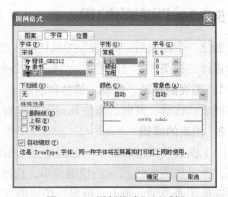

图 5.62 "图例格式"对话框

5.8 工作表的打印

如果已经完成了对工作表的编辑，可以将其打印出来，在打印之前需要对打印文稿做一些必要的设置，如页面设置、页边距设置、页眉页脚设置等。这些设置与 Word 相似，这里不再赘述。

除此之外还要设置一些与工作表本身相关的选项，在菜单栏中选择"文件"|"页面设置"命令，然后在弹出的对话框中单击"工作表"选项卡，如图 5.63 所示。其中某些选项的功能如下。

① 打印区域：选定需要打印的区域。不选

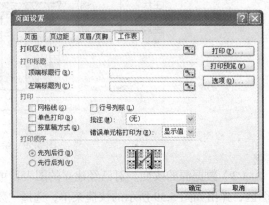

图 5.63 "页面设置"对话框

择则打印工作表的全部内容。

　② 打印标题：选定或直接输入每页上要打印相同标题的行或列。

　③ 打印选项区域。

- 网格线：选择此项，打印工作表的网格线。
- 单色打印：选择此项，工作表只进行黑白处理。
- 按草稿方式：选择此项，不打印网格线和大多数图表。
- 行号列标：选择此项，在打印的工作表上标出行号和列号。
- 批注：选择此选项，打印单元格注释。

　④ 打印顺序：对过宽的工作表选择打印顺序。

习　　题

一、选择题

1. Excel 中，可按需拆分窗口，一张工作表最多拆分为（　　）窗口。

　　A. 3 个　　　　　　　B. 4 个　　　　　　　C. 5 个　　　　　　　D. 任意多个

2. 在 Excel 中，利用填充柄可以将数据复制到相邻单元格中，若选择含有数值的左右相邻的两个单元格，左键拖动填充柄，则数据将以（　　）填充。

　　A. 等差数列　　　　B. 等比数列　　　　　C. 左单元格数值　　D. 右单元格数值

3. 对页眉、页脚的操作，以下叙述正确的是（　　）。

　　A. 要将页眉居中显示，可使用"居中"按钮

　　B. 要改变页眉或页脚的字体，可使用"格式"|"单元格"命令或"格式"工具栏对应的按钮

　　C. 要取消页眉，可在"页眉或页脚"对话框中单击"自定义页眉"按钮后直接删除页眉，也可在"页眉"下拉式列表框中选择"无"

　　D. 以上叙述均不正确

4. 当对建立的图表进行修改时，下列叙述正确的是（　　）。

　　A. 先修改工作表中的数据，再对图表做相应的修改

　　B. 先修改图表中的数据点，再对工作表中的相关数据进行修改

　　C. 工作表中的数据和相应的图表是关联的，用户只要对工作表中的数据进行修改，图表就会自动更改

　　D. 若在图表中删除了某个数据点，则工作表中的相关数据也会被删除

5. 对图表对象的编辑，下面叙述不正确的是（　　）。

　　A. 图例的位置可以在图表区的任何位置

　　B. 改变图表区对象的字体，将同时改变图表区内所有对象的字体

　　C. 鼠标指向图表区的 8 个方向控制点之一拖放，可进行对图表的缩放

　　D. 不能实现将嵌入图表与独立图表的互转

6. 在 Excel 中，"排序"对话框中提供了指定 3 个关键字及排序方式，其中（　　）。

　　A. 3 个关键字都必须指定　　　　　　B. 3 个关键字都不必指定

　　C. 主要关键字必须指定　　　　　　　D. 主、次关键字必须指定

7. 为了取消分类汇总的操作，必须（　　）。

  A. 执行"编辑"|"删除"命令

  B. 按【Delete】键

  C. 在"分类汇总"对话框中单击"全部删除"按钮

  D. 以上都不可以

8. 在 Excel 中，制作图表的数据可取自（　　）。

  A. 分类汇总隐藏明细后的结果　　　　　B. 透视表的结果

  C. 工作表的数据　　　　　　　　　　　D. 以上都可以

9. 对于 Excel 所提供的数据图表，下列说法正确的是（　　）。

  A. 独立式图表是与工作表相互无关的表

  B. 独立式图表是将工作表数据和相应图表分别存放在不同的工作簿中

  C. 独立式图表是将工作表数据和相应图表分别存放在不同的工作表中

  D. 当工作表数据变动时，与它相关的独立式图表不能自动更新

10. 要在单元格中输入数字字符，例如学号 012222，下列正确的是（　　）。

  A. "012222"　　　B. =012222　　　C. 012222　　　D. '012222'

11. 若某单元格中的公式为：=IF（"教授">"助教"，TRUE，FALSE），其计算结果为（　　）。

  A. TRUE　　　B. FALSE　　　C. 教授　　　D. 助教

12. 如果在某单元格中输入="计算机文化" & "Excel"，结果为（　　）。

  A. 计算机文化&Excel　　　　　　　　B. "计算机文化" & "Excel"

  C. 计算机文化 Excel　　　　　　　　D. 以上都不对

13. 如果某单元格显示为#VALUE!或#DIV/0!，这表示（　　）。

  A. 公式错误　　　B. 格式错误　　　C. 行高不够　　　D. 列宽不够

14. Excel 提供了许多内置函数，使用这些函数可执行标准工作表运算和宏表运算，实现函数运算所使用的数值称为参数，函数的语法形式为"函数名称（参数1，参数2，…）"，其中的参数可以是（　　）。

  A. 常量、变量、单元格、区域名、逻辑位、错误值或其他函数

  B. 常量、变量、单元格、区域、逻辑位、错误值或其他函数

  C. 常量、单元格、区域、区域名、逻辑位、引用、错误值或其他函数

  D. 常量、变量、单元格、区域、逻辑位、引用、错误值或其他函数

15. 在 Excel 中，用户可以设置输入数据的有效性，"设置"选项卡可设置数据输入提示信息和输入错误提示信息，其作用是限定输入数据的（　　）。

  A. 小数的有效位　　　B. 类型　　　C. 范围　　　D. 类型和范围

16. 如果在 A1，B1 和 C1 3 个单元格中分别输入数据 1、2 和 3，再选择单元格 D4，然后单击常用工具栏中的按钮"Σ"，则在单元格 D1 中显示（　　）。

  A. SUM(A1:C1)　　　　　　　　B. TOTAL(A1:C1)

  C. =AVERAGE(A1:C1)　　　　　　D. =COUNT(A1:C1)

17. 在 Excel 中可以创建嵌入式图表，它和创建图表的数据源放置在（　　）表中。

  A. 不同的　　　B. 相邻的　　　C. 同一张　　　D. 另一张工作簿的

18. Excel 的单元格名称相当于程序设计语言中的变量，可以加以引用。引用分为相对引用和绝对引用，一般情况为相对引用，实现绝对引用需要在列号或行号前插入（　　）符号。

A. "！"　　　　　B. "："　　　　　C. "&"　　　　　D. "＄"

19. 使用公式时的运算符包含算术、比较、文本和（　　）4 种类型的运算符。

A. 逻辑　　　　　B. 引用　　　　　C. 代数　　　　　D. 方程

20. 在 Excel 中，如果需要引用同一工作簿中其他工作表的单元格或区域，则在工作表名与单元格（区域）引用之间用（　　）分开。

A. "！"号　　B. "："号　　　　C. "&"号　　　　D. "＄"号

21. 在工作表 Sheetl 中，若 A1 为 20，B1 为 40，在 C1 输入公式=$A 1+B$1，则 C1 的值为(　　)。

A. 45　　　　B. 55　　　　　C. 60　　　　　D. 75

二、问答题

1. Excel 单元格、工作表、工作簿之间的关系如何？

2. 哪些系列的数据可以自动填充？

3. 单元格的引用有哪几种方式？各自的特点是什么？

4. 筛选与排序有什么区别？

5. Excel 的页眉与页脚如何设置？

第6章

演示文稿制作软件 PowerPoint 2003

PowerPoint 2003 是制作幻灯片和演示文稿的优秀软件之一。它是一个多媒体集成平台，可将文字、声音、图像、视频和动画等多媒体信息有机地结合在一起，制作成多张幻灯片，以表达观点、演示成果和发布信息。它是创建演示文稿的专用软件工具。

6.1　PowerPoint 2003 概述

PowerPoint 2003 是 Office 2003 的重要组件，它主要用来制作丰富多彩的幻灯片集，以便在计算机屏幕或者投影板上播放，也可以用打印机打印出幻灯片或透明胶片等。如果需要，用户还可以使用 PowerPoint 2003 创建用于 Internet 上的 Web 页面。

6.1.1　PowerPoint 2003 的启动与退出

1. PowerPoint 2003 的启动

启动 PowerPoint 2003 有多种方法，常用的方法有 3 种。

① 单击"开始"|"程序"|"Microsoft Office"|"Microsoft Office PowerPoint 2003"程序项即可启动 PowerPoint 2003。

② 若桌面上有 PowerPoint 2003 快捷图标，双击该图标即可。

③ 双击 PowerPoint 演示文稿图标，即可打开 PowerPoint 2003，同时将该演示文稿打开。

PowerPoint 2003 成功启动后，屏幕显示 PowerPoint 2003 应用程序窗口，并自动建立一个文件名为"演示文稿 1"的文件。

2. PowerPoint 2003 的退出

退出 PowerPoint 2003 可以选择下面方法中的任意一种。

① 单击 PowerPoint 2003 窗口右上角的"关闭"按钮。

② 单击"文件"|"退出"命令，或按【Alt】+【F4】组合键。

③ 双击 PowerPoint 2003 左上角的控制菜单图标。

退出 PowerPoint 2003 时一定要注意，当前编辑的文档是否需要保存，如果需要保存，在弹出的窗口中单击"是"按钮，如图 6.1 所示。

图 6.1　提示用户是否保存文档对话框

6.1.2　PowerPoint 2003 的窗口组成

启动 PowerPoint 2003 应用程序后，就进入了 PowerPoint 2003 工作界面，如图 6.2 所示。该工作窗口主要由标题栏、菜单栏、工具栏、状态栏、大纲窗口、幻灯片编辑区、视图切换按钮、任务窗格等组成。

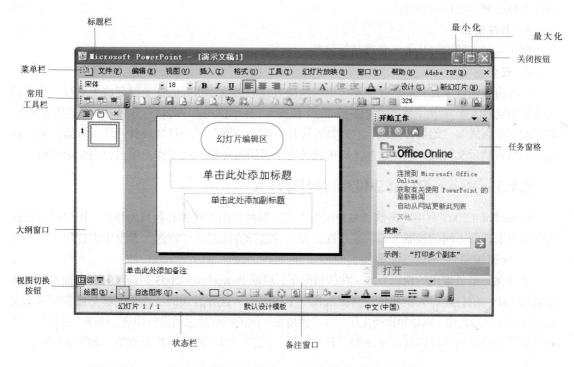

图 6.2　PowerPoint 2003 窗口

1．标题栏

标题栏显示应用程序名 "Microsoft PowerPoint" 及当前打开的演示文稿文件名。控制菜单图标可对 PowerPoint 窗口进行控制，最小化按钮、最大化/还原按钮、关闭按钮可实现对 PowerPoint 窗口的最小化、最大化/还原、关闭窗口操作。

2．菜单栏

菜单 及其下拉菜单中的命令提供了 PowerPoint 的所有功能。

3．工具栏

PowerPoint 将一些常用的相关命令以命令按钮的形式集成起来形成工具栏。用户可通过单击命令按钮快速执行相应的菜单命令，以提高工作效率。启动 PowerPoint 后，默认情况下，用户可利用 "视图" 菜单中的 "工具栏" 命令设置在屏幕上显示所需的工具栏。

4．工作区

用于显示幻灯片的内容和外观，可在编辑区中进行输入文本，插入文本，插入图片、表格及声音等操作。

5．视图切换按钮

在工作区的左下角有 5 个命令按钮，单击这些按钮可实现在不同的工作视图之间快速切换，这 5 个视图切换按钮分别是："普通视图" 按钮、"大纲视图" 按钮、"幻灯片视图" 按钮、"幻灯片浏览视图"按钮、"幻灯片放映视图"按钮。

6. 状态栏

状态栏位于应用程序窗口的最下面，显示与当前演示文稿有关的一些信息。

7. 大纲窗口

用于显示演示文稿的标题和正文，在该窗口中可以输入和编辑幻灯片中的所有文本也可以看到已完成的演示文稿的缩略图。

8. 备注窗口

用于显示当前幻灯片的注释或其他信息。

9. 任务窗格

任务窗格包含了打开和创建演示文稿的快捷方式。当鼠标指针放在上面变成手状时，单击就进入了相应的任务。此外，单击此窗格上面的下拉按钮，从下拉列表中可以打开很多不同的任务窗格，如"幻灯片版式"、"幻灯片设计"、"幻灯片设计—配色方案"、"幻灯片设计—动画方案"等。在创建和编辑演示文稿时，利用这些不同的任务窗格可以方便快捷地制作出更出色的演示文稿。

6.1.3 PowerPoint 2003 的视图方式

PowerPoint 2003 为用户提供了多种视图方式，每种视图方式都有各自的特点，用户可以根据实际情况来选择不同的视图方式。这些视图方式的选择方法是在"视图"菜单中实现的。

1. 普通视图

普通视图是最常用的视图方式。默认情况下，启动 PowerPoint 2003 后即可打开普通视图。在普通视图中，幻灯片、大纲和备注页集成在一个视图中，这种方式的特点是能够全面掌握演示文稿中各幻灯片的名称、标题和排列次序，可快速地在不同的幻灯片之间进行切换。选择"视图"|"普通"命令或单击用户编辑区左下角的"普通视图"按钮，即可切换到普通视图，如图 6.3 所示。

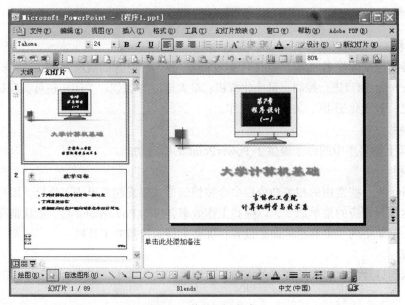

图 6.3 普通视图方式

2. 浏览视图

在幻灯片浏览视图中，以缩略图的形式显示了演示文稿中的多张幻灯片。在该视图方式下，用

户可以从整体上浏览所有幻灯片的效果，也可以方便地复制、移动和删除幻灯片，还可以为幻灯片添加动画效果、设置幻灯片放映时间及幻灯片切换方式等。选择"视图"|"幻灯片浏览"命令或单击用户编辑区左下角的"幻灯片浏览视图"按钮，即可切换到幻灯片浏览视图，如图 6.4 所示。

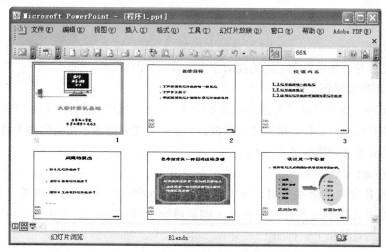

图 6.4　幻灯片浏览视图方式

3. 放映视图

幻灯片的放映视图方式用于放映幻灯片，且每张幻灯片占据整个计算机屏幕，在该视图方式下幻灯片被逐张播放。用户既可以设置自动放映幻灯片，也可以设置手动放映幻灯片，还可以使用屏幕左下角的按钮来控制幻灯片的放映。在放映过程中，用户随时可以按【Esc】键结束播放，返回到编辑状态。选择"视图"|"幻灯片放映"命令或单击用户编辑区左下角的"幻灯片放映视图"按钮，即可切换到幻灯片放映视图，如图 6.5 所示。

4. 备注页视图

在备注页视图中，用户可以在备注页文本框中很方便地为每一张幻灯片添加备注信息，还可以对添加的备注信息进行修改和修饰。选择"视图"|"备注页"命令，即可切换到备注页视图，如图 6.6 所示。

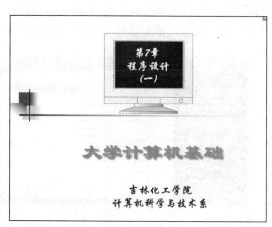

图 6.5　幻灯片放映视图方式

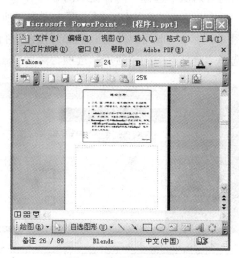

图 6.6　备注页视图方式

6.1.4 PowerPoint 2003 的文件类型

PowerPoint 2003 有 3 种主要的文件类型。演示文稿文件、演示文稿设计模板文件和 PowerPoint（幻灯片）放映文件。

1. 演示文稿文件

演示文稿文件是 PowerPoint 2003 默认的文件类型，其扩展名为.ppt，一份演示文稿不仅可以同时拥有多张幻灯片，还可以在不同的视图方式下显示其内容。

2. 演示文稿设计模板文件

PowerPoint 2003 为用户提供了多种演示文稿设计模板，其中设定了颜色、背景、主题和大纲结构等内容。用户可以自己设计演示文稿模板，只要把所建立的演示文稿保存为演示文稿设计模板文件类型即可，其文件扩展名为.pot。

3. PowerPoint 放映文件

对于设计制作完成的演示文稿，可以存储为 PowerPoint（幻灯片）放映文件类型，扩展名为.pps。该类型文件不能进行编辑修改（如果修改，需将.pps 改为.ppt），可直接在未安装 PowerPoint 2003 的计算机上运行。

6.2 演示文稿的创建

由 PowerPoint 2003 生成的文件叫做演示文稿，演示文稿名就是文件名，其扩展名为.ppt。一个演示文稿包含若干张幻灯片，每一张幻灯片都是由对象及其版式组成的。演示文稿可以通过普通视图、大纲视图、幻灯片视图、幻灯片浏览视图、幻灯片放映视图来显示。

6.2.1 演示文稿的创建方式

1. 使用"内容提示向导"创建演示文稿

使用"内容提示向导"是创建演示文稿最迅速的方式，因此，被很多初学者采用。在如图 6.7 所示的对话框中选择"内容提示向导"。

单击"下一步"按钮。对话框中列出了所有的演示文稿类型，分为常规、企业、项目等 7 类，如图 6.8 所示。既可以单击"全部"按钮进行总体浏览，也可以单击各个类别按钮进行查找。此处选择"全部"中的"通用"选项，然后单击"下一步"按钮，弹出如图 6.9 所示的对话框。

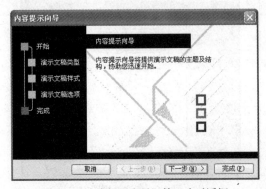

图 6.7 "内容提示向导"第 1 步对话框

图 6.8 "内容提示向导"第 2 步对话框

如图 6.9 所示的对话框主要是选择演示文稿的输出方式，前面已经提到 PowerPoint 演示文稿可选择多种方式进行展示。此处选中第一项"屏幕演示文稿"单选按钮，再单击"下一步"按钮。

弹出的对话框是对输出的内容进行选择，此处采用默认设置，单击"下一步"按钮。

至此已完成所有的设置工作，单击"完成"按钮，屏幕上出现如图 6.10 所示的画面，这就是幻灯片的半成品。要真正将它完成，还需要一些加工，主要是输入各对象的内容，可以移动屏幕右边的滚动条对整个演示文稿进行修改。

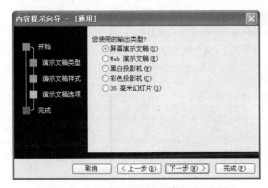
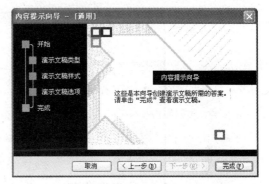

图 6.9 "内容提示向导"第 3 步对话框　　　　图 6.10 "内容提示向导"第 4 步对话框

当要制作的演示文稿的内容与内容模板的内容差距较大，或想要制作符合自己需要的有个性的幻灯片时，可以用第二种模板即设计模板进行设计。这将分别在下面的两节中进行介绍。

2. 使用"模板"创建演示文稿

PowerPoint 2003 提供了多种设计模板，可以选择一种模板来创建演示文稿，每一个模板都有特定的整体风格，用户只需要修改其中的文字内容就可以得到自己的演示文稿，步骤如下。

① 在菜单栏上选择"文件"|"新建"命令，在窗口的右侧便打开"新建演示文稿"任务窗格。

② 在任务窗格的"模板"选项区域中，选择"本机上的模板"，在弹出的对话框中选择"设计模板"选项卡，如图 6.11 所示。

该选项卡列出了 PowerPoint 2003 为用户提供的所有模板。这些模板只是预先设置了格式和配色方案，用户可以根据自己的演示主题进行替换。

③ 在模板列表中选择一种后，单击"确定"按钮，该模板就被应用到新的演示文稿中。这样，一张幻灯片就建成了，如图 6.12 所示。

图 6.11 "新建演示文稿"对话框　　　　图 6.12 模板应用于新演示文稿效果图

3. 使用"根据现有演示文稿新建"创建演示文稿

如果用户已经完成了一个幻灯片的制作，希望以该幻灯片为"模板"制作新的幻灯片，步骤如下。

① 在菜单栏上选择"文件"|"新建"命令，在窗口的右侧便打开"新建演示文稿"任务窗格。

② 在任务窗格的"新建"选项区域中，选择"根据现有演示文稿新建"，打开"根据现有演示文稿新建"对话框，如图6.13所示。

图6.13 "根据现有演示文稿新建"对话框

③ 该对话框中找到已有的演示文稿文件名，单击"确定"按钮，就以该文稿为"模板"创建了一张新的幻灯片，如图6.14所示。创建之后可以根据需要做相应的修改，使之成为自己的新的演示文稿。

4. 使用"空演示文稿"创建演示文稿

通过"空演示文稿"制作的幻灯片，没有背景图案，只包含自动版式，因此，通过"空演示文稿"可以设计具有自己风格和特点的幻灯片，充分发挥个人的想象力和创造力。

在"常用"工具栏上，单击"新建"按钮，便自动建立一个新的空白演示文稿，如图6.15所示。

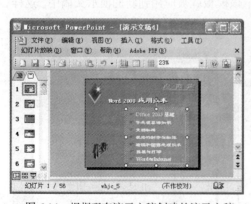

图6.14 根据现有演示文稿创建的演示文稿

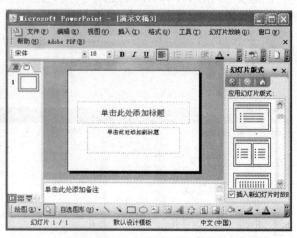

图6.15 使用"空演示文稿"创建的演示文稿

通常来说，一个合适的模板是能够大大地增强演讲效果的，在这里给大家一些建议：若是进行学术报告应选择较为严肃的模板，若是科普报告或是促销讲座则应选择具有幽默感的模板。

6.2.2　演示文稿的保存与打开

PowerPoint 演示文稿的保存和打开与 Word 相似。

1. 保存演示文稿

演示文稿建立、修改后必须存放到外部介质上才能长期保存，保存文档有如下几种方法。

（1）新建演示文稿保存。保存新建演示文稿的步骤如下。

① 单击"常用"工具栏中的"保存"按钮，或选择"文件"|"保存"命令，将弹出"另存为"对话框，如图 6.16 所示。

图 6.16　"另存为"对话框

② 在"保存位置"下拉列表框中选择保存位置，在"文件名"下拉列表框中输入文件名。

③ 单击"保存"按钮即可。

在默认状态下，PowerPoint 保存位置在"我的文档"里。如果用户想修改文件名，可以在"文件名"下拉列表框中输入新的文件名，还可以单击"保存位置"下拉列表框中的下拉按钮，选择不同的文件夹作为保存位置。

（2）保存已有的文档。如果文档已经存在于外部介质上，可以使用下面的方法保存。

方法一：单击"常用"工具栏中的"保存"按钮。

方法二：按【Ctrl】+S 组合键。

方法三：单击"文件"|"保存"命令。

这时不出现"另存为"对话框，直接将文件保存到原来的文档中，以当前的内容代替原来的内容，当前编辑状态保持不变。

（3）文档换名保存。如果将当前编辑的文档换名保存，需要单击"文件"|"另存为"命令，在弹出的"另存为"对话框中根据需要选择位置并指定文件名。

2. 打开演示文稿

演示文稿保存到外部介质上，如果需要进行修改，首先将需要修改的文件读入内存，该演示文稿才能显示在 PowerPoint 2003 应用程序窗口中。打开文档通常有以下几种情况。

（1）未开启 PowerPoint 2003 应用程序。

① 在"我的电脑"或"资源管理器"中找到需要修改的演示文稿，双击该文件，同时打开 PowerPoint 2003 应用程序和该文件，即把该文件读入内存。

② 单击"开始"|"文档"选项，在最近打开的 4 个文档中，单击需要修改的文件名，系统

自动关联到创建该文档的应用程序，在启动 PowerPoint 2003 的同时打开该文件。

（2）已开启 PowerPoint 2003 应用程序。如果 PowerPoint 2003 应用程序已经启动，可通过下列步骤打开文档。

① 单击"常用"工具栏中的"打开"按钮，或者单击菜单栏中"文件"|"打开" 命令，弹出如图 6.17 所示的"打开"对话框。

② 在"查找范围"下拉列表框中选择文档所在的驱动器和文件夹，或使用对话框左边的常用文件夹按钮选择文件夹，也可以单击"历史"按钮来快速访问已经操作过的 Office 文档。

③ 双击要打开的文件名，可将该文件调入用户窗口；如果要打开其他类型的文件，可单击"文件类型"下拉列表框右侧的下拉按钮，选择文件类型。

（3）最近使用过的文档。

① 在图 6.17 中"我最近的文档"下面列出了最近使用过的文件名字，单击要打开的文件名，即可打开相应的文件。

图 6.17 "打开"对话框

② 在 PowerPoint 2003 应用程序窗口中"文件"菜单下面列出了最近使用过的 PowerPoint 2003 演示文稿文件名，单击要打开的文件名，即可打开相应的文件。

6.3 编辑演示文稿

在制作一个演示文稿之前，必须对所要阐述的问题有清醒和深刻的认识。制作演示文稿的最终目的不是向观众展示制作各种动画的能力，这样做只会舍本逐末，用户必须对整个内容做充分的准备工作。例如确定演示文稿的应用范围和重点、加入一些有说服力的数据和图表、最终给出概括性的结论等，当然对于不同的应用有着不同的设计规则，这只有通过不断的实践才能获得。

6.3.1 编辑幻灯片中的文本

在幻灯片中创建文本对象有两种方法。如果用户使用的是带有文本占位符的幻灯片版式，单击文本占位符位置，就可在其中输入文本；如果用户要在没有文本占位符的幻灯片版式中添加文本对象，可以单击"插入"菜单中的"文本框"命令或单击"绘图"工具栏上的"文本框"按钮。

1. 有文本占位符时输入文本

① 首先选择"常用"工具栏中的"新建"按钮，然后选择一种包含文本占位符的自动版式，比如选择"标题幻灯片"。

② 单击文本占位符，在里面输入内容。

2. 无文本占位符时输入文本

① 单击"插入"菜单中的"文本框"命令或单击"绘图"工具栏上的"文本框"按钮，然后在要进行插入的位置单击。

② 将文本占位符拖至所需要的长度。

③ 在文本框中输入文本。

通常输入文本的格式都是系统默认的，但有时候这种格式并不能完全满足需要，例如可能要对文本的字体、颜色、项目符号、对齐方式等进行修改。

3. 修改字体

① 选中要修改的文本，在文本上单击右键，从弹出的快捷菜单中选择"字体"命令。

② 打开的"字体"对话框，根据需要改变文本的字体大小、字形、字号、颜色、效果等，设置完后单击"确定"按钮关闭对话框。

4. 添加项目符号

① 将要添加项目符号的文本全部选中，在文本上单击右键，从弹出的快捷菜单中选择"项目符号和编号"命令。

② 打开"项目符号和编号"对话框，用户既可以使用常用的符号也可以选择图片或其他符号作为项目符号。

③ 添加的项目符号默认颜色为黑色，若想改变颜色可以单击"项目符号和编号"对话框中的"颜色"下拉列表框，选择其他的颜色。

④ 添加的项目符号默认大小比例是 100%，即项目符号的大小与文本字符的大小相等，若想改变项目符号的大小，可以选择"项目符号和编号"对话框中的"大小"下拉列表框，将该比例更改。

⑤ 单击"确定"按钮，将添加的项目符号应用于文本。

5. 修改文本对齐方式

① 选择要更改对齐方式的文本。

② 单击"格式"工具栏上的"对齐"按钮或选择"格式"菜单中的"对齐方式"命令，PowerPoint 提供了 5 种段落对齐方式：左对齐、居中对齐、右对齐、两端对齐、分散对齐。

6. 调整行距

① 选择要调整行距的文本。

② 单击"格式"菜单中的"行距"命令，打开"行距"对话框。

③ 修改"行距"、"段前"、"段后"中的数值。

④ 单击"预览"按钮，此时文本每行之间的间距改变，再单击"确定"按钮。

6.3.2　幻灯片模板更改

模板是 PowerPoint 2003 用来控制演示文稿具有统一外观、增强画面表现能力的一种有效方法。在编辑幻灯片的过程中，如果希望重新设置幻灯片模板，可以按以下步骤进行。

在 PowerPoint 2003 中打开要重新设置模板的演示文稿。

① 在"格式"工具栏上单击"设计"按钮，然后单击任务窗格下面的"浏览"按钮，弹出"应

用设计模板"对话框。

② 在此对话框中重新选择设计模板，在右侧的预览窗口中可预览此模板。

③ 单击"应用"按钮，则新的设计模板将取代原来的模板应用到演示文稿中。

6.3.3 幻灯片版式更改

PowerPoint 2003 为用户预定义了多种自动版式，除"空白"版式外，其他版式中预先排列着一些不同对象的占位符，用户可在相应的占位符中添加对象。当然用户也可以选定并拖动占位符至其他位置，对幻灯片进行重新布局，使画面更清晰生动。

用户在编辑幻灯片的过程中，如果想重新设置幻灯片的版式，可按以下步骤进行。

① 在 PowerPoint 2003 中打开演示文稿，选定欲更换版式的幻灯片为当前幻灯片。

② 选择"格式"|"幻灯片版式"命令，在任务窗格中打开"幻灯片版式"。

③ 重新选择幻灯片版式，单击所选中的幻灯片版式右侧的下拉按钮，在弹出的快捷菜单中选择"应用于选定幻灯片"命令，则所选版式将替换当前幻灯片原来的版式。

这里要强调的是如果新版式中无原版式的某一对象占位符，幻灯片上的原有对象不会丢失，新版式中的对象占位符将覆盖在原来的对象上，用户需重新安排幻灯片中各对象的位置，使画面整洁、清晰。

6.3.4 幻灯片重排

对幻灯片次序的重排，可在大纲视图或幻灯片浏览视图下进行。

1. 大纲视图下重排幻灯片

大纲视图下，默认显示演示文稿中幻灯片的大纲信息，重排幻灯片时，可折叠幻灯片大纲，只显示幻灯片标题，使删除幻灯片、调整幻灯片次序、复制幻灯片等操作更方便，更一目了然。具体操作如下。

① 打开"视图"|"工具栏"|"大纲"命令。

② 删除幻灯片：选定幻灯片，使其四周被方框包围，然后选择"编辑"|"删除幻灯片"命令，则删除当前幻灯片。

③ 移动幻灯片：选定幻灯片，使用"上移"和"下移"按钮将幻灯片移动到新位置，其他幻灯片的次序也将做相应调整。

④ 复制幻灯片：选定幻灯片，然后选择"编辑"|"复制"命令，再选定插入点，选择"编辑"|"粘贴"命令，则复制当前幻灯片。

2. 幻灯片浏览视图下重排幻灯片

幻灯片浏览视图下，演示文稿中所有幻灯片以缩略图的形式依次排列在演示文稿窗口中，显示整个演示文稿的概况，用户可直观地对幻灯片进行重排。具体操作如下。

在幻灯片浏览视图下打开需编辑的演示文稿。

① 删除幻灯片：选定幻灯片，使其四周被方框包围，然后选择"编辑"|"删除幻灯片"命令，则删除当前幻灯片。

② 移动幻灯片：选定幻灯片，按住鼠标左键并将屏幕上出现的一个表示幻灯片插入位置的光标（竖直线）拖动至目标位置，释放鼠标，即将幻灯片移动到新位置，其他幻灯片的次序也将做相应调整。

③ 复制幻灯片：选定幻灯片，然后执行"编辑"|"复制"命令，再选定插入点，选择"编

辑"|"粘贴"命令，则复制当前幻灯片。

6.4　在幻灯片中插入对象

对象是 PowerPoint 幻灯片的重要组成元素。当向幻灯片中插入文字、图表结构图、图形、Word 表格以及任何其他元素时，这些元素就是对象。每一个对象在幻灯片中都有一个占位符，根据提示单击或双击它可以填写、添加相应的内容。用户可以选择对象，修改对象的属性，还可以对对象进行移动、复制、删除等操作。

6.4.1　插入剪贴画

在演示文稿中添加图片可以增加演讲的效果，丰富幻灯片的演示效果，Office 2003 设置了"剪贴库"，其中包含多种剪贴画、图片、声音和图像，它们都能插入到演示文稿中。插入剪贴画有两种方法。

（1）在无占位符幻灯片中插入剪贴画。

① 选择"常用"工具栏中的"新建"按钮，在任务窗格中选择带有剪贴画的幻灯片自动版式。

② 选择"插入"|"图片"|"剪贴画"命令，在任务窗格显示"剪贴画"。

③ 在"搜索范围"列表框中根据需要进行选择，如"卡通"，单击"搜索"按钮。

④ 窗格中将出现该类别中所有的剪贴画，如图 6.18 所示。

⑤ 选择所需的剪贴画并单击右键，在弹出的快捷菜单中选择"插入"命令，或在剪贴画右边下拉菜单中选择"插入"命令，则该剪贴画插入到幻灯片上。

（2）在有占位符幻灯片中插入剪贴画。在幻灯片的版式中，选择带有剪贴画的版式，在新的幻灯片中可以看到剪贴画占位符，根据占位符中"双击此处添加剪贴画"的提示信息，双击剪贴画占位符，弹出如图 6.19 所示的对话框。选择需要的剪贴画，单击"确定"按钮即可。

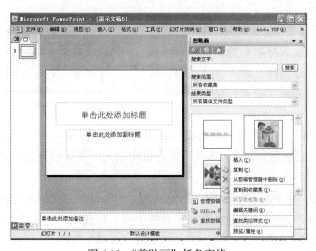

图 6.18　"剪贴画"任务窗格

图 6.19　"选择图片"对话框

如果对剪贴画不满意，可以进行修改。选中要修改的剪贴画，在图片上单击右键，在弹出的菜单中选择"组合"子菜单中的"取消组合"命令。这时屏幕上出现提示框，如果确认则单击"是"

按钮。确认后剪贴画上出现了许多控制点。这时，可使用"绘图"工具栏上的工具修改剪贴画。

6.4.2 插入艺术字

艺术字是一种既能表达文字信息，又能以生动活泼的形式给幻灯片添加艺术效果的工具。PowerPoint 提供了多种外观各异的艺术字造型，用户可以从中选择满意的字形插入到自己的幻灯片中。在幻灯片中插入艺术字的具体步骤如下。

在 PowerPoint 中打开编辑的演示文稿，选定欲插入艺术字的幻灯片为当前幻灯片。

① 选择"插入"|"图片"|"艺术字"命令。

② 选择适合的艺术字式样，单击"确定"按钮。屏幕弹出"编辑'艺术字'文字"对话框，如图 6.20 所示。

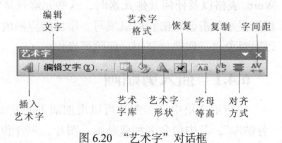

图 6.20 "艺术字"对话框

③ 对话框中输入相应的文字，并可对文字的字体、字号、字形进行格式化，设置完毕后，单击"确定"按钮，则所编辑的艺术字被插入到当前幻灯片中。

对所插入的艺术字进行简单编辑。首先选定艺术字，使其四周显示 8 个尺寸控制点和一个黄色菱形控制点。如果要删除艺术字，按【Delete】键；如果要改变艺术字的大小，将鼠标定位在尺寸控制点上，当光标变成双向箭头时，按住并拖动鼠标，可放大或缩小艺术字；如果要移动艺术字，将鼠标指向艺术字，当光标变成双向箭头时，按住并拖动鼠标，将艺术字移动到幻灯片上合适的位置；将光标定位在黄色菱形控制点上，按住并拖动鼠标可改变艺术字的形状。

插入的艺术字可被进一步美化和修饰，利用"艺术字"工具栏上的各种命令按钮，可对艺术字的文字信息、形状、颜色等进行重新设置，并可以旋转艺术字的方向。

6.4.3 插入表格

在 PowerPoint 2003 中也可处理类似于 Word 和 Excel 中的表格对象。创建表格有两种方法：可以从包含表格对象的幻灯片自动版式中双击占位符；若没有表格占位符可以选择"插入"|"表格"命令。无论用哪种方式启动，屏幕上都会弹出"插入表格"对话框，如图 6.21 所示。

图 6.21 "插入表格"对话框

如果采用的是"Microsoft Word 表格"，那么对表格的操作就非常类似于在 Word 中对表格的操作。若采用双击占位符的启动方式，启动后在"插入表格"对话框中输入所需要的行数和列数，再单击"确定"按钮。

与 Word 和 Excel 的表格不同的是，在 PowerPoint 中，虽能插入、删除行和列，但不能插入、删除某个单元格，只能对单元格中的文本或数据进行修改。在表格中插入行或列，首先选中该表格，找到要插入的位置用单击，然后单击"表格和边框"工具栏上的"表格"旁的小三角，在其下拉式列表中选择"在上方插入行"或"在下方插入行"来插入一行；或选择"在左侧插入列"或"在右侧插入列"来插入一列。在表格中删除行或列，与"插入"操作类似，只是在"表格"的下拉式列表中选择"删除行"来删除一行或选择"删除列"来删除一列。

6.4.4　插入图表

如果需要在幻灯片中加入一些有说服力的图表和数据以加强效果，可以选择使用 Microsoft Graph 工具。用户可以在 Graph 中预先编辑好图表，然后再将图表嵌入幻灯片中。创建 Graph 数据图表有两种方法：可以从包含 Graph 数据图表的幻灯片自动版式中双击图表占位符启动 Graph；在没有图表占位符时可以选择"插入"|"图表"命令。

① 选择带有图表占位符的幻灯片自动版式。

② 双击图表占位符出现创建图表的 Microsoft Graph，图表及其相应的数据显示在名为"数据表"的表格内，该数据表提供了示例信息，如图 6.22 所示。

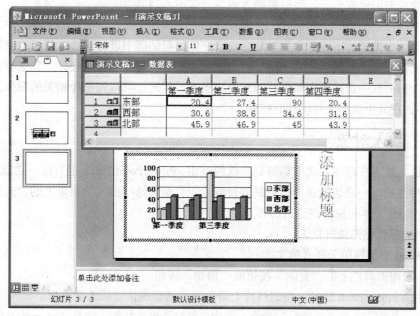

图 6.22　插入图表界面

③ 如果要取代示例数据，则在数据表内输入所需信息，观察幻灯片中的图表，可以看到如果用户修改了数据表中的文字或数值,图表将自动做出相应的改变。

④ 单击插入图表的应用程序文档窗口的任意处，可返回该应用程序。PowerPoint 2003 为用户提供了各种图表类型。用户可以根据自己的喜好进行选择，只需选择"图表"|"图表类型"命令，打开"图表类型"对话框，如图 6.23 所示，在对话框的列表中选择图表样式。

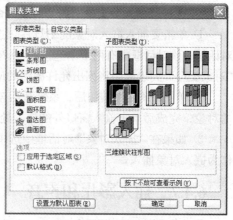

图 6.23　"图表类型"对话框

6.4.5　插入组织结构图

如果演讲时要对机构等进行总体和直观的描述，就可以采用组织结构图。创建组织结构图有两种方法：可以从包含组织结构图的幻灯片自动版式

中双击占位符启动；若没有组织结构图占位符可以选择"插入"|"图片"|"组织结构图"命令。双击"组织结构图"占位符，新建的组织结构图会以默认的四图框样式出现。若想创建图表的标题，可以选中"图表标题"，用鼠标拖动使其反相显示，然后输入自己想要输入的文字。若想在图框中输入文字，可以单击该图框，然后输入自己想要输入的文字。若想继续在其他图框中输入信息，可以按【Tab】键选择或按【Enter】键移动到下一个图框。若想添加图框，只需单击"组织结构图"工具栏上的相应按钮，如想添加下一级可以单击"下属"按钮，添加同级可以单击"同事"按钮，然后

图 6.24　"组织结构图"工具栏

将光标移到要添加的位置单击，然后再输入内容，如图 6.24 所示。

若想改变图框中文本的字体样式，可以首先选中图表框中要改变样式的文本，单击右键，从弹出的快捷菜单中选择"字体"命令，然后在"字体"对话框中进行选择。若想改变图框中文字的颜色，首先选中文本，然后在"字体"对话框的"颜色"下拉列表中选择"其他颜色"，在出现的"颜色"对话框中选择所需颜色。若想改变图表的样式，可以先选择相关的图框，然后单击"样式"菜单，在其中选择一种满意的样式。

6.4.6　插入对象

链接和嵌入技术在很多系统中都得到广泛的应用，PowerPoint 2003 也有这一功能，它的实现可以通过两种途径。一是通过选择性粘贴进行嵌入，二是选择"插入"菜单上的"对象"命令。下面以嵌入 Word 文本对象为例进行讲解。

1. 通过选择性粘贴进行嵌入

① 在 Word 中选择用于嵌入的文本。

② 单击常用工具栏上的"复制"按钮或"剪切"按钮。

③ 切换到 PowerPoint 2003，在幻灯片上希望显示信息的位置插入文本框。

④ 单击"编辑"|"选择性粘贴"命令，选中"粘贴"单选按钮，选择"Microsoft Office Word 文档对象"，单击"确定"按钮将 Word 文本嵌入到演示文稿中。

2. 选择"插入"菜单上的"对象"命令

① 单击要插入嵌入对象的幻灯片。选择"插入"菜单上的"对象"命令，打开"插入对象"对话框，该对话框中有两个单选按钮："新建"和"由文件中创建"。若选中"新建"单选按钮，"对象类型"列表框中将列出允许激活的应用程序，这里选择"Microsoft Word 文档"。

② 单击"确定"按钮后，系统激活 Word 应用程序的文本输入，用户可以在其中编辑将插入的对象，完成后单击输入窗口外的任一处即可。

③ 如果在"插入对象"对话框中选中的是"由文件创建"单选按钮，系统就将一个现存文件作为嵌入对象插入。

6.4.7　插入影片和声音

如果要在演示文稿中插入声音，可按如下步骤操作。

① 选择要插入影片或声音的幻灯片。

② 在菜单栏中选择"插入"|"影片和声音"|"文件中的声音"（如果插入影片，选择"文件中的影片"）命令，则可以打开相应的对话框，在其中选择要添加的声音（或影片）文件，单击"确

定"按钮。

③ 返回到 PowerPoint 时，出现如图 6.25 所示的对话框，单击"自动"按钮，则在幻灯片放映时会自动播放声音（或影片）；若单击"在单击时"按钮，则在幻灯片放映时会只有单击声音（或影片）图标才播放该声音（或影片）。

图 6.25　提示对话框

6.4.8　插入 Flash

如果要在演示文稿中插入 Flash，可按如下步骤操作。

① 选择"视图"|"工具栏"|"控件工具箱"命令，显示的工具栏如图 6.26 所示。

② 单击"其他控件"按钮，从下拉列表中选择 Shockwave Flash Object 选项，在幻灯片上画 Flash 控件图形，如图 6.27 所示。

③ 在控件上单击右键，在弹出的快捷菜单中选择"属性"命令，打开"属性"对话框。

④ 在 Movie 属性中输入.swf 文件路径及名称，并调整 Playing 属性，如图 6.28 所示，Playing 为 TRUE 时，则在幻灯片放映时会自动播放 Flash；Playing 为 FALSE 时，则在幻灯片放映时只有单击 Flash，才播放。

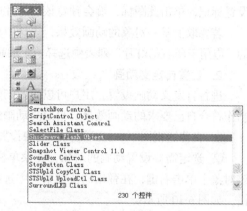

图 6.26　"控件工具箱"工具栏

图 6.27　画出 Flash 控件效果图

图 6.28　"属性"对话框

6.4.9　幻灯片动画效果设置

前面制作的演示文稿的幻灯片及幻灯片中的对象是相对静止的，为了能使演示文稿更具有吸引力，在幻灯片放映时可以增加一些动画效果。幻灯片的动画效果分为片内动画和片外动画两种。

片内动画就是对幻灯片中的对象添加动画效果。设置片内动画效果有两种方法。使用 PowerPoint 2003"预设动画"和使用"创建自定义动画"。

1. 设置预设动画

所谓预设动画，就是不需要用户对动画的属性进行设置，直接应用 PowerPoint 2003 预先设计好的动画效果即可。操作步骤如下。

① 在普通视图方式下打开的幻灯片中选中一个或多个对象，或在浏览视图下选中一张或几张幻灯片（此时选中的幻灯片中的对象都采用相同的动画效果）。

② 在菜单栏中选择"幻灯片放映"|"动画方案"命令，打开"幻灯片设计"任务窗格，如图 6.29 所示。选择"动画方案"选项，在"应用于所选幻灯片"列表中选择一种动画方案，即可应用于选定的幻灯片。若单击"应用于所有幻灯片"按钮，则选中的动画效果应用于所有的幻灯片，即每个幻灯片的对象都采用相同的动画效果。

当将幻灯片视图切换到浏览视图方式下，被设置动画效果的幻灯片缩略图下方就有一个动画设置标记，单击此图标，就会预览该幻灯片中所设置的动画效果。

若要取消某一对象的动画效果，先选中相应对象或幻灯片，然后在"幻灯片设计"任务窗格的"应用于所有幻灯片"列表中选择"无动画"选项，则该对象或幻灯片的动画效果就被取消了。

2．设置自定义动画

进行自定义动画设置，用户可以更改幻灯片上对象的显示顺序以及每个对象的播放时间，以制作符合自己要求的动画效果。自定义动画的设置需要在普通视图下进行。其操作步骤如下。

① 在普通视图下，打开要为其对象设置动画效果的幻灯片。

② 选定需要设置动画的对象，在菜单栏中选择"幻灯片放映"|"自定义动画"命令，或在该对象上单击右键，在弹出的快捷菜单中选择"自定义动画"命令，打开"自定义动画"任务窗格，如图 6.30 所示。

③ 单击"添加效果"下拉按钮，在弹出的下拉菜单中列出了"进入"、"强调"、"退出"、"动作路径"4 种动画类型，在每种类型的级联菜单中都包含了多种相应的动画效果。

● "进入"是指演示文稿放映时，幻灯片中的文本或其他对象通过某种效果进入幻灯片，用户可根据需要在其级联菜单中选择一种具体的进入效果。如果其中显示的效果都不能满足需要，可以选择"其他效果"选项，在弹出的"添加进入效果"对话框中进行选择。

● "强调"是指演示文稿放映时，给幻灯片中的文本或其他对象添加强调效果，用户可根据需要在其级联菜单中选择一种具体的强调效果。如果其中显示的效果都不能满足需要，可以选择"其他效果"选项，在弹出的"添加强调效果"对话框中进行选择。

● "退出"是指演示文稿放映时，幻灯片中的文本或其他对象通过某种效果退出幻灯片，用户可根据需要在其级联菜单中选择一种具体的退出效果。如果其中显示的效果都不能满足需要，可以选择"其他效果"选项，在弹出的"添加退出效果"对话框中进行选择。

● "动作路径"是指演示文稿放映时，幻灯片中对象的动作路径，用户可根据需要在其级联菜单中选择一种具体的路径方式。如果其中显示的效果都不能满足需要，可以选择"其动作路径"选项，在弹出的"添加动作路径"对话框中进行选择。

④ 展开每项级联菜单，从各种效果中选择合适的效果。

3．设置幻灯片的切换效果

幻灯片的切换效果就是在演示文稿的放映过程中，当前幻灯片如何退出，下一幻灯片如何出现。设置切换效果的步骤如下。

① 在"幻灯片浏览视图"方式下，选中要添加切换效果的幻灯片。

② 选择"幻灯片放映"|"幻灯片切换"命令，打开"幻灯片切换"任务窗格，如图 6.31 所示。幻灯片切换可以应用于当前幻灯片或所有选定的幻灯片，每次选择一个选项，就可以预览幻灯片的切换效果。

● 在"应用于所选幻灯片"列表中，提供了 50 多种切换效果。

- 在"修改切换效果"选项区域中，列出了切换速度及声音的应用范围。

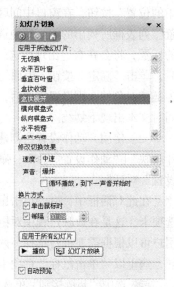

图 6.29　"幻灯片设计"任务窗格　　图 6.30　"自定义动画"任务窗格　　图 6.31　"幻灯片切换"任务窗格

- 在"换片方式"选项区域中，可以设置是在单击时开始切换还是每隔一定时间自动切换，用户还可以根据需要设置时间。

6.4.10　超链接的应用

用户可以在演示文稿中添加超链接，利用跳转到不同的位置，实现演示文稿的交互操作。超链接可以在不相邻的幻灯片之间跳转，也可以实现与其他演示文稿、文件或 Web 页的链接。

1. 常见超链接

在创建超链接时，应先选择作为链接的对象，链接对象可以是文本、图形、图片、图表或按钮等，在幻灯片放映过程中，将鼠标指针移到链接对象上，鼠标则变为手状，单击链接对象，将跳转到相应的位置。在普通视图方式下，选择链接对象，然后可以使用下面的方法创建超链接。

（1）使用"超链接"命令创建。在菜单栏中选择"插入"|"超链接"命令，弹出如图 6.32 所示的对话框。

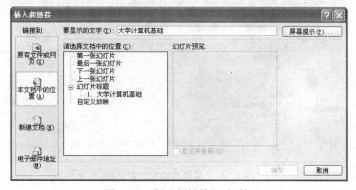

图 6.32　"插入超链接"对话框

在此对话框左侧"链接到"列表的选项中进行选择，若想链接到其他演示文稿或已存在的其他类型的文件，可以单击"原有文件或网页"按钮，或单击"新建文档"按钮后，单击"本文档中的位置"按钮，在窗口中间区域的"请选择文档中的位置"列表框所列出的幻灯片中选中超链接要转到的幻灯片的标题，将会在右边出现所选幻灯片的预览图，设置完成后，单击"确定"按钮，返回幻灯片中。如果是以文本作为链接对象的，则设置完成后，链接文本的颜色将改变，同时文本出现下划线。

图 6.33　"动作设置"对话框

（2）使用"动作设置"创建。在菜单栏中选择"幻灯片放映"|"动作设置"命令，弹出如图 6.33 所示的"动作设置"对话框。

在此对话框中，有"单击鼠标"和"鼠标移过"两个选项卡，这是在放映过程中对链接对象操作的两种方式，用户可以根据需要进行选择，两个选项卡下的设置项目相同，这里以"单击鼠标"选项卡为例。

首先选中"超链接到"单选按钮，在它下面的下拉列表中查找链接位置，选中之后可以考虑链接过程中是否需要声音，若需要声音效果，可以选中下面的"播放声音"复选框，在其下拉列表框中设置声音，最后单击"确定"按钮完成超链接的设置。

（3）使用"动作按钮"创建。选择要设置动作按钮的幻灯片，若希望每张幻灯片中都有相同的按钮，则可在"幻灯片模板"中进行设置，方法如下。

在菜单栏中选择"幻灯片放映"|"动作设置"命令，在其级联菜单中单击所需要的按钮样式，然后将鼠标指针移到幻灯片内，鼠标指针变为"十"字形，在适当位置单击，幻灯片内就出现按钮，同时将会弹出如图 6.33 所示的"动作设置"对话框。在该对话框中的设置与使用"动作设置"介绍的相同。完成动作按钮设置后，在幻灯片的放映过程中就可以利用动作按钮来实现超链接了。

2. 编辑和删除超链接

如果要编辑超链接，应该先选中要修改的超链接对象，在该对象上单击右键，在弹出的快捷菜单中选择"编辑超链接"命令，将会弹出如图 6.34 所示的"编辑超链接"对话框。在此对话框中可以对超链接进行编辑，重新选择超链接的位置。

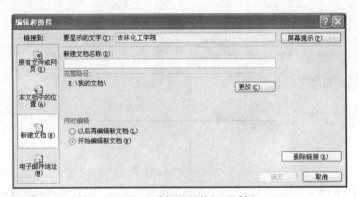

图 6.34　"编辑超链接"对话框

如果要删除超链接，应该先选中要修改的超链接对象，在该对象上单击右键，在弹出的快捷菜单中选择"删除超链接"命令，则所选对象上的超链接被删除，但该对象不被删除。

如果用户使用动作按钮设置超链接，要想对其进行编辑或删除，也可以使用上述方法。需要注意的是，在对动作按钮删除超链接后，动作按钮不会被删除，但其超链接作用已经失效。这时可以选中按钮对象，按【Delete】键将其删除。

6.5　演示文稿的修饰

为了使演示文稿在播放时更能吸引观众，针对不同类型的演示文稿、不同的观看对象，使用不同风格的幻灯片外观，是十分重要的。PowerPoint 2003 提供了 3 种方法来改变演示文稿的外观。

6.5.1　母版设置

母版是一张特殊的幻灯片，它的作用是使演示文稿具有统一的外观。PowerPoint 2003 为用户提供了 4 种类型的母版。

① 幻灯片母版。控制除了标题幻灯片以外的所有使用该母版的幻灯片中标题与文本的格式和类型。

② 标题母版：控制标题版式幻灯片的格式和位置。

③ 备注母版：控制备注页的版式和文字格式。

④ 讲义母版：控制打印的讲义外观，对讲义母版的修改只能在打印讲义时才能体现出来。

在菜单栏中选择"视图"|"母版"|"幻灯片母版"命令，打开幻灯片母版窗口，如图 6.35 所示。

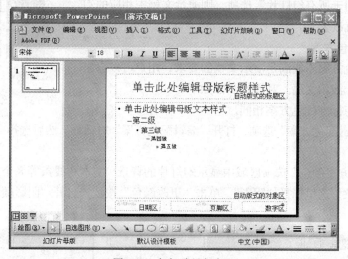

图 6.35　幻灯片母版窗口

默认情况下，幻灯片母版有 5 个占位符。标题区占位符、对象区占位符、日期区占位符、页脚区占位符、数字区占位符。

用户可以对占位符进行设置，这将在所有幻灯片的相应位置上产生相同的影响。当然用户也可以保留或删除某些占位符，若要删除占位符，只需选中占位符，按【Delete】键即可。

如果幻灯片母版中缺少某种占位符，用户想要添加，则需在"幻灯片母版视图"工具栏上单击"母版版式"按钮，弹出如图 6.36 所

图 6.36　"母版版式"对话框

示的"母版版式"对话框，在此对话框中选择需要的占位符。如果幻灯片母版中不缺少占位符，"母版版式"对话框中的占位符复选框不可操作。

在幻灯片模板中不仅可以对这5占位符进行设置，还可以插入其他对象，插入方法与幻灯片中插入对象的方法一样。

单击"幻灯片母版视图"工具栏上的"关闭母版视图"按钮即可退出母版窗口，返回到演示文稿编辑状态。

6.5.2 配色方案设置

"配色方案"是一组由划好的色彩所构成的集合，用于设定演示文稿中幻灯片的主要颜色。文字及线条颜色、背景颜色、填充颜色及用于图形、图表和其他出现在背景上的对象的颜色。用户可以将某个配色方案应用到演示文稿的所有幻灯片上，也可以只改变特定的某张幻灯片。

1. 标准配色方案

使用标准的配色方案改变演示文稿的配色，可按以下步骤操作。

① 菜单栏中选择"格式"|"幻灯片设计"命令，打开"幻灯片设计"任务窗格，如图 6.37 所示。

② 除了幻灯片放映视图方式以外的任何视图下，选择一张或几张幻灯片。

③ 任务窗格出现"配色方案"选项，打开配色方案列表。

④ 选中的配色方案图表右侧的下拉按钮中选择"应用于所选幻灯片"或"应用于所有幻灯片"选项，则演示文稿中相应的幻灯片的配色方案就改变了。

2. 自定义配色方案

如果标准配色方案不能满足演示文稿的要求，用户可以自定义配色方案应用于演示文稿。其操作步骤如下。

步骤①~③与标准配色方案相同。

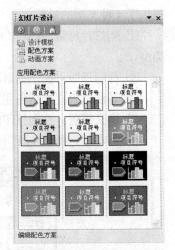

图 6.37 "幻灯片设计"任务窗格

④ 单击"编辑配色方案"选项，打开"编辑配色方案"对话框，然后选择"自定义"选项卡，如图 6.38 所示。

⑤ 在"配色方案颜色"选项区域中显示幻灯片的背景、文本和线条等8个对象的颜色。选择要更改颜色的对象，这里选择"阴影"，单击"更改颜色"按钮，打开"阴影颜色"对话框，如图 6.39 所示。

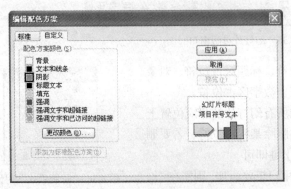

图 6.38 "编辑配色方案"对话框

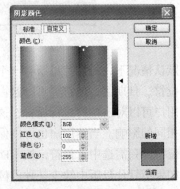

图 6.39 "阴影颜色"对话框

⑥ 在"阴影颜色"对话框中选择需要的颜色，然后单击"确定"按钮。

⑦ 编辑方案完毕后，单击"预览"按钮，可以预览到幻灯片的效果。

⑧ 将新创建的配色方案应用到幻灯片中，也可以单击"添加为标准的配色方案"按钮，将配色方案添加到"幻灯片设计-配色方案"任务窗格的"应用配色方案"列表框中。

6.5.3　背景设置

用户可以对幻灯片的背景进行设置，具体步骤如下。

① 在菜单栏中选择"格式"|"背景"命令，弹出如图 6.40 所示对话框。

② 单击"背景填充"下拉按钮，弹出选项板，如图 6.40 所示。

③ 选择所需要的颜色后单击"确定"按钮，返回到"背景"对话框。在该对话框中，若复选框"忽略母版的背景图形"被选中，则新的背景将覆盖母版的背景，但并没有删除母版的原有背景；否则，母版背景将会影响新背景的应用。

图 6.40　"背景"对话框

6.6　演示文稿的放映与打印

演示文稿设计好后，下一步就要准备幻灯片的放映和打印了。PowerPoint 提供了幻灯片放映控制和打印功能。

1．演示文稿放映

演示文稿创建好后，用户可以根据实际需要进行放映。

（1）放映方式的设置。在幻灯片放映前可以根据需要选择放映方式，选择"幻灯片放映"|"设置放映方式"命令，打开"设置放映方式"对话框，如图 6.41 所示。

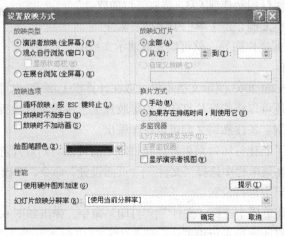

图 6.41　"设置放映方式"对话框

对话框中提供了 3 种放映方式。

① 演讲者放映（全屏幕）。该方式为系统默认方式选项。这种方式是将演示文稿进行全屏幕放映。演讲者具有完全的控制权，并可以采用自动或人工方式来放映。除了可以用鼠标来控制外，

还可以用【Space】键、【PageUp】键和【PageDown】键控制幻灯片的播放。

② 观众自行浏览（窗口）。该方式适合放映小规模的演示文稿。在这种方式下，演示文稿会出现在小型窗口中，并提供命令，使得在放映时能够移动、编辑、复制和打印幻灯片。也可以使用滚动条从一张幻灯片转到另一张幻灯片，还可以同时打开其他应用程序。

③ 在展台浏览（全屏幕）。选择此选项可以自动放映演示文稿。在放映过程中，无需人工操作，自动切换幻灯片，并且在每次放映完毕后自动重新启动放映。如果要终止放映，可按【Esc】键。在无需人员管理的场合多采用第3种方式。

（2）放映幻灯片。在演示文稿的制作过程中，随时可以通过放映来观察幻灯片的制作效果。播放幻灯片主要有以下3种方法。

① 单击 PowerPoint 窗口左下角"从当前幻灯片开始幻灯片放映"按钮，从当前幻灯片开始播放。

② 按【F5】功能键，放映幻灯片，该方法是从第一张幻灯片开始，或从在设置方式中设置的起始位置开始放映幻灯片。

③ 在菜单栏中选择"幻灯片放映"|"观看放映"命令，放映幻灯片，该方法的放映顺序与②相同。

（3）放映控制。在放映过程中，演讲者可以单击右键，弹出如图 6.42 所示的快捷菜单。演讲者可以根据需要定位不同的幻灯片进行播放；也可以使用鼠标指针给听众指出幻灯片的主要内容，或利用"圆珠笔"等指针选项在屏幕上勾画，加强演讲效果。

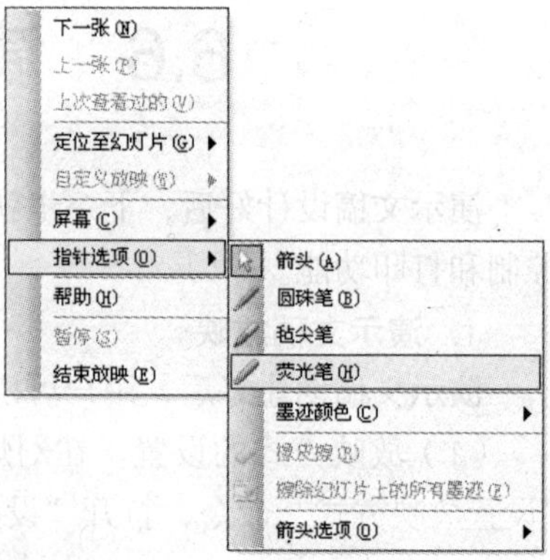

2. 演示文稿的打包

对演示文稿打包不仅可以将演示文稿压缩，还可以在没有安装 PowerPoint 2003 的计算机上放映幻灯片，极大地方便了用户。用户可以使用 PowerPoint 2003 提供的工具，将演示文稿和播放器一起打包制作成 CD，然后进行播放。

打开需要打包的演示文稿，在菜单栏中选择"文件"|

图 6.42　放映快捷菜单及鼠标选项设置

"打包成 CD"命令，根据操作向导，就可以完成演示文稿的打包操作。

3. 演示文稿的打印

用户建立的 PowerPoint 2003 演示文稿不仅可以在计算机上演示，也可以通过打印机将它们打印并制成教材或资料，还可以将幻灯片打印在投影胶片上，供投影放映机放映。除了幻灯片可以打印外，演示文稿的大纲、备注和讲义都可以打印输出。

（1）页面设置。为了能让打印效果更好，在打印之前可以对幻灯片进行页面设置。首先打开需要打印的演示文稿，在菜单栏中选择"文件"|"页面设置"命令，弹出如图 6.43 所示的"页面设置"对话框，在对话框中进行设置。

（2）打印设置。在菜单栏中选择"文件"|"打印"命令，弹出如图 6.44 所示的"打印"对话框。在此对话框中对各打印选项进行设置。

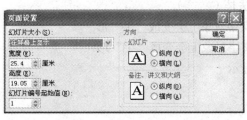

图 6.43　"页面设置"对话框　　　　　　　　　图 6.44　"打印"对话框

习　　题

一、选择题

1. 在幻灯片视图窗格中，要删除选中的幻灯片，不能实现的操作是（　　　）。

　　A. 按键盘上的【Delete】键

　　B. 按键盘上的【Backspace】键

　　C. 单击工具栏上的"隐藏幻灯片"按钮

　　D. 选择"视图"菜单中的"删除幻灯片"命令

2. PowerPoint 主窗口水平滚动条的左侧有 5 个显示方式切换按钮。普通视图、大纲视图、幻灯片视图、幻灯片放映视图和（　　　）。

　　A. 全屏显示　　　　　　B. 主控文档　　　　C. 幻灯片浏览视图　　D. 普通视图

3. 在（　　　）中，不能进行文字编辑与格式化。

　　A. 幻灯片视图　　　　　B. 大纲视图　　　　C. 幻灯片浏览视图　　D. 普通视图

4. 关于幻灯片母版，以下说法中错误的是（　　　）。

　　A. 可以通过鼠标操作在各类模板之间直接切换

　　B. 根据当前幻灯片的布局，通过幻灯片状态切换按钮，可能出现两种不同类型的母版

　　C. 在母版中定义标题的格式后，在幻灯片中还可以修改

　　D. 在母版中插入图片对象后，在幻灯片中可以根据需要进行编辑

5. 对于知道如何建立一新演示文稿内容但不知道如何使其美观的使用者来说，在 PowerPoint 2003 启动后应选择（　　　）。

　　A. 内容提示向导　　　　　　　　　　B. 模板

　　C. 空白演示文稿　　　　　　　　　　D. 打开已有的演示文稿

6. 在幻灯片浏览视图中，（　　　）是不可以进行的操作。

　　A. 插入幻灯片　　　　　　　　　　　B. 删除幻灯片

C. 改变幻灯片的顺序　　　　　　　　D. 编辑幻灯片中的文字

7. 在美化演示文稿版面时，以下不正确的说法是（　　　）。

A. 套用模板后将使整套演示文稿有统一的风格

B. 可以对某张幻灯片的背景进行设置

C. 可以对某张幻灯片修改配色方案

D. 无论是套用模板、修改配色方案，还是设置背景，都只能使各张幻灯片风格统一

8. 某一文字对象设置了超链接后，不正确的说法是（　　　）。

A. 在演示该页幻灯片时，当鼠标指针移到文字对象上会变成"手"形

B. 在幻灯片视图窗格中，当鼠标指针移到文字对象上会变成"手"形

C. 该文字对象的颜色会以默认的配色方案显示

D. 可以改变文字的超链接颜色

9. 自定义动画时，以下不正确的说法是（　　　）。

A. 各种对象均可设置动画　　　　　　B. 动画设置后，先后顺序不可改变

C. 同时还可配置声音　　　　　　　　D. 可将对象设置成播放后隐藏

10. 在一张幻灯片中，若对一幅图片及文本框设置成一致的动画显示效果时，则（　　　）是正确的。

A. 图片有动画效果，文本框没有动画效果

B. 图片没有动画效果，文本框有动画效果

C. 图片有动画效果，文本框也有动画效果

D. 图片没有动画效果，文本框也没有动画效果

11. 对某张幻灯片进行了隐藏设置后，则（　　　）。

A. 幻灯片视图窗格中，该张幻灯片被隐藏了

B. 在大纲视图窗格中，该张幻灯片被隐藏了

C. 在幻灯片浏览视图窗格状态下，该张幻灯片被隐藏了

D. 在幻灯片演示状态下，该张幻灯片被隐藏了

12. 对整个幻灯片进行复制粘贴的操作，只能在（　　　）状态下实现。

A. 大纲视图窗格

B. 幻灯片浏览视图窗格

C. 大纲视图窗格和幻灯片浏览视图窗格

D. 幻灯片视图窗格、大纲视图窗格和幻灯片浏览视图窗格

13. 在幻灯片的"动作设置"功能中不可通过（　　　）来触发多媒体对象的演示。

A. 单击鼠标　　　B. 移动鼠标　　　C. 双击鼠标　　　D. 单击鼠标和移动鼠标

14. 幻灯片中使用了某种模板以后，若需进行调整，则（　　　）说法是正确的。

A. 确定了某种模板后就不能进行调整了

B. 确定了某种模板后只能进行清除，而不能调整模板

C. 只能调整为其他形式的模板，不能清除模板

D. 既能调整为其他形式的模板，又能清除模板

15. 在"自定义动画"的设置中，（　　　）是正确的。

A. 只能用鼠标来设置控制，不能用时间来设置控制

B. 只能用时间来设置控制，不能用鼠标来设置控制

  C. 既能用鼠标来设置控制，也能用时间来设置控制

  D. 鼠标和时间都不能设置控制

16. 输入文本时，"升级"与"降级"的操作（　　）状态下实现。

  A. 只能在大纲视图窗格

  B. 只能在幻灯片视图窗格

  C. 能在大纲视图窗格和幻灯片视图窗格

  D. 既不能在大纲视图窗格和也不能在幻灯片视图窗格

17. 在幻灯片视图窗格中单击"幻灯片放映视图"按钮，将在屏幕上看到（　　）。

  A. 从第 1 张幻灯片开始全屏幕放映所有的幻灯片

  B. 从当前幻灯片开始放映剩余的幻灯片

  C. 只放映当前的一张幻灯片

  D. 按照幻灯片设置的时间放映全部幻灯片

18. 在打印幻灯片时，（　　）说法是不正确的。

  A. 被设置了演示时隐藏的幻灯片也能打印出来

  B. 打印时可将文档打印到磁盘

  C. 打印时只能打印一份

  D. 打印时可按讲义形式打印

19. 在（　　）中，不能进行幻灯片的移动和复制。

  A. 幻灯片视图窗格　 B. 大纲视图窗格

  C. 幻灯片浏览视图窗格　 D. 备注页视图窗格

20. 关于排练计时，以下的说法中正确的是（　　）。

  A. 必须通过"排练计时"命令，设定演示时幻灯片的播放时间长短

  B. 可以设定演示文稿中的部分幻灯片具有定时播放效果

  C. 只能通过排练计时来修改设置好的自动演示时间

  D. 可以通过"设置放映方式"对话框来更改自动演示时间

二、问答题

1. Microsoft PowerPoint 2003 中，视图方式切换如何进行？

2. 创建演示文稿有几种方法？

3. 母版与模板的区别是什么？

4. 演示文稿的"配色方案"与"背景"有什么区别？

5. 简述动作按钮与超链接的区别。

第7章
数据库基础

数据库是与日常应用紧密相联系的，在日常工作生活中，人们进行银行取款、网上选课、订购车票、查询资料等各种活动时都需要和数据库打交道，可以利用计算机来帮助我们完成这些大量而复杂的工作。数据库技术是现代信息技术的一个重要组成部分，是计算机科学与技术的一个重要分支，在社会各个领域中应用十分广泛。

7.1 数据库系统概述

7.1.1 数据库技术的发展

数据库技术是计算机科学中发展最快的领域之一。可供实际使用的数据库管理系统在 20 世纪 60 年代末就已经研制出来了，当时只在大型机上运行。20 世纪 80 年代以后，微型机发展迅速，性能不断提高，数据库管理系统也可以在微型机上很好地运行。

利用计算机管理数据的技术经历了手工管理、文件系统、数据库系统 3 个阶段。

1. 手工管理阶段

20 世纪 50 年代中期以前，计算机主要用于科学计算。此阶段计算机硬件主要有卡片机、纸带机、磁带机等设备，还没有磁盘等快速、大容量的存储设备；软件还处于初级阶段，还没有操作系统和数据管理软件的支持；数据的组织和管理完全靠程序员手工完成。手工管理阶段应用程序与数据之间的对应关系如图 7.1 所示。

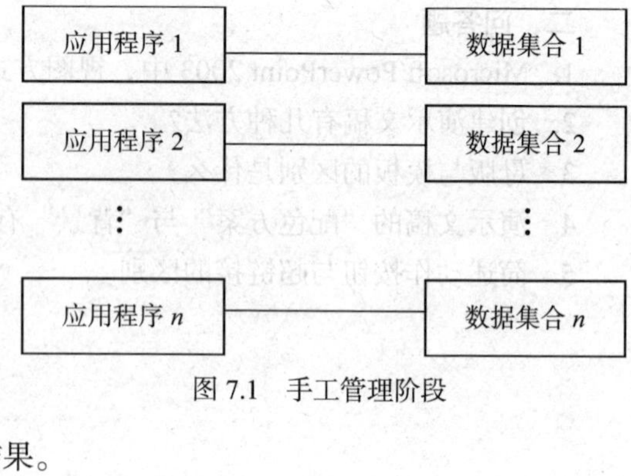

手工管理阶段数据管理的特点如下。

（1）数据不保存。在此阶段计算机主要用于科学计算，一般不需要将数据长期保存，只是在算时将数据输入，应用程序加工处理后输出结果。计算任务完成后不保存原始数据，也不保存计算结果。

图 7.1　手工管理阶段

（2）应用程序和数据之间缺少独立性。应用程序和数据不可分割，编写应用程序时不仅要规定数据的逻辑结构，而且要设计物理结构。数据变动时，应用程序则随之改变，因此编程的效率很低。

（3）数据不能共享。数据和应用程序不具备独立性，一组数据只能对应一个程序。当多个应用程序涉及某些相同的数据时，必须各自定义，无法相互利用、参照。因此，程序与程序之间有大量的冗余数据。

2. 文件系统阶段

20 世纪 50 年代后期到 60 年代中期，在硬件方面已经有了磁盘、磁鼓等存储设备；在软件方面，操作系统中已经有了专门的数据管理软件，一般称为文件系统；在处理方式上不但能进行批处理，而且能够实现联机实时处理。在文件系统阶段，程序和数据之间的关系如图 7.2 所示。

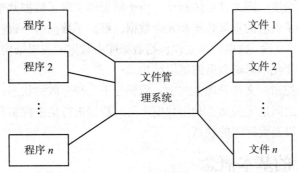

图 7.2　文件系统阶段

文件系统阶段管理数据的特点如下。

（1）数据可以长期保存。由于计算机外存的出现，数据可以长期保存在外存（主要是硬盘）上，供用户反复进行查询和更新操作。

（2）应用程序和数据之间有了一定的独立性。数据存储结构、存取方法等都由文件系统负责处理，程序中通过文件名即可处理数据文件中的数据。虽然数据文件不再只属于一个应用程序，但数据文件与应用程序仍然互相依赖。

（3）数据共享性差，冗余度大。在文件系统中，一个文件基本上对应于一个应用程序。当不同应用程序具有部分相同的数据时，也必须建立各自的文件，而不能共享相同的数据，因此数据的冗余度大，浪费存储空间。同时，由于相同数据的重复存储、各自管理，容易造成数据修改的困难。

3. 数据库系统阶段

数据库系统克服了文件系统的缺陷，提供了对数据更高级、更有效的管理。这个阶段的程序和数据的联系通过数据库管理系统来实现（DBMS）。在数据库系统阶段，程序和数据之间的关系如图 7.3 所示。

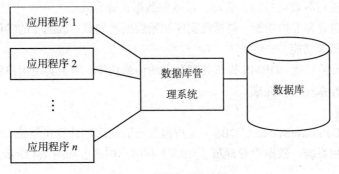

图 7.3　数据库系统阶段

数据库系统阶段的数据管理特点如下。

（1）数据结构化，实现数据共享。数据模型不仅要描述数据本身的特征，还要描述数据之间的联系，这种联系通过存取路径来实现。通过所有存取路径表示自然的数据联系是数据库与传统文件的根本区别。这样，数据不再面向特定的某个或多个应用，而是面向整个应用系统。数据共享包含所有用户可同时存取数据库中的数据，也包括用户可以用各种方式通过接口使用数据库，并提供数据共享。

（2）减少数据的冗余度。同文件系统相比，由于数据库实现了数据共享，从而避免了用户各自建立应用文件。减少了大量的重复数据和冗余数据，维护了数据的一致性。

（3）有较高的数据独立性。数据的独立性包括数据库中数据的逻辑结构和应用程序相互独立，也包括数据物理结构的变化不影响数据的逻辑结构。

（4）数据实现集中控制。文件管理方式中，数据处于一种分散的状态，不同的用户或同一用户在不同处理中其文件之间毫无关系。利用数据库可对数据进行集中控制和管理，并通过数据模型表示各种数据的组织以及数据间的联系。

7.1.2　数据库的基本概念

1. 数据

数据（Data）是指所有能输入到计算机中，并能被计算机程序处理的符号的总称。如字符、文字、数值、声音、图形、图像、动画、影像等。

2. 数据库

数据库（DataBase，DB）是指以文件形式长期存储在计算机内、有组织的、可共享的、相关数据的集合。数据库实际上就是按照数据结构来组织、存储和管理数据的仓库。

3. 数据库管理系统

数据库管理系统（DataBase Management System，DBMS）是位于用户与操作系统之间的一组数据管理软件，负责对数据库进行统一的管理和控制。它是数据库系统的核心，其主要功能如下。

（1）数据定义功能。DBMS 提供相应的数据定义语言（DDL）来定义数据库的结构，并被保存在数据字典中。

（2）数据存取功能。DBM 提供数据操纵语言（DML），实现对数据库数据的检索、插入、修改和删除基本存取操作。

（3）数据库运行管理功能。DBMS 提供数据控制功能（数据的安全性、完整性和并发控制等），用于对数据库运行进行有效的控制和管理，以确保数据正确有效。

（4）数据库的建立和维护功能。包括数据库初始数据的加载，数据库的转储、恢复、重组织、系统性能监视、分析等功能。

（5）数据库的传输功能。DBMS 提供处理数据的传输功能，用于实现用户程序与 DBMS 之间的通信，通常与操作系统协调完成。

4. 数据库系统

数据库系统（DataBaseSystem，DBS）是指包含有数据库的计算机系统，一般由数据库、数据库管理系统、应用系统、数据库管理员（DBA）和用户构成，如图 7.4 所示。

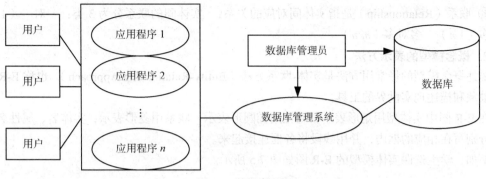

图 7.4　数据库系统

7.2　数 据 模 型

　　数据模型（Data Model）是对现实世界数据特征的抽象，使用数据模型来描述数据库的结构和语义，它是数据库管理的教学形式框架。

　　数据模型按不同的应用层次分成 3 种类型，分别是概念数据模型、逻辑数据模型、物理数据模型。

　　（1）概念数据模型。概念数据模型（Conceptual Data Model）简称概念模型，主要用来描述世界的概念化结构。它使数据库的设计人员在设计的初始阶段，摆脱了计算机系统及 DBMS 的具体技术问题，集中精力分析数据以及数据之间的联系等，与具体的数据管理系统无关。概念数据模型必须换成逻辑数据模型，才能在 DBMS 中实现。最常用的模型是实体-联系模型（Entity- Relationship Model）。

　　（2）逻辑数据模型。逻辑数据模型（Logical Data Model）简称数据模型，这是用户从数据库所看到的模型，是具体的 DBMS 所支持的数据模型。在逻辑数据模型中最常用的是层次模型、网状模型、关系模型。目前，大多数数据库使用的数据模型都是关系模型。例如：小型数据库系统 Access、FoxPro 等；大型数据库系统 Oracle、Sybase 等。

　　（3）物理数据模型。物理数据模型（Physical Data Model）简称物理模型，是面向计算机物理存储表示的模型，描述了数据在储存介质上的组织结构，它不但与具体的 DBMS 有关，而且还与操作系统和硬件有关。每一种逻辑数据模型在实现时都有对应的物理数据模型。

7.2.1　概念模型

1．概念模型中的基本术语

　　① 实体（Entity）是客观存在并可相互区别的事物。可以是具体的人、事或抽象的事件，如一个学生、一个部门、一门课、学生的一次选课等。

　　② 属性（Attribute）是指实体所具有的某一特性。例如，学生实体的属性有：学号、姓名、性别、出生日期等。

　　③ 码（Key）是指唯一标识实体的属性值。

　　④ 实体型（Entity Type）是指实体的结构描述，通常用实体名及其属性名的集合来表示实体，如学生（学号、姓名、性别、出生年月日、系、入学时间）。

　　⑤ 实体集（Entity Set）是同类型实体的集合，如一个系的学生。

⑥ 联系（Relationship）是指实体间对应的关系，实体间的联系分为 3 类：一对一（1:1），一对多（1:n），多对多（m:n）。

2. 概念模型的表示方法

描述概念模型的最常用方法是实体-联系方法（Entity-Relationship Approach），也称 E-R 图，它是抽象和描述现实世界的工具。

在 E-R 图中实体型用矩形表示，属性用椭圆形表示，联系用菱形表示，实体名、属性名和联系名分别写在相应的框内，并用线段将各框连接起来。

例如，学生选课实体模型的 E-R 图如图 7.5 所示。

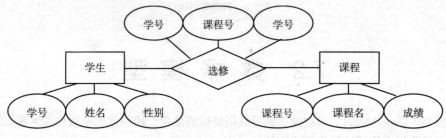

图 7.5　学生选课 E-R 图

7.2.2　关系模型

关系模型是用二维表来表示实体及其相互之间联系的模型。它是目前最重要的一种数据模型。

1. 关系模型中的基本术语

① 关系：一个关系对应一个二维表，每个关系对应一个关系名。

② 元组（记录）：表中的一行。

③ 属性（字段）：表中每一列。

④ 属性值：行与列交叉位置上的数据。

⑤ 值域：属性的取值范围。

⑥ 主键（主码）：在一个表中有一个或几个这样的字段（属性），其值可以唯一地标识一个记录，称为主关键字，简称主键。一个关系（表）中只能有一个主键。

⑦ 外键（外码）：如果公共关键字在一个关系中是主关键字，那么这个公共关键字被称为另一个关系的外键。由此可见，外键表示了两个关系之间的联系。

2. 关系模型的特点

① 关系模型中的列是不可再分的。

② 同一关系中不能有相同的属性名，即字段名不能相同。

③ 不能有完全相同的记录。

④ 可以按行任意互换记录的位置，也可以任意互换两列的位置。

3. 关系模型的基本运算

① 选择：从指定的关系或二维表中选出符合条件的元组（记录）并组成新的关系，如查询计算机系全体学生。

② 投影：从指定的关系中选出所需要的属性（字段）并组成新的关系。如查询全体学生的姓

名和所在系。

③ 连接：将两个关系的元组中满足指定条件的记录进行连接生成一个新的关系。

7.3　Access 数据库管理系统

Access 数据库管理系统是 Microsoft Office 的一个重要的组成部分，随着 Access 版本的升级，从 Access 2.0 到 Access 95、Access 97、Access 2000、Access 2002 以及 Access 2003，现已成为世界上比较流行的桌面数据库管理系统。操作界面和使用方法与大家熟知的 Word、Excel、PowerPoint 相似，使用者只需通过向导和设计器，就可以结合实际情况开发简单的信息管理系统。

7.3.1　Access 简介

1. Access 数据库的特点

与其他桌面数据库管理系统相比，Access 数据库的特点如下。

① 强大的开发工具（VBA）为处理数据提供了灵活的程序设计平台。

② Access 数据库可以与广泛使用的电子表格 Excel 共享数据。

③ Access 数据库提供的向导和帮助信息能够引导初学者一步一步地完成繁杂数据的处理。

④ Access 数据库中的数据可以移植到 Internet 中实现动态网页，便于远程管理和维护。

⑤ Access 数据库还具有较强的安全性。

2. Access 数据库中的数据对象

Acces 数据库中的数据库文件是由 7 种数据库对象组成的，这 7 种对象是数据表、查询、窗体、报表、Web 页、宏和模块。

（1）数据表。数据表是关于特定实体的数据集合，一个数据库中可以有多个数据表，各张表中的数据可以建立关联。

数据表是由字段（列）和记录（行）组成。字段就是表中的一列，可以定义成不同类型用来存放不同的数据，Access 数据库中的数据类型有文本、备注、数字、日期/时间、货币、自动编号、是/否、OLE 对象、超链接、查阅向导 10 种。决定每个字段基本属性的是字段名称、数据类型、字段大小等。

记录就是数据表中的一行，用来收集某指定对象的所有信息。

（2）查询。查询是数据库的主要操作。利用查询既可以依据不同的方式查看、更改和分析数据，也可以将查询作为数据源，为使用数据的窗体、报表和数据访问页提供数据源。查询的实质是依据给定条件对数据源（表或查询）进行检索，筛选出符合条件的记录行构成一个新的数据集合。也就是说，Access 数据库中的查询就是从大表中抽出若干行和列组成子表的过程。人们建立数据库的目的是使用其中的数据，使用数据的过程就是从原始数据表中找出满足要求的行、列的过程，所以，从这个角度来说，数据的查询过程就是使用数据的过程，查询在数据库操作过程中起着举足轻重的作用。

Access 数据库中的查询包括选择查询、计算查询、参数查询、交叉表查询、操作查询、SQL 查询。

（3）窗体。窗体是用户操作数据库中数据的界面，在 Windows 系统中做任何事情都要在一个矩形区域的窗口中进行，为了便于自己和其他用户使用数据库中的数据，使用大家熟悉的窗口界面管理数据是必要的。其他数据库管理系统的窗口界面设计是由专业程序员来完成的，存在着开发周期长、费用高的缺点。Access 数据库提供的窗体设计是面向普通用户的，不需要设计者有程序基础，只要按照窗体向导提示就能建立自己的窗体。

（4）报表。报表是将数据打印到纸张上的一种格式，在 Access 数据库中，报表中的数据源主要来自基础的表、查询或 SQL 语句。通过报表，用户可以控制报表上每个对象（也称为报表控件）的大小和外观，按照所需的方式选择所要显示的信息以便查看或打印输出。

（5）数据访问页。数据访问页是 Access 发布的 Web 页，用户通过数据访问页能够查看、编辑和操作来自 Internet 的数据，而这些数据是保存在 Access 数据库中的。这种页也可能包含来自其他数据源（如 Excel 工作表）的数据。

（6）宏。宏是指一个或多个操作的集合，其中每个操作可以实现特定的功能，如打开某个窗体或打印某个报表。通过宏可以使具有经常重复性的、需要多个指令连续执行的任务能够通过一条指令自动地完成。

宏可以是包含一个操作序列的一个宏，也可以是若干个宏的集合所组成的宏组。宏组是一系列相关宏的集合，将相关的宏分到不同的宏组有助于方便地对数据库进行管理。

（7）模块。模块是将 VBA（Visual Basic for Applications）的声明和过程作为一个单元进行保存的集合，即程序的集合。模块的主要作用是建立复杂的 VBA 程序以完成宏等不能完成的任务。模块有两个基本类型：类模块和标准模块。

7.3.2　Access 的启动与退出

1．Access 的启动

启动 Windows 后，单击"开始"|"程序"|"Microsoft Office"|"Microsoft Office Access"程序项，便可启动 Access 主控窗口。Access 主控窗口类似于 Word 和 Excel 窗口，有标题栏、菜单栏、常用工具栏、状态栏等。

2．Access 的退出

在完成对数据库的操作以后，要退出 Access，有下面几种方法。

① 单击 Access 主控窗口标题栏左边的"钥匙"图标，在弹出的菜单中选择"关闭"命令。

② 选择 Access 窗口菜单栏中的"文件"|"退出"命令。

③ 使用【Alt】+【F4】组合键。

④ 单击 Access 主控窗口标题栏右侧的"关闭"按钮。

7.3.3　数据库的创建

Access 提供了两种创建数据库的方法。

1．创建空数据库

创建一个没有表、查询等任何对象的空数据库，然后再添加表、查询、报表及其他对象。下面介绍创建空数据库的方法。

以创建一个名为"学生管理.mdb"的空数据库为例，其具体操作步骤如下。

① 在菜单栏中选择"文件"|"新建"命令，弹出"新建文件"任务窗格，选择"空数据库"选项，弹出如图 7.6 所示的"文件新建数据库"对话框。

图 7.6 "文件新建数据库"对话框

② 在"保存位置"下拉列表框中选择空数据库文件的存储位置，即在哪个盘的哪个文件夹下。在"文件名"下拉列表框中输入数据库文件名"学生管理"，然后单击"创建"按钮。将弹出新建的数据库窗口，如图 7.7 所示。

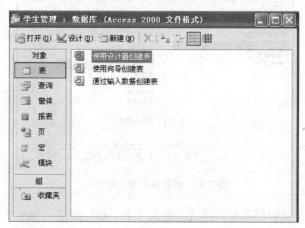

图 7.7 新建的数据库窗口

现在空数据库"学生管理.mdb"文件已经建立。但是这个数据库中还没有任何对象，必须为这个数据库建立数据表。

2. 使用向导创建数据库

使用数据库向导对向导所给出的选项做出不同选择，利用 Access 提供的各种数据库模板，建立一个包含表、查询、窗体、报表的完整的数据库。其具体操步骤如下。

① 打开 Access 窗口，在菜单栏中选择"文件"|"新建"命令，弹出"新建文件"任务窗格。

② 在"新建文件"任务窗格中选择"本机上的模板"选项，在对话框中选择"数据库"选项卡，如图 7.8 所示。

③ 选择相应的数据库模板，然后单击"确定"按钮，打开"文件新建数据库"对话框。

④ 在"保存位置"下拉列表框中选择空数据库文件的存储位置，在"文件名"下拉列表框中输入数据库文件名"学生管理"，然后单击"创建"按钮，系统自动打开"数据库向导"对话框，单击"下一步"按钮。

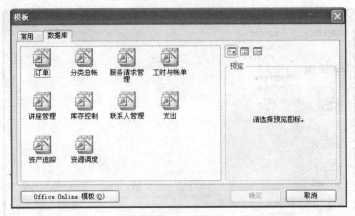

图 7.8 "数据库"选项卡

⑤ 在"数据库向导"对话框中选择相应的字段（注意：部分字段是必须选的），如图 7.9 所示，然后单击"下一步"按钮。

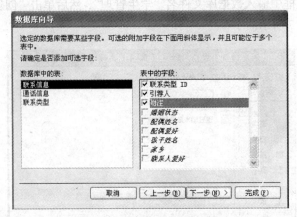

图 7.9 "数据库向导"对话框

⑥ 在数据库向导中选择屏幕显示样式，单击"下一步"按钮，如图 7.10 所示；选择打印报表所用的样式，单击"下一步"按钮，如图 7.11 所示。

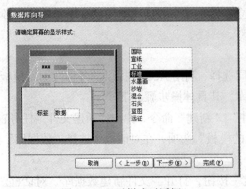

图 7.10 显示样式对话框

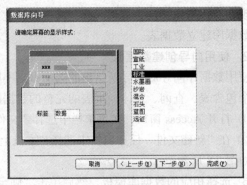

图 7.11 打印样式对话框

⑦ 在"请指定数据库的标题"文本框中输入所创建的数据库标题，如"学生信息"，单击"下一步"按钮，最后单击"完成"按钮，数据库的结构创建完成，在"主切换面板"对话框中显示

的就是数据库的主窗体如图 7.12 所示。

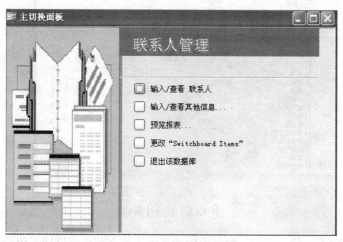

图 7.12　"主切换面板"对话框

7.3.4　创建 Access 表

在 Access 数据库的所有对象中，数据表是数据库的基础，数据表存放着数据库的全部数据。因此建立数据库的重要工作是建立数据表，建立了数据表才能进一步建立数据库的查询、报表等其他对象。在创建了空数据库之后，首先要创建数据表。

创建数据表可以分两步进行，第 1 步建立表的结构，第 2 步输入数据。创建表的方法有使用设计器创建表、通过输入数据创建表、使用向导创建表 3 种。

1．使用设计器创建数据表

在用设计器创建表时，需要对表的结构进行定义，表的结构包括表名、表中的字段、每个字段的属性（如字段名、数据类型和字段大小或格式等）、主关键字段。在已经创建的"学生管理"数据库中，创建表 student，表的结构见表 7.1。具体操作步骤如下。

① 打开"学生管理"数据库，在数据库窗口中，选择"表"选项，双击"使用设计器创建表"选项，打开表设计窗口，根据表 8.1 的结构输入各字段名称、数据类型与字段大小，如图 7.13 所示。

表 7.1　　　　　　　　　　　　　　　student 表结构

字　段　名	类　　型	字　段　大　小
学号	文本	8
姓名	文本	10
性别	文本	2
年龄	数字	整型

② 设置主键。若表中的一个或多个字段的组合可以唯一标识表中每一条记录，则可以将这些字段设置为表的主关键字（简称主键）。主键使记录具有唯一性，即主键字段不能包含相同的值，也不能为空（NULL）值。所以应该选择没有重复值的字段，如"学号"作为主键，而"姓名"或者"性别"就不能作为主键。

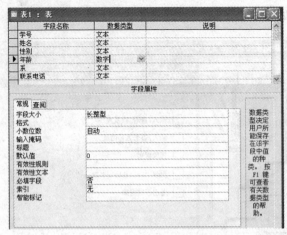

图 7.13　表设计窗口

一个表只有设定了主键，才能与数据库中的其他表建立关系，这样不仅能同时使用多个表中的信息，还可以加快表的检索速度。将表 student 的"学号"字段设置为主键的方法如下。

* 在表的设计视图中，单击"学号"字段左端的行选择区，选中"学号"字段。
* 单击工具栏中的"主键"按钮 ，或者选择菜单"编辑"|"主键"命令。

③ 单击工具栏上的"保存"按钮，出现"另存为"对话框，在表名称文本框中输入表名，如 student，单击"确定"按钮，完成表结构的建立。

④ 双击 student 表，输入数据，如图 7.14 所示。

2. 通过输入数据创建数据表

在 Access 数据库中可以通过直接输入数据创建表，而不必先创建表结构。以表 7.2 grade 表的数据为例，介绍通过输入数据创建表的具体操作步骤。

![图 7.14 数据输入内容]

图 7.14　数据输入内容

表 7.2　　　　　　　　　　　　　　　　　grade 表

学　　　号	高　　　数	英　　　语	计　算　机
20080101	67	46	72
20080102	78	67	65
20080103	89	80	59
20080104	56	92	82

① 打开"学生管理"数据库，在数据库窗口中，直接双击"通过输入数据创建表"选项，打开数据表视图窗口，如图 8.15 所示。

② 将表 8.2 中的数据直接输入到图 7.15 的数据表中，如图 7.16 所示，再单击右上角的"关闭"按钮，保存更改，在弹出的"另存为"对话框中，输入表名 grade 后，单击"确定"按钮。

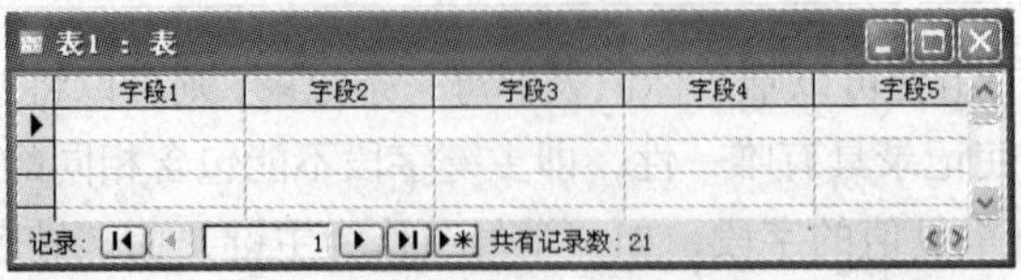

图 7.15　数据表视图窗口

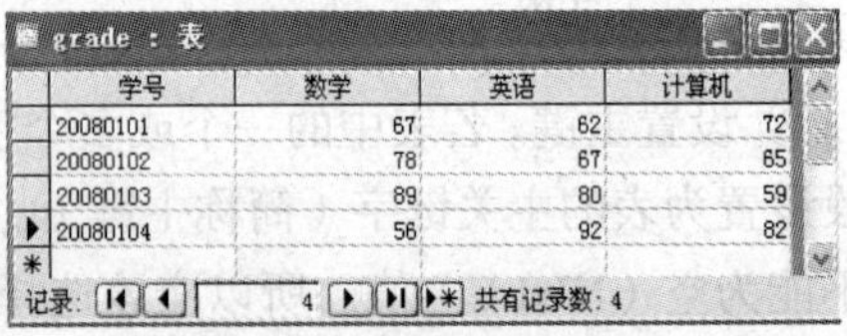

图 7.16　数据表输入

③ 当系统提示尚未定义主键的对话框时，单击"是"按钮，系统将自动为表创建主键；单击"否"按钮，可以在以后再为表设置主键。在这里单击"否"按钮，返回到数据库窗口，创建表完成。

由上面的介绍可以看出，通过输入数据创建表的方法优点是可以先输入数据，而不必先定义表的结构。Access 在保存表的时候，自动识别每个字段的数据类型，建立表的结构。如在字段 2 输入 67，Access 就将该字段数据类型设置为数字。

通过输入数据创建表的缺点是不能直接定义字段的数据类型、大小等，需要时可以进入表设计视图中修改表的结构。

3. 使用表向导创建表

使用表向导创建表的具体操作步骤如下。

① 打开"学生管理"数据库，在数据库窗口中，双击"使用向导创建表"选项。启动表向导后，屏幕中央出现"表向导"对话框，如图 7.17 所示。

② 在"表向导"对话框中，在"示例表"列表框中选择表名，然后在表的"示例字段"列表框中选择相应的字段，再将这些选中的字段组成一个新的表。

③ 在"示例表"列表框中看看有没有和要建立的表相类似的表，有些选项没法看见，可以上

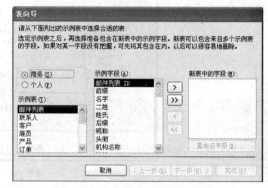

图 7.17　"表向导"对话框

下拖动"示例表"列表框右侧的滚动条，看到列表框中的全部内容，如图 7.18 所示。

把鼠标移动到"示例表"列表框中，单击需要的选项，再单击"示例字段"列表框和"新表中的字段"列表框中间的">"按钮，选中的示例字段就添加到"新表中的字段"列表框中了，重复这个操作可以把所需的所有字段都添加进来。

④ 如果不再需要"新表中的字段"列表框中的某个字段，在这个列表框中选中它，单击"<按钮"，就将它从新字段中删除了。单击">>"按钮可以将"示例字段"列表框中的所有字段值都添加到"新表中的字段"列表框中，而单击"<<"按钮则可以将"新表中的字段"列表框中的所有字段值都取消。

⑤ 当表中示例字段的名字不太合适时，也可以修改一下。在"新表中的字段"列表框下面有个"重命名字段"按钮，单击该按钮弹出"重命名字段"对话框，如图 7.19 所示。

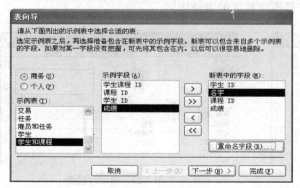

图 7.18　添加字段对话框

图 7.19　"重命名字段"对话框

⑥ 完成对字段的重命名操作后，单击"确定"按钮，返回"表向导"对话框，单击"下一步"按钮，在"请指定表的名称"文本框中给表指定名字，选中"是，帮我设置一个主键"单选按钮，单击"下一步"按钮，如图7.20所示。

⑦ 数据录入表向导又给我们提出了一个问题，即"请选择表创建完之后的动作"。表建好之后，如果想马上把数据输入到表中，就选择第2项"直接向表中输入数据"，之后单击"完成"按钮，结束用向导创建表的过程。

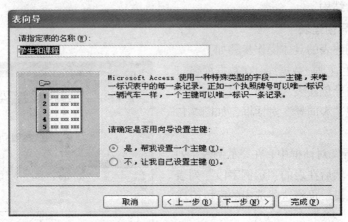

图7.20　表命名对话框

7.3.5　编辑数据表

1. 修改表结构

如果表结构不能满足新的需求，或者对于使用输入数据创建的表，需要对字段的数据类型、大小等进行修改，就需要对表结构进行修改。

　正在打开的表是不能修改结构的，必须将表关闭后，才能修改它的结构。

（1）修改字段。在数据库窗口中，选中表grade，单击"设计"按钮，如图7.21所示。

将"字段1"修改为"学号"，以此类推，分别将各字段名称改为"高数"、"英语"、"计算机"。如希望修改数据类型、字段属性，把光标定位到要修改的方框中，即可进行修改，如图7.22所示。单击工具栏上的"保存"按钮，就保存了修改字段后的表结构。

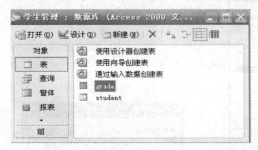

图7.21　数据库窗口

图7.22　表设计视图

（2）添加和删除字段。在"学生管理"数据库的设计视图中打开表grade，在"计算机"一行上单击右键，在出现的快捷菜单中选择"插入行"命令，在新插入空白行中输入"化学"，并按照设定字段的步骤对字段的数据类型等进行设置；若选择"删除行"命令，则可删除字段。

如果创建的表还没有设定主键，可以进入设计视图进行主键的设定。将表 grade 的"学号"字段设为主键。

2. 编辑记录

在 Access 中，增加、删除、修改记录等操作都是在数据表视图下进行的。双击打开表 grade，即可编辑记录。如果要增加记录，先将光标定位在表的最后一行，输入新的数据即可；如果将光标移动到所要修改的数据上，则可以对光标处的数据进行修改。

7.3.6　创建和修改数据表之间的关系

1. 表与表之间的关系

在实际应用中，一个数据库往往包含着若干个数据表。例如，"学生管理"数据库中，目前一共有两个表 student 和 grade。为了能够同时获得学生基本情况和成绩信息，需要同时使用这两个表。这就需要在这两个表之间通过字段创建某种关系，从而把这两个表联系起来，就好像它们是一个扩大了的表一样。

两个表之间最简单的关系是一对一关系。在关系型数据库中，用于在两个表之间设置一对一关系的字段，必须已分别被设为主键，其字段名称可以不同，但字段类型、字段的值必须相同。在"学生管理"数据库中，可以通过表 student 中的"学号"和表 grade 中的"学号"字段来设置一对一关系，以便可以统一使用这两个表中的任何信息。

2. 创建和编辑表之间的关系

因为不能在已打开的表之间创建或修改关系，所以在建立关系之前，必须关闭所有的表。

例如：建立"学生管理"数据库中表 student 和表 grade 之间一对一的关系。具体操作步骤如下。

① 选择菜单栏中的"工具"|"关系"命令，出现"关系"窗口，并出现"显示表"对话框。

② 选择"表"选项卡。在列表框中，选择 student 表后，单击"添加"按钮，再选择 grade 表，单击"添加"按钮，然后单击"关闭"按钮，关闭"显示表"对话框。在"关系"窗口就显示出要建立关系的两个表。

③ 在 student 表中单击"学号"字段，并将其拖放到 grade 表中的"学号"字段上，则弹出"编辑关系"对话框。选中其中的"实施参照完整性"复选按钮，再单击"创建"按钮，在"关系"窗口中的这两个表之间就出现了一条一对一的关系连线。双击关系连线会弹出"编辑关系"对话框，可以重新确定是否"实施参照完整性"检查。

7.3.7　数据查询类型

Access 提供的查询，从功能上划分为 4 种类型。

1. 选择查询

选择查询是最常见的查询类型，它从一个或多个表中检索数据。可以使用选择查询来对记录进行分组，还可以对记录做总计、计数以及求平均值等其他类型的计算。

2. 参数查询

参数查询是利用对话方式进行查询，根据输入的查询条件进行检索。

3. 交叉表查询

交叉表查询可以在一种紧凑的格式中，显示来源于表中某个字段的的最大值、最小值、平均值、合计值等，并将它们分组，一组列在数据表的左侧，一组列在数据表的上部。

4. 操作查询

操作查询可以在一个操作中更改数据表中的许多记录，又分为4种类型。

① 删除查询：从一个或多个表中删除一组记录。例如，可以使用删除查询来删除成绩不及格学生的记录。

② 更新查询：可以对一个或多个表中已有的数据做全局的修改。例如，可以给某一类的学生增加10%的奖学金。

③ 追加查询：从一个（或多个）表中将一组记录追加到另一个（或多个）表的尾部。例如，要将一批重修同学的数据添加到 student 表中，为了避免输入所有内容，可以利用追加查询来快速完成添加操作。

④ 生成表查询：根据一个或多个表中的全部或部分数据新建表。

7.3.8 创建查询

1. 利用查询向导创建查询

① 在"学生管理"数据库窗口中选择"查询"选项，双击"使用向导创建查询"选项，弹出"简单查询向导"对话框，在"简单查询向导"对话框中选择所查询的表名和可用字段名，单击">"按钮，再单击"下一步"按钮，如图 7.23 所示。

② 在"请为查询指定标题"文本框中，为新建的查询输入查询名"成绩查询"，单击"完成"按钮，如图 7.24 所示。如果打开查询数据表视图，即可查看查询结果。

2. 利用设计视图创建查询

可以利用设计视图来创建比较复杂的查询。

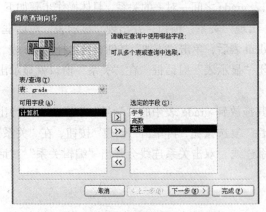

图 7.23 "简单查询向导"对话框

图 7.24 为查询设置名称

例如，在"学生管理"数据库中，创建一个名为"高数及格"的选择查询，将表 grade 中数学成绩大于等于 60 分的记录选择出来，查询包括"学号"、"姓名""高数"、"英语"、"计算机"等字段，并按高数成绩从高到低排序。具体操作步骤如下。

① 在数据库窗口选择"查询"选项，双击"在设计视图中创建查询"选项，进入选择查询窗口，同时弹出"显示表"对话框。

② 在"显示表"对话框中，将 grade 和 student 两个表添加到查询窗口显示区，关闭"显示表"对话框，如图 7.25 所示。

图 7.25　选择查询窗口

③ 分别双击 grade 表中"学号"、student 表中的"姓名"、grade 表中"高数"、"英语"和"计算机"字段名，将它们添加到查询设计区的网格中，如图 7.26 所示。

④ 将光标定位在"高数"的"条件"框内，输入>=60，再将光标定位在"排序"框内，单击出现的下拉箭头，在出现的下拉列表框中选择"降序"，如图 7.27 所示。

⑤ 单击右上角的关闭按钮，保存对查询设计的更改，在出现的"另存为"对话框中输入"高数及格"，然后单击"确定"按钮。查询"高数及格"添加到数据库窗口中。

⑥ 在"高数及格"查询上双击，显示查询结果。

图 7.26　添加查询字段窗口

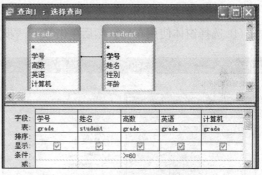

图 7.27　加入条件查询窗口

7.3.9　窗体

窗体是数据库的组成部分，也是数据库与用户之间的接口。它的主要作用是接受用户输入的数据或命令，显示数据库中的数据，其数据源可以是表或查询，通过窗体可以浏览或更新表中的数据。

1．自动创建窗体

① 打开"学生管理"数据库，在数据库窗口中选择"窗体"选项，然后单击"新建"按钮，并在弹出的"新建窗体"对话框中选择"自动创建窗体：纵栏式"选项，如图 7.28 所示。

② 在"请选择该对象的数据来源表或查询"下拉列表框中选择需要的表或查询，这里选择表 student，完成选择对象的数据来源表或查询，然后单击"新建窗体"对话框中"确定"按钮。

Access 自动创建一个纵栏式的窗体，注意在创建以后别忘了保存这个窗体为"student 窗体"。

2. 使用向导创建窗体

使用自动创建窗体方法创建的窗体比较简单，如需更丰富的窗体就需要使用窗体向导来创建窗体。

具体操作步骤如下。

① 打开"学生管理"数据库，在数据库窗口中选择"窗体"选项。

② 双击对象列表区中的"使用向导创建窗体"选项，弹出如图 7.29 所示的对话框。

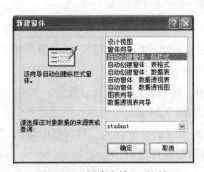

图 7.28　"新建窗体"对话框

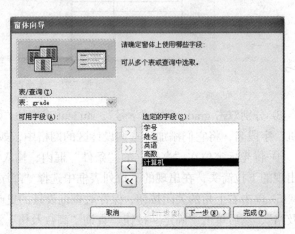

图 7.29　"窗体向导"对话框

③ 选择窗体上使用的字段，然后单击"下一步"按钮，弹出如图 7.30 所示的对话框。

④ 选择窗体使用布局，然后单击"下一步"按钮，弹出如图 7.31 所示的对话框。

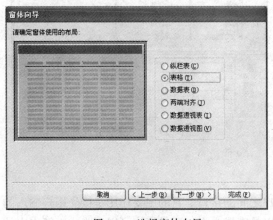

图 7.30　选择窗体布局

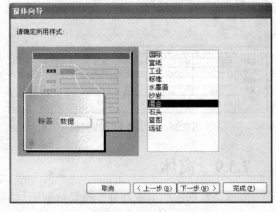

图 7.31　选择窗体样式

⑤ 选择窗体的样式，然后单击"下一步"按钮，弹出如图 7.32 所示的对话框。

⑥ 在"请为窗体指定标题"文本框中输入窗体的标题，单击"完成"按钮。创建的窗体如图 7.33 所示。

3. 使用图表向导创建窗体

在一些情况下，使用图表可以帮助用户更加清晰地观察与分析数据。因此，可以使用图表向导创建窗体。

图 7.32 输入窗体标题

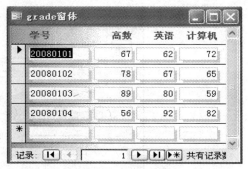

图 7.33 创建的窗体

具体操作步骤如下。

①打开"学生管理"数据库，在数据库窗口中选择"窗体"选项。

② 单击数据库窗口工具栏上的"新建"按钮，弹出如图 7.34 所示的对话框。

③ 在对话框中的列表框中选择"图表向导"选项，在"请选择窗体数据的来源表或查询"下拉列表框中选择相应的选项，单击"确定"按钮，弹出如图 7.35 所示的对话框。

图 7.34 "新建窗体"对话框

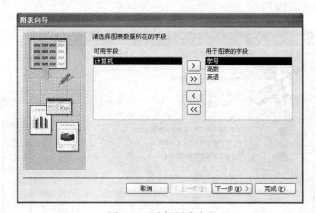

图 7.35 选择图表字段

④ 将图表数据所在的字段添加到"用于图表的字段"列表框中，单击"下一步"按钮，弹出如图 7.36 所示的对话框。

图 7.36 选择图表类型

⑤ 选择将要使用的图表类型，然后单击"下一步"按钮，弹出如图 7.37 所示的对话框。

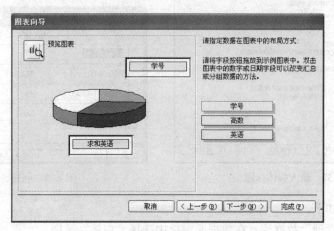

图 7.37　指定数据在图表中的布局方式

⑥ 指定数据在图表中的布局方式，然后单击"下一步"按钮，弹出如图 7.38 所示的对话框。

⑦ 在"请指定图表的标题"文本框中输入图表的标题，然后单击"完成"按钮，生成的图表如图 7.39 所示。

图 7.38　输入图表标题

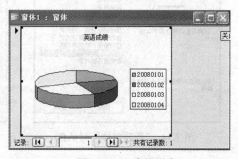

图 7.39　生成的图表

习　题

一、选择题

1.（　　）是按照一定的数据模型组织的，长期储存在计算机内，可为多个用户共享的数据的集合。

　　A. 数据库系统　　　B. 数据库　　　　　C. 关系数据库　　　　D. 数据库管理系统

2. DBMS 指的是（　　）。

　　A. 数据库管理系统　B. 数据库系统　　　C. 数据库应用系统　　D. 数据库服务系统

3. 用二维表数据来表示实体及实体之间联系的数据模型称为（　　）。

　　　A. 实体-联系模型　　B. 层次模型　　　　C. 网状模型　　　　　D. 关系模型

4. Access 数据库是（　　）。

　　　A. 层状数据库　　　B. 网状数据库　　C. 关系型数据库　　　D. 树状数据库

5. 以下软件（　　）不是数据库管理系统。

　　　A. Excel　　　　　　B. Access　　　　C. Foxpro　　　　　　D. Oracle

6. 以下（　　）不是 Access 的数据库对象。

　　　A. 表　　　　　　　B. 查询　　　　　C. 窗体　　　　　　　D. 文件夹

7. Access 是（　　）公司的产品。

　　　A. 微软　　　　　　B. IBM　　　　　C. Intel　　　　　　　D. Sony

8. 表是由（　　）组成的。

　　　A. 字段和记录　　　B. 查询和字段　　C. 记录和窗体　　　　D. 报表和字段

9. Access 数据库使用（　　）作为扩展名。

　　　A. mb　　　　　　　B. mdb　　　　　C. db　　　　　　　　D. dbf

10. 学生和课程之间是典型的（　　）关系。

　　　A. 一对一　　　　　B. 一对多　　　　C. 多对一　　　　　　D. 多对多

11. Access 中表和数据库的关系是（　　）。

　　　A. 一个数据库可以包含多个表　　　　B. 一个表只能包含两个数据库
　　　C. 一个表可以包含多个数据库　　　　D. 一个数据库只能包含一个表

12. 查询的数据可以来自（　　）。

　　　A. 多个表　　　　　B. 一个表　　　　C. 一个表的一部分　　D. 以上说法都正确

13. （　　）是表中唯一标识一条记录的字段。

　　　A. 外键　　　　　　B. 主键　　　　　C. 外码　　　　　　　D. 关系

14. 二维表由行和列组成，每一行表示关系的一个（　　）。

　　　A. 属性　　　　　　B. 字段　　　　　C. 集合　　　　　　　D. 记录

15. Access 中，要改变字段的数据类型，应在（　　）下设置。

　　　A. 数据表视图　　　B. 查询设计视图　C. 表设计视图　　　　D. 报表视图

二、简答题

1. 数据库管理技术的发展经过了哪几个阶段，各阶段的特点是什么？

2. 简述数据库管理系统的功能。

3. 简述数据库系统的组成。

4. 简述 Access 数据库中的数据对象。

第8章
计算机网络与信息安全基础

计算机网络是计算机技术和现代通信技术相互融合的产物。从单机走向连网，是计算机应用发展的必然结果。计算机网络的应用正在改变着人们的生活方式，并且对人类社会的各个方面产生着越来越重要的影响。

本章将主要介绍计算机网络的基本知识、计算机网络体系结构、局域网、Internet 基础和计算机网络安全等内容。

8.1　计算机网络基础

计算机网络是利用通信线路将地理位置不同且具有独立功能的多个计算机系统连接起来，按照某种协议实现资源共享和数据通信的计算机系统的集合。

计算机网络的基本特征主要表现在以下几个方面。

① 计算机网络建立的主要目的是实现计算机资源的共享。计算机资源主要是指计算机硬件、软件和数据。硬件资源包括打印机、传真机、存储设备等；软件和数据包括共享软件、电影、音乐、图片、资料等。

② 互相连接的计算机是分布在不同地理位置的多台独立的计算机，它们之间没有明确的主从关系，每台计算机可以连网工作，也可以独立工作。

③ 连网的计算机必须遵循统一的网络协议。

8.1.1　计算机网络的发展组成与分类

1. 计算机网络的发展

计算机网络的发展大致分为以下 4 个阶段。

（1）远程终端连接。这个阶段是计算机网络发展的雏形，它是由多个终端设备通过通信线路连接到一台大型计算机上而构成的。例如，20 世纪 50 年代末，美国国家防空系统使用了总长度约为 2 400 000km 的通信线路，连接 1 000 多台终端，以实现集中远程控制。

（2）面向计算机的网络化连接。20 世纪 60 年代，美国国防部领导的高级计划研究局。ARPA 为军备需要提出要研制一种崭新的网络。因为当时传统的电路交换电信网虽然已经四通八达，但一旦正在通信的电路有一个交换机或链路遭到破坏，则整个通信电路就要中断，这使建立一种具有多台主机互为备份的计算机网络成为必然。世界上第一个计算机网络是建于 1969 年的 ARPAnet，即美国国防部高级研究计划署网络。它在开始建立时只连接了 4 台计算机，1973 年连接了 40 台，1983 年已有 100 多台计算机连入 ARPAnet。该阶段，分组交换技术得到迅速发展。

（3）网络间互连。网络间互连时期出现在 20 世纪 80 年代，此阶段是广域网的应用时期。多种计算机协议被开发出来，如 TCP/IP、X.25 等。伴随着个人计算机的普及与局域网的发展，网络之间互连的需求不断增加。

（4）高速网络的发展。20 世纪 90 年代以来，Internet 作为国际性的大型信息服务系统，在社会的各个领域中发挥着越来越重要的作用。1993 年 9 月，美国宣布了国家信息基础设施 NII（National Information Infrastructure）建设计划，NII 被形象地称为信息高速公路。宽带网络的建设正在全球迅速展开，各个国家的电信运营商纷纷改造和升级自己的计算机网络以寻求更大的发展空间。

2. 计算机网络的组成

计算机网络通俗地讲，就是由多台计算机（或其他计算机网络设备）通过传输介质和软件以物理（或逻辑）方式连接在一起组成的。计算机网络的组成包括以下 3 部分。

（1）多台独立的计算机。多台独立的计算机通常称为主机（Host），它可以是大型机、小型机和微型机。普通用户通过主机连入网内。主机要为本地用户访问网络上的其他主机设备和资源提供服务，同时也要为远程用户共享本地资源提供服务。

（2）传输介质与通信设备。计算机网络采用了多种传输介质，如电话线、双绞线、同轴电缆、光纤、无线通信信道等。通信设备主要包括交换机（Switch）、路由器（Router）、网关（Gateway）等，其中路由器是使用最广泛的一种通信设备，它的主要功能是选择路径和拥塞控制，它能在复杂的网络环境中建立非常灵活的网络连接。

（3）网络软件。在计算机网络中必须有相应的操作系统的支持。网络操作系统（NOS）是网络的心脏和灵魂，是向网络计算机提供服务的特殊的操作系统。它在计算机操作系统下工作，使计算机操作系统增加了网络操作所需要的能力。网络操作系统运行在称为服务器的计算机上，并被连网的计算机用户共享。

3. 计算机网络分类

计算机网络的分类方式有很多种，可以按地理范围、拓扑结构、传输速率、传输介质等进行分类。

（1）按地理范围分类。

① 局域网（Local Area Network，LAN）。局域网的地理范围一般在几百米到几公里之间，是规模最小的网络，如一个建筑物内、一个学校内、一个工厂的厂区内等。局域网的组建简单、灵活，使用方便。局域网中计算机之间的互连通过集线器或交换机等设备实现。

② 广域网（Wide Area Network，WAN）。广域网的地理范围一般为几千公里，如几个城市、一个或几个国家之间。它是网络系统中的最大型的网络，能实现大范围的资源共享，如国际性的 Internet 网络。广域网由一些结点交换机、路由器以及连接这些设备的链路组成。

③ 城域网（Metropolitan Area Network，MAN）。城域网的地理范围可从几十公里到上百公里，其规模在广域网和局域网之间，是可覆盖一个城市或地区的网络。现在城域网中的传输介质都采用光纤。

（2）按传输技术分类。网络所采用的传输技术决定了网络的主要技术特点，因此根据网络所采用的传输技术对网络进行分类是一种很重要的方法。在通信技术中，通信信道的类型有两类：广播通信信道与点到点通信信道。

在广播通信信道中，多个结点共享一个物理通信信道，一个结点广播信息，其他结点都会"收听"这个广播信息。而在点到点通信信道中，一条通信信道只能连接一对结点，如果两个结点之间没有直接连接的线路，那么它们只能通过中间结点转接。显然，网络所采用的传输技术可分为两类，即广播（Broadcast）方式和点到点（Point-to-Point）方式。这样，相应的计算机网络也可分为两类。

① 广播式网络。广播式网络中的广播是指网络中所有连网的计算机都共享一个公共通信信道，当一台计算机利用共享通信信道发送报文分组时，其他计算机都将会接收并处理这个分组。由于发送的分组中带有目的地址与源地址，网络中所有接收到该分组的计算机将检查目的地址是否与本结点的地址相同。如果被接受报文分组的目的地址与本结点地址相同，则接受该分组，否则将收到的分组丢弃。在广播式网络中，若分组发送给网络中的某些计算机，则被称为多点播送或组播；若分组只发送给网络中的某一台计算机，则称为单播。在广播式网络中，由于信道共享可能引起信道访问错误，因此信道访问控制是要解决的关键问题。

② 点到点式网络。在点到点式网络中每条物理线路连接一对计算机。假如两台计算机之间没有直接连接的线路，那么它们之间的分组传输就要通过中间结点的接收、存储、转发直至目的结点。由于连接多台计算机之间的线路结构可能是复杂的，因此从源结点到目的结点可能存在多条路由，决定分组从通信子网的源结点到达目的结点的路由需要有路由选择算法。采用分组存储转发是点到点式网络与广播式网络的重要区别之一。广域网一般都采用点到点信道。

（3）按传输速率分类。网络的传输速率有快有慢，传输速率快的称为高速网，传输速率慢的称为低速网。传输速率的单位是 bit/s（每秒比特数）。一般将传输速率在 1Mbit/s 以内的网络称为低速网，在 1Mbit/s ~ 1Gbit/s 范围的网络称为高速网。也可以将 kbit/s 网络称为低速网，将 Mbit/s 网络称为中速网，将 Gbit/s 网络称为高速网。

网络的传输速率与网络的带宽有直接关系。带宽是指传输信道的宽度，带宽的单位是 Hz（赫兹）。按照传输信道的宽度可分为窄带网和宽带网。一般将 1kHz ~ 1MHz 带宽的网称为窄带网，将 1MHz ~ 1GHz 的网称为宽带网，也可以将 kHz 带宽的网络称为窄带网，将 MHz 带宽的网络称为中带网，将 GHz 带宽的网络称为宽带网。通常情况下，高速网就是宽带网，低速网就是窄带网。

（4）按传输介质分类。传输介质是指数据传输系统中发送设备和接受设备间的物理媒体，按其物理形态可以划分为有线和无线两大类。

① 有线网。传输介质采用有线介质连接的网络称为有线网，常用的有线传输介质有双绞线、同轴电缆和光纤。

② 无线网。采用无线介质连接的网络称为无线网。目前无线网主要采用 3 种技术：微波通信、红外线通信和激光通信。这 3 种技术都是以大气为介质的，其中微波通信用途最广，目前的卫星网就是一种特殊形式的微波通信，它利用地球同步卫星作中继站来转发微波信号，一个同步卫星可以覆盖地球 1/3 以上的表面，3 个同步卫星就可以覆盖地球上的全部通信区域。

（5）按计算机网络的工作模式分类。

① 对等网（Peer to Peer）。在对等网络中，所有的计算机地位平等，没有从属关系，也没有专用的服务器和客户机。网络中的资源是分散在每台计算机上的，每一台计算机都有可能成为服务器也可能成为客户机。一般对等网络中的用户小于或等于 10 台，对等网能够提供灵活的共享模式，组网简单、方便，但难于管理，安全性较差。它可满足一般数据传输的需要，所以一些小型单位在计算机数量较少时可选用对等网结构。

② 客户机/服务器模式（Client/Server，C/S）。客户机/服务器模式也称 C/S 结构。这种类型的网络中由一台或几台较大的计算机集中进行共享数据库的管理和存取，称为服务器，而将其他的应用处理工作分散到网络中其他计算机上去做，构成基于企业内部网络的应用处理系统。C/S 结

构中的服务器有足够的能力做到把通过其处理后用户所需的那一部分数据而不是整个文件通过网络传送到客户机，减轻了网络的传输负荷。

③ 浏览器/服务器模式（Browser/Server，B/S）。浏览器/服务器模式也称 B/S 结构。它是随着 Internet 技术的兴起，对 C/S 模式应用的扩展。在这种结构下，用户工作界面是通过网络浏览器来实现的。B/S 模式最大的好处是运行维护比较简便，能实现不同的人员从不同的地点，以不同的接入方式（例如 LAN、WAN、Internet/Intranet 等）访问和操作共同的数据。

8.1.2　网络传输介质

1. 同轴电缆

20 世纪 80 年代，同轴电缆是 Ethernet 网络的基础，并且多年来一直是一种最流行的传输介质。同轴电缆由同轴的内外两个导体组成，内导体是一根金属线即内芯，外导体一般是由细金属线编制成的网状结构即屏蔽层，内外导体之间有绝缘层，其结构如图 8.1 所示。同轴电缆分为粗缆和细缆两种，粗缆用 DB-15 连接器，细缆用 BNC-T 型连接器。另外，同轴电缆的两头要有端接器来削弱信号反射作用。

同轴电缆其阻抗为 50Ω，能进行较高速率的传输。由于它的屏蔽性能好，抗干扰能力强，因此多用于基带传输。

2. 双绞线

双绞线是一种最常用的传输介质。它由两根绝缘金属线互相缠绕而成，这样的一对线作为一条通信线路，由 4 对双绞线构成双绞线电缆。互相缠绕的目的是降低相互之间的电磁信号干扰。双绞线点到点的通信距离一般不能超过 100m。目前，计算机网络上使用的双绞线按其传输速率分为三类线、五类线、六类线、七类线，传输速率在 10～600Mbit/s 之间，双绞线电缆的连接器一般为 RJ-45。目前，双绞线可分为非屏蔽双绞线（Unshielded Twisted Pair，UTP）和屏蔽双绞线（Shielded Twisted Pair，STP）两种。非屏蔽双绞线价格较为低廉，其结构如图 8.2 所示。屏蔽双绞线的外层由铝箔包裹，它的价格相对要贵一些。

3. 光纤

光纤（Optical Fiber）是一种传输光束的细微而柔韧的介质，通常由非常透明的石英玻璃拉成细丝，光纤由两层折射率不同的材料组成，内层具有高折射率，称为纤芯，纤芯用来传导光波；外层折射率较低，称为包层，其结构如图 8.3 所示。

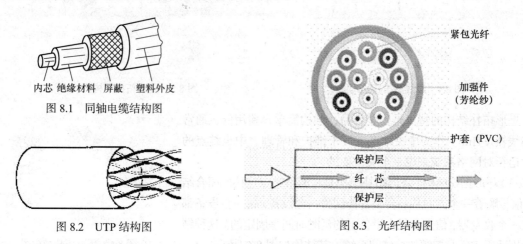

图 8.1　同轴电缆结构图

图 8.2　UTP 结构图

图 8.3　光纤结构图

光纤分为单模和多模光纤，单模光纤性能优于多模光纤。在多模光纤纤芯的直径为 15 ~ 50μm，而单模光纤纤芯的直径为 8 ~ 10μm。光纤的传输速率可达到几百 Gbit/s。光纤的优点是不会受到电磁的干扰，传输的距离也比电缆远，传输速率高。光纤的安装和维护比较困难，需要专用的设备。

8.1.3 计算机网络拓扑结构

1. 计算机网络拓扑结构的定义

拓扑学是几何学的一个分支，它是从图论演变过来的。拓扑学将实体抽象成与其大小、形状无关的点，将连接实体的线路抽象成线，进而研究点、线、面之间的关系。计算机网络的拓扑结构通过网中结点与通信线路之间的几何关系表示网络结构，反映网络中各实体间的结构关系。计算机网络拓扑结构主要是指通信子网的拓扑结构。计算机网络设计的第一步就是要确定网络的拓扑结构。

2. 网络拓扑结构的分类

连接在网络上的计算机、大容量的外存、高速打印机等设备均可看做是网络上的一个节点，也称为工作站。计算机网络中常用的拓扑结构有总线型、星形、环形等。

（1）总线型拓扑结构。总线型拓扑结构是一种共享通路的物理结构，一个结点发出的信息可以被网络上的多个结点接收，这种结构普遍用于局域网的连接，总线一般采用同轴电缆或双绞线。适用于站点不多的网络或各个站点相距不远的网络，其结构如图 8.4 所示。

总线型拓扑结构的优点是安装容易，扩充或删除一个结点也很容易，不需停止网络的正常工作，结点的故障不会殃及整个系统。由于各个结点共用一个总线作为数据通路，信道的利用率高。但总线型拓扑结构也有其缺点，即由于信道共享，连接的结点不宜过多，并且总线自身的故障可以导致系统的崩溃。

（2）星形拓扑结构。星形拓扑结构是一种以中央结点为中心，把若干外围结点连接起来的互连结构。这种结构适用于局域网，特别是近年来，一般网络环境都被设计成星形拓扑结构，星形网是目前应用广泛而又首选使用的网络拓扑结构之一。这种连接方式以双绞线或同轴电缆作为连接线路。

目前多采用集线器（Hub）或交换机（Switch）作为中央结点，其结构如图 8.5 所示。

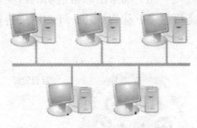

图 8.4　总线型拓扑结构图

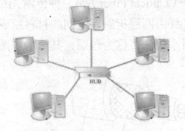

图 8.5　星形拓扑结构图

星形拓扑结构的特点是安装容易，结构简单，费用低，通常以集线器（Hub）作为中央结点，便于维护和管理。中央结点的正常运行对网络系统来说是至关重要的。

（3）环形拓扑结构。环形拓扑结构是将网络结点连接成闭合结构。信号顺着一个方向从一台设备传到另一台设备，每一台设备都配有一个收发器，信息在每台设备上的延时时间是固定的。这种结构特别适用于实时控制的局域网系统，其结构如图 8.6 所示。

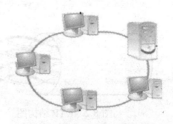

图 8.6　环形拓扑结构图

环形拓扑结构的特点是安装容易，费用较低，电缆故障容易查找和排除。有些网络系统为了提高通信效率和可靠性，采用了双环结构，即在原有的单环上再套一个环，使每个结点都具有两个接收通道。坏形网络的缺点是当结点发生故障时，整个网络不能正常工作。

（4）树形拓扑结构。树形拓扑结构就像一棵"根"朝上的树，其结构如图 8.7 所示。这种拓扑结构的网络一般采用同轴电缆，用于军事单位、政府部门等上、下界限相当严格和层次分明的部门。

树形拓扑结构的优点是容易扩展，故障也容易分离处理。缺点是整个网络对"根"的依赖性很大，一旦网络的根发生故障，整个系统不能正常工作。

（5）网状拓扑结构。网状拓扑结构实际上是不规则形式，它主要用于广域网，如图 8.8 所示。网状拓扑中任意两结点之间的通信线路不是唯一的，若某条通路出现故障或拥挤阻塞时，可绕到其他通路传输信息，因此它的可靠性较高，但成本也较高。

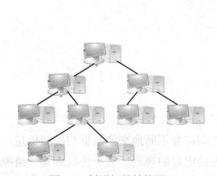

图 8.7　树形拓扑结构图

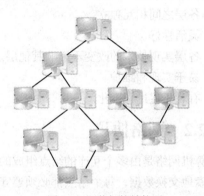

图 8.8　网状拓扑结构图

在比较复杂的网络环境中往往采用混合型拓扑结构，就是将以上某两种单一拓扑结构混合起来，取两者的优点构成的拓扑结构称为混合型拓扑结构。

8.1.4　计算机网络的功能

建立计算机网络的基本目的是实现数据通信和资源共享，计算机网络主要有 4 个功能。

1．资源共享

资源共享是计算机网络最基本、最重要的功能。所谓的"资源"是指计算机系统的软件、硬件和数据资源，"共享"是指网络内用户均能享受网络中各个计算机系统的全部或部分资源。通过资源共享可大大提高系统资源的利用率。

2．数据通信

通信即在计算机之间传送信息，是计算机网络最基本的功能之一。通过计算机网络使不同地区的用户可以快速并准确地相互传送信息，这些信息包括数据、文本、图形、动画、声音、视频等。

3．分布处理

分布式处理就是通过一定的算法将负载性比较大的作业分解并交给多台计算机进行分布式处理，起到负载均衡的作用，这样能提高处理速度，充分发挥设备的利用率，提高设备的效率。

4．提高可靠性

提高可靠性表现在计算机网络中的多台计算机可以通过网络相互成为后备机，一旦某台计算机出现故障，其任务可由其他计算机代其完成。

8.2 计算机网络体系结构

8.2.1 计算机网络体系结构的概念

计算机网络体系结构就是采用分层结构，定义和描述了一组用于计算机及其通信设施之间互连的标准和规范的集合。实际上计算机网络体系结构就是层次与各层协议的集合。计算机网络系统是一个十分复杂的系统。将一个复杂系统分解为若干个容易处理的子系统，然后"分而治之"，这种结构化设计方法是工程设计中常见的手段。分层就是系统分解的最好方法之一。

计算机网络分层具有如下好处。

① 各层之间相互独立。

② 灵活性好。

③ 各层实现技术的改变不影响其他层。

④ 易于实现和维护。

⑤ 有利于促进标准化。

8.2.2 网络协议

计算机网络是由多个互连的结点组成的，结点之间需要不断地交换数据与控制信息。要做到有条不紊地交换数据，每个结点都必须遵守一些事先约定好的规则。一个协议就是一组控制数据通信的规则。这些为了数据通信而制定的规则、约定与标准的集合被称为网络协议。

网络协议主要由以下 3 个要素组成。

① 语法：语法是用户数据与控制信息的结构与格式，以及数据出现顺序的意义。

② 语义：语义用于解析比特流的每一部分的意义。它规定了需要发出何种控制信息，以及完成的动作与做出的响应。

③ 时序：时序对事件实现顺序的详细说明。

人们形象地把它描述为：语义表示要做什么？语法表示要怎么做？时序表示要什么时候做？

8.2.3 ISO/OSI 参考模型

开放系统互连（Opening System Interconnection，OSI）参考模型是由国际标准化组织（International Standards Organization，ISO）制定的标准化开放式计算机网络层次结构模型，也称ISO/OSI 参考模型。"开放"这个词表示能使任何两个遵守参考模型和有关标准的系统进行互连。OSI 体系结构定义了一个 7 层模型，用于进行进程间的通信，并作为一个框架来协调各层标准的制定；OSI 的服务定义描述了各层所提供的服务，以及层与层之间的抽象接口和交互用的服务原语；OSI 各层的协议规范，精确地定义了应当发送何种控制信息及以何种过程来解释该控制信息。

OSI 7 层模型从下到上分别为物理层、数据链路层、网络层、传输层、会话层、表示层和应用层，其结构如图 8.9 所示。

OSI 参考模型划分层次的原则如下。

① 各结点都有相同的层次。

② 不同结点的同等层具有相同的功能。

③ 同一结点内相邻层之间通过接口通信。

④ 每一层使用下层提供的服务，并向上层提供服务。

⑤ 不同结点的同等层按照协议实现对等层之间的通信。

图 8.9　OSI 参考模型结构

OSI 各层的主要功能如下。

（1）物理层。物理层（Physical Layer）传输数据的单位是比特（bit），处于 OSI 参考模型的最低层，其主要功能是利用物理传输介质为数据链路层提供物理连接，透明地传送比特流。

（2）数据链路层。数据链路层（Data Link Layer）传输数据的单位是帧（Frame），采用差错控制和流量控制，使有差错的物理线路变成无差错的数据链路。

（3）网络层。网络层（Network Layer）传输数据的单位是分组或包（Packet），网络层的主要任务是通过路由算法，为数据包通过通信子网选择最适当的路径。网络层要实现路由选择、拥塞控制和网络互连等功能。

（4）传输层。传输层（Transport Layer）传送数据的单元是报文（Message）。传输层向用户提供可靠的端到端的数据服务，透明地传送报文。它向高层屏蔽了下层数据通信的细节，传输层是 OSI 7 层模型中最重要、最关键的一层。

（5）会话层。会话层（Session Layer）是进程—进程的层次，其主要功能是在不同的主机上组织各种进程进行会话，并管理数据交换。

（6）表示层。表示层（Presentation Layer）主要用于处理两个通信系统中数据或信息的表示方式。它包括数据格式变换、数据加密与解密、数据压缩与解缩等功能。

（7）应用层。应用层（Application Layer）是 OSI 参考模型中的最高层，是计算机网络与用户的界面，为网络用户之间的通信提供专用的程序，应用层包含大量人们普遍需要的协议。

8.2.4　TCP/IP 模型

在诸多网络互连协议中，传输控制协议/互联网协议（Transmission Control Protocol/Internet Protocol，TCP/IP）是一个使用非常普遍的网络互连标准协议。TCP/IP 是美国国防部高级计划研究局为实现 ARPAnet 而开发的，也是很多大学及研究所多年的研究及商业化的结果。目前，众多的网络产品厂家都支持 TCP/IP，TCP/IP 已成为一个事实上的工业标准。同时，TCP/IP 也是因特网的基础协议。

TCP/IP 是一组协议的代名词，它还包括许多别的协议，组成了 TCP/IP 协议簇。一般来说，TCP 提供传输层服务，而 IP 提供网络层服务。TCP/IP 的体系结构与 ISO 的 OSI 7 层参考模型的对应关系如图 8.10 所示。

TCP/IP 模型各层的主要功能如下。

（1）主机—网络层。实际上 TCP/IP 模型没有真正描述这一层的实现，只是要求能够提供给其上层——网络层一个访问接口，以便在其上传递 IP 分组。由于这一层次未被定义，所以其具体的实现方法将随着网络类型的不同而不同。

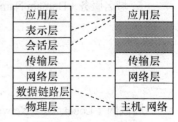

图 8.10　TCP/IP 模型与
OSI 参考模型

（2）网络层。网络层也称网络互连层或网际层，它是整个 TCP/IP 协议簇的核心。它的功能是把分组发往目标网络或主机。同时，为了尽快地发送分组，可能需要沿不同的路径同时进行分组传递。因此，分组到达的顺序和发送的顺序可能不同，这就需要上层必须对分组进行排序。网络层定义了分组格式和协议，即 IP（Internet Protocol）。网络层主要完成路由选择、不同类型网络的互连和拥塞控制等功能。

（3）传输层。在 TCP/IP 模型中，传输层的功能是使源主机和目标主机上的对等实体可以进行会话。在传输层定义了两种服务质量不同的协议。即传输控制协议（Transmission Control Protocol，TCP）和用户数据报协议（User Datagram Protocol，UDP）。

TCP 是一个面向连接的、可靠的协议。它将一台主机发出的字节流无差错地发往 Internet 上的其他主机。在发送端，它负责把上层传送下来的字节流分成报文段（数据包）并传递给下层。在接收端，它负责把收到的报文进行重组后递交给上层。TCP 还要处理端到端的流量控制，以避免缓慢接收的接收方没有足够的缓冲区接收发送方发送的大量数据。

UDP 是一个不可靠的、无连接的协议，主要适用于不需要对报文进行排序和流量控制的场合。

（4）应用层。TCP/IP 模型将 OSI 参考模型中的会话层和表示层的功能合并到应用层实现。

TCP/IP 模型层次与协议之间的关系如图 8.11 所示。

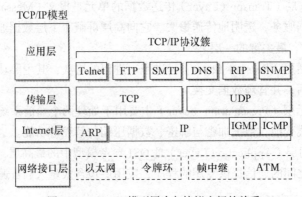

图 8.11　TCP/IP 模型层次与协议之间的关系

应用层面向不同的网络应用引入了不同的应用层协议。应用层协议主要内容如下。

① 网络终端协议 Telnet，用于实现 Internet 中的远程登录功能。

② 文件传输协议（File Transfer Protocol，FTP），用于实现 Internet 中的交互式文件传输功能。

③ 简单邮件传输协议（Simple Mail Transfer Protocol，SMTP），用于实现 Internet 中的电子邮件传送功能。

④ 超文本链接协议（Hyper Text Transfer Protocol，HTTP），用于 WWW 浏览服务。

⑤ 域名服务（Domain Name System，DNS），用于实现网络中的域名和 IP 地址映射的网络服务。

8.3　局域网基础

局域网（Local Area Network，LAN），是一种在有限的地理范围内将大量计算机及各种设备互连在一起实现数据传输和资源共享的计算机网络。社会对信息资源的广泛需求及计算机技术的广泛普及，促进了局域网技术的迅猛发展。在当今的计算机网络技术中，局域网技术已经占据了十分重要的地位。

8.3.1　局域网的主要技术特点

从局域网应用的角度看，为了区别于一般的广域网，局域网具有以下技术特点。

① 地理分布范围较小，一般为数百米到数公里，可覆盖一幢大楼、一所校园或一个企业。

② 数据传输速率高，一般为 10 ~ 1 000Mbit/s。目前已出现速率高达 10Gbit/s 的采用光纤的局域网，可交换各类数字和非数字（如语音、图像、视频等）信息。

③ 误码率低，一般在 10^{-11} ~ 10^{-8}，这是因为局域网通常采用短距离基带传输，可以使用高质量的传输媒体，从而提高了数据传输质量。

④ 局域网一般属于一个单位所有，易于建立、维护和扩展。

⑤ 决定局域网特性的主要技术要素：网络拓扑、传输介质与介质访问控制方法。

⑥ 局域网从介质访问控制方法的角度可以分为两类：共享介质局域网与交换式局域网。

8.3.2　局域网介质访问控制方法

介质访问控制方法，也就是信道访问控制方法，可以简单地把它理解为如何控制网络结点何时能够发送数据、如何传输及怎样在介质上接收数据的方法。IEEE 802 规定了局域网中最常用的介质访问控制方法：IEEE 802.3 载波监听多路访问/冲突检测（CSMA/CD）、IEEE 802.4 令牌总线（Token Bus）、IEEE 802.5 令牌环（Token Ring）。

1. IEEE 802 模型与协议标准

1980 年 2 月，美国电气电子工程师学会（IEEE）成立 802 课题组，研究并制定了局域网标准 IEEE 802。802 标准所描述的局域网参考模型与 OSI 参考模型的关系如图 8.12 所示。

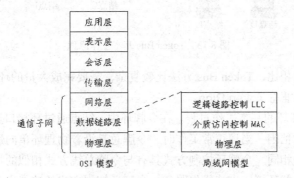

图 8.12　IEEE 802 模型与 OSI 参考模型的对应关系

局域网参考模型只对应 OSI 参考模型的数据链路层与物理层，它将数据链路层划分为逻辑链路控制（Logical Link Control，LLC）子层与介质访问控制（Media Access Control，MAC）子层。

2. IEEE 802.3 标准与 Ethernet

Ethernet（以太网）是目前应用最为广泛的一类局域网。Ethernet 的核心技术是随机争用型介质访问控制方法，即带冲突检测的载波侦听多路访问（Carrier Sense Multiple Access with Collision Detection，CSMA/CD）方法。

CSMA/CD 方法用来解决多结点如何共享公用总线传输介质的问题。发送流程可以简单地概括为：先听后发、边听边发、冲突停止、随机延迟后重发。

在以太网中的各个结点都能独立地决定数据的发送与接收。每个结点在发送数据之前，首先要进行载波监听，只有介质空闲时，才允许发送数据。这时，如果两个以上的结点同时监听到介质空闲并发送数据，则会产生冲突现象，这使发送的数据都成为无效数据。每个结点必须有能力随时检测冲突是否发生，一旦发生冲突，则应停止发送，以免介质带宽因传送无效数据而被白白浪费，然后随机延时一段时间后，再重新争用介质，重新发送数据。CSMA/CD 方法简单、可靠，被以太网广泛使用。

3. IEEE 802.4 标准与 Token Bus

Token Bus（令牌总线）是一种在总线拓扑中利用"令牌"作为控制结点访问公共传输介质的确定型介质访问控制方法。令牌是一种特殊结构的 MAC 控制帧，用来控制结点对总线的访问权。图 8.13 给出了正常稳态操作时令牌总线的工作过程。

正常的稳态操作是网络已经完成初始化，各结点进行正常传递令牌与数据，并且没有结点要加入与撤出，没有发生令牌丢失或网络故障的正常工作状态。令牌传递规定由高地址向低地址，最后由低地址向高地址传递。令牌总线网在物理上是总线网，而在逻辑上是环形网。

在发生以下情况时，令牌持有结点必须交出令牌。

① 该结点没有数据帧等待发送。

② 该结点已经发完。

③ 令牌持有最大时间到时。

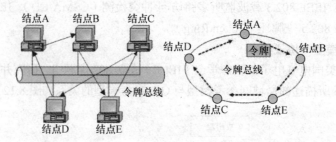

图 8.13　Token Bus 基本工作原理

与 CSMA/CD 方法相比，Token Bus 方法比较复杂，需要完成大量的环维护工作。

4. IEEE 802.5 标准与 Token Ring

图 8.14 所示为令牌环的基本工作过程。在令牌环中，结点通过环接口连接成物理环形。令牌帧中有一位标志令牌的忙闲。当环正常工作时，令牌总是沿着物理环单向逐站传送，传送顺序与结点在环中排列的顺序相同。令牌环控制方式具有与令牌总线方式相似的特点，如环中结点访问延迟确定，适用于重负载环境，支持优先服务。令牌环控制方式的缺点主要表现在环维护复杂，实现较困难。

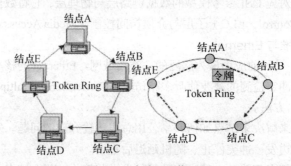

图 8.14　令牌环工作过程

5. CSMA/CD 与 Token Bus，Token Ring 的比较

① CSMA/CD 介质访问控制方法算法简单，易于实现；CSMA/CD 是一种随机型介质访问控制方法，适用于办公自动化等对数据传输实时性要求不严格的应用环境；CSMA/CD 在网络通信负荷较低时表现出较好的吞吐率与延迟特性，一般用于通信负荷较轻的环境中。

② Token Bus，Token Ring 属确定型介质访问控制方法，两次获得令牌之间的最大时间间隔是确定的；通信负荷较重时有较好的吞吐率，低传输延迟时间；维护复杂。

6. Ethernet 物理地址的基本概念

局域网的 MAC 层地址是由硬件来处理的，因此通常将它叫硬件地址或物理地址。大多数局域网都是通过为网卡分配一个硬件地址的方式来标识一个连网的计算机或其他设备。硬件地址是指固化在网卡 EPROM 中的地址，这个地址应该保证在全网是唯一的。

Ethernet 物理地址长度 48 位（6 字节），允许分配的以太网物理地址应该有 2^{47} 个，这个物理地址的数量可以保证全球所有可能的以太网物理地址的需求。在局域网地址中，标准的表示方法是在两个十六进制数之间用一个连字符隔开，例如，有一以太网网卡的物理地址为00-16-96-03-B3-D0，它的物理地址是不会变的，而且不会与世界上其他计算机的 Ethernet 物理地址相同。

8.3.3 高速局域网技术

1. 高速局域网研究的基本方法

随着传统局域网规模的不断扩大，网络的通信负荷加重时冲突和重发现象将大量发生，网络效率急剧下降，传输延迟增长，服务质量下降。为了克服网络规模与网络性能之间的矛盾，人们提出了 3 种解决方案。

（1）提高 Ethernet 的数据传输速率，从 10Mbit/s 提高到 100Mbit/s，甚至到 1Gbit/s，这就导致了高速局域网的研究与产品开发。但在介质访问控制方法上仍采用 CSMA/CD 方法。

（2）将一个大型局域网划分成多个用网桥或路由器互连的子网，网桥与路由器可以隔离子网之间的通信量，使每个子网的网络性能得到改善，而每个子网的介质访问控制方法仍采用 CSMA/CD 方法。

（3）将共享式局域网改成交换式局域网。交换式局域网的核心设备是局域网交换机，在此基础上虚拟局域网也得到发展。

2. 光纤分布式数据接口

光纤分布式数据接口（Fiber Distributed Data Interface，FDDI）是一种以光纤作为传输介质的高速主干网。FDDI 主要有以下几个技术特点。

① 使用基于 IEEE 802.5 的单令牌的环网介质访问控制 MAC 协议。

② 使用 IEEE 802.2 协议，与符合 IEEE 802 标准的局域网兼容。

③ 数据传输速率为 100Mbit/s，连网的结点数小于等于 1 000，环路长度为 100km。

④ 可以使用双环结构，具有容错能力。

⑤ 可以使用多模或单模光纤。

⑥ 具有动态分配带宽的能力，能支持同步和异步数据传输。

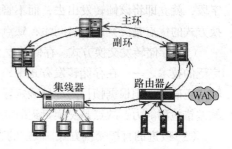

图 8.15 FDDI 的网络拓扑结构

典型的 FDDI 作为主干网互连多个局域网的结构如图 8.15 所示。

3. 快速以太网

快速以太网（Fast Ethernet）的数据传输速率为 100Mbit/s，快速以太网保留着传统 10Mbit/s 速率以太网的所有特征，即相同的帧格式，相同的介质访问控制方法 CSMA/CD，相同的接口与相同的组网方法，而只是把以太网每个比特发送时间由 100ns 降低到 10ns。1995 年 9 月 IEEE 802 委员会正式批准了快速以太网标准 IEEE 802.3u。IEEE 802.3u 在 LLC 子层使用 IEEE 802.2 标准，在 MAC 子层上使用 CSMA/CD 方法，只是在物理层做了调整，定义了 100Base-T，不会影响 MAC 子层。

4. 吉比特以太网

1998 年 2 月 IEEE 802 委员会正式批准了吉比特以太网标准（IEEE 802.3z）。吉比特以太网的传输速率比快速以太网（100Mbit/s）快 10 倍，达到 1 000Mbit/s。吉比特以太网保留着传统 10Mbit/s 速率以太网的所有特征（相同的帧格式、相同的介质访问控制方法、相同的组网方法），而只是把以太网每个比特发送时间由 100ns 降低到 1ns。

IEEE 802.3z 标准在 LLC 子层使用 IEEE 802.2 标准，在 MAC 子层使用 CSMA/CD 方法，只是在物理层做了一些必要的调整，它定义了新的物理层标准（1000Base-T）。

5. 10 吉比特以太网

10 吉比特以太网的标准由 IEEE 802.3ae 委员会制定，正式标准在 2002 年完成。10 吉比特以太网并非将吉比特以太网的速率简单地提高 10 倍，它还有很多复杂的技术上的问题需要解决。10 吉比特以太网主要有以下特点如下。

① 10 吉比特以太网的帧格式与 10Mbit/s、快速和吉比特以太网的帧格式完全相同。

② 10 吉比特以太网仍然保留了 802.3 标准对以太网最小帧长度和最大帧长度完全相同的要求。

③ 由于数据传输速率高达 10Gbit/s，因此 10 吉比特以太网的传输介质只能使用光纤。

④ 10 吉比特以太网只工作在全双工方式，因此不存在争用的问题。

6. 交换式局域网

交换式局域网的核心设备是局域网交换机，局域网交换机可以在它的多个端口之间建立多个并发连接。

典型的交换式局域网是交换式以太网（Switched Ethernet），它的核心部件是以太网交换机（Ethernet Switch）。以太网交换机可以有多个端口，每个端口可以单独与一个结点连接，也可以与一个共享介质式的以太网集线器连接。

以太网交换机的帧转发方式可以分为以下 3 类。

（1）直接交换方式。在直接交换方式（Cut Through）中，交换机只要接收并检测到目的地址字段，就立即将该帧转发出去，而不管这帧数据是否出错。帧出错检测任务由主机完成。这种交换方式的优点是交换延迟时间短；缺点是缺乏差错检测能力。

（2）存储转发交换方式。存储转发交换方式（Store and Forward）是计算机网络领域使用最为广泛的技术之一。在存储转发方式中，交换机首先完整地接收帧，并先进行差错检测。如果接收帧是正确的，则根据帧目的地址确定输出端口号，然后再转发出去。这种交换方式的优点是具有帧差错检测能力；缺点是交换延迟时间将会增长。

（3）改进的直接交换方式。改进的直接交换方式是介于直接交换方式和存储转发交换方式之间的一种解决方案。它在转发前先检查帧的前 64 个字节（512bit）后，判断以太网帧头字段是否正确，如果正确则转发出去。该方式的数据处理速度比存储转发方式快，但比直接交换方式慢，所以被广泛应用于低档交换机中。

局域网交换机的技术特点如下。

（1）低交换延迟 。这是局域网交换机的主要特点，从传输延迟时间的量级来看，如果局域网交换机为几十微秒，那么网桥为几百微秒，而路由器为几千微秒。

（2）支持不同的传输速率和工作模式。局域网交换机的端口可以设计成支持不同的传输速率，如支持 10Mbit/s 的端口、支持 100Mbit/s 的端口、支持 100Mbit/s 的端口。同时，端口还可以设计成支持半双工和全双工两种工作模式。

（3）支持虚拟局域网服务。交换式局域网是虚拟局域网的基础，目前的以太网交换机基本上都可以支持虚拟局域网服务。

7. 虚拟局域网

虚拟局域网（VLAN）是建立在局域网交换机或 ATM 交换机之上的，它以软件的形式来实现逻辑组的划分与管理，逻辑工作组的结点组成不受物理位置的限制，其结构如图 8.16 所示。

将由交换机连接成的物理网络划分成多个逻辑子网。也就是说，一个虚拟局域网中的站点所发送的广播数据包将仅转发至属于同一 VLAN 的站点。

在交换式以太网中，各站点可以分别属于不同的虚拟局域网。构成虚拟局域网的站点不拘泥于所处的物理位置，它们既可以连接在同一个交换机中，也可以连接在不同的交换机中。虚拟局域网技术使得网络的拓扑结构变得非常灵活，如位于不同楼层的用户或者不同部门的用户可以根据需要加入不同的虚拟局域网。

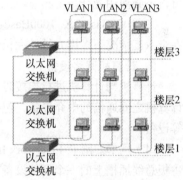

图 8.16　虚拟局域网示意图

8.3.4 以太网

以太网是最常用最重要的一种计算机局域网，下面以以太网为例，进一步讨论局域网物理结构设计与局域网组网方法。

1. IEEE 802.3 物理层标准

IEEE 802.3 标准为采用不同传输介质的以太网制定了相应的标准，主要标准如下。

（1）10Base-5。10Base-5 是原始的以太网标准，使用直径为 10mm 的 50Ω粗同轴电缆，总线型拓扑结构。粗缆单段最大长度为 500m，数据传输速率为 10Mbit/s。网卡与收发器之间采用标准的 15 针 AUI 连接器，收发器与网卡之间用收发器电缆（AUI 电缆）连接。

（2）10Base-2。10Base-2 采用的传输介质是 50Ω细同轴电缆。细缆单段最大长度为 185m，数据传输速率为 10Mbit/s。网卡提供 BNC 连接头，细缆通过 BNC-T 型连接头与网卡相连。

（3）10Base-T。10Base-T 采用以集线器（Hub）为中心的物理星形拓扑结构，使用 RJ-45 接头与三类或五类非屏蔽双绞线 UTP 来连接网卡与 Hub。网卡与 Hub 之间的双绞线长度最大为 100m。

IEEE 802.3u（Fast Ethernet）标准为了能支持多种传输介质，在物理层为每种传输介质确定了相应的物理层标准，主要标准如下。

（1）100Base-TX。使用两对 5 类非屏蔽双绞线或一类屏蔽双绞线，一对用于发送数据，另一对用于接收数据，双绞线单段最大长度为100m，可以使用两个中继器，但100Base-TX网络的最大距离为205m（中继器之间的最大电缆长度是5m）。100Base-TX是百兆网中使用最广泛的物理层标准。

（2）100Base-FX。使用多模或单模光纤，但在一个完整的光缆段上必须选择同种型号的光缆，以免引起信号不必要的损耗。在全双工情况下多模光纤单段最大长度为2km，单模光纤单段最大长度为40km，单模光纤的价格比多模光纤贵得多。

IEEE 802.3z（Gigabit Ethernet）标准为了能支持多种传输介质，在物理层为每种传输介质确定了相应的物理层标准，主要标准如下。

（1）1000Base-T。1000Base-T是一种使用5类UTP的千兆以太网技术，单段最大长度可达100m，用户可以在原来使用5类UTP的布线系统中，应用该技术，使系统的传输速度提高10倍。

（2）1000Base-CX。1000Base-CX使用的是一种最大长度为25m的屏蔽电缆，特别适用于千兆主干交换机与主服务器的短距离连接，这种连接往往就在机房的配线架柜上以跨线方式连接即可，不必使用光纤。

（3）1000Base-LX。1000Base-LX可以使用62.5μm和50μm的多模光纤以及9μm的单模光纤，在全双工情况下多模光纤最大长度为550m，单模光纤单段最大长度为5km。

2. 计算机网络设备

计算机与计算机进行连接时，除了传输介质以外，还需要在计算机内部安装网卡，用来实现计算机之间通信的中介设备，包括各种网络传输介质连接器、中继器、集线器、交换机、路由器等设备。

（1）网卡。网卡（Network Interface Card，NIC）是插入到主板总线插槽上的一个硬件设备，它的功能是完成网络的物理层连接，属于数据链路层设备，如图8.17所示。

每块网卡都有一个唯一的物理地址，它是网卡生产厂家在生产时写入ROM（只读存储芯片）中的，我们也把它叫做MAC地址，且保证绝对不会重复。

在局域网中根据网卡所支持的物理层标准与主机接口的不同，网卡可分为不同的类型。

① 按网卡支持的计算机种类分类。

● 标准以太网网卡。

● PCMCIA网卡。

图8.17 带RJ-45接口的网卡

标准以太网网卡用于台式计算机连网；PCMCIA网卡是笔记本电脑专用的网卡，其大小与信用卡大小相似。

② 按网卡支持的传输速率分类。

● 普通的10Mbit/s。

● 高速100Mbit/s网卡。

● 10Mbit/s/100Mbit/s自适应网卡。

● 1000Mbit/s网卡。

③ 按网卡支持的传输介质类型分类。

● 双绞线网卡。

● 粗缆网卡。

- 细缆网卡。
- 光纤网卡。

双绞线网卡带有 RJ-45 接口；粗缆网卡带有 AUI 接口；细缆网卡带有 BNC 接口；光纤网卡带有 F/O 接口。也有将几种接口集成在一块网卡上的情况。

（2）局域网集线器。局域网集线器工作在物理层，普通的集线器有两类端口：一类是用于连接结点的 RJ-45 端口，这类端口数可以是 8、12、16、24 等。另一类端口是用于连接粗缆的 AUI 端口，用于连接细缆的 BNC 端口，用于连接光纤的端口，这类端口称为向上连接端口。

① 按传输速率分类。

- 10Mbit/s 集线器。
- 100Mbit/s 集线器。
- 10Mbit/s/100Mbit/s 自适应集线器。

② 按集线器是否能够堆叠分类。

- 普通集线器。
- 可堆叠式集线器。

普通集线器不具备堆叠功能，当连网结点数超过单一集线器的端口数时，只能采用多集线器的级联方法来扩充；堆叠式集线器由一个基础集线器与多个扩展集线器组成，通过在基础集线器上堆叠多个扩展集线器，可以很方便地扩充连网的结点数。

③ 按集线器是否支持网管功能分类。

简单集线器不支持网管功能，无法从远程工作站进行管理；带网管功能的智能集线器支持网管功能，可以从远程工作站监控和管理。

（3）局域网交换机。交换式局域网的核心是局域网交换机，目前使用最广泛的是以太网交换机（Ethernet Switch）。交换式局域网从根本上改变了"共享介质"的工作方式，它可以通过以太网交换机支持交换机端口结点之间的多个并发连接，实现多结点之间数据的并发传输。因此，交换式局域网可以增加网络带宽，改善局域网的性能与服务质量。

如果一个端口只连接一个结点，那么这个结点就可以独占 10Mbit/s 的带宽，这类端口通常被称为"专用 10Mbit/s 端口"；如果一个端口连接一个 10Mbit/s 的以太网，那么这个端口将被以太网中的多个结点所共享，这类端口就被称为"共享 10Mbit/s 端口"。图 8.18 所示为典型的交换式以太网的结构。

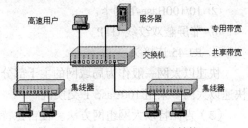

图 8.18 交换式以太网的结构

局域网交换机可以分为如下几种。

① 简单的 10Mbit/s 交换机。
② 10Mbit/s/100Mbit/s 自适应的局域网交换机。
③ 大型局域网交换机。

（4）路由器。路由器主要是实现局域网与广域网之间的连接，具有判断网络地址和选择路径的功能，能在多个网络中建立灵活的连接，并将不同的数据分组和不同的介质访问方法的网络连接成一个大型网络。

路由器工作在网络层，负责在两个局域网之间传输数据分组。路由器不仅能追踪网络的某一结点，还能和交换机一样，选择出两结点间的最近、最快的传输路径。路由器可以连接不同类型的网络，并将众多大型局域网和广域网连接成非常大的网络。

路由器的主要服务功能如下。

① 路由表建立并维护。路由器内部有一个路由表数据库和一个网络路由状态数据库。在路由表数据库中，保存着路由器每个端口对应连接的结点地址，以及其他路由器的地址信息；在网络路由器状态数据库中，保存着网络通信量、网络链路状态等信息。路由表有两种：一种为静态路由表，另一种为动态路由表。静态路由表由手动建立，一旦形成，网络路由便固定下来。动态路由表是网络中的路由器相互自动发送路由信息而动态建立的。

② 提供网络间的分组（数据包）转发功能。当数据包进入路由器时，路由器检查数据包的源IP 地址与目的 IP 地址，然后根据路由表数据库的相关信息，决定该数据包往下应该传送给哪一个路由器或主机。

高性能的路由器比较昂贵，所具有的功能较多，安装路由器并非易事。一般技术人员或工程师必须对路由技术非常熟悉才能知道如何放置和设置路由器才能发挥出其最好的功能。

3. 以太网的组网方法

（1）普通双绞线组网方法。由于基于非屏蔽双绞线的以太网结构简单，成本低，组网方便，易于维护，因此使用双绞线组建以太网是目前流行的组网方式。

组网需要的基本的硬件设备如下。

① 带有 RJ-45 接口的以太网卡。

② 集线器（Hub）。

③ 三类或五类非屏蔽双绞线。

④ RJ-45 连接头。

（2）快速以太网组网方法。单一集线器快速以太网结构示意图如图 8.19 所示。

快速以太网组网方法与普通的以太网组网方法基本相同。组网需要的基本的硬件设备如下。

① 100Base-T 集线器/交换机。

② 10/100Base-T 网卡。

③ 非屏蔽双绞线 UTP。

④ RJ-45 连接头。

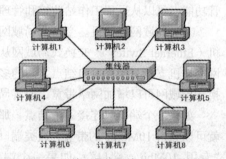

图 8.19 单一集线器快速以太网结构

快速以太网一般作为局域网的主干部分，现在组建快速以太网多采用 100Base-T 交换机。

（3）吉比特以太网组网方法。在吉比特以太网组网方法中，需要根据网络的规模与布局，来选择合适的两级或 3 级网络结构。在网络主干部分使用高性能的吉比特以太网主干交换机；在网络分支部分使用性能一般的吉比特以太网主干交换机；在工作站上使用 10Mbit/s 或 100Mbit/s 以太网网卡，将工作站连接到 100Mbit/s 以太网交换机上。

8.4 Internet 基础

Internet 中文名为因特网、国际互联网，是全球性的、最具影响力的计算机互连网络，同时也是一个世界范围的信息资源库。

8.4.1　Internet 概述

20 世纪 60 年代中期，正处于冷战时期，美国国防部希望能够建立一种高冗余的网络来防止整个通信网络瘫痪，以免信息传输中断。1969 年 12 月，美国国防部高级研究计划局（ARPA）建立的网络 ARPAnet 开通，当时仅仅是连接着 4 个结点的实验性网络，ARPAnet 是世界上第一个计算机网络，利用了无线分组交换网与卫星通信网。1975 年，ARPAnet 已经连入了 100 多台主机，并结束了网络实验阶段，移交美国国防部通信局正式运行。同时，将 ARPAnet 分为两个网络：一个仍叫 ARPAnet，用于进一步的研究工作；另一个称为 MILnet，用于军方的非机密通信，这就是早期的 Internet 主干网络。到 1990 年，ARPAnet 已经被新的网络所替代。ARPAnet 的技术对网络技术的发展产生了重要的影响。

我国最早连入 Internet 的单位是中国科学院高能物理研究所。1994 年 8 月 30 日，前邮电部同美国 Sprint 电信公司签署合同，建立了 CHINAnet，使 Internet 真正开放到普通中国人。同年，中国教育科研网（CERnet）也连接到了 Internet。目前，各大学的校园网已成为 Internet 上最重要的资源之一，2008 年我国的 Internet 用户已达 1.6 亿。

8.4.2　Internet 的接入方式

从用户的角度看，将计算机接入 Internet 最基本的方式有 3 种：通过局域网接入、通过电话线接入，以及通过有线电视电缆接入。接入 Internet 的方式越来越多，对用户而言，Internet 的接入过程是朝着越来越容易的方向发展的。然而，接入 Internet 的最简单的方法显然是通过 Internet 服务提供商（ISP）来实现。

1．通过局域网接入

如果计算机所在环境中已经有一个与 Internet 相连的局域网，则将计算机连上局域网并由此进入 Internet，是一种比较理想的 Internet 接入方式。

要使计算机连上局域网，必须在计算机机箱的扩展槽内插一块网卡，通过双绞线连到一个共享的集线器（Hub）上，该集线器以一定方式连接到一个更大范围的网络中，从那里进入 Internet。这时，网卡拥有一个固定的网络地址，计算机中安装有网卡的驱动程序，使计算机能高效率地发送和接收数据。由于局域网传输速率较高，通常可达 10～100Mbit/s，因此经过局域网接入 Internet 后，上网速度通常较快。

2．通过电话线接入

（1）通过普通电话拨号接入。由于计算机只能处理数字信号，而目前电话系统只能传输模拟信号，因此在计算机与电话线端口之间必须通过一部调制解调器（Modem）进行信号转换。调制解调器的功能分为调制和解调两部分。用一定频率的正弦波作为信号载波，把所要传输的数字信号转换成模拟信号的过程称为调制，它是用数字信号去改变载波的某些参数的过程。当数据到达目标计算机后，需要将数字信号从模拟信号中分离出来，这个过程称为解调。

Modem 分为外接和内置的两种。Modem 具有自动拨号的功能，可由计算机自动完成拨号工作。电话系统拨号上网的速率为 56kbit/s，它已经接近于语音模拟电话线发送数据的极限速率。但是，能否获得这样高的传输速率，还在很大程度上取决于电话线的连接质量。

通过电话系统拨号接入 Internet 的优点是比较灵活，只要有电话的地方就能上网，成本也不高，但速率较低。

（2）ISDN 接入方式。综合业务数字网（Integrated Services Digital Network，ISDN）即"一线通"。ISDN 提供了 3 个独立的数字信道 B，B 和 D，通常称为 2B+D。其中两个 B 信道速率各为 64kbit/s 用来传输数据，D 信道的速率为 16kbit/s，作为控制信道。必要时，两个 B 信道也可以合并成为提供 128kbit/s 的单个信道。

随着以更低成本提供高速数据连接技术的推出与发展，目前 ISDN 也逐渐暴露出它价格高、带宽小的弱点，并将逐渐被其他技术所取代。

（3）不对称数字用户线（ADSL）技术。数字用户线（Digital Subscriber Line，DSL）技术是通过电话线路为用户提供数字服务。DSL 以分组交换技术为基础，不用拨号，业务是持续提供的。

目前，人们采用的是一种不对称数字用户线（Asymmetric Digital Subscriber Line，ADSL）技术。ADSL 为用户上网时提供的下载数据的速率要大大高于用户上传数据的速率，这种情况十分适合用户上网操作的普遍要求。

为了在普通电话线路上获得较高的传输速率，ADSL 还采用了可调技术，以一对 Modem 探测线路上的许多频段，然后选择可在线路上得到最优传输结果的视频和调制技术。可调技术带来的一个直接结果是：ADSL 技术只保证在线路条件许可下以最佳方式传输数据，因此，下载速率在 32kbit/s ~ 6.4Mbit/s 之间变动，上传流速率在 32 ~ 640kbit/s 之间变动。

3. 通过电缆接入

电缆调制解调技术是通过电缆接入 Internet 的基本方法，它的基础设施是有线电视（Community Antenna Television，CATV）的电缆系统，以及电缆 Modem。采用该技术能提供比电话线路更高的速率，而且不易受到电子干扰。事实上，由于 CATV 电缆系统的设计容量远远高于当前可用的电视频道容量，硬件留下未用的频道可被利用来传输数据。

按照目前电缆 Modem 的标准，电缆调制解调技术所支持的数据传输速率分别为：下行流速率 3 ~ 36Mbit/s，上行流速率 1 ~ 10Mbit/s。

在利用电缆提供双向通信的技术中，混合光纤电缆（Hybrid Fiber Coax，HFC）是一种很有发展前途的技术。该系统是光纤和同轴电缆的结合体，其中光纤用于中央设备，同轴电缆则用于连接个人用户。

8.4.3　IP 地址和域名系统

1. IP 地址

为了区分 Internet 上的主机，人们给每台主机都分配了一个专门的编号作为标识，称为 IP 地址，它就像人们在网上的身份证，要查看自己的 IP 地址可在 Windows XP 系统中单击"开始"|"运行"选项在弹出的对话框中输入 cmd，按【Enter】键，然后在弹出的窗口中输入 ipconfig，按【Enter】键。IP 是 Internet Protocol（国际互联网协议）的缩写。各主机间要进行信息传递必须要知道对方的 IP 地址。

（1）IP 地址的格式。每个 IP 地址的长度为 32 位，占 4 个字节，1 字节为 1 段（8 位），常用十进制数表示，每段数字的范围为 0 ~ 255，段与段之间用小数点分隔。例如：210.47.10.2。

（2）IP 地址的类型。把 IP 地址的 4 字节划分为 2 个部分，一部分用来表示具体的网络段，即网络号；另一部分用来表示具体的结点，即主机号。这样 32 位地址又分为 5 类分别对应于 A 类、B 类、C 类、D 类和 E 类 IP 地址，见表 8.1。

表 8.1 IP 地址类型和应用

类　型	第 1 个字节的数字范围	应　用
A	1 ~ 126	大型网络
B	128 ~ 191	中等规范网络
C	192 ~ 223	校园网
D	224 ~ 239	备用
E	240 ~ 254	试验用

为了确保 Internet 中 IP 地址的唯一性，IP 地址由 Internet IP 地址管理组织统一管理，如果需要建立网站，要向管理本地区的网络机构申请和办理 IP 地址。

几种具有特殊用途的 IP 地址如下。

① 主机号全部为 0 的 IP 地址称网络地址，如 129.45.0.0 就是 B 类网络地址。

② 主机号全部为 1（即 255）的 IP 地址称为广播地址，如 129.45.255.255 就是 B 类的广播地址。

③ 网络号不能以十进制数 127 开头，在地址中数字 127 保留给诊断用，如 127.1.1.1 用于回路测试。同时网络号的第 1 个字节也不能为 0，为表示本地网络，网络号的第 1 个字节也不能为 255，数字 255 作为广播地址使用。

随着 Internet 的增长，32 位的 IP 地址将很快用完，为了克服这个不足设计了 IPv6 地址。IPv6 地址为 128 位，采用冒分十六进制表示。所谓冒分十六进制表示法就是将 128 位的 IPv6 地址分成 8 段，每段 16 位用十六进制表示，段之间用冒号（:）隔开，各段数字开头的 0 可省略，即 ×:×:×:×:×:×:×:×，其中 × 是十六进制数。例如：

8000:0000:0000:0000:0123:4567:89AB:CDEF

因为一些 IPv6 地址有很多连续的 0，所以可以进行优化。规定一组中的前几个零可以取消，因此 0123 可以写成 123；一组或多组全零可以用一对冒号代替。因此上面的地址可以写成如下形式。

8000::123:4567:89AB:CDEF

2. 域名系统

由于 IP 地址全是数字，为了便于用户记忆，Internet 上引进了域名服务系统（Domain Name System，DNS）。当输入某个域名的时候，这个信息首先到达提供此域名解析的服务器上，再将此域名解析为相应网站的 IP 地址。完成这一任务的过程就称为域名解析。域名简单地说就是 Internet 上主机的名字，它采用层次结构，其基本结构如下：

主机名.机构名.类型名.国家代码

例如：210.47.10.208 的 Internet 域名是 www.jlict.edu.cn。

国家代码也称顶级域名，由于美国是 Internet 的起源地，所以美国不用国家代码。常见的国家代码见表 8.2。

表 8.2 部分顶级域名表

国　　家	中国	英国	法国	德国	意大利	日本	加拿大
国家代码	cn	uk	fr	de	it	jp	ca

类型名又称为二级域名，表示主机所在单位的类型。我国的二级域名分为类别域名和行政区域名两种，常用的二级域名见表 8.3 和表 8.4。

表 8.3 部分类别域名表

类 别 域 名	机 构 性 质
edu	教育机构
com	商业机构
net	网络服务机构
gov	政府机构
org	非盈利性组织
mil	军事机构
int	国际机构
info	信息服务机构

表 8.4 部分行政区域名表

域 名	行 政 区
bj	北京
sh	上海
tj	天津
jl	吉林省
he	河北省
sd	山东省

域名的注册服务由多家机构承担，我国的域名注册由中国互联网中心（CNNIC）统一管理。

近年来出现了中文域名，如"3721 中文网址"是一种架设在 IP 地址和域名技术之上的"应用和服务"，它不需改变现有的网络结构和域名体系，将一个复杂的 URL 转换为一个直观的中文词汇，实现中文用户的轻松上网。

8.4.4 Internet 的应用

1. WWW 服务

WWW（World Wide Web）服务是目前使用最广的一种基本 Internet 的应用，我们每天上网都要用到这种服务。通过 WWW 服务，只要用鼠标进行本地操作，就可以到达世界上的任何地方。由于 WWW 服务使用的是超文本链接，所以可以很方便地从一个网页转换到另一个网页。它不仅能查看文字，还可以欣赏图片、音乐、动画。比较常用的 WWW 浏览的程序是 IE、Maxthon、Firefox 等浏览器。

下面介绍与 WWW 服务相关的一些术语。

① 主页（Homepage）和网页（Webpage）：Internet 中的文件信息被称为网页。每一个 WWW 服务器上都存放着大量的网页文件，其中默认的封面文件称为主页。

② 超链接（Hyperlink）：包含在每一个页面中能够连到 Internet 上其他页面的链接信息。用户可以单击这个链接，跳转到它所指向的页面上。通过这种方法可以浏览相互链接的页面。

③ 超文本标记语言（HyperText Markup Language，HTML）：HTML 是目前网络上应用最为广泛的语言，也是构成网页文档的主要语言。设计 HTML 语言是为了能把存放在一台计算机中的文本或图形与另一台计算机中的文本或图形方便地联系在一起，形成有机的整体，人们不用考虑具体信息是在当前计算机上还是在网络的其他计算机上。

④ 超文本传输协议（HyperText Transmission Protocol，HTTP）：HTTP 是 Internet 上应用最为广泛的一种网络协议。所有的 WWW 文件都必须遵守这个标准。设计 HTTP 最初的目的是提供一种发布和接收 HTML 页面的方法。

⑤ 统一资源定位器 （Uniform Resource Locator，URL）：URL 被称为网页地址，是用于完整地描述 Internet 上网页和其他资源地址的一种标识方法。Internet 上的每一个网页都具有一个唯一的名称标识，通常称为 URL 地址，这种地址更多的是 Internet 上的站点。简单地说，URL 就是 Web 地址，俗称"网址"。

URL 由 3 部分组成：资源类型、存放资源的主机域名、资源文件名。

例如：http://www.jlict.edu.cn/xueyuan.htm

其中，http://表示的是资源的类型，即协议；www.jlict.edu.cn 表示存放资源的主机域名；xueyuan.htm 表示资源文件名，即 HTML 文件（网页）。

可用于 WWW 服务的协议还包括：文件传输 FTP，如 ftp://ftp.tsinghua.edu.cn/；发送电子邮件 mailto，如 mailto:zhang@126.com；本地文件 file 用于浏览本地计算机上的文件，如：file://D:/Scores/aa.doc。

2. 文件传输 FTP 服务

文件传输协议 （File Transfer Protocol，FTP）属于网络协议组的应用层，用于管理计算机之间的文件传送。通过 FTP 应用程序可以在 Internet 上实现远程文件传输，它包括两种方式。

① 文件下载：从远程主机上把文件传送到本地计算机上的过程。

② 文件上传：从本地计算机把文件传送到远程主机上的过程。

FTP 是 Internet 上使用非常广泛的一种通信协议。它是由支持 Internet 文件传输的各种规则所组成的集合，这些规则使 Internet 用户可以把文件从一个主机复制到另一个主机上，因而为用户提供了方便。

FTP 采用客户机/服务器方式，使用方法很简单。启动 FTP 客户端程序先与远程主机建立连接，然后向远程主机发出传输命令，远程主机在收到命令后就给予响应，并执行正确的命令。FTP 有一个根本的限制，那就是如果用户未被某一 FTP 主机授权，就不能访问该主机，实际上是用户不能远程登录（Remote Login）进入该主机。也就是说，如果用户在某个主机上没有注册获得授权，没有用户名和口令，就不能与该主机进行文件的传输。而 Anonymous FTP（匿名 FTP）则取消了这种限制。常用的图形用户界面的 FTP 客户端软件主要有 CuteFTP 和 LeapFTP。

3. 电子邮件服务

电子邮件简称 E-mail，又称电子信箱，它是一种用电子手段提供信息交换的通信方式，是 Internet 应用最广、最受欢迎的服务。通过网络的电子邮件系统，用户可以用非常低廉的价格，以非常快速的方式，与世界上任何一个角落的网络用户联系，这些电子邮件可以是文字、图像、声音等各种方式。电子邮件还可以进行一对多的邮件传送，同一邮件可以一次发送给许多人。

（1）电子邮件协议简介。电子邮件在发送和接收的过程中需要遵循一些基本的协议和标准，当前常用的电子邮件协议有 SMTP、POP3 等。目前几乎所有的电子邮件客户软件都支持这些协议和标准。

① SMTP 协议。SMTP（Simple Mail Transfer Protocol，简单邮件传输协议）。在 Internet 中，电子邮件的传输是依靠 SMTP 进行的。SMTP 的最大特点是简单，它只规定了电子邮件如何在 Internet 中通过发送方和接收方的 TCP 进行传输，而对其他操作，如与用户的交互、邮件的存储及邮件发送的时间间隔等问题都不涉及。

SMTP 服务器就是遵循 SMTP 的发送邮件服务器。SMTP 认证，简单地说就是要求必须在提供了用户名和密码之后才可以登录 SMTP 服务器，这就使得那些垃圾邮件的散播者无可乘之机。增加 SMTP 认证的目的是使用户避免受到垃圾邮件的侵扰。

② POP3 协议。POP3（Post Office Protocol）是邮局协议，负责从邮件服务器中读取电子邮件。基于 POP3 协议的电子邮件软件为用户提供了许多方便，它允许用户在不同的地点访问服务器上的电子邮件，POP3 协议也允许用户在电子邮件上附带文件，如文字处理文件、电子表格文件、图片和声音文件等。

（2）电子邮件地址。电子邮件（E-mail）地址具有以下统一的标准格式：用户名@主机名. 域名。用户名就是注册名或邮箱的用户标识，@可以读成 at，也就是"在"的意思。整个电子邮件地址可理解为网络中某台服务器上的某个用户的地址，如 support@126.com 即为一个邮件地址。

在使用 E-mail 地址时，应注意如下几个问题：不要漏掉地址中各部分的圆点；在整个地址中，一定不能输入空格；大部分 E-mail 地址是不区分大小写字母的，但极少部分 E-mail 地址是区分大小写字母的。

（3）基于 Web 方式收发邮件。用户打开网络浏览器，在地址栏内输入邮件服务器的 URL（如 http://mail.126.com），然后输入用户名和密码。登录后就可以看到收件箱、草稿箱等，用户可以在浏览器窗口中读写邮件、收发邮件，如图 8.20 所示。

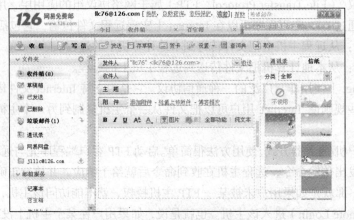

图 8.20　基于 Web 方式收发邮件

（4）Outlook Express 简介。Outlook Express（OE）是 Microsoft Windows 自带的一种电子邮件收发客户端软件，它包括 Internet 邮件客户程序、新闻阅读程序和 Windows 通信簿。它不仅方便易用、界面友好，而且具有可管理多个邮件和新闻账号，可脱机撰写邮，以通信簿存储和检索电子邮件地址、可使用数字标识对邮件进行数字签名和加密、在邮件中添加个人签名或信纸以及预订和阅读新闻组等多种功能。

在第一次使用 Outlook Express 发送邮件之前需要配置邮件账号，之后即可发送和接收邮件。

（5）添加邮件账号。在 Outlook 中添加邮件账号的步骤如下。

① 选择"工具"|"账户"命令，在弹出的对话框中单击"添加"按钮，选择"邮件"选项，在弹出对话框的"显示名"文本框中输入你的姓名，并单击"下一步"按钮。

② 在"电子邮件地址"文本框中输入 username@tom.com（必须是存在的邮件地址），并单击"下一步"按钮。

③ 在"接收邮件服务器"和"发送邮件服务器"文本框中分别输入你的 ISP 接收邮件服务器地址（如 pop3.tom.com）和发送邮件服务器的地址（如 smtp.tom.com），并单击"下一步"按钮，

如图 8.21 所示。

④ 在"账户名"和"密码"文本框中分别输入你的用户名和密码，并单击"下一步"按钮，最后单击"完成"按钮。也可以这样的方式创建多个账号。

（6）修改邮件账号。邮件账号添加完成后，若需修改某些属性，可打开"Internet 账户"对话框，选择需要修改的邮件账号，单击"属性"按钮，修改账号属性。

有些邮件服务器为了防止垃圾和未经授权的用户向外发送邮件，通常要求用户在发送邮件时进行身份认证。因此，用户必须在邮件账号添加完成后，再设置账号的"发送邮件服务器"的身份认证属性，具体操作步骤如下。

① 在"Internet 账号"对话框中选中要设置的邮件账户，单击"属性"按钮，打开相应的邮件账户的属性对话框，如图 8.22 所示。

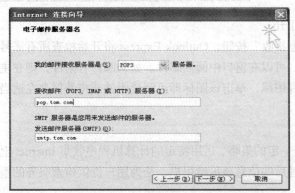

图 8.21 电子邮件服务器名　　　　　图 8.22 邮件账户属性对话框

② 在邮件账户属性对话框中选择"服务器"选项卡，将其中的"我的服务器要求身份验证"复选框选中，单击"确定"按钮即可，如图 8.23 所示。

③ 在邮件账户属性对话框中选择"高级"选项卡，将其中的"在服务器上保留邮件副本"复选框选中，单击"确定"按钮即可，如图 8.24 所示。

（7）在 Outlook Express 中发送和接收电子邮件

① 撰写新邮件。启动 Outlook Express，在工具栏上单击"创建邮件"按钮，打开"新邮件"窗口，如图 8.25 所示。

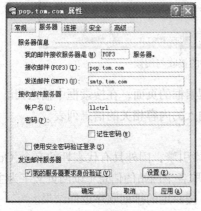
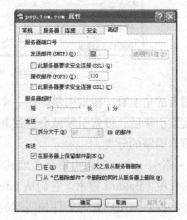

图 8.23 "我的服务器要求身份验证"复选框　　　图 8.24 "在服务器上保留邮件副本"复选框

在"收件人"和"抄送"文本框中，输入收件人的 E-mail 地址，可以在"收件人"文本框中输入多个邮件地址，不同的邮件地址用逗号或分号隔开。在"主题"文本框中输入邮件的主题，撰写邮件的内容；如果需要添加附件，可以通过单击工具栏上的"附件"按钮来实现。如果想让邮件更加美观，可以通过"格式"菜单设置信纸。

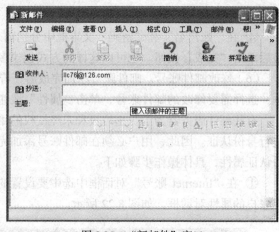

图 8.25 "新邮件"窗口

② 电子邮件的发送。新邮件撰写完成后具栏，单击工上的"发送"按钮就可将它立即发送出去。

③ 电子邮件的接收和阅读。打开 Outlook Express，在工具栏上单击"发送|接收"按钮，Outlook Express 将开始检查所有账号的新电子邮件并将其下载下来。下载完成后，可以在窗口中阅读邮件。如果邮件有附件，则在主窗口的右下方将出现一个形状如曲别针的附件图标，单击该图标即可阅读附件或将其保存在适当位置上，如图 8.26 所示。

4. 搜索引擎服务

搜索引擎（Search Engine）是指根据一定的策略、运用特定的计算机程序收集 Internet 上的信息，再对信息进行组织和处理，并将处理后的信息显示给用户，是为用户提供检索服务的系统。

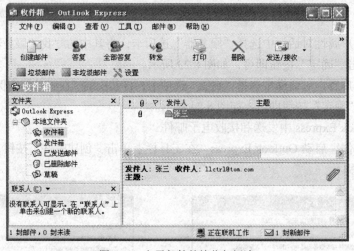

图 8.26 电子邮件的接收与阅读

从使用者的角度看，搜索引擎提供一个包含搜索框的页面，在搜索框中输入词语，通过浏览器提交给搜索引擎后，搜索引擎就会返回和用户输入的内容相关的信息列表。

（1）搜索引擎的分类。

① 全文索引。全文搜索引擎是名副其实的搜索引擎，国外具有代表性的有个 Google，国内则有著名的百度（Baidu）搜索。它们从 Internet 提取各个网站的信息（以网页文字为主），建立起数据库，并能检索与用户查询条件相匹配的记录，按一定的排列顺序返回结果。

根据搜索结果来源的不同，全文搜索引擎可分为两类，一类拥有自己的检索程序（Indexer），俗称"蜘蛛"（Spider）程序或"机器人"（Robot）程序，能自建网页数据库，搜索结果直接从自身的数据库中调用，上面提到的 Google 和百度就属于此类；另一类则是租用其他搜索引擎的数据库，并按自定的格式排列搜索结果，如 Lycos 搜索引擎。

② 目录索引。目录索引虽然有搜索功能，但从严格意义上讲不能称为真正的搜索引擎，只是按目录分类的网站链接列表而已。用户完全可以按照分类目录找到所需要的信息，不依靠关键词（Keywords）进行查询。目录索引中最具代表性的有 Yahoo、搜狐、新浪和网易分类目录搜索。

③ 元搜索引擎。元搜索引擎（Meta Search Engine）接受用户查询请求后，同时在多个搜索引擎上搜索，并将结果返回给用户。著名的元搜索引擎有 InfoSpace、Dogpile 等，中文元搜索引擎中具代表性的是搜星搜索引擎。

（2）搜索引擎的工作过程。

① 抓取网页。每个独立的搜索引擎都有自己的网页抓取程序（Spider）。Spider 顺着网页中的超链接，连续地抓取网页。被抓取的网页被称为网页快照。由于 Internet 中超链接的应用很普遍，理论上，从一定范围的网页出发，就能搜集到绝大多数的网页。

② 处理网页。搜索引擎抓到网页后，还要做大量的预处理工作，才能提供检索服务。其中，最重要的就是提取关键词，建立索引文件。其他还包括去除重复网页、分析超链接、计算网页的重要度。

③ 提供检索服务。用户输入关键词进行检索，搜索引擎从索引数据库中找到匹配该关键词的网页；为了用户便于判断，除了网页标题和 URL 外，还会提供一段来自网页的摘要以及其他信息。

（3）搜索引擎的组成。搜索引擎一般由搜索器、索引器、检索器和用户接口 4 个部分组成。

① 搜索器：其功能是在 Internet 中漫游，发现和搜集信息。

② 索引器：其功能是理解搜索器所搜索到的信息，从中抽取出索引项，用于表示文档以及生成文档库的索引表。

③ 检索器：其功能是根据用户的查询在索引库中快速检索文档，进行相关度评价，对将要输出的结果排序，并能按用户的查询需求合理反馈信息。

④ 用户接口：其作用是接纳用户查询、显示查询结果、提供个性化查询项。

（4）搜索引擎的使用技巧。搜索引擎为用户查找信息提供了极大的方便，用户只需输入几个关键词，任何想要的资料都会从世界各个角落汇集到你的计算机前。然而如果操作不当，搜索效率也是会大打折扣。

比如说你本想查询某方面的资料，可搜索引擎返回的却是大量无关的信息。这种情况责任通常不在搜索引擎，而是因为你没有掌握提高搜索精度的技巧。

① 搜索关键词提炼。选择正确的关键词是最重要的。学会从复杂搜索意图中提炼出最具代表性和指示性的关键词对提高信息查询效率至关重要，这方面的经验积累是很重要的。

② 细化搜索条件。搜索条件越具体，搜索引擎返回的结果就越精确，用户可以通过使用多个关键词来缩小搜索范围。有时多输入一两个关键词效果就会完全不同，这是搜索的基本技巧之一。

③ 用好逻辑命令。搜索逻辑命令通常是指布尔命令 AND、OR、NOT 及与之对应的+、−等逻辑符号命令。用好这些命令同样可使我们日常搜索应用达到事半功倍的效果。

④ 留意搜索引擎返回的结果。搜索引擎返回的 Web 站点顺序可能会影响人们的访问，所以，为了增加 Web 站点的点击率，一些 Web 站点会付费给搜索引擎，以在相关 Web 站点列表中显示在靠前的位置。好的搜索引擎会鉴别 Web 站点的内容，并据此安排它们的顺序。

8.5 网络安全

8.5.1 网络安全的基本概念

针对网络存在的安全漏洞，黑客们所制造的各类新型的风险将会不断产生，这些风险是由多种因素引起的，与网络系统结构和系统的应用等因素密切相关。下面从物理安全、网络安全、系统安全、应用安全、管理安全等方面进行分类描述。

1. 物理安全

我们认为网络物理安全是整个网络系统安全的前提。物理安全的风险主要有：地震、水灾、火灾等环境事故造成整个系统毁灭；电源故障造成设备断电导致操作系统引导失败或数据库信息丢失；电磁辐射可能造成数据信息被窃取或偷阅；不能保证几个不同机密程度网络的物理隔离。

2. 内部网络安全

内部网络与外部网络间如果没有采取一定的安全防护措施，内部网络容易遭到来自外部网络的攻击。包括来自 Internet 上的风险和下级单位的风险。

内部局域网不同部门或用户之间如果没有采用相应的访问控制，也可能造成信息泄露或非法攻击。据调查统计，已发生的网络安全事件中，70%的攻击来自内部。因此内部网的安全风险更严重。内部员工对自身企业网络结构、应用比较熟悉，自己攻击或泄露重要信息都将可能成为导致系统受攻击的最致命的安全威胁。

3. 系统安全

所谓系统安全通常是指网络操作系统、应用系统的安全。目前的操作系统或应用系统无论是 Windows 还是其他商用 UNIX 操作系统以及其他厂商开发的应用系统，其开发厂商必然留有后门（Back-Door）。而且系统本身必定存在安全漏洞。这些"后门"或安全漏洞都将存在重大安全隐患。因此应正确评估自己的网络风险并根据自己的网络风险大小做出相应的安全解决方案。

4. 应用安全

应用系统的安全涉及很多方面。应用系统是动态的、不断变化的，应用的安全性也是动态的。比如新增了一个新的应用程序，肯定会出现新的安全漏洞，必须在安全策略上做一些调整，不断完善。

（1）公开服务器应用。在 Internet 上有许多公开服务器对外网提供浏览、查询和下载等服务。既然外部用户可以正常访问这些公开服务器，如果没有采取一些访问控制，恶意入侵者就可能利用这些公开服务器存在的安全漏洞控制这些服务器，甚至利用公开服务器作为桥梁入侵到内部局域网,盗取或破坏重要信息。这些服务器上记录的数据都是非常重要的,它们的安全性应得到100%的保证。

（2）病毒传播。网络是病毒传播的最好、最快的途径之一。病毒程序可以通过网上下载、电子邮件、使用盗版光盘或 U 盘、人为投放等传播途径潜入内部网。网络中一旦有一台主机受到病毒感染，则病毒程序就完全可能在极短的时间内迅速扩散，传播到网络上的所有主机上。有些病毒会在你的系统中自动打包一些文件并且自动从发件箱中发出，这样可能造成信息泄露、文件丢失、机器死机等不安全因素。

（3）信息存储。由于天灾或其他意外事故，数据库服务器造到破坏，如果没有采用相应的安全备份与恢复系统，则可能造成数据丢失，以及长时间的中断服务。

5．管理安全

管理是网络安全中最重要的部分。责权不明，安全管理制度不健全及缺乏可操作性等都可能引起管理安全的风险。

比如一些员工或管理员随便让一些外来人员进入机房重地，或者员工有意无意泄露他们所知道的一些重要信息，而管理上却没有相应制度来约束。当网络出现攻击行为或受到其他一些安全威胁时（如内部人员的违规操作等），无法进行实时的检测、监控、报告与预警。同时，当事故发生后，也无法提供黑客攻击行为的追踪线索及破案依据，即缺乏对网络的可控性与可审查性。这就要求我们必须对站点的访问活动进行多层次的记录，及时发现非法入侵行为。

8.5.2　防火墙技术

1．防火墙基本知识

防火墙是在两个网络之间执行访问控制策略的一个或一组系统，包括硬件和软件，目的是保护网络不被他人侵扰。本质上，它遵循的是一种允许或阻止业务来往的网络通信安全机制，也就是提供可控的过滤网络通信，只允许授权的通信。

通常防火墙就是位于内部网或 Web 站点与因特网之间的一个路由器或一台计算机。其目的如同一个安全门，为门内的部门提供安全，控制那些可被允许出入该受保护环境的人或物。就像工作在前门的安全卫士，控制并检查站点的访问者。

防火墙是由管理员为保护自己的网络免遭外界非授权访问但又允许与 Internet 连接而发展起来的。从网际角度来看，防火墙可以看成是安装在两个网络之间的一道栅栏，根据安全计划和安全策略中的定义来保护其后面的网络。由软件和硬件组成的防火墙应该具有以下功能。

① 所有进出网络的通信流都应该通过防火墙。
② 所有穿过防火墙的通信流都必须有安全策略和计划的确认、授权。
③ 理论上说，防火墙是穿不透的。

防火墙的作用是保护 Web 站点和公司的内部网，使之免遭 Internet 上各种危险的侵犯。从逻辑上讲，防火墙是分离器、限制器和分析器。从物理角度看，各站点防火墙物理实现的方式有所不同。通常防火墙是一组硬件设备，即路由器、主机或者是路由器、计算机和配有适当软件的网络的多种组合。

2．防火墙的不足之处

① 防火墙不能防范恶意的知情者。
② 防火墙不能防范不通过它的连接。
③ 防火墙不能防备全部的威胁。
④ 防火墙不能防范病毒。

8.5.3　网络攻击及防御方法

为了把损失降低到最低限度，我们一定要有安全观念，并掌握一定的安全防范措施，让黑客无任何机会可乘。下面就来研究一下那些黑客是如何找到计算机中的安全漏洞的，只有了解了他们的攻击手段，才能采取准确的对策来对付这些黑客。

1．口令猜测

一旦黑客识别了一台主机而且发现了电子邮件、Telnet 或 FTP 等服务的可利用的用户名，成功的口令猜测能实现对机器的控制。

防御的方法就是要选用难以猜测的口令，比如词和数字或符号的组合。确保可利用的服务不暴露在公共范围。

2. 放置特洛伊木马程序

特洛伊木马程序可以直接侵入用户的计算机并进行破坏，它常被伪装成工具程序或者游戏等诱使用户打开，一旦用户打开了这些带有特洛伊木马的程序之后，它们就在计算机系统中隐藏一个可以在 Windows 启动时悄悄执行的程序。当计算机连接到 Internet 上时，这个程序就会通知黑客，来报告你的 IP 地址以及预先设定的端口。黑客在收到这些信息后，再利用这个潜伏在其中的程序，就可以任意修改计算机的参数、复制文件、窥视整个硬盘中的内容等，从而达到控制计算机的目的。

防御的方法就是避免下载可疑程序并拒绝执行，运用网络扫描软件定期监视内部主机上的 TCP 服务。

3. WWW 的欺骗技术

在网上用户可以利用 IE 等浏览器进行各种各样的 Web 站点访问，如咨询产品价格、订阅报纸、电子商务等。然而一般的用户恐怕不会想到有这些问题存在：正在访问的网页已经被黑客篡改过，网页上的信息是虚假的。例如，黑客将用户要浏览的网页的 URL 改写为指向黑客自己的服务器，当用户浏览目标网页的时候，实际上是向黑客服务器发出请求，那么黑客就可以达到欺骗的目的了。

防御的方法就是从地址栏直接进入重要的网站名称，不要利用其他来历不明的网站提供的链接访问网站。

4. 电子邮件攻击

电子邮件炸弹指的是用伪造的 IP 地址和电子邮件地址向同一信箱发送数以千计、万计甚至无穷多次的内容相同的垃圾邮件，致使接收者邮箱被"炸"，严重者可能会给电子邮件服务器操作系统带来危险，甚至瘫痪。

5. 网络监听

网络监听是主机的一种工作模式，在这种模式下，主机可以接收到本网段在同一条物理通道上传输的所有信息，而不管这些信息的发送方和接收方是谁。此时，如果两台主机进行通信的信息没有加密，只要使用某些网络监听工具就可以轻而易举地截取包括口令和账号在内的信息资料。虽然网络监听获得用户账号和口令具有一定的局限性，但监听者往往能够获得其所在网段的所有用户账号及口令。

采用加密技术来防止网络监听给用户所带来的危害，特别要防止用户账号、口令等关键信息被窃听。

6. 寻找系统漏洞

许多系统都有这样那样的安全漏洞（Bugs），其中某些是操作系统或应用软件本身具有的，如 Windows 中的共享目录密码验证漏洞和 IE 漏洞等，这些漏洞在补丁未被开发出来之前一般很难防御黑客的破坏，除非将网线拔掉。还有一些漏洞是由于系统管理员配置错误引起的，这都会给黑客带来可乘之机，应及时加以修正。

8.5.4 计算机病毒

1. 计算机的病毒的概念

计算机病毒是指编制或者在计算机程序中插入的能够破坏计算机功能或者毁坏数据，影响计算机使用，并能自我复制的一组计算机指令或者程序代码。

2. 计算机病毒的特性

（1）传染性。传染性是病毒的基本特征。而病毒能使自身的代码强行传染到一切符合其传染条件的未受到传染的程序之上。计算机病毒可通过各种可能的渠道，如 U 盘、计算机网络传染其他的计算机。当用户在一台计算机上发现病毒时，往往曾在这台计算机上用过的 U 盘已感染上了病毒，而与这台计算机相连网的其他计算机也许也感染了病毒。是否具有传染性是判断一个程序是否为计算机病毒最重要的条件。

（2）隐蔽性。病毒一般是具有很高编程技巧，短小精悍的程序。通常附在正常程序中或磁盘较隐蔽的地方，也有个别的以隐藏文件形式出现，目的是不让用户发现它的存在。如果不经过代码分析，病毒程序与正常程序是不容易区别开来的。正是由于隐蔽性，计算机病毒得以在用户没有察觉的情况下扩散并游荡于世界上百万台计算机中。

（3）潜伏性。潜伏性的第 1 种表现是指病毒程序不用专用检测程序是检查不出来的，因此病毒可以静静地躲在磁盘里呆上几天，甚至几年。潜伏性的第 2 种表现是指计算机病毒的内部往往有一种触发机制，不满足触发条件时，计算机病毒除了传染外不做什么破坏。触发条件一旦得到满足，有的在屏幕上显示信息、图形或特殊标识，有的则执行破坏系统的操作，如格式化磁盘、删除磁盘文件等。

（4）破坏性。所有的计算机病毒是一种可执行程序，而这一可执行程序又必然要运行，所以对系统来讲，所有的计算机病毒都存在一个共同的危害，即降低计算机系统的工作效率，占用系统资源，其具体情况取决于入侵系统的病毒程序。

同时计算机病毒的破坏性主要取决于计算机病毒设计者的目的，如果病毒设计者的目的在于彻底破坏系统的正常运行，那么这种病毒对于计算机系统进行攻击造成的后果是难以设想的，它可以毁掉系统的部分数据，也可以破坏全部数据并使之无法恢复。

（5）针对性。计算机病毒是针对特定的计算机和特定的操作系统的，例如：有针对 IBM-PC 及其兼容机的；有针对 Apple 公司的 Macintosh 的；还有针对 UNIX 操作系统的。

（6）衍生性。掌握病毒原理的人以其个人的企图对病毒进行任意改动，从而又衍生出一种不同于原版本的新的计算机病毒（又称为变种）。这就是计算机病毒的衍生性。这种变种病毒造成的后果可能比原版病毒严重得多。

（7）寄生性。病毒程序嵌入到宿主程序中，依赖于宿主程序的执行而生存，这就是计算机病毒的寄生性。病毒程序在侵入到宿主程序中以后，一般对宿主程序进行一定的修改，宿主程序一旦执行，病毒程序就被激活，从而可以进行自我复制和繁衍。

（8）不可预见性。从对病毒的检测方面来看，病毒还有不可预见性。不同种类的病毒，它们的代码千差万别。杀毒软件的确可查出一些新病毒，但由于目前的软件种类极其丰富，且某些正常程序也使用了类似病毒的操作甚至借鉴了某些病毒的技术。使用这种方法对病毒进行检测势必会造成较多的误报情况。而且病毒的制作技术也在不断地提高，病毒对反病毒来说软件永远是超前的。

3. 计算机病毒的发展趋势

新计算机病毒的种类不断涌现，数量急剧增加，计算机病毒造成的破坏日益严重。蠕虫病毒越来越多，宏病毒退而居其次，黑客程序与病毒相结合。主动传播，基于网络的病毒越来越多，电子邮件成为计算机病毒传播的主要途径。

4. 计算机病毒的防范

现在人们还没有养成定期进行系统升级、维护的习惯，这也是最近受病毒侵害感染率高的原因之一。只要培养良好的预防病毒的意识，并充分发挥杀毒软件的防护能力，完全可以将大部分病毒拒之门外。

① 安装防毒软件。鉴于现今病毒无孔不入，安装一套正版杀毒软件是很有必要的。首次安装时，一定要对计算机做一次彻底的病毒扫描，可以确保系统尚未受过病毒感染。另外建议每周至少更新一次病毒特征码数据库，因为最新的防病毒软件才是最有效的。定期扫描计算机也是一个良好的习惯。

② 在使用U盘或移动硬盘等设备时一定要先对其进行病毒扫描。

③ 来历不明的邮件决不要打开，遇到未知邮件中的附件，决不要轻易运行。不要随便直接运行或直接打开电子邮件中的附件文件，不要随意下载软件，尤其是一些可执行文件和Office文档。即使下载了，也要先用最新的杀毒软件来检查。

④ 及时为系统漏洞安装补丁程序，许多网络病毒正是利用系统漏洞感染计算机的。

⑤ 使用基于客户端的防火墙或过滤措施，以增强计算机对黑客和恶意代码攻击的免疫力。或者在一些安全网站中，对自己的计算机做病毒扫描，查看它是否存在安全漏洞与病毒。如果你经常在线，这一点很有必要，因为如果你的系统没有有效的防护措施，用户个人资料很有可能会被他人窃取。

⑥ 重要数据文件一定要定期进行备份。不要等到计算机病毒发作、计算机硬件或软件出现故障，使用户数据受到破坏时再去补救。

习　题

一、选择题

1. 计算机网络最突出的优点是（　　　）。
   A. 运算速度快　　　B. 运算精度高　　　C. 存储容量大　　　D. 资源共享

2. 超文本传输协议的英文名称是（　　　）。
   A. HyperText Markup Language
   B. HyperText Transfer Protocol
   C. Text
   D. Markup Language Text Transfer Protocol

3. FTP是指（　　　）。
   A. 远程登录　　　B. 文件传输　　　C. 网页浏览　　　D. 邮件服务

4. 为了保证全网的正确通信，Internet为连网的每个网络和每台主机都分配了唯一的地址，该地址由32位二进制数组成，并每隔8位用小数点分隔，将它称为（　　　）。
   A. TCP地址
   B. IP地址
   C. WWW服务器地址
   D. WWW客户机地址

5. 目前，我国家庭计算机用户主要仍然是通过（　　　）上网的方式。
   A. 专线　　　B. 局域网　　　C. 电话线路　　　D. 有线电视线路

6. 开放系统互连参考模型的基本结构分为（　　　）层。
   A. 4　　　B. 5　　　C. 6　　　D. 7

7. OSI参考模型的中文含义是（　　　）。
   A. 网络通信协议
   B. 国家信息基础设施
   C. 开放系统互连
   D. 公共数据通信网

8. OSI 模型的最高层/最低层是（　　）。

A. 网络层/应用层　B. 应用层/物理层　　C. 传输层/链路层　D. 表示层/物理层

9. 路由选择是 OSI 模型中（　　）层的主要功能。

A. 物理　　　　　B. 数据链路　　　　C. 网络　　　　　D. 传输

10. 传输速率的单位是 bit/s，其含义是（　　）。

A. Bytes Per Second　　　　　　　B. baud Per Second

C. bits Per Second　　　　　　　　D. billion　Per Second

11. ADSL 的含义是（　　）。

A. 数字网　　　　　　　　　　　　B. 特殊的局域网

C. 综合业务数字网　　　　　　　　D. 非对称数字用户线路

12. 为了能在网络上正确地传送信息，制定了一整套关于传输、顺序、格式、内容和方式的约定，称为（　　）。

A. OSI 参考模型　　B. 网络操作系统　　C. 通信协议　　D. 网络通信软件

13. LAN 是（　　）的英文缩写。

A. 城域网　　　　　B. 网络操作系统　　C. 局域网　　　　D. 广域网

14. 局域网常用的基本拓扑结构有（　　）、环形和星形。

A. 层次型　　　　　B. 总线型　　　　　C. 交换型　　　　D. 分组型

15. 将一个局域网与广域网互连应使用的设备是（　　）。

A. 网桥　　　　　　B. 中继器　　　　　C. 路由器　　　　D. 光缆

16. 电子邮件使用的传输协议是（　　）。

A. SMTP　　　　　B. Telnet　　　　　C. HTTP　　　　　D. FTP

17. 当你从 Internet 上获取邮件时，你的电子信箱设在（　　）。

A. 你的计算机上　　　　　　　　　B. 发信给你的计算机上

C. 你的 ISP 的服务器上　　　　　　D. 根本不存在电子信箱

18. 防火墙的含义是在网络服务器所在机房中建立的（　　）。

A. 一栋用于防火的墙

B. 用于限制外界对某特定范围内网络的登录与访问

C. 不限制其保护范围内主机对外界的访问与登录

D. 可以通过在域名服务器中设置参数来实现

19. 下列传输介质中，抗干扰能力最强的是（　　）。

A. 微波　　　　　　B. 光纤　　　　　　C. 同轴电缆　　　D. 双绞线

20. 一个学校组建的计算机网络属于（　　）。

A. 城域网　　　　　B. 局域网　　　　　C. 内部管理网　　D. 学校公共信息网

二、问答题

1. 简述计算机网络的组成和分类。

2. 简述 OSI 参考模型中各层的功能。

3. 简述 IEEE 802 规定的局域网中最常用的介质访问控制方法，以及它们之间的区别。

4. Internet 提供的服务有哪些？

5. 结合实际情况，说明如何保护计算机的安全。

第9章
软件技术基础

计算机科学与技术的大部分研究工作都是围绕程序设计进行的，无论理论研究还是应用软件开发都离不开程序设计。曾经发明 Pascal 语言的计算机科学家沃思（N.Wirth）教授提出了关于程序设计的一个重要公式：程序＝数据结构＋算法。这一公式说明数据结构与算法是程序设计过程中密切相关的两个重要方面。对初学者而言，选用何种计算机语言进行程序设计并不是很重要，重要的是掌握程序设计的基本方法和技术。

本章的主要内容包括：程序设计基础、数据结构、软件工程、多媒体技术。这里的每一部分都是计算机专业的一门专业课程，要想提高软件开发能力，还需要进一步学习相关课程，这里只能简要介绍相关的基础知识。

9.1　程序设计基础

指令是能够被计算机直接识别与执行的命令，它能够指示计算机做某种具体的操作，CPU 执行一条指令就能够完成一个基本运算。程序（Program）就是让计算机解决某一问题而编写的指令序列。程序编写的过程也就是程序设计（Programming）。用于描述计算机所执行操作的语言称为程序设计语言（Programming Language）。从第一台电子计算机问世以来的 60 多年中，计算机硬件发展迅速，与此同时，作为软件开发的程序设计语言经历了机器语言、汇编语言、高级语言等多个阶段，程序设计方法也经历了面向计算机的程序设计、面向过程的程序设计和面向对象的程序设计 3 个发展阶段。

9.1.1　程序设计方法与风格

程序设计方法和技术主要经历了结构化程序设计和面向对象程序设计两个阶段。除了好的程序设计方法和技术之外，程序设计的风格也很重要，它极大地影响着软件的质量和可维护性。良好的程序设计风格可以使程序结构清晰，使程序代码易于维护。

通常程序设计风格是指编写的代码必须是可以理解的。"清晰第一，效率第二"的原则已经成为当今主流的程序设计风格。

养成良好的程序设计风格，主要考虑以下因素。

1. 源程序文档化

源程序文档化应考虑以下几点。

① 符号命名：符号名应具有一定含义，便于理解。

② 程序注释：正确的注释能够帮助读者理解程序。

③ 视觉组织：利用空格、空行、缩进等技巧使程序层次清晰。

2. 数据说明的方法

① 数据说明的次序应该规范化。

② 说明语句中变量的安排应该有序化。

③ 使用注释说明复杂的数据结构。

3. 语句的结构

程序应该简单易懂，语句构造应该简单直接，同时应该注意以下几点。

① 一行内只写一条语句。

② 编写程序应该优先考虑清晰性，除非对效率有特殊要求，否则要坚持"清晰第一，效率第二"的原则。

③ 首先要保证程序的正确性，然后要注意程序的高效性。

④ 避免使用临时变量以免程序可读性下降。

⑤ 尽量少使用跳转语句。

⑥ 尽量使用库函数。

⑦ 尽量少使用复杂的条件语句。

⑧ 数据结构要有利于程序的简化。

⑨ 要模块化，使得程序模块功能尽可能单一化。

⑩ 要保证模块的独立性。

4. 输入/输出

① 对所有的输入数据都要检验数据的合理性。

② 检查输入项的各种组合的合理性。

③ 输入格式要简单。

④ 不要对输入数据的格式要求太高。

⑤ 应允许使用默认值。

⑥ 输入一批数据时，应该使用输入结束标识。

⑦ 使用交互式的输入和输出，要给出用户输入格式的提示，在数据输入过程中和输入结束时都应该给出相应的状态信息。

⑧ 当程序设计语言对输入格式没有严格要求时，应保持输入格式与输入语句的一致性，给输入语句加注释，并设计输出格式。

9.1.2　结构化程序设计

1. 结构化程序设计的原则

结构化程序设计目前还没有一个普遍认同的定义，但是一种比较流行的定义是：结构化程序设计是一种设计的技术，它采用自顶向下逐步求精的方法，以及单入口和单出口的控制结构。

具体来说，在总体设计阶段采用自顶向下逐步求精的方法，可以把解决一个复杂问题的过程分解成多个功能模块，这些模块的组织要具有一定的层次结构。在具体设计或编码阶段采用自顶向下逐步求精的方法，可以把一个模块的功能再细分为一系列具体的处理步骤，每个处理步骤可以使用单入口的控制结构，即顺序、选择和循环来描述。

结构化程序设计的主要原则是：自顶向下、逐步求精、模块化、限制使用跳转语句。

2. 结构化程序设计的基本结构与特点

采用结构化程序设计方法编写程序，可以使得程序有结构良好、容易读、模块化、容易理解、容易维护等优点。1966 年 Bohm 和 Jacopini 证明了 3 种基本的控制结构就能实现任何单入口和单出口的结构。这 3 种基本的控制结构是顺序、选择和循环。

（1）顺序结构。顺序结构是顺序执行的结构，即按照程序的自然顺序，一条一条地执行语句。其流程图如图 9.1 所示。

（2）选择结构。选择结构也称为分支结构，它包括简单的选择和分支选择，这种结构可以根据条件，判断执行哪一个分支的语句。流程图如图 9.2 所示。

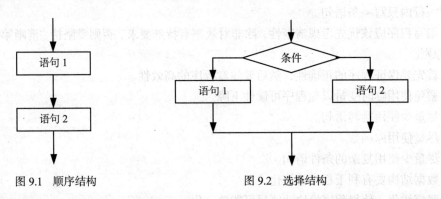

图 9.1　顺序结构　　　　　　　　图 9.2　选择结构

（3）循环结构。循环结构又称为重复结构，它根据给出的条件判断是否重复执行某一段程序。其流程图如图 9.3 所示。

使用结构化程序设计的优点如下。

① 自顶向下逐步求精的方法符合人类解决复杂问题的普遍规律，可以显著提高软件开发的成功率和生产率。

② 先全局后局部、先整体后细节、先抽象后具体的逐步求精的过程，使开发出的程序有清晰的层次结构，并且容易阅读和理解。

③ 使用单入口单出口控制结构而不使用跳转语句，使得程序的静态结构和它的动态执行比较一致。因此，比较容易保证程序的正确性，即使出现问题也比较容易诊断和解决。

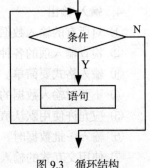

图 9.3　循环结构

④ 控制结构有确定的逻辑模式，编写程序代码时只能使用几种直截了当的方式，因此，源程序清晰流畅，易读易懂而且容易测试。

⑤ 程序清晰和模块化使得在修改和重新设计一个软件时可以具有大量的可重用代码。

⑥ 程序的逻辑结构清晰有利于证明程序的正确性。

9.1.3　面向对象程序设计

面向对象的程序设计方法最早是在 20 世纪 60 年代后期提出的，经过 20 年这种技术才逐渐得到了广泛的应用，到了 20 世纪 90 年代前期，面向对象的程序设计方法已经成为人们开发软件的首选技术。

1. 关于面向对象方法

面向对象（Object Oriented）方法的形成起源于对设计语言的研究，面向对象方法的本质即是主张从客观世界固有的事物出发来构造系统，提倡用人类在现实生活中常用的思维方式来认识、理解和描述客观事物，强调最终建立的系统能够映射问题域。也就是说，系统中的对象以及对象之间的关系能够如实反映问题域中的固有事物及其联系。

面向对象方法有如下优点。

（1）与人类思维方法的习惯一致。面向对象的方法以对象为中心，对象是由数据和操作组成的封装体，与客观实体有直接的对应关系。对象之间通过传递消息相互联系，以模拟现实世界中不同事物彼此之间的联系。

（2）稳定性好。面向对象软件系统结构是根据问题域的模型建立起来的，当对象系统的功能需求发生变化时，并不会引起软件结构的整体变化，往往只需要做一些局部性的修改。

（3）可重用性好。软件重用性是指在不同的软件开发过程中，重复使用相同或相似的软件元素（类）的过程，重用是提高软件生产效率最主要的方法。

利用可重用的软件元素构造新的软件系统时，一个对象类可以重复使用，可以创建对象类，也可以在已有的类上修改却不会影响原有类。

（4）易于开发大型软件产品。可以把一个大型产品看成一系列互相独立的小产品来处理，这样不仅降低了技术难度，而且又可以使开发工作容易管理。

（5）可维护性好。传统方法和面向过程方法开发出来的软件一般是很难维护的，而面向对象方法开发出来的软件可维护性好、稳定性好、易于修改、易于理解、易于测试和调试。

2. 面向对象的基本概念

对于面向对象方法的概念目前有多种不同的看法，但是这些看法都涵盖了对象、对象属性、方法、类、继承、多态性几个基本要素。

（1）对象。对象（Object）是面向对象方法的中最基本的概念。对象是现实世界中的一个实际存在的事物，它可以是有形的，也可以是无形的，如一个人、一本书、一把椅子、一项计划，其中前 3 个例子都是有形的，而最后一个是无形的，但它们都是对象。

面向对象中的对象是系统用来描述客观事物的一个实体，是构成系统的一个基本单位，它由描述其静态特征的属性和描述动态特征的方法组成。

（2）类和实例。类（Class）是具有共同属性、共同方法的对象的集合。图 9.4 所示的两个命令按钮就是属于同一个类的对象。一个对象也称为类的一个实例（Instance）。

（3）消息。面向对象的世界是通过对象与对象的相互合作来维系的，对象的这种相互合作需要一个机制协助进行，这个机制称为"消息"（Message）。

图 9.4 两个命令按钮

消息是一个实例与另一个实例之间传递的信息，它具有请求对象执行某一处理或回答某一要求的信息，统一了数据流和控制流。

一个消息由 3 部分组成。

① 接收消息的对象名称。

② 消息标志符（消息名）。

③ 零个或多个参数。

例如，在窗体上画一个圆，对象名为 MyForm，消息为 Circle，参数为横坐标、纵坐标、半径分别是 50，50，25，程序的写法为：

MyForm.Circle（50,50,25）

（4）继承。继承（Inheritance）是面向对象方法的一个主要特征。继承是指使用已经有的一般类定义作为基础，建立另一个具有更多特性的新的特殊类。特殊类的对象拥有一般类的全部属性和方法，称这个过程就是特殊类对一般类的继承。

（5）多态性。对象根据所接收的消息而做出动作，同样的消息被不同的对象接收可以产生完全不同的动作，该现象称为多态性（Polymorphism）。例如，在一般类"几何图形"中定义了一个方法"绘图"，但是"绘图"并不确定到底要画一个什么样的图形。特殊类"椭圆"和"矩形"都继承了"绘图"的方法，但其功能完全不同，一个画出椭圆，一个画出矩形。

9.2 数 据 结 构

9.2.1 数据结构的基本概念

在进行数据处理时，实际需要处理的数据一般有很多，而这些大量的数据都需要存放在计算机中，因此如何在计算机中组织这些数据，以便提高数据处理的效率，并且节省计算机的存储器资源，这些都是数据结构要讨论的问题。

1. 什么是数据结构

数据结构（Data Structure）的完整定义是难以给出的。对数据结构的概念，在不同的书中有不同的提法，所谓数据结构，包含两个要素，即数据和结构。

① 数据：需要处理的数据元素的集合，一般来说，这些数据元素具有某个共同的特征。

例如，东、南、西、北，这4个数据元素都有一个共同的特征，即都是地理的方向名，这4个数据元素构成了地理方向名的集合。

② 结构：集合中各个元素之间存在的关系（联系）。

数据元素根据它们之间的不同特性关系，通常可以分为以下4类：线形结构、树形结构、网状结构和集合结构，如图9.5所示。

在数据结构领域中，通常把两个元素之间的数据关系用前后关系（直接前驱和直接后继）来描述。数据结构是指相互有关的数据元素的集合。

（1）逻辑结构。前面将"结构"这个词解释为关系，数据元素之间的关系可以分为逻辑关系和在计算机中存储的位置关系两种。相应地，数据结构分为逻辑结构和数据的存储结构。

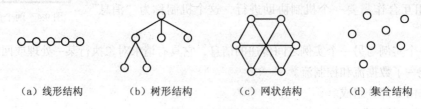

(a) 线形结构　　(b) 树形结构　　(c) 网状结构　　(d) 集合结构

图9.5　4类基本结构

数据元素（结点）之间的逻辑关系称为数据的逻辑结构。

（2）数据的存储结构。数据在计算机中存储的位置关系称为数据的存储结构。各数据元素的逻辑关系和计算机存储空间中的位置关系不一定是相同的。

2. 数据的存储结构

下面介绍两种主要的数据存储方式。

（1）顺序存储方式。这种存储方式主要用于线性存储数据结构。在计算机中用一组地址连续的存储单元依次存储各个数据元素，称为顺序存储结构。

例如，线性表（K1，K2，K3，K4，K5），假定每个结点占一个存储单元，结点 K1 存放在地址为 200 号的单元中，K2 存放在地址为 201 号的单元中，以此类推，如图 9.6 所示。从图中可以看出，逻辑上相邻的结点在物理存储单元也是相邻的。

（2）链式存储方式。链式存储方式就是在每一个结点中至少包含一个指针域，用指针来体现数据元素之间的逻辑关系。例如线性表（K1，K2，K3，K4，K5）也可以用链式方式存储，如图 9.7 所示。从图中可以看出，结点之间的逻辑关系是通过指针来实现的。如结点 K2 的存储单元不是紧跟在结点 K1 的后面，但是 K1 中有一个指针指向了 K2 的存储地址。

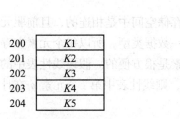

图 9.6　顺序存储方式

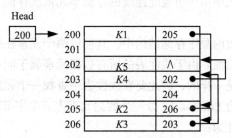

图 9.7　链式存储方式

9.2.2　线性表及其顺序存储结构

前面我们讨论了数据结构的基本概念及数据结构的物理存储方式，这里我们讨论线性表中数据的存储方式。

1. 线性表的基本概念

线性表由一组具有相同属性的数据元素构成。数据元素的含义广泛，在不同的具体情况下，可以有不同的含义。例如，英文字母表（A，B，…，Z）是一个长度为 26 的线性表，其中每一个字母就是一个数据元素；某公司 2008 年的产值表（400，520，600，…，300，550）（单位是万元）是一个长度为 12 的线性表，其中每一个数值就是一个数据元素。上述两例中的每一个元素都是不可再分的，在一些复杂的线性表中，每一个数据元素有时可以由若干个数据项组成，在这种情况下，通常将数据元素称为记录（Record）。某单位职工工资表就是一个线性表，见表 9.1，表中的每一行称为一个记录，每个记录包含 4 个数据项：姓名、性别、办公电话、住址。

表 9.1　　　　　　　　　　　　　　　　　复杂线性表

姓　　名	性　　别	办 公 电 话	住　　址
张斌	男	30268974	吉林市龙潭区
李玲娟	女	30268974	吉林市船营区
张浩东	男	30268911	吉林市丰满区
王彤	女	30268955	吉林市船营区
⋮	⋮	⋮	⋮

综上所述，一个线性表是 n（$n \geq 0$）个数据元素 a_0, a_1, $\cdots$, a_{n-1} 的有限序列。如果 $n>0$，则除 a_0 和 a_{n-1} 外，每个数据元素有且仅有一个直接前驱和一个直接后继数据元素，a_i（$0<i<n-1$）为线性表的第 i 个元素，它在数据元素 a_{i-1} 之后，在 a_{i+1} 之前。a_0 为线性表的第一个数据元素，a_{n-1} 为线性表的最后一个数据元素；若 $n=0$，则为一个空表，表示无数据元素。因此，线性表或者是一个空表（$n=0$），或者可以写成 a_0, a_1, $\cdots$, a_{n-1}。

抽象数据类型线性表的定义如下。

LinearList = (D, R)，其中

$$D = \{a_i \mid a_i \in \text{ElementSet}, \ i = 0, 1, 2, \cdots, n-1 \ \ n \geq 1\}$$

$$R = \{<a_i, a_j> \mid a_{i-1}, a_i \in D, \ i = 0, 1, 2, \cdots, n-1\}$$

ElementSet 为某一个数据对象集，n 为线性表的长度。

2. 线性表的顺序存储结构

在计算机中用一组地址连续的存储单元依次存储线性表的各个数据元素，称为线性表的顺序存储结构。

在线性表的顺序存储结构中，其前后两个元素在存储空间中是相连的，且前驱元素一定存储在后继元素前面。由于线性表的所有数据元素属于同一数据类型，所以每个元素在存储器中占用的空间大小是一样的，因此要在线性表中查找一个元素是很方便的。假设线性表中的第一个元素的存储地址为 Loc（a_0），每一个数据元素占 d 个字节，则线性表中第 i 个元素 a_i 在计算机存储空间的存储地址为：

$$\text{Loc}(a_i) = \text{Loc}(a_0) + i \times d$$

若定义线性表 $A = (a_0, a_1, \cdots, a_{n-1})$，假设每一个数据元素占用 d 个字节，则数据元素 a_0, a_1, $\cdots$, a_{n-1} 的地址分别为 Loc（a_0），Loc（a_0）+d，$\cdots$，Loc（a_0）+（$n-1$）$\times d$，其结构如图9.8所示。

3. 线性表的插入运算

在线性表长度为 m 的顺序表 List 中第 i（$0 \leq i \leq m-1$）个位置插入一个新的数据元素 x 时，需要将第 i 个至第 $m-1$ 个数据元素（共 $m-i$ 个）依次向后移动一个位置，空出第 i 个位置，然后把 x 插入到第 i 个位置，插入结束后，顺序表的长度加1，返回 TURE，若 $i<0$ 或 $i>m$，则无法插入，返回 FALSE，如图9.9所示。

逻辑地址	数据元素	存储地址	名称
0	a_0	Loc(a_0)	a[0]
1	a_1	Loc(a_0)+ d	a[1]
$\vdots$	$\vdots$	$\vdots$	$\vdots$
i	a_i	Loc(a_0)+ $i \times d$	a[i]
$\vdots$	$\vdots$	$\vdots$	$\vdots$
$n-1$	a_{n-1}	Loc(a_0)+ ($n-1$)$\times d$	a[n]

图9.8　线性表顺序结构

线性表做插入运算的时间主要花费在结点的移动上，结点需要移动的次数不仅与表的长度有关，还和插入的位置有关。

4. 线性表的删除运算

在线性表长度为 m（$0 \leq m \leq \text{mxnum}-1$）的顺序表 List 中删除第 i（$0 \leq i \leq m$）个元素，需要

将第 i 个至第 $m-1$ 个元素（共 $m-i-1$ 个）依次前移，并使得顺序表的长度减 1，返回 TRUE，若 $i<0$ 或 $i>m-1$，则无法删除，返回 FALSE，如图 9.10 所示。

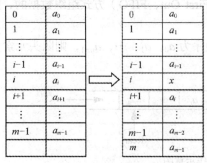
图 9.9　线性表的插入操作

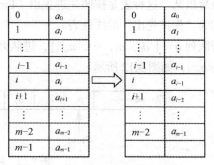
图 9.10　线性表的删除操作

显然，如果删除运算在线性表的末尾进行，即删除第 $m-1$ 个元素，则不需要移动线性表中的元素，如果要删除第一个元素，则线性表中的其他元素都需要移动。

综上所述，线性表的顺序存储结构适合用于小线性表或建立后其中元素不常变动的线性表，而不适合经常做插入和删除操作的线性表。

9.2.3　栈和队列

栈和队列都是一种特殊的线性表，它们都有自己的特点，栈是"后进先出"型的线性表，而队列则是"先进先出"型的线性表。

1. 栈与栈的基本运算

（1）栈的定义。栈（Stack）是一种只允许在一端进行插入和删除操作的线性表，它是一种受限的线性表。在表中只允许插入和删除的一端称为栈顶（Top），另一端称为栈底（Bottom）。栈的插入操作通常称为入栈或压栈（Push），而删除操作称为出栈或弹栈（Pop）。当栈中无数据元素时，称为空栈，如图 9.11 所示。

根据栈定义可知，栈顶元素总是最后入栈，最先出栈；栈底元素总是最先入栈，最后出栈。这种表是按照后进先出（Last In First Out，LIFO）的原则组织数据的，因此，栈也被称为"后进先出"的线性表。

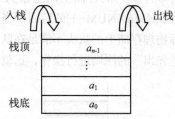
图 9.11　栈的操作示意图

（2）栈的基本运算。

① 入栈运算。入栈运算就是在栈顶位置插入一个元素。

② 出栈运算。出栈运算就是在栈顶位置删除一个元素。

③ 读栈顶元素。读栈顶元素就是将栈顶元素（栈顶指针 Top 所指向的元素）的值赋给一个指定的变量。

2. 队列及其基本运算

队列在我们的生活中是非常常见的，例如，人们经常需要排队购物，排队体现了"先来先服务"（先进先出）的原则。

（1）队列的定义。队列（Queue）是一种只允许在一端插入元素，而在另一端删除元素的线性表，它也是一种操作受限的线性表。在表中只允许进行插入操作的一端称为队尾（Rear），只允许进行删除操作的一端称为队头（Front）。队列的插入操作通常称为入队或进队，而队列的删除操作则称为出队列或退队列。当队列中没有数据元素时，称为空队列。

根据队列的性质可以知道，队头元素总是最先进队的，也最先出队；队尾元素总是最后进队的，也最后出队。这种表是按照先进先出（Firt In First Out，FIFO）方式组织数据的，因此，队列也被称为"先进先出"的线性表。

假若队列 $q = \{ a_0, a_1, \cdots, a_{n-1} \}$，进队列的顺序为 $a_0, a_1, \cdots, a_{n-1}$，则队头元素为 a_0，队尾元素为 a_{n-1}，如图 9.12 所示。

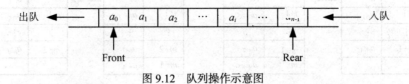

图 9.12　队列操作示意图

（2）队列的运算。一般情况下，我们使用移位数组作为队列的顺序存储空间。另外再设定两个指示器：一个为指向队头元素位置的 Front；另一个为指向队尾元素位置的 Rear。向队列插入一个元素的运算叫做入队运算，从队列删除一个元素的元素按叫做出队运算。

为了便于设计算法，初始化队列时，空队列中令 Front=Rear=-1，当插入数据元素时，队尾指示器 Rear 加 1，而当队头元素出队时，队头指示器 Front 加 1。另外还约定，在非空队列中，队头指示器 Front 总是指向队列中实际队头元素位置的前一个位置，队尾指示器总是指向队尾元素的位置，图 9.13 是在队列中进行插入和删除操作的示意图。

3. 循环队列及其运算

在顺序队列中，当队尾指针已经指向了队列的最后一个位置时，如果此时有元素入队，就会发生溢出。在图 9.13（c）中队列空间已满，若再有元素入队，就会发生溢出；在图 9.13（d）中，虽然队尾指示器已经指向了最后一个位置，但实际上队列中还有 4 个空位置。也就是说，队列的存储空间没有满，但是队列却发生了溢出，我们称这种现象为假溢出。为了解决这个问题，可以将顺序队列的存储空间想象为一个环形的空间，如图 9.14 所示。我们可以假想 queue[0]接在 queue[MAXNUM-1]的后面，当发生假溢出时，将新元素插入到第一个位置上，这样做，虽然实际物理存储上的队头不满足在队尾的前面，但是逻辑上队头仍然在前面。入队和出队仍然按照"先进先出"的原则进行操作，这就是循环队列。

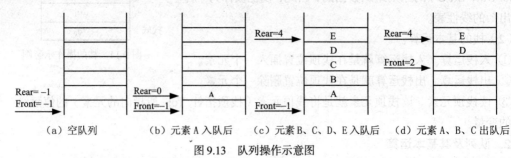

（a）空队列　　　（b）元素 A 入队后　　（c）元素 B、C、D、E 入队后　　（d）元素 A、B、C 出队后

图 9.13　队列操作示意图

（1）入队运算。在循环队列中，每当插入一个新的元素时，就把队尾指示器沿着顺时针的方向移动一个位置。

（2）出队运算。在循环队列中，每当删除一个元素时，就把队头指示器沿着顺时针的方向移动一个位置。

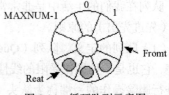

图 9.14　循环队列示意图

图 9.15 显示了循环队列的 3 种状态，图 9.15（a）为队列空，Front =Rear；图 9.15（b）为入队，图 9.15（c）为队列满，Front =Rear；所以仅仅通过判断 Front =Rear 就说队列的空和满是不正确的。

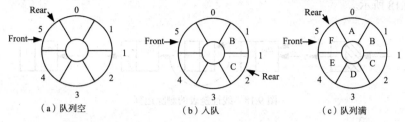

（a）队列空　　　　　　（b）入队　　　　　　（c）队列满

图 9.15　循环队列的 3 种状态

9.2.4　线性链表

1. 线性链表的基本概念

线性链表是线性表的链式存储方式，是一种物理存储单元上不连续、非顺序的存储结构，数据元素的逻辑顺序是通过链表中的指针连接实现的。因此，在存储线性表中的数据元素时，一方面要存储数据元素的值，另一方面要存储各数据元素之间的逻辑顺序。为此，将每一个存储结点分为两部分：一部分用于存储数据元素的值；另一部分用于存储下一个元素存储单元的地址，即指向后继结点，称为指针域。

此种形式的链表因只有一个指针域，所以也称为单项链表或简单链表。图 9.16（a）为一个带头结点的空线性链表。图 9.16（b）为一个带头结点的非空线性链表（a_0，a_1，…，a_{n-1}）。

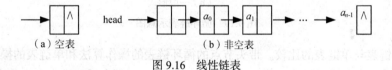

（a）空表　　　　　　（b）非空表

图 9.16　线性链表

2. 线性链表的基本运算

（1）线性链表的插入。在一个节点后插入数据元素时比较简单，不用查找就可以直接插入。

已知线性链表的头指针 Head，在 p 所指向的节点后插入一个元素 x。

操作过程如图 9.17 所示。图 9.17（a）是插入元素 x 前的状态，图 9.17（b）是插入元素 x 后的状态。

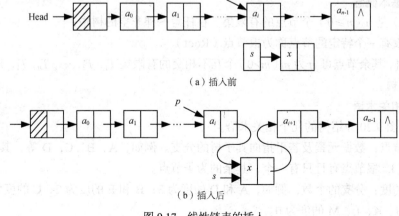

（a）插入前

（b）插入后

图 9.17　线性链表的插入

（2）线性链表的删除操作。如果要删除线性链表 Head 中的第 i 个节点元素，首先要找到第 i 个节点的前一个节点的位置，并使得 p 指向它（第 $i-1$ 个节点的位置），然后删除第 i 个节点。操作过程如图 9.18 所示。

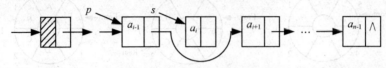

图 9.18　线性链表的删除运算

3. 循环链表

（1）循环链表的定义。循环链表（Circular Linked List）是另一种形式的链式存储结构。它将单链表中的最后一个节点指针指向链表的表头节点，整个链表形成一个环，这样从表中的任意一个节点出发都可以找到表中的其他节点。图 9.19（a）为一个带头节点的空循环单链表；图 9.19（b）为一个带头节点的循环单链表的一般形式。

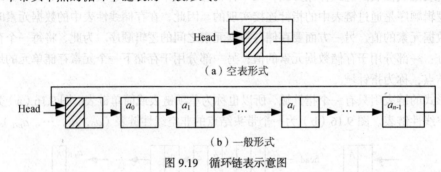

（a）空表形式

（b）一般形式

图 9.19　循环链表示意图

（2）循环链表与单链表的比较。带头节点的循环链表的操作算法和单链表的操作算法相似，区别在于算法中的条件在单链表中为 $p \neq 0$ 或 $p\text{->}next \neq 0$；而在循环链表中应改为 $p \neq Head$ 或 $p\text{->}next \neq Head$。

9.2.5　树与二叉树

树与二叉树是数据结构中很重要的内容，本节对树只进行简单介绍，对二叉树的概念、性质、遍历进行详细讨论。

1. 树的基本概念

树（Tree）是 n（$n \geq 0$）个节点的有限集。在任意一棵非空的树中：

① 有且仅有一个特定的节点称为根节点（Root）。

② $n > 1$ 时，其余节点可分为 m（$m > 0$）个互不相交的有限集 T_1, T_2, …, T_n, T_1, 其中, T_2, …, T_n 称为树的子树。

2. 树的相关术语

下面结合图 9.20 介绍树的几个相关术语。

① 树的节点：数据元素及若干指向其子树的分支。例如，A，B，C，D 等，其中 A 为父亲节点（根节点），根节点有且只有一个，其余的为子节点。

② 分支的度：分支的个数，例如，A 和 D 的度为 3；B 和 E 的度为 2；C 的度为 1；叶子节点 F、G、I、J、K、L、M 的度为 0。

③　叶子节点（终端节点）：度为 0 的节点。例如，F、G、I、J、K、L、M 节点都是叶子节点。

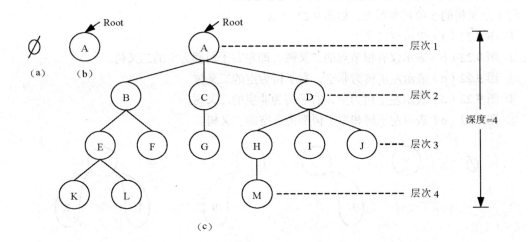

图 9.20　树的示例

④　非终端节点（分支节点）：度大于 0 的节点。例如 A、B、C、D、E、H。

⑤　树的度：树中所有节点度的最大值。例如，该例中的度为 3。

⑥　树的深度（高度）：树中叶子节点所在的最大层次。例如，该例中树的深度为 4。

⑦　节点的层：设根节点的层次为 1，第 i 层的节点子树的根节点的层次为 I−1。例如，B、C、D 节点的层次为 2；E、F、G、H、I、J 的层次为 3，K、L、M 的层次为 4。

3．树的表示法

除了上面的表示外，树通常还有 3 种表示方法，嵌套集合表示法、凹入表示法和广义表表示法，如图 9.21 所示。

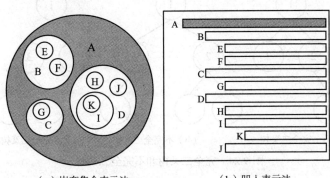

(A(B(E, F), C(G), D(H, J, I(K))))

（a）嵌套集合表示法　　　　　　（b）凹入表示法　　　　　　（c）广义表表示法

图 9.21　树的其他 3 种表示方法

4．二叉树及其基本性质

（1）二叉树的定义。由 n（$n>0$）个节点的有限集合，或空集，或由一个根节点及两棵互不相交的子树组成，并且左右子树都是二叉树。

二叉树与树的不同在于二叉树是树的特殊情况，二者的概念不同，二叉树的特点如下。

①　二叉树可以为空，空二叉树没有节点，非空二叉树有且仅有一个根节点。

② 二叉树每个节点最多有两棵子树，即二叉树中不存在度大于 2 的子树。

③ 二叉树的子树有左右之分，其次序不能任意颠倒。

（2）二叉树的 5 种基本形态，如图 9.22 所示。

① 图 9.22（a）表示空二叉树。

② 图 9.22（b）表示仅有根节点的二叉树，即左右子树都为空的二叉树。

③ 图 9.22（c）表示左子树为非空，右子树为空的二叉树。

④ 图 9.22（d）表示左子树为空，右子树为非空的二叉树。

⑤ 图 9.22（e）表示左子树和右子树都为非空的二叉树。

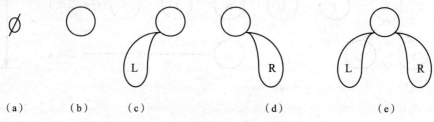

（a）　　　（b）　　　（c）　　　　　　（d）　　　　　　　（e）

图 9.22　二叉树的 5 种基本形态

在二叉树中，当一个非根节点，既没有左子树，也没有右子树时，则该节点是叶子节点。

5. 满二叉树和完全二叉树

满二叉树和完全二叉树是两种特殊形态的二叉树。

（1）满二叉树：一棵深度为 k 且有 $2k-1$ 个节点的二叉树，即每一层上的节点数都是最大节点数，如图 9.23 所示。

（2）完全二叉树：如果深度为 k 且有 n 个节点的二叉树中，各个节点能与深度为 k 的顺序编号的满二叉树编号从 1 到 n 的节点完全对应，则称该二叉树为完全二叉树，如图 9.24 所示。

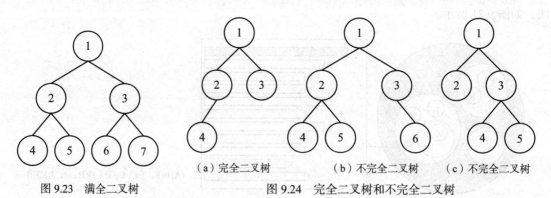

图 9.23　满全二叉树　　　　　　（a）完全二叉树　　　（b）不完全二叉树　　　（c）不完全二叉树

图 9.24　完全二叉树和不完全二叉树

由完全二叉树可知，满二叉树一定是完全二叉树，完全二叉树不一定是满二叉树。

6. 二叉树的基本性质

二叉树具有下列重要性质。

性质 1：在二叉树的第 i 层上最多有 2^{i-1} 个节点（$i \geq 1$）。

当 $i=1$ 时，只有一个节点，$2^{i-1}=2^0=1$。第 $i-1$ 层上最多有 2^{i-2} 个节点，由于二叉树每个节点的度最大为 2，故在第 i 层上最大节点数为第 $i-1$ 层上最大节点数的二倍，即 $2 \times 2^{i-2} = 2^{i-1}$。

性质 2：深度为 k 的二叉树最多有 2^k-1 个节点（$k \geq 1$）。

$$\sum_{i=1}^{k}(\text{第}i\text{层的最大节点数})=\sum_{i=1}^{k}2^{i}-1=2^{k}-1$$

性质 3：对任意的二叉树来说，如果其终端节点数为 n_0，度为 2 的节点数为 n_2，则 $n_0=n_2+1$。

设二叉树中度为 1 的节点数为 n_1，度为 2 的节点数为 n_2，二叉树中总节点数为 n，因二叉树中所有节点的度都小于等于 2，有：

$$n = n_0+n_1+n_2 \tag{9.1}$$

从二叉树的分支数来看，除了根节点外，其他节点都有一个进入分支，设 B 为二叉树中的分支总数且都由度为 1 和 2 的节点射出，则有：

$$n = B+1 = n_1+2 \times n_2+1 \tag{9.2}$$

式（9.1）代入式（9.2）得：

$$n_0+n_1+n_2 = n_1+2 \times n_2+1$$

即 $n_0=n_2+1$。

性质 4：具有 n 个节点的完全二叉树的深度为 $\lfloor \log_2 n \rfloor+1$。

假设二叉树的深度为 k，根据性质 2 即完全二叉树的定义得到：$2^{k-1}-1<n\leq 2^{k}-1$ 或 $2^{k-1}\leq n<2^{k}$；取对数得到：$k-1\leq \log_2 n<k$，因为 k 是整数，所以有 $k = \lfloor \log_2 n \rfloor+1$。

性质 5：如果对于一棵有 n 个节点的完全二叉树节点按层编号（从第 1 层到第 $\lfloor \log_2 n \rfloor+1$ 层，每层从左到右），对任一节点 i（$1\leq i\leq n$），有：

① 如果 $i=1$，i 无双亲，那么节点 i 是根节点；如果 $i>1$，其双亲编号是 $\lfloor i/2 \rfloor$。

② 如果 $2i>n$，那么 i 为叶子节点；否则，i 不是叶子节点，其左孩子编号为 $2i$。

③ 如果 $2i+1>n$，那么 i 为叶子节点；否则，i 不是叶子节点，右孩子编号为 $2i+1$，如图 9.25 所示。

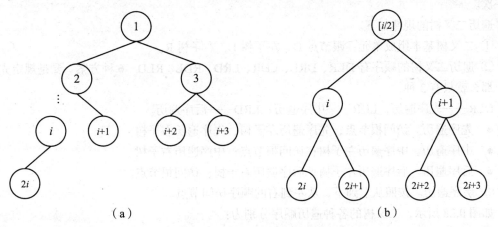

图 9.25　二叉树性质 5 示例

7．二叉树的存储结构

二叉树的存储结构有顺序存储和链式存储两种。

（1）顺序存储结构。顺序存储结构的特点是，用一组地址连续的存储单元存放，依次自上而下、自左而右存储二叉树的节点，仅适用于完全二叉树，可能对存储空间造成极大的浪费，如图 9.26（b）所示。

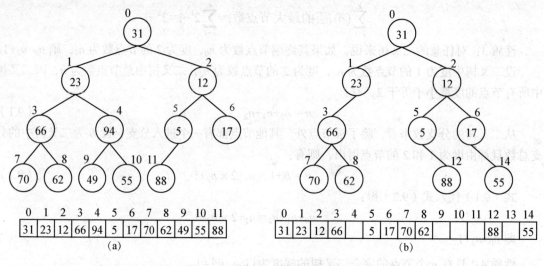

图 9.26　二叉树的顺序存储结构

（2）链式存储结构。在计算机中，二叉树通常采用链式存储结构，用于存储二叉树的节点，由数据域和指针域两部分组成。用于存储二叉树的存储节点的指针域有两个：一个用于指向该节点的左孩子，即左指针域；另一个用于指向该节点的右孩子，即右指针域，如图 9.27（b）所示。

由于二叉树的存储结构中每一个存储节点有两个指针域，因此，二叉树的链式存储也称为二叉链表。

8. 二叉树的遍历

遍历二叉树：按照某条路径访问树中的每一个节点，使得每一个节点均被访问一次且仅被访问一次。

遍历二叉树的规律如下。

① 二叉树基本组成单元：跟节点 D，左子树 L，右子树 R。

② 遍历二叉树的顺序有 DLR、DRL、LDR、LRD、RDL、RLD　6 种方案。要是规定先左后右，那么就只有 3 种：

DLR——先序遍历；LDR——中序遍历；LRD——后序遍历。

● 先序遍历。访问根节点；先序遍历左子树；先序遍历右子树。

● 中序遍历。中序遍历左子树；访问根节点；中序遍历右子树。

● 后序遍历。后序遍历左子树；后序遍历右子树；访问根节点。

③ 层序遍历。按照从上到下，从左到右的顺序访问节点。

如图 9.28 所示，二叉树的各种遍历顺序分别为：

先序遍历：ABCDEGF

中序遍历：CBEGDFA

后序遍历：CGEFDBA

层序遍历：ABCDEFG

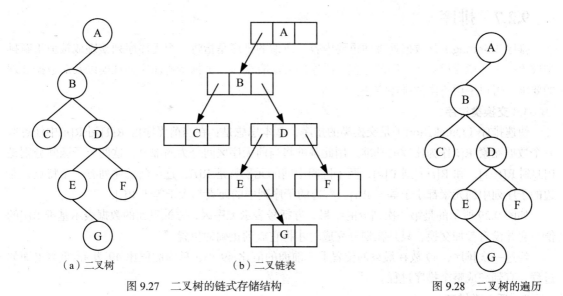

（a）二叉树   （b）二叉链表

图 9.27　二叉树的链式存储结构   图 9.28　二叉树的遍历

9.2.6　查找

1. 顺序查找

顺序查找是一种最基本和最简单的查找方法。它的思想是从表中的第一个元素开始，将给定的数值与表中的元素逐个比较，如果二者相等，则查找成功；如果查找到最后一个元素也没有找到与给定值相等的数据元素，则查找失败。

2. 折半查找

折半查找也称为二分查找，是针对有序表进行的查找，其特点是查找速度快。所谓的有序表，就是要求表中的数据元素是按数值大小有序（升序或降序）存放的。

对于一个升序的有序表，折半查找的基本思想是：首先选取表中中间位置的元素，将其值与给定值 k 进行比较，如果相等，则查找成功；否则，如果 k 值大于中间元素的值，则要在有序表的后一半查找，对右半部分的子表重新进行折半查找；如果 k 值小于中间元素的值，则要在有序表的前一半查找，对左半部分的子表重新进行折半查找。每进行一次查找，要么找到要查找的元素，要么将查找的范围缩小一半。如此递归，直到查找成功，或者把查找区间缩小为空，则查找失败。

设表的长度为 n，表被查找部分的头为 low，尾为 high，初始状态时，low=1，high=n，k 为给定要查找的值。

① 计算中间节点元素的序号：mid=（low+high）/2（取整）。

② 如果 k = r[mid]，查找成功，否则，

如果 k<r[mid]，则 high = mid−1，重复①。

如果 k>r[mid]，则 low = mid+1，重复①。

直到查找成功，或查找失败（查找空间缩小为空，即 low = mid）。

顺序查找方法每比较一次，只是将查找范围减小 1，而二分查找每次比较，可以将查找空间减小为原来的一半，大大提高了查找的效率。

9.2.7 排序

排序（Sorting）是数据处理的重要内容。所谓的排序是指将一个无序序列整理成按值重新排列成为一个递增或递减新序列的过程。排序的方法有很多，根据待排序序列规模以及对数据处理的要求，可以采用不同的排序方法。

1. 交换类排序

快速排序（Quick Sort）是交换类的排序，基本思想是：在当前无序区 R[1]到 R[*n*]中任意取一个数据元素 R[*i*]作为比较的基准，用此基准将当前无序区间分为两部分，这两个子区间分别是 R[1]到 R[*i*−1]，和 R[*i*+1]到 R[*n*]，两个区间中间的元素就是 R[*i*]，这个新的序列有一个特点，左边的子序列中的元素都小于等于 R[*i*]，右边的子序列中的元素都大于等于 R[*i*]。

如图 9.29 所示的是第一次划分的结果，方括号表示无序区，方框里面的数据表示基准 R[*i*]的值，它并没有参加交换，只是在划分完成时才将它放到正确的位置。

经过一次排序，49 放在最终的位置上（前面的值比 49 小，后面的值比 49 大），重复上面的过程，直到完成整个排序过程。

2. 插入类排序

① 有一个已经有序的数据序列，要求在这个已经排好的数据序列中插入一个数，但要求插入后此数据序列仍然有序，这个时候就要用到一种新的排序方法——插入排序法（Insertion Sort）。插入排序的基本操作就是将一个数据插入到已经有序的序列中，从而得到一个新的、个数加一的有序序列，该算法适用于少量数据的排序，是稳定的排序方法。

初始关键字	基准	[49	38	65	97	76	13	27	59]
		i							*j*
j 向左扫描	49	[49	38	65	97	76	13	27	59]
		i						*j*	
第 1 次交换	49	[27	38	65	97	76	13	27	59]
		i						*j*	
i 向右扫描	49	[27	38	65	97	76	13	27	59]
				i				*j*	
第 2 次交换	49	[27	38	65	97	76	13	65	59]
				i				*j*	
j 向左扫描	49	[27	38	65	97	76	13	65	59]
				i			*j*		
第 3 次交换	49	[27	38	13	97	76	13	65	59]
				i			*j*		
i 向右扫描	49	[27	38	13	97	76	13	65	59]
					i		*j*		
第 4 次交换	49	[27	38	13	97	76	97	65	59]
					i		*j*		
j 向左扫描	49	[27	38	13	97	76	97	65	59]
					i，*j*				
基准写入	49	[27	38	13	49	76	97	65	59]
					i，*j*				

图 9.29　快速排序的一次划分过程

例如，对于数据序列（49,38,65,97,76,13,27,59）的排序过程参考图 9.30。

初始关键字	监视哨	[(49 38　65　97　76　13　27　59]
第 1 次插入后	38	[(38 49) 65　97　76　13　27　59]
第 2 次插入后	65	[(38 49　65) 97　76　13　27　59]
第 3 次插入后	97	[(38 49　65　97) 76　13　27　59]
第 4 次插入后	76	[(38 49　65　76　97) 13　27　59]
第 5 次插入后	13	[(13 38　49　65　76　97) 27　59]
第 6 次插入后	27	[(13 27　38　49　65　76　97) 59]
第 7 次插入后	59	[(13 27　38　49　59　65　76　97)]

图 9.30　插入排序过程

② 希尔排序。希尔排序（Shell Sorting）是一种插入类排序，它先取一个小于 n 的整数 $d1$ 作为第一个增量，把文件的全部记录分成 $d1$ 个组。所有距离为 $d1$ 的倍数的记录放在同一个组中。先在各组内进行直接插入排序；然后，取第二个增量 $d2<d1$ 重复上述的分组和排序，直至所取的增量 $dt=1$（$dt<dt-1<\cdots<d2<d1$），即所有记录放在同一组中进行直接插入排序为止。

可以从一个实例来理解希尔排序，设一个序列有 10 个元素，它们分别为 38、49、65、97、76、13、27、23、70、55。则增量 $d1=10/2=5$，将所有距离是 5 的倍数的数据放在一起，组成一个新的序列，各个子序列为（38,13）、（49,27）、（65,23）、（97,70）、（76,55），对各个子序列排列后得到第一趟排序，结果是（13,27,23,70,55,38,49,65,97,76）。

接着增量 $d2=d1/2=5/2=2$，将所有距离是 2 的倍数的元素放在一起组成一个新的子序列，各个子序列是（13,23,55,49,97）和（27,70,38,65,76），对各子序列排序得到第二趟排序结果为（13,27,23,38,49,65,55,70,97,76）。以此类推，直到得到最终结果。如图 9.31 所示。

图 9.31　希尔排序过程

3. 选择类排序

选择排序（Selection Sortting）也是一种简单的排序方法，使用该方法时，一个数据元素最多只需要一次交换就可以直接达到它的排序位置。

设待排序的文件为（$R_1,R_2,\cdots,R_n$），进行选择排序的基本步骤如下。

① 设 i 为 1。

② 当 $i \leqslant n$ 时，重复下面的步骤。

③ 在（$R_1,R_2,\cdots,R_n$）中选择一个值最小的元素 R_{min}，如果 R_{min} 不是 R_i，就交换 R_i 和 R_{min} 的位置；否则不进行交换，i 的值加 1。

第 1 遍扫描时，在 n 个记录中选出一个值最小的记录，需要进行 $n-1$ 次比较。第 2 遍扫描时，在余下的 $n-1$ 个元素中，再选出具有最小值的元素，需要 $n-2$ 次比较，以此类推，在最后 2 个元素中，比较 1 次即可选出最小值的元素。

对序列（49,38,97,13,27）进行选择排序的过程如图 9.32 所示。

选择排序在最坏的情况下需要比较 $n(n-1)/2$ 次。

```
初始关键字      [  49  38  97  13  27  ]

第 1 次选择后   [ (13) 38  97  49  27  ]

第 2 次选择后   [ (13  27) 97  49  38  ]

第 3 次选择后   [ (13  27  38) 49  97  ]

第 4 次选择后   [ (13  27  38  49) 97  ]

第 5 次选择后   [ (13  27  38  49  97) ]
```

图 9.32 选择排序过程

4. 排序方法的比较

综合比较我们讨论的 3 类排序方法中，几种排序方法的时间和空间复杂度见表 9.2。

表 9.2　　　　　　　　　　常用排序方法时间和空间复杂度比较

方　法	平　均　时　间	最坏情况时间	辅　助　存　储
快速排序	$0(n\log_2^2 n)$	$0(n^2)$	$0(n\log_2^2 n)$
插入排序	$0(n^2)$	$0(n^2)$	$0(1)$
希尔排序	$0(n^2)$	$0(n^2)$	$0(1)$
选择排序	$0(n^2)$	$0(n^2)$	$0(1)$

迄今为止，已有的排序方法还有很多，人们之所以对排序做了深入的研究，是因为排序在计算机应用中占有重要地位。各类排序都具有自己的特点，因此也就根据不同情况选择不同类型的排序方法。在排序方法的选择上应该首先考虑这几个因素：待排序记录的数量 n；记录本身信息量的大小；数据元素的分布情况；对排序稳定性的要求，语言工具的条件辅助空间的大小。从这几个方面考虑，可以得到下面的几点结论。

① 当 n 较小的时候，例如 $n<50$，可以采用直接插入排序或者选择排序。由于直接插入排序所需要移动数据元素的次数较多，如果数据元素的信息比较大，那么就选用选择排序，因为它对数据移动较少。

② 当记录的初始状态已经基本有序的时候，选用插入排序较好。

③ 当 n 较大时，例如 $n \geq 50$，就应该选择快速排序，快速排序是目前基于内部排序方法中最好的方法，待排序序列的元素的值是随机分布的时候，快速排序所花费的平均时间最少，但快速排序方法的缺点是不稳定。

9.3　软件工程

9.3.1　软件工程的基本概念

1. 软件的定义与软件的特点

软件是程序、数据及相关文档的集合。其中程序是软件开发人员根据用户需求开发的，用程序设计语言描述的，适合计算机执行的指令序列；数据是使程序能正常操纵信息的数据结构；文档是与程序开发、维护和使用密切相关的图文资料的总称。

根据应用目标的不同，软件按功能分为：应用软件、系统软件、支撑软件。应用软件是为解决特定领域的应用而开发的软件，例如事务处理软件、人工智能软件等。系统软件是计算机管理自身资源、提高自身使用效率并为计算机用户提供各种服务的软件，例如操作系统、编译程序、汇编程序、网络软件等。支撑软件是介于系统软件和应用软件之间的软件，即协助用户开发软件的工具软件。

软件与硬件相比，具有以下特点。

① 表现形式不同：软件是逻辑实体，而不是物理实体，具有很高的抽象性，缺乏可见性。硬件是物理部件，看得见，摸得着。

② 生产方式不同：软件的开发是人的智力的高度发挥，不是传统意义上的硬件制造，软件成本主要在开发和研制上。开发和研制后，通过复制可以大量生产软件，大量生产的成本却是非常低的。

③ 要求不同：硬件产品允许有误差，而软件产品不允许有。

④ 维护不同：由于磨损和老化，硬件会用旧或用坏，解决办法只能够换一个相同的设备。而在理论上，软件是不会用旧用坏的，但是软件却有生命周期，存在退化现象，软件的维护要比硬件的维护复杂得多。

2. 软件危机与软件工程

20 世纪 60 年代初期，美国的专业软件公司只有几十家，到了 1968 年发展到了 1300 多家。这些公司研制、生产和销售各种应用软件。尽管发展速度迅速，但是随着计算机应用范围的扩大，人们对软件的需求越来越大，软件的规模也随之增大，结构也越来越复杂。例如 IBM 公司 20 世纪 60 年代研制的 IBM386 操作系统，参与开发软件的工作人员有 700 多人，其他辅助人员 1 000 多人，从 1963—1966 年历时 4 年。花费 5 亿美元开发的系统包含了大量的错误，以后不断地修改和补充，但是每个版本上还是有错误。因此 20 世纪 60 年代硬件迅猛发展的同时，软件发展遇到了前所未有的巨大困难，人们称这个现象为"软件危机"。

软件危机有如下的表现：软件开发成本和进度无法控制，开发成本超出预算，开发周期大大超过了规定日期的现象频频发生；软件需求的增长得不到满足，用户对系统不满意的情况经常发生；开发软件可维护性和可靠性都差。

产生软件危机的主要原因是：软件规模越来越大、结构越来越复杂；软件开发的管理困难且复杂、费用不断增加；软件开发技术落后、生产方式落后、开发工具落后、生产效率低。其中核心原因是软件系统的复杂程度远大于硬件。计算机硬件生产已经标准化、工程化、产业化，但软件生产离这个标准还有很长的距离。

针对上述情况，1968 年，北大西洋公约组织的计算机科学家在联邦德国召开国际会议，讨论了软件危机问题。在这次会议上正式提出并使用了软件工程（Software Engineering）这个概念。倡导以工程的原理、原则和方法进行软件开发，以期解决"软件危机"问题。软件工程现在正式定义为：运用系统的、规范的和可定量的方法来开发、运行和维护软件。软件工程是一门指导计算机软件开发和维护的工程科学、应用计算机科学、数学及管理科学等原理，借鉴传统工程的原则和方法创建软件，以达到提高质量、降低成本的目的。其中，计算机科学和数学用于构建模型与算法；工程科学用于制定进度、设计和方案及估算费用；管理科学用于管理生产的计划、资源、质量、成本等。

软件工程包括 3 个关键要素：方法（Methodologies）、工具（Tools）和过程（Procedures）。方法是完成软件工程项目的技术手段；工具为方法提供自动化或全自动的支持，如计算机辅助软件工程系统（Computer-Aided Software Engineering，CASE），是一个支持软件开发的系统，类似于 CAD/CAE；过程支持对软件开发中各个环节的控制和管理。

3. 软件工程过程与软件生命周期

（1）软件工程过程。软件工程过程是把输入转化为输出的一组彼此相关的资源和活动，它的定义包含了软件工程的两个方面。

第一，软件工程过程是指为获得软件产品，在软件工具的支持下由软件工程师完成的一系列软件工程的活动。基于这个方法，软件工程过程通常包括 4 种基本活动。

① P（Plan）——软件规格说明。规定软件的功能及运行时间限制。

② D（Do）——软件开发。产生满足规格说明的软件。

③ C（Check）——软件确认。确认软件能够满足用户的要求。

④ A（Action）——软件演进。为满足客户要求，软件必须在使用过程中演进。

第二，从软件开发的观点看，它就是使用适当的资源（包括人员、硬/软件工具、时间等），为开发软件进行的一组开发活动，在过程结束时将输入（用户的需求）转化为输出（软件产品）。

（2）软件生命周期。一个软件从提出、实现、使用、维护到停止使用的过程称为软件的生命周期。即从考虑软件产品的概念开始，到该软件产品不能使用为止的整个时期都属于软件生命周期，一般包括可行性研究与需求分析、设计、实现、测试、交付使用以及维护等活动。各阶段的任务及产生的相应文档见表 9.3。

表 9.3　　　　软件生命周期各阶段的任务

时　期	阶　段	任　务	文　档
软件计划	问题定义	理解用户要求，划清工作范围	计划任务书
	可行性分析	可行性方案及代价分析	
	需求分析	软件系统的目标及应完成的工作	需求规格说明书
软件开发	概要设计	系统的逻辑设计	软件概要设计说明书
	详细设计	系统模块设计	软件详细设计说明书
	软件编码	编写程序代码	程序、数据、详细注释
	软件测试	单元测试、综合测试	测试后的软件、测试大纲、测试方案与结果
软件维护	软件维护	运行和维护	维护后的软件

① 软件计划时期。软件计划时期包括问题定义、可行性分析、需求分析 3 个阶段。

问题定义阶段是进行调研和分析，弄清楚用户想干什么，不想干什么，以确定工作范围。通过调查后得出"用户想要解决的问题是什么"。

在上述工作的基础上进行可行性分析，本阶段的具体工作是：分析所需要研制的软件系统是否具备必要的资源和技术上、经济上的可能性及社会因素的影响，回答"用户要解决的问题能否解决"，即确定项目的可行性。

需求分析要解决"做什么"的问题。经过问题定义，可行性分析阶段后，需求分析阶段要考虑所有的细节问题，以确定最终的目标系统要做哪些工作，形成对目标系统完整的、准确的要求。该阶段最后提交说明系统目标及对系统的要求的规格说明书。

② 软件开发时期。软件开发时期包括概要设计、详细设计、软件编码和软件测试 4 个阶段。

概要设计又称为总体设计、逻辑设计。该阶段要回答"怎样实现目标系统"的问题。首先应考虑实现目标系统的可能方案，并选择一个最佳方案。确定方案后应完成系统的总体设计，即确定系统的模块结构，给出模块的相互调用关系，并产生概要设计说明书。

详细设计阶段回答"应该怎样具体实现目标系统"的问题。在概要设计的基础上，要给出模块的功能说明和实现细节，包括模块的数据结构和所需的算法，最后产生详细设计说明书。

详细设计完成后进入软件编码阶段。程序员根据系统的要求和开发环境，选用合适的程序设计语言编写程序代码。

软件测试阶段分为单元测试和综合测试两个阶段。单元测试是对每一个编制好的模块进行测试，发现和排除程序中的错误。综合测试是通过各种类型的测试检查软件是否达到预期的要求。在综合测试中主要分集成测试和验收测试。集成测试是将软件系统中的所有模块装配在一起进行测试，验收测试是按照规格说明书的给定由用户（或有用户参加）对目标系统进行验收。

③ 软件维护时期。该时期仅包括软件维护阶段。软件维护阶段是一个长期的过程，因为经过测试的软件可能还存在错误，用户的要求还会发生变化，软件运行的环境也可能变化。在上述情况发生时，都要进行软件维护。因此，交付使用的软件仍然需要继续排错、修改和扩充，这就是软件维护。

（3）软件生命周期模块。软件生命周期模块（Life Cycle Model）也叫软件过程模型，是对软件系统开发项目总貌的一种描述，着眼于对项目管理的控制和逐步逼近的策略。

① 瀑布模型。瀑布模型（Waterfall Model）是传统的软件生命周期模型，如图 9.33 所示。由图可见，该模型将软件开发过程划分为 6 个阶段，这 6 个阶段是按顺序进行的，前一阶段的工作完成后，下一阶段的工作才能开始，前一阶段产生的文档是下一阶段工作的依据。该模型适合在软件需求比较明确、开发技术比较成熟的场合下使用，它是软件工程中应用最广泛的过程模型。

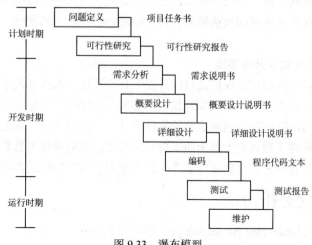

图 9.33　瀑布模型

② 快速原型法模型。快速原型法模型（Rapid Prototyping Model）是针对瀑布模型的缺点提出的一种改进模型，如图9.34所示。

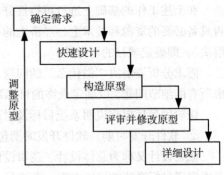

图 9.34　快速原型法模型

快速原型法模型也是从了解需求开始的，由开发人员和用户一起来定义所有目标，确定哪些需求已经清楚，哪些还需要进一步定义。接着是快速设计，快速设计主要集中在用户能看见的一些软件实现方面（如输入方法、输出形式等）。快速设计可产生一个原型（实验性产品），用户有了原型，就可对其评价，然后修改要求。重复执行上述步骤，直到该原型能满足用户的需求为止。

软件生命周期模型还包括许多其他的模型，如螺旋模型（Spiral Model），四代技术（Fouth-Generation Tehniques,4GT）、面向对象生存期模型（Object-Oriented Life-Cycle Model）等。

传统的顺序模型软件生命周期模型（瀑布模型、快速原型法模型）和演化型软件生命周期模型（螺旋模型、增量模型）主要采用了系列化的结构化开发技术，所以，软件过程呈"线性"（或基本是线性）特征，开发活动比较有序、清晰和规范。但是，开发出的软件（产品）的稳定性、可重用性和可维护性都比较差。

近年来，面向对象（Object-Oriented，OO）的方法日益受到人们的重视。面向对象的方法在设计时遵循人类习惯的思维方式，开发出的软件（产品）的稳定性、可重用性等都比传统的开发方法要好。

目前，经过多年的完善和实践，传统的瀑布模型已经形成了一个较为完整的体系，仍是软件开发中最基本的理论基础和技术手段。

4. 软件工程的目标和原则

软件工程的目标是，在给定成本、进度的前提下，开发出具有可靠性、有效性、可理解性、可维护性、可重用性、可适应性、可移植性、可追踪性和可互操作性且满足用户需求的产品。基于软件工程的目标，软件工程的理论和技术性研究的内容主要包括软件开发技术和软件工程管理。

为了达到软件工程的目标，在软件开发过程中，必须遵循软件工程的基本原则。这些原则适用于所有软件项目。这些基本原则包括抽象、信息隐蔽、模块化、局部化、确定性、一致性、完备性和可验证性。

5. 软件开发工具与软件开发环境

软件工程方法得以实施的重要保证是软件开发工具和环境。软件开发工具是软件人员进行开发和维护活动而使用的软件。它可以帮助开发人员完成一些琐碎的程序编制和调试问题，使软件开发人员将更多的精力和时间投入到最重要的软件设计上，提高软件开发的速度和质量。

软件开发环境（软件工程环境）是全面支持软件开发过程的软件工具集合。这些软件工具按照一定的方法和模式组合起来，帮助完成软件生命周期内的各个阶段的各项任务。

9.3.2　结构化分析方法

结构化分析方法（Structured Methodology）是一种典型的系统开发方法，它采用了系统科学的思想方法，从层次的角度，自顶向下地分析和设计系统。结构化分析方法包括结构化分析

（Structured Analysis, SA）、结构化设计（Structured Design,SD）和结构化程序设计（Structured Program Design,SPD）3 个部分。

结构化分析方法是由结构化程序设计发展而来的。早期的计算机程序设计采用手工式的设计方法，20 世纪 60 年代"软件危机"的出现促使人们开始对程序设计方法进行研究，经过多年的实践，逐步形成了结构化程序设计的方法。在结构化程序设计的基础上，又发展形成了结构化分析和结构化设计方法。

用结构化分析方法开发软件的过程如下：从系统需求开始，运行结构化分析方法建立环境模型（即用户要解决的问题是什么，以及要达到的目标、功能和环境）；需求分析完成后采用结构化设计方法进行系统设计，确定系统的功能模型；最后进入软件开发的实现阶段，运用结构化程序设计方法确定用户的实现模型，完成目标系统的编码和调试工作。

这种软件开发的过程如图 9.35 所示。

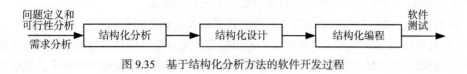

图 9.35 基于结构化分析方法的软件开发过程

1. 问题定义

问题定义、可行性分析和需求分析是软件生命周期中的软件计划（或软件定义）阶段，而问题定义又是整个软件生命周期的第一个步骤。

问题定义的主要任务是确定"软件要解决的问题是什么"。通过问题定义，系统分析员应提出关于问题性质、工程目标和规模的书面报告。通过对系统的实际用户和使用部门的访问调查，分析员应该简要地写出对问题的理解，并在用户和使用部门负责人参加的会议上认真讨论这份报告，澄清含糊的地方，改正分析员理解有误的地方，最后得出一份令双方都满意的问题定义报告——《问题目标和规模报告书》，接着就可以进入可行性分析阶段。

2. 可行性分析

可行性分析的目的是用最小的代价在尽可能短的时间内确定问题是否能够解决，它的目的不是解决问题，而是确定问题是否值得去解决。可行性分析进一步压缩和简化了系统分析和设计过程，也是在较高层次上以较抽象的方式进行系统分析。

在澄清了问题以后，系统分析员首先应该导出系统的逻辑模型——描述"做什么"。通常用数据流图表示，然后从系统逻辑模型出发，探索出若干种可供选择的主要解决方案（即系统实现方案），最后研究每种方案的可行性。一般来说，应从下述 5 个方面加以分析。

① 经济可行性：分析目标系统能否用最小的代价获得最大的经济效益、社会效益和技术进步。

② 技术可行性：分析系统采用的技术是否先进，能否实现系统目标，开发人员的素质是否具备等。

③ 运行可行性：分析系统的运行方式在该用户范围内是否可行。

④ 法律可行性：分析系统开发过程中可能涉及的各种合同、侵权、责任以及各种与法律相抵触的问题。

⑤ 开发可行性：分析实现系统的各种方案并进行评价，从中选择一种最优秀的方案。

可行性分析所用的时间长短取决于目标系统的规模。一般来说，可行性分析工作的成本是预期项目总成本的 5%～10%。

结构化方法经过 30 多年的发展，已成为系统的、成熟的软件开发方法之一。结构化方法包括结构化分析方法、结构化设计方法和结构化编程方法，其核心和基础是结构化程序设计理论。

3. 需求分析与需求分析方法

完成了可行性分析之后，软件系统就可以立项开发，进入软件需求分析阶段了。该阶段所要完成的任务是：确定所开发的目标系统的运行环境、功能和性能要求，编写用户手册概要和确认测试准则，为概要设计提供需求说明书。通俗地说，通过需求分析应能正确并准确地了解"系统必须做什么"。具体包括以下几个方面。

① 功能要求：功能要求指系统必须完成的所有功能。

② 性能要求：性能要求指联机系统的响应时间，系统需要的存储空间以及系统的健壮性和安全性等方面的要求。

③ 运行要求：运行要求指系统运行所需要的软/硬件环境。

④ 未来要求：未来要求指系统的将来可能产生的扩充要求。

⑤ 数据要求：数据要求指系统所要处理的数据以及它们之间的联系。

系统分析员在需求分析阶段必须和用户密切配合，充分交流信息，分析系统的综合要求，推导出经过用户确认的系统逻辑模型。系统逻辑模型可完整准确地反应用户的要求，是以后设计和实现目标系统的基础。

需求分析有多种方法和工具，其中结构化分析方法是目前常用的方法之一。

4. 结构化分析方法概述

结构化分析方法是需求分析的重要方法。结构化分析方法起源于美国，该方法同概要设计阶段中的结构化设计方法和编码实现阶段中的结构化程序设计方法衔接使用，已成为使用最广泛的分析方法。对于结构化分析方法的基本思想，可以归纳为分析的层次化、功能的模块化和相互关联 3 个方面。

实际上，结构化分析起源于结构化程序设计。产生于 20 世纪 60 年代的结构化程序设计，在其最早的程序设计工作中，包括了结构化分析和结构化设计工作的大部分内容。但随着强调阶段性开发和开发规范化的软件工程的出现，其中的分析和设计工作被分离出来，形成了结构化分析和设计工作。

结构化分析方法有以下基本特点。

① 自顶向下逐层细分。所谓自顶向下逐层细分，也就是对于一个复杂的事物，先抓住问题中的大的方面，形成较高层次的抽象。然后再由粗到细，由表及里地逐步涉及问题的细节。即把大问题分解成几个小问题，对于每一个小问题，再单独分析。这样逐层分解，从而能对整个问题有清楚的了解。比如，对于一个图书馆系统，不可能一下子把它的全部具体工作以及它们之间的相互联系都弄清楚。可先忽略各种细节，从分析整个图书馆系统中的大的功能开始。如首先要认识到图书馆有教育职能和情报职能，这是第一层划分，即高层抽象；然后再沿这两个方向逐层分解。或先分为采购、编目、流通、期刊管理、参考咨询等几个部分，明确每一个部分的总体功能及它们之间的相互关系。然后对其中的每一个部分，如编目再进行细分，得到第二层功能划分。以此类推，直到确定所有细节。

② 抽象。自顶向下逐层细分，实际上就是一个由模糊到清晰，由概括到具体的过程。同时也是一个不断抽象的过程。所谓抽象，就是在分析过程中，要透过具体事物看到问题的本质属性，将所分析的问题实例变为一般的概念。抽象是一种手段，只有通过抽象，才能正确认识问题，把握住事物的内部规律，从而达到分析的目的。因为在分析过程中人们所接触的都是具体的事物，

而人们要得到的，却是对该类事物一般问题的通用求解方法。抽象是信息系统分析中的重要原则。它不仅是结构化分析方法的特征，也是其他软件分析方法，如面向对象方法的重要基础。

结构化分析方法利用图形工具来表达需求，主要工具包括：数据流图、数据字典、结构化语言、判定表和判定树。其中，数据流图用以表达系统内部数据的运动情况；数据字典用以定义系统中的数据；结构化语言、判定表和判定树都是用以描述数据流的加工工具。

下面简要介绍结构化分析方法中使用的几种工具。

（1）数据流图。数据流图（Data Flow Diagram，DFD）是结构化分析中的重要方法和工具，是表达系统内数据的流动并通过数据流描述系统功能的一种方法。数据流图从数据传递和加工的角度，利用图形符号通过逐层细分的方式描述系统内各个部件的功能和数据在它们之间传递的情况，来说明系统所完成的功能。

数据流图的基本图形符号有 4 种，其图形及意义如图 9.36 所示。

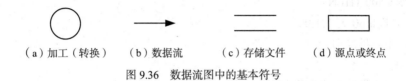

（a）加工（转换）　　（b）数据流　　　（c）存储文件　　　（d）源点或终点

图 9.36　数据流图中的基本符号

① 数据流：说明系统内部数据的流动，用箭头表示。箭头所指的方向为数据流动方向，箭头旁写数据名。

② 加工：又称数据处理、数据转换，表示对数据进行的操作。在圆圈中写加工名。

同一个数据流图上不能有同名的数据流。如果有两个以上的数据流指向一个加工，或是从一个加工中输出两个以上的数据流，这些数据流间往往存在一定的关系。其具体描述如图 9.37 所示，其中*表示相邻的数据流同时出现，⊕表示相邻的数据流只取其一。

③ 数据存储：又称文件，表示系统内需存储的数据。数据存储是系统内处于静止状态的数据，而数据流是系统内处于运动状态的数据。在数据流图中文件用两条平行直线表示，在直线旁注上文件名。

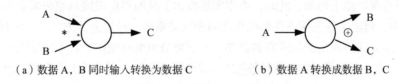

（a）数据 A，B 同时输入转换为数据 C　　　　　（b）数据 A 转换成数据 B，C

图 9.37　数据流图加工关系

④ 数据流的源点和终点：是向系统输入数据和接收系统输出的外部事物。在数据流图中用方框表示，在框内写上相应的名称。

（2）数据字典。数据字典（Data Dictionary，DD）是结构化分析方法的核心。数据流图说明了系统内数据的处理，但它未对其中数据的明确含义、结构和组成做具体的说明。因此，仅有数据流图还不能完整地表达系统的全部逻辑属性。这些属性数据流图都无法表达，而它们又都是下一步系统设计要使用的重要内容。数据字典就是用于具体描述数据流图内数据的这些逻辑属性性质的，是对数据流图（DFD）中出现的被命名的图形元素的明确解释。

数据流图、数据字典和加工说明结合在一起，共同构成了系统的逻辑模型。它们是结构化分析中数据流方法的 3 个不可缺少的部分。

通常数据字典包含的信息有：名称、别名、何处使用/如何使用、内容描述、补充信息等。

（3）加工逻辑描述工具。数据流图中的每个"处理"都用文字做了概括性描述，但对于某些复杂的"处理"来说，只用文字说明可能存在含糊不清之处。此时，可采用一些加工逻辑描述工具来清楚地表达。常用的加工逻辑描述工具有：结构化语言、判定表和判定树等。

① 结构化语言。结构化语言是一种介于计算机程序设计语言和人们日常所用的自然语言之间的语言形式，它虽不如程序设计语言精确，但简单明了，易于掌握，便于用户理解，又避免了自然语言的不严格、存在二义性等缺点，故适合作为需求分析的工具。

结构化语言的词汇表包括数据字典中定义的数据元素、数据结构、数据流等名词，加上自然语言中有限的含义明确的执行性动词以及一些常用的运算符，包括算术、关系和逻辑运算符等。它使用的句子仅限于简单的祈使语句、判断语句和循环语句以及由这3种语句组成的复合语句。下面是使用结构化语言描述处理商店业务处理系统中"检查发货单"事件的例子。

```
IF   金额 > 500 THEN
    IF  欠款 > 60 天 THEN
        不发批准书
    ELSE
        发出批准书或发货单
    END IF
ELSE
    IF  欠款 > 60 天 THEN
        发出批准书、发货单及赊欠报告
    ELSE
        发出批准书和发货单
    END IF
END IF
```

当所描述的算法中包含多重判断组合时，如果用结构化自然语言描述则会出现多层嵌套，使得逻辑加工不直观，难于理解。此时，可用图形描述工具即判定表或判定树来表示。

② 判定表。判定表是表达条件和操作之间相互关系的一种规范的方法。一张判定表通常由4个部分组成：左上部分列出的是所有的条件，左下部分为所有操作，右上部分表示由各种条件组合的一个矩阵，右下部分是对应于每种条件组合应执行的操作。"检查发货单"的判定表见表9.4。

表9.4   "检查发货单"判定表

		1	2	3	4
条件	发货单金额	> 500 元	> 500 元	≤ 500 元	≤ 500 元
	赊欠情况	> 60 天	≤ 60 天	> 60 天	≤ 60 天
操作	不发出批准书	√			
	发出批准书		√	√	√
	发出批准书		√	√	
	发出赊欠报告			√	

③ 判定树。判定树是判定表的变形，能清晰地表达复杂的条件组合与对应的操作之间的关系，易于理解和使用。

判定表和判定树只适合表达判断，不适合表达循环。若一个处理逻辑既包含了一般顺序执行动作，又包含了判断或循环逻辑，则使用结构化语言比较好。

5. 软件需求规格说明书

软件需求规格说明书（Software Requirement Specification，SRS）是需求分析阶段的最后成果，是软件开发中的重要文档之一。这种规格说明书通过分配给软件的功能和性能，建立完整的数据描述、详细的功能和行为描述、性能需求和设计约束的说明、合适的检验标准，以及其他需求相关的信息。需求规格说明书是客户与开发商之间的合同，是系统验收、开发和维护的基础，是软件工程项目中最重要的一份文档。表 9.5 给出了国标 GB856788 需求规格说明书的内容框架。

表 9.5　　　　　　　　　　　需求规格说明书标准

1. 引言	4. 功能要求
1.1 编写的目的	4.1 功能划分
1.2 项目背景	4.2 功能描述
（单位和与其他系统的关系）	5. 性能需求
1.3 定义	5.1 数据精确度
（专门术语和缩写词）	5.2 时间特性
2. 任务概述	5.3 适应性
2.1 目标	6. 运行需求
2.2 运行环境	6.1 用户界面
2.3 条件限制	6.2 硬件接口
3. 数据描述	6.3 软件接口
3.1 静态数据	6.4 故障处理
3.2 动态数据	7. 其他需求
3.3 数据库描述	（检测或验收标准、可用性、可维护性、可移植性、安全保密等）
3.4 数据字典	
3.5 数据采集	

① 引言：陈述关于计划文档的背景和为什么需要该系统，解释系统是如何与其他系统协同工作的。

② 任务概述：陈述软件的目标、运行环境和软件的范围。

③ 数据描述：给出软件必须解决的问题的详细描述，并记录了信息的内容和关系，输入/输出数据及结构。

④ 功能需求：给出解决问题所需要的每一个功能，包括每个功能的处理过程、设计约束等。

⑤ 性能需求：描述性能特征和约束，包括时间约束，适应性等。

⑥ 运行需求：给出交互的用户界面要求，与其他软件/硬件的接口，以及异常处理等。

⑦ 其他需求：给出系统维护性各个方面的要求。

9.3.3　结构化设计方法

需求分析阶段得到了软件的需求规格说明书，它明确地描述了用户要求软件系统"做什么"的问题，即定义了系统的主要逻辑功能、数据以及数据间的联系。现在要决定"怎么做"，即建立一个符合用户要求的软件系统。这时软件开发进入软件设计阶段。

1. 软件设计的基本概念

软件设计是软件工程的重要阶段，是一个把软件需求转换为软件表示的过程，即把分析结果加工为在程序细节上接近于源程序的软件表示（软件描述）。软件设计的目标是对将要实现的软件系统结构、系统的数据、系统模块间的接口以及所采用的算法给出详尽的描述。

软件设计阶段分为两部分：一是系统的总体设计或概要设计，它的任务是确定软件系统结构；二是系统的详细设计，即进行各模块内部的具体设计。软件设计的方法有很多种，如面向数据流分析（Data Flow Analysis，DFA）的设计，也称为结构化设计方法（Structured Design，SD），还有面向数据结构的设计，如 Jack 方法（Jackson System Development，JSD）和逻辑的构造化设计方法。

2. 概要设计

概要设计也称总体设计，其任务是确定软件结构。采用结构化设计方法来设计结构，其目标是根据系统的需求分析资料确定软件应由哪些系统或模块组成，它们采用什么样的组合方式及接口才能构成一个好的软件结构，并且如何用恰当的方法把设计结构表达出来。同时还要考虑数据库的逻辑设计。

结构化设计方法的基本思想是采用自顶向下的模块化设计方法，按照模块化原则和软件设计策略，将需求分析得到的数据流图映射成由相对独立、功能单一的模块组成的软件结构。由于数据流图有两种：变换型和事务型。因此，将数据流图映射为软件结构也有两种方法，一种是以变换为中心的方法；另一种是以事务为中心的方法，这两种方法分别得到变换型软件结构和事务型软件结构。

采用结构化方法设计的软件，由于模块之间是相对独立的，所以每个模块可以独立地被理解、编程、调试、排错和修改，从而使大型信息系统的开发工作得以简化，缩短了软件开发周期。模块的相对独立性能有效防止错误在模块间的蔓延，因而提高了系统的可靠性。

（1）概要设计的图形工具。在描述复杂的关系时，图形效果比文字叙述更加直观。下面简要介绍概要设计阶段常用的 3 种图形工具。

① 层次图。层次图也叫 H 图，它是一个表示信息系统结构的有效工具。层次图用一个方框表示一个模块，方框内写明模块名称，用方框间的连线表示模块间的层次关系。层次图非常自然地表达了自顶向下的分析思想。如图 9.38 所示为一个层次图的实例。

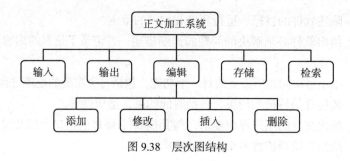

图 9.38　层次图结构

层次图除以上部分外，为使其更加清晰和方便，还可以使用编号和表格，用表格说明编号的具体名称或内容。

② HIPO 图。HIPO 图即层次化的输入-处理-输出图，它是美国 IBM 公司于 20 世纪 70 年代中期采用的。HIPO 图实际上是层次图和 IPO 图的结合。

IPO 图是输入-处理-输出图的简称，也是由美国 IBM 公司发展并完善起来的一种图形工具。它具有简单、易用、描述清晰的特点，用它来表示一个加工比较直观，对设计很有用。

一个完整的 IPO 图由 3 个大方框组成。左边的方框内写明有关的输入数据，称输入框；中间的方框列出对输入数据的处理，称处理框；右边的方框写明处理所产生的输出数据，称输出框。处理框中从上至下的顺序表明系统操作的次序。输入数据同处理的关系，处理同输出数据的关系，用相关联的箭头来表示，如图 9.39 所示。

③ 模块结构图。模块结构图（Module Structure Chart）是结构化设计的主要工具，它被广泛地使用在概要设计之中。模块结构图是由美国的 Yourdon 于 1974 年首先提出的，并用来描述软件系统的组成结构及相互关系。它既反映了整个系统的结构，即模块划分，又反映了模块之间的联系。

图 9.39　IPO 图实例

模块图中用一个方框来表示软件系统中的一个模块，方框中写出模块名。名字要恰当地反映模块的功能，而功能在某种程度上反映了块内各成分间的联系。用一个带箭头的线段表示模块间的调用关系。它连接调用和被调用模块，箭头指向被调用模块，发出箭头模块为调用模块。根据调用关系，模块可相对地分为上层模块和下层模块。具有直接调用关系的模块相互称为直接上层模块和直接下层模块。模块间传递的数据信息还可进一步分为两类：数据信息，用尾部带空心的箭头表示；控制信息，用尾部带实心的箭头表示，如图 9.40 所示。

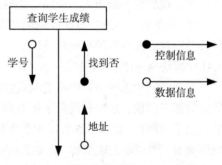

图 9.40　模块间传递信息的表示方法

（2）软件设计原理。结构化设计方法采用模块化原理进行软结构设计。模块化方法是早期自顶向下逐步求精的设计方法的进一步发展。

模块化就是把一个大型系统按规定划分成若干个独立的模块，每个模块完成一个子功能，如果划出的子模块仍很复杂，就再将其划分成若干个独立的子模块。这些模块集成起来组成一个整体，可以完成指定的功能，实现系统的要求。模块是单独命名的可以通过名字访问的数据说明、可执行语句等程序对象的集合。例如，过程、函数、子程序、宏等都可作为模块。采用模块化原理可以使软件结构清晰，便于设计、阅读和理解，从而便于维护。

一个好的模块应该符合信息隐蔽和模块独立性原则。信息隐蔽指一个模块内包含的信息对于那些不需要这些信息的模块是不可访问的。信息隐蔽降低了错误在模块间传递的可能性。模块独立性指软件系统中的每个模块只完成一个相对独立的子功能，且与其他模块间的接口简单。模块独立性可以用两个定性标准度量：内聚和耦合。内聚用于衡量一个模块内各组成部分之间彼此联系的紧密程度，联系越紧密内聚性越好；耦合是衡量一个模块内各组成部分间相互联系的联系程度，联系越松耦合性越好。各模块的高内聚性便意味着模块间的低耦合性。结构化设计追求的目标是模块的高内聚性和模块间的低耦合性。

（3）软件结构设计原则。软件概要设计包括定义模块构成的程序结构和输入输出数据结构，其目标是产生一个模块化的程序结构，并明确模块间的控制关系，以及定义界面、说明程序的数据，以便进一步调整程序结构和数据结构。软件设计从需求分析开始，逐步分层地导出程序结构和数据结构。

同一个问题可有多个解决方案。提高模块的内聚程度，降低模块间的耦合程度是一个评价这些解决方案的标准。下面介绍几种提高软件质量的设计原则。

① 提高模块的独立性。通过提高模块的内聚性，降低模块的耦合性来实现。

② 模块规模应该适中。模块的长度规模应在一页纸内（不超过60行语句），长了不易理解，短了不易表现功能。

③ 模块的深度、宽度、扇出和扇入适当。模块的深度（即层数）过多时应考虑是否有许多管理模块过于简单了，要适当合并。宽度越大，系统越复杂，对宽度影响最大的因素是模块的扇出。扇出越大，表明模块分解过细，需要控制和协调过多的下级模块。经验表明，当一个模块的扇出大于7时，出错率会急剧上升。因此，应适当增加中间层次的控制模块，扇出一般以 3 ~ 5 为宜。扇出过小的模块，可以考虑将其并入其上级模块中。当然，分解或合并模块应遵循模块独立性原则，并符合软件结构。

模块的扇入越大表明模块复用性越好，应适当加大模块的扇入。一个好的软件结构通常呈"腰鼓"形，顶层模块扇出大，中间模块扇出小，底层模块扇入大，但不必刻意追求这种形式。

④ 模块的作用域应该在控制域之内。模块的作用域被定义为受该模块内一个判定影响的所有模块的集合。模块的控制域是该模块本身以及所有直接或间接从属于它的模块的集合。例如，图9.41 中模块 A 的控制域是模块 A、B、C、D、E、F 的集合。

在一个好的系统中，所有受判定影响的模块都从属于做出判定的那个模块，最好是局限于做出判定的那个模块本身及它的直属下级模块。例如，图 9.41 中如果模块 A 做出的判定只影响模块 B，则符合上述原则。但如果模块 A 做出的判定同时还影响模块 G 中的处理过程，又会有什么坏处呢？首先，这样的结构使得软件难以理解。其次，为了使 A 中的判定能影响 G 中的处理过程，通常需要在 A 中设置一个标识以指示判定的结果，并且应该把这个标识传递给 A 和 G 的公共上级模块 M，再由 M 把它传给 G。这个标识是控制信息而不是数据，因此将使模块间出现控制耦合。

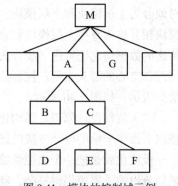

图 9.41　模块的控制域示例

作用域是控制域的子集。要控制模块的作用域在控制域之内，一个方法是把做判定的点往上移，例如，把判定从模块 A 中移到模块 M 中；另一个办法是把那些在作用域内，但不在控制域内的模块移动到控制域内，例如，把模块 G 移到模块 A 的下面，成为它的直属下级模块。究竟采用哪种方法需视具体问题而定，原则是能使软件结构更好地体现问题原来的结构。

⑤ 降低模块接口的复杂程度。模块接口过于复杂是软件发生错误的一个重要原因。应该仔细设计模块接口，使得信息传递简单并且和模块的功能一致。

⑥ 设计单入口和单出口模块。单入口和单出口模块容易理解，容易维护。

（4）面向数据流的设计方法。数据流图（DFD）是结构化分析的主要方法。作为需求分析的结果，数据流图描述了系统的逻辑结构，而功能模块图是概要设计中重要的设计和表示方法。由于任何可以用计算机处理的流程都可用数据流图来分析和描述，所以确立一种方法、原则和步骤，将数据流图映射为功能模块图就显得十分重要。

面向数据流的设计方法就是以数据流图为基础，通过一系列系统的步骤，将数据流图转换为功能模块图，从而导出软件结构的方法。面向数据流的设计方法是需求分析阶段结构化分析方法的延续，是结构化设计的主要方法。

数据流有两种类型：变换型数据流和事务型数据流。相应的软件结构设计方法也有两种：变换流分析设计和事务流分析设计。

① 变换流分析设计。任何以数据流图表示的软件系统，从总体上看，都包括 3 个功能部分，即接收数据、加工处理和输出数据。加工处理部分利用外部的输入数据，完成本身的逻辑功能，并产生新的数据作为输出。抽象地看，加工处理部分可以被看成是一个将输入数据变换为输出数据的变换机构，我们把具有以上过程的数据流称为变换流。变换流的一般形式可用图 9.42 来表示。

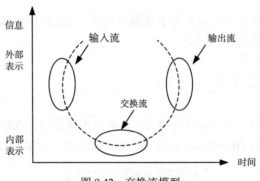

图 9.42　交换流模型

在图 9.42 的变换流中，引入了几个新的概念。它们是：

● 输入流。输入流由一个或多个数据加工组成。其作用是将最初接收到的系统外部输入的数据，由其外部形式变成内部形式，即将系统得到的物理输入变为系统可用的形式。一般来说，输入流的处理工作是对数据格式进行转换，即对数据进行分类、排序、编辑、整理、有效性检验等。

● 变换流。此处的变换流是指将输入流转换为输出流的数据变换过程和机制。变换流接收的数据是系统可处理的，处理后以系统的内部形式传送给输出流。

● 输出流。输出流将变换流发来的内部形式的数据经过加工处理变换为外部系统可接收的形式并输出。

如图 9.43 所示的身份证号查询的数据流过程。其中，虚线左边的部分为变换流，另外的两部分为输入流和输出流。

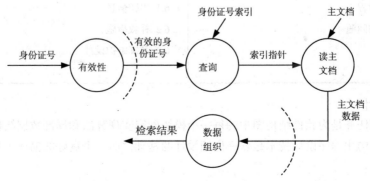

图 9.43　身份证号查询的数据流过程

② 事务流分析设计。一般来说，所有数据流均可看成是变换流。但是，有一类数据流本身有较明显的特点，可以将它区分出来做单独处理。若在一个数据流中，存在一个加工只接收一个输入数据，然后根据这个输入数据从若干个处理序列中选择一个路径执行，则具有这种类型的数据流叫事务流，如图9.44所示。

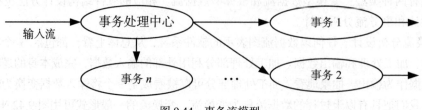

图 9.44　事务流模型

在这里，称输入数据为事务，称根据事务做出判断，并选择多个处理路径中的一条来执行的加工为事务中心，事务中心的作用如下。

- 接收输入数据（事务）。
- 根据事务做出判断，并选择处理路径。
- 沿处理路径执行。

（5）概要设计规格说明。概要设计完成后，还要给出概要设计规格说明，为下一步的详细设计提供基础。根据国家标准GB 856788的规定，概要设计规格主要内容见表9.6。

表 9.6　　　　　　　　　　　　　概要设计规格说明文档标准

1. 引言	3.2 外部接口
1.1 编写目的	3.3 内部接口
1.2 背景	4. 运行设计
1.3 定义	4.1 运行模块组合
1.4 参考资料	4.2 运行控制
2. 总体设计	4.3 运行时间
2.1 需求概述	5. 系统数据结构设计
2.2 运行环境	5.1 逻辑结构设计要点
2.3 基本设计概念和处理流程	5.2 物理结构设计要点
2.4 结构	5.3 数据结构与程序的关系
2.5 功能需求与程序的关系	6. 系统出错处理设计
2.6 人工处理过程	6.1 出错信息
2.7 尚未解决的问题	6.2 补救措施
3. 接口设计	6.3 系统维护设计
3.1 用户接口	

3. 详细设计

详细设计的任务是为软件结构图中的每一个模块确定实现算法和局部数据结构，并用某种工具描述出来。结构化程序设计技术是软件详细设计的基础，而一个良好的描述工具是结构化程序设计的载体。

（1）结构化程序设计。结构化程序设计的理念是 20 世纪 60 年代由 Dijkstra 等人提出并加以完善的。结构化程序一般只需用顺序结构、选择结构和循环结构 3 种基本的逻辑结构就能实现。

（2）详细设计工具。软件详细设计的描述工具可分为图形、表格和语言 3 类，下面介绍 3 种常用的详细设计描述工具。

① 程序流程图。用于描述程序的控制流程。

程序流程图的优点是直观，便于初学者掌握；缺点是控制流不带任何约束，可随意转移控制，使得过程的结构不清晰，不便于逐步求精。

② 盒图。盒图（N-S 图）是由 Nassi 和 ShneidE-Rman 提出的，所以又称为 N-S 图，其基本描述符号如图 9.45 所示。

盒图很容易表示程序结构化的层次结构，确定局部和全局数据的作用域。由于没有转向箭头，因此不允许随意转移控制，使得程序结构较为清晰。

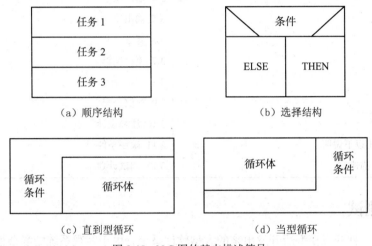

图 9.45 N-S 图的基本描述符号

③ PAD 图。问题分析图（Problem Analysis Diagram, PAD）是由日本日立公司发明的，已得到一定范围的推广。PAD 图是用二维树形结构的图示表示程序的控制流。图 9.46 给出了 PAD 图的基本符号。

PAD 图结构清晰，图中竖线的条数就是程序的层次数。程序执行按照自上而下，从左向右的顺序遍历所有节点。PAD 图支持自顶向下、逐步求精的方法，随着设计的深入，逐步增加细节，直至完成详细设计。此外，也很容易将 PAD 图的描述翻译成程序代码，便于实现自动编码。

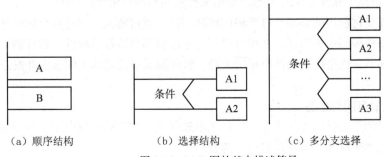

图 9.46 PAD 图的基本描述符号

（d）当型循环　　　　　　　　（e）直到型循环

图 9.46　PAD 图的基本描述符号（续）

（3）详细设计规格说明。详细设计阶段的文档是详细设计规格说明，它是对程序工作过程的描述。根据国家标准 GB 856788 的规定，详细设计规格说明的主要内容见表 9.7。

表 9.7　　　　　　　　　　　　详细设计规格说明

1. 引言	3.2 功能
1.1 编写目的	3.3 性能
1.2 背景	3.4 输入项
1.3 定义	3.5 输出项
1.4 参考资料	3.6 算法
2. 总体设计	3.7 流程逻辑
2.1 需求概述	3.8 接口
2.2 软件结构	3.9 存储分配
2.3 程序设计说明	3.10 注释设计
3. 对每个模块给出以下说明	3.11 限制条件
3.1 程序（模块）描述	3.12 测试计划

9.3.4　测试

无论采用哪一种开发模型所开发出来的大型软件系统，由于客观系统的复杂性，人为发生错误的因素不可避免。每个阶段的技术复审也不可能毫无遗漏地查出和纠正所有的设计错误，而且编码阶段也会引入新的错误。

各种软件错误的出现比例如下。

① 功能错，占整个软件错误的 27%，是由需求分析设计不完整引起的。

② 系统错，占整个软件错误的 16%，是由总体设计错误引起的。

③ 数据错，占整个软件错误的 10%，是由数据错误引起的。

④ 编码错，占整个软件错误的 4%，是由程序员编码错误引起的。

⑤ 其他错，占整个软件错误的 16%，是由文档错误和硬件错误引起的。

因此，软件在交付使用前必须经过严格的软件测试，通过测试尽可能找出软件计划、总体设计、详细设计、软件编码中的错误，并加以纠正，才能得到高质量的软件。软件测试不仅是软件设计的最后复审环节，也是保证软件质量的关键。软件测试所花费的工作量占开发总量的 40% ~ 50%。

1. 软件测试的目的与任务

软件测试的目的是确保软件的质量，尽量找出软件中的错误并加以纠正，而不是证明软件没有错误。因此，软件测试的任务可以归纳为两点。

① 测试（Testing）任务——采用一定的测试策略，找出软件中的错误。

② 调试（Debugging）任务（或称为纠错任务）——如果测试到错误，则定位软件中的错误，加以纠正。

查找错误的过程称测试，纠正错误的过程称调试。软件测试和调试两大任务之间的流程关系，如图 9.47 所示。通常每一次测试都需要为之准备若干个必要的测试数据，往往把用于测试过程的测试数据称为测试用例（Test Case）。

图 9.47   软件测试和调试的流程关系

测试和调试的流程实际上是一个带回溯的线性有序过程。其中，不仅是评价结果可能产生回溯，调试完成之后也可能产生新一轮测试，甚至调试本身可能又包含了测试环节。

2. 软件测试的准则

要做好软件测试，需要依据某些原则和方法。下面是一些主要的测试准则。

① 测试前要认为被测试软件有错，不要认为软件没有错。

② 要尽量避免测试自己编写的程序。

③ 测试用例设计中，不仅要有确定的输入数据，而且要有确定的预期输出的详尽数据。

④ 测试用例的设计不仅要有合理的输入数据，还要有不合理的输入数据。

⑤ 除了检查程序做了它应做的事之外，还要检查它是否做了不应该做的事。

⑥ 程序中存在错误的概率与在该段程序中已发现的错误数成正比。

⑦ 测试是相对的，不能穷尽所有测试，要根据人力、物力安排测试，并选择好测试用例与测试方法。

⑧ 保留全部测试用例，留给测试报告和以后的反复测试使用，重新验证纠错的程序是否有错。

3. 软件测试技术与方法综述

（1）软件测试方法。软件测试方法可分为静态测试和动态测试两大类，每大类可以再细分成若干小类，如图 9.48 所示。

① 静态测试。静态测试是不执行程序的，主要以人工方式分析程序、发现错误。静态测试能测试程序的语法错误和结构性错误。

静态测试具有自动方式的静态分析器和人工方式的代码评审。静态分析器是一个软件工具即静态分析程序。它不执行被测试的程序，

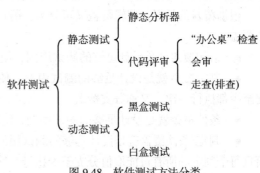

图 9.48   软件测试方法分类

仅仅扫描被测程序的正文，从中寻找可能导致产生错误的异常情况，如使用了一个未定义的变量。代码评审的任务是发现程序在结构、功能和编码风格等方面存在的问题和错误。良好的代码评审组织可发现 30% ~ 70% 的设计编码错误。代码评审可以采用编程者自审（适合小规模代码审查）和组成高级技术小组会审、排查（较大规模的代码审查）两种形式。

② 动态测试。动态测试是通过试运行程序来推断产品某个行为特性是否有错。动态测试主要能测试程序的功能性错误和接口错误。

任何产品都可以使用以下两种方法进行动态测试。

- 如果已知产品的功能，则可以对它的每一个功能进行测试，看是否都达到了预期的要求。
- 如果已知产品的内部工作过程，则可以对它的每种内部操作进行测试，看是否符合设计要求。

其中，第一种方法是黑盒测试（Black Box Testing）；第二种方法是白盒测试（White Box Testing）。黑盒测试时完全不考虑程序内部的结构和处理过程，只按照规格说明书的规定来检查程序是否符合要求。黑盒测试是在程序接口上进行的测试。

白盒测试是将程序看成一个透明的盒子，也就是说测试人员完全了解程序的内部结构和处理过程。所以测试时按照程序内部的逻辑测试程序，检验程序中的每条通路是否都能按预期的要求正常工作。

（2）软件测试技术。软件测试方法可以采用多种测试形式，这里主要讨论动态测试技术。

软件动态测试的详细过程如图9.49所示，其关键是设计和使用测试用例。软件测试用例的设计方法有两大类：白盒测试用例设计和黑盒测试用例设计。

① 白盒测试用例设计主要有两种方法：逻辑覆盖和基本路径测试。

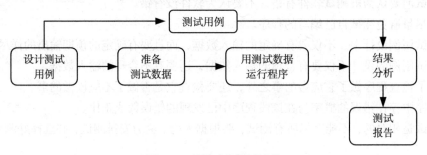

图 9.49　软件动态测试过程

逻辑覆盖是以程序的内部逻辑结构为基础的测试用例设计技术，它要求测试人员十分清楚程序的逻辑结构，考虑的是测试用例对程序内部逻辑覆盖的程度。

根据覆盖的目标，逻辑覆盖又可分为：语句覆盖、判定覆盖、条件覆盖、判定/条件覆盖和路径覆盖。

- 语句覆盖就是设计足够的测试用例，使得程序中的每个语句至少执行一次。
- 判定覆盖就是设计足够的测试用例，使得程序中每个判定的取"真"分支和取"假"分支至少都执行一次，又称分支覆盖。
- 条件覆盖就是设计足够的测试用例，使得程序判定中的每个条件最少都能获得一次执行。
- 判定/条件覆盖就是设计足够的测试用例，使得判定中的每个条件都取到各种可能的值，而且每个判定的所有可能取值分支至少执行一次。
- 路径覆盖就是设计足够的测试用例，使得程序中所有可能的路径都至少经历一次。

基本路径测试的思想和步骤是，根据软件过程描述中的控制流程确定程序的环路复杂性度量，用此度量定义基本路径集合，并由此导出一组测试用例对每一条独立执行的路径进行测试。

② 黑盒测试用例设计。黑盒测试方法主要有等价类划分法、边界值分析法、错误推测法、因果图等。

等价类划分是一种实用的测试技术，与逻辑覆盖不同，使用等价类划分设计测试用例时，完全不需要考虑程序的内部结构，而主要依据程序的功能说明。穷尽测试是不可能实现的，实际也是不必要的，可以从所有可能的输入数据中选择一个子集进行测试。如何选择这个子集，使得这个子集具有代表性，能尽可能多地发现程序中的错误，就是等价类划分法要考虑的问题。该方法根据输入数据和输出数据的特点，将程序输入域划分成若干个部分（即若干等价类），即子集，然后从每个子集中选取具有代表性的数据作为测试用例。

人们在长期的测试中发现，程序往往在处理边界值的时候容易出错。例如，数组的下标、循环的上下界等。针对这种情况设计测试用例的方法就是边界值分析法。使用边界值分析法设计测试用例时，首先要确定边界情况。通常，输入等价类和输出等价类的边界就是应该着重程序的边界情况。也就是说，应该选取恰好等于、小于和大于边界的值作为测试数据，而不是选取每个等价类内的典型值或任意值作为测试数据。边界值分析可以看成是对等价类划分的一个补充。在设计测试用例时，往往联合使用等价类划分和边界值分析这两种方法。

推测的基本思想是，列举出程序中所有可能出现的错误和容易发生错误的特殊情况，根据它们选择测试用例。例如，输入数据为零或输出数据为零的地方往往容易出错，各模块间对公有变量的引用也是容易出错的地方。

4. 软件测试的实施

测试过程必须分步骤进行，每个步骤在逻辑上是前一个步骤的后续。大型软件系统通常由若干个子系统组成，每个子系统又由许多模块组成。因此，大型软件系统的测试基本上由下述 4 个步骤组成：单元测试、集成测试、验收测试（确认测试）和系统测试，如图 9.50 所示。通过这些测试可以验证软件是否合格，能否交付用户使用。

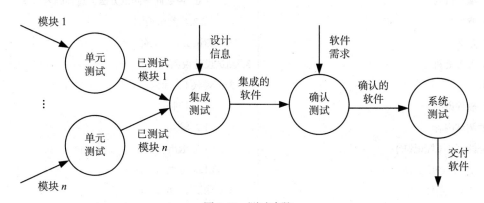

图 9.50 测试步骤

（1）单元测试。单元测试集中对软件设计的最小单位——模块进行测试，主要是为了发现模块内部可能存在的各种错误和不足之处。

进行单元测试时根据程序内部结构设计测试用例，主要使用白盒测试法。由于各模块间相对独立，因而对多个模块的测试可以并行进行，以提高测试效率。单元测试主要针对 5 个基本特性进行测试：模块接口、局部数据结构、重要的执行路径、出错处理和边界条件。

（2）集成测试。在单元测试完成后，要考虑在将模块集成为系统的过程中可能出现的问题（例如，模块之间的通信和协调问题），所以在单元测试结束之后还要进行集成测试。这个步骤着重测试模块间的接口、子功能的组合是否达到了预期要求的功能，以及全局数据结构是否有问题等。

集成测试所涉及的内容包括软件结构间的接口测试、全局数据结构测试、边界条件和非法输入的测试等。集成测试时，将各个模块组装成系统的方法有两种，即非增量组装方式和增量组装方式。

① 采用增量组装方式是先分别对每个模块进行单元测试,再把所有模块按设计要求组装在一起进行测试,最终得到所要求的软件。

② 采用增量组装方式是把下一个要求测试的模块同已经测试好的那些模块结合起来进行测试,测试完以后再把下一个应该测试的模块结合进来测试。这种方法实际上同时完成了单元测试和集成测试。在使用增量组装方式时,常用的方法有自顶向下、自底向上、自顶向下与自底向上相结合。

（3）确认测试。集成测试通过后,应在用户的参与下进行确认测试。这个时候往往使用实际数据进行测试,从而验证系统是否能满足用户的实际需求。

（4）系统测试。系统测试是把通过确认测试的软件作为基于计算机系统的一个整体元素,与整个系统的其他元素结合起来,在实际运行环境下,对计算机系统进行一系列的集成测试和确认测试。

5. 软件测试计划与测试分析报告

测试是软件生命周期中的一个独立的、关键的阶段。为了提高发现错误的几率,使测试按计划进行,就必须编制相应的测试文档。测试文档主要包括测试计划和测试分析报告。

根据国家标准 GB 856788《计算机软件产品开发文件编制指南》, GB 938688《计算机软件测试文件编程规范》, 测试计划和测试分析报告的主要内容见表 9.8 和表 9.9。

表 9.8　测试计划的主要内容

1. 引言	c. 测试的输入和输出举例
1.1 编写目的	d. 控制此项测试方法、过程图表
1.2 背景	2.3.4 测试培训
1.3 定义	2.4 测试 2（标识符）
1.4 参考资料	3. 测试设计说明
2. 计划	3.1 测试 1（标识符）
2.1 软件说明	3.1.1 控制
2.2 测试内容	3.1.2 输入
2.3 测试 1（标识符）	3.1.3 输出
2.3.1 进度安排	3.1.4 过程
2.3.2 条件	3.2 测试 2（标识符）
a. 设备	4. 评价推测
b. 软件	4.1 范围
c. 人员	4.2 数据整理
2.3.3 测试资料	4.3 尺寸
a. 有关本项任务的文件	
b. 被测试程序及所在媒体	

表 9.9　测试分析报告的主要内容

1. 引言	4.1.2 限制
1.1 编写目的	4.2 功能 2（标识符）
1.2 背景	5. 分析摘要
1.3 定义	5.1 能力

第 9 章 软件技术基础

续　表

1.4 参考资料	5.2 缺陷和限制
2. 测试概要	5.3 建议
3. 测试结果及发现	a. 各项修改可以采用的修改方法
3.1 测试 1（标识符）	b. 各项修改的紧迫程度
3.2 测试 2（标识符）	c. 各项修改预计的工作量
4. 对软件功能的结论	d. 各项修改的负责人
4.1 功能 1（标识符）	5.4 评价
4.1.1 能力	6. 测试资源消耗

9.3.5　程序的调试

经过软件测试，便可显示出程序中的错误，应当进一步诊断程序错误的准确位置，研究错误产生的原因，改正错误。因此，程序调试就是诊断和纠正错误的过程。目前，程序设计环境已为程序调试提供了一些调试工具，如功能强大的交互调试环境、断点打印转储和跟踪程序等调试工具。

程序调试可以分为静态调试和动态调试两种。静态调试主要通过人的思维来分析源程序代码和排错，是主要的调试手段。动态调试是静态调试的辅助，主要的调试方法有强行排错法、回溯法和原因排除法。

① 强行排错法是目前使用最多但效率较低的一种调试方法。具体地说，通常包含 3 种措施，即输出存储器内容、打印语句和自动调试工具。

② 采用回溯法排错时，调试人员首先分析错误现象，确定最先出现"症状"的位置，然后沿程序的控制流程人工往回追踪源程序代码，直到找到错误根源或确定错误产生的范围为止。实践证明，回溯法是一种可以成功用在小程序中的、很好的纠错方法。通过回溯，往往可以把错误的范围缩小到程序中的一小段代码内，仔细分析这段代码，不难确定出错误的准确位置。但是，随着程序规模的扩大，回溯的路径数目越来越多，回溯法会变得很困难，甚至于完全不可能实现。

③ 原因排除法是通过演绎和归纳以及二分法来实现的。归纳法就是从线索（错误现象）出发，通过分析这些线索间的关系找出故障的一种系统化的思想方法。演绎法从一般原理或前提出发，经过排除和精化的过程推导出结论。演绎法排错的过程是：测试人员首先列出所有可能出错的原因和假设，然后再用原始测试数据或新的测试数据，逐个排除不可能正确的假设，最后证明剩下的原因确实是错误的根源。二分法的基本思想是：如果已知每个变量在程序中若干个关键点处的正确值，则可以使用赋值语句给变量正确的值，然后运行程序，如果结果正确，则证明程序的前半部分有错误，反之则证明后半部分有错误。

9.4　多媒体技术基础

随着计算机的文字处理、图形图像技术、通信技术和数字化声像技术等一系列技术的发展，多媒体技术应运而生。多媒体技术是 20 世纪 90 年代计算机的时代特征，是计算机的又一次革命。多媒体技术已经融入人们生活的各个领域，给人们的生活、工作和娱乐带来了很大的变化。本章将着重介绍多媒体技术的初步知识。

9.4.1 多媒体的基本概念

世界是五颜六色、绚丽多彩的，人们正是通过视觉、听觉、触觉、嗅觉等多种感官来获取信息，对多种信息进行处理，并且利用信息进行交流，这些信息包括数字、文本、图形、图像和声音等。

1. 媒体

媒体（Media）就是信息的的载体。日常生活中接触的报纸、杂志、电视、广播等都是媒体，人们通过它们来了解世界。

（1）媒体的含义。在计算机领域，媒体有两种含义。

① 信息的表示形式，如文字（Text）、声音（Audio，也叫音频）、图形（Graphic）、图像（Image）、动画（Animation）和视频（Video）即活动影像。

② 存储信息的载体，如磁带、磁盘、光盘和半导体存储器等。

多媒体技术中的媒体是信息的表示形式。

（2）媒体的种类。国际电信联盟（ITU-T）对媒体做了如下的分类和定义。

① 感觉媒体：直接作用于人的感官，能使人产生感觉。如图形、图像、语音等。

② 表示媒体：为了加工、处理和传送感觉媒体而开发的，用于数据交换的编码。如ASCⅡ码、GB2312等。

③ 显示媒体：在通信中使感觉媒体与电信号转换的一类媒体，即表达用户信息的物理设备。如键盘、鼠标、话筒、显示器、音箱、扫描仪、打印机、投影仪等。

④ 存储媒体：用于存放信息的物理介质。如纸张、磁带、磁盘、光盘等。

⑤ 传输媒体：传输数据的物理介质。如同轴电缆、双绞线、电话线、光纤等。

2. 多媒体

（1）多媒体的定义。多媒体（Multimedia）就是文本、声音、图形、图像、动画和视频等多种媒体的有机集成。

（2）多媒体的信息类型。

① 文本（Text）。文本是以各种文字和符号表达的信息的集合，是现实生活中使用最多的一种信息存储和传递的方式。

② 图形（Graphic）和图像（Image）。图形是指由外部轮廓线条构成的矢量图。即由计算机绘制的直线、圆、矩形、曲线、图表等。适用于描述轮廓不是很复杂、色彩不是很丰富的对象。图像是指由输入设备捕捉的实际场景画面或以数字化形式存储的任意画面，在计算机中的存储格式有BMP，JPG，GIF等，一般数据量比较大。它除了可以表示真实的场景外，也可以表现复杂绘画的某些细节，并具有灵活和富有创造力等特点。

③ 音频（Audio）。人类能够听到的所有声音都称为音频，计算机处理音频的技术主要包括声音的采集、数字化、解压缩和声音的播放。

④ 视频（Video）。连续的图像变化每秒超过24帧（Frame）画面以上时，根据视觉暂留原理，人眼无法辨别单幅的静态画面，看上去是平滑连续的视觉效果，这样连续的画面叫做视频。视频实际上就是指动态的图像，包括电影和电视视频等。

计算机能处理的这些多媒体信息从时效性上可分为两大类：静态媒体包括文字、图形、图像；时变媒体包括声音、动画、活动影像。

3. 多媒体技术

（1）多媒体技术的定义。多媒体技术（Multimedia Technique）是利用计算机技术把文本、图像、图形、音频、视频等多种媒体信息综合一体化，使之建立逻辑连接，集成为一个具有交互性的系统，并能对多种媒体信息进行获取、压缩编码、编辑、加工处理、存储和展示的技术。

（2）多媒体的相关技术。

① 数据压缩与编码技术。由于多媒体信息数据量大，存储和传输需大量的空间和时间，所以需要压缩编码。数据压缩标准主要有：JPEG 用于静止图像的压缩；MPEG 用于视频和音频编码的压缩。

② 大规模集成电路技术。大规模集成电路技术是支持多媒体硬件系统结构的关键技术，主要是为了使计算机处理多媒体的速度更快、更及时。多媒体计算机的专用芯片分为两类：固定功能芯片、可编程数字信号处理器芯片。

③ 多媒体存储技术。利用激光存储技术存储的数据不易丢失，使用寿命长，存储容量大，价格便宜，还可实现快速读写。

④ 多媒体通信技术。多媒体通信技术是多媒体技术和通信技术相结合的产物。理想的多媒体通信方式是人们可以在任何地点、任何时间通过网络进行多种媒体信息的交流。多媒体通信技术使计算机、通信网络、广播电视三者有机融合为一体。

⑤ 超文本和超媒体技术。超文本是非线性的信息组织方式；超媒体用超文本方式组织多媒体信息。Internet 中 WWW 服务就采用超媒体技术。

⑥ 多媒体数据库技术。多媒体数据库的实现方式主要有以下 3 种。

● 基于关系模型，但加以扩充，使之支持多媒体数据类型。
● 基于面向对象的模型，来实现对多媒体的描述及操纵。
● 基于超级文本（Hypertext）模型。

相关的技术主要有：多媒体数据库的存储与管理技术、分布式技术、多媒体信息再现、良好的用户界面处理技术。

⑦ 虚拟现实技术。虚拟现实技术综合了计算机图形学、人机交互技术、传感技术、人工智能等先进技术，生成模拟现实环境的三维的视觉、听觉、触觉和嗅觉的虚拟环境。

4. 多媒体技术的特点

（1）多样性。多样性是指处理信息的多样化。多媒体计算机可以综合处理文本、图形、图像、声音、动画和视频等多种形式的信息。

（2）交互性。传统的媒体如影视节目等大多是按照事先编排的顺序从头放到尾，人们只能被动地接收信息，人机之间缺乏沟通。而多媒体计算机则可以人机交互，即用户与计算机之间可以双向通信，通过计算机程序控制各种媒体的播放顺序。

（3）灵活性。超文本和超媒体在多媒体技术中的应用，可以灵活地组织信息节点。

（4）实时性。计算机的实时控制决定了多媒体信息的实时性。

（5）集成性。集成性是指不同媒体信息、不同视听设备及软硬件的有机结合。

5. 多媒体技术的应用领域

（1）办公室自动化。应用数字影像技术与多媒体计算机技术，把文件扫描仪、图文传真机、文件资料微缩系统、通信网络相结合。

（2）电子出版物。把多媒体计算机技术与文化、文艺、教育等多种学科相结合，以数字代码方式将图、文、声、像等信息存储在磁、光、电介质上，通过计算机或类似的设备阅读使用，并可复制发行的大众传播媒体。

（3）多媒体通信。可视电话、视频会议等。

（4）教育与培训。多媒体教学、远程教育等。

（5）影视作品制作。制作音频、视频、影视作品等。

9.4.2　多媒体系统的组成

1. 多媒体计算机

多媒体计算机（Multimedia Personal Computer，MPC）一般是指能够综合处理文字、图形、图像、声音、动画和视频等多种媒体信息，并在它们之间建立逻辑关系，使之集成为一个交互式系统的计算机。它集高质量的视频、音频、图像等多种媒体信息的处理于一身，并具有大容量的存储器，能给人们带来一种图、文、声、像并茂的视听感受。

2. 多媒体计算机硬件系统

① 多媒体主机，如 PC、工作站等。

② 多媒体输入设备，如摄像机、麦克风、录像机、录音机、扫描仪、CD-ROM 等。

③ 多媒体输出设备，如打印机、绘图仪、音响、录音机、录像机、高分辨率屏幕等。

④ 多媒体存储设备，如硬盘、光盘、声像磁带等。

⑤ 多媒体功能卡，如视频卡、声音卡、压缩卡、家电控制卡等。

⑥ 操纵控制设备，如鼠标、操纵杆、键盘、触摸屏等。

简单的多媒体计算机，除了主机、硬盘驱动器、显示器外，也必须有如下设备。

① 声卡：处理音频信息，即把声音进行 A/D 转换、压缩处理，把数字化的声音信息解压还原，进行 D/A 转换后播放。

② 显卡：又称图形适配器，显示高分辨率的色彩图像。

③ 光驱：只读光驱用于读取光盘上的多媒体信息；刻录机用于存储多媒体信息。

3. 多媒体计算机软件系统

多媒体计算机软件系统包括多媒体操作系统、多媒体数据库管理系统、多媒体压缩/解压缩软件、多媒体声像同步软件、多媒体通信软件、多媒体开发和创作工具等。

① 多媒体操作系统是多媒体软件系统的核心，管理和控制多媒体资源，实现多任务、多媒体信息处理同步等操作。

② 驱动器接口程序是高层软件与驱动程序的接口软件。

③ 多媒体驱动软件是最底层硬件的软件支撑环境，完成设备操作、基于硬件的压缩/解压缩、图像快速变换及功能调用。

④ 多媒体素材制作软件及多媒体函数库主要有文字处理软件、绘图软件、图像处理软件、动画制作软件、生产和视频处理软件等。

⑤ 多媒体编辑工具主要是为了提高多媒体开发的工作效率。常用的多媒体创作工具有 Micromedia Flash、Authorware、Director 等。

9.4.3　多媒体信息在计算机中的表示与处理

1. 声音信息

声音作为一种波，有两个基本的参数：频率和振幅。频率是声音信号每秒钟变化的次数，计算机中的音频在 20 ~ 20kHz；振幅表示声音的强弱。

（1）数字音频信号的特点。数字音频是一种基于时间的连续媒体。处理时要求很高的时序性，超过 25ms 的延迟就会有断续感。

数字音频其质量是通过采样频率、样本精度和信道数来反映的。指标高、失真小，但数据量大。

语音既要有感情色彩，又要有设计声学、语言学等知识，还要考虑声音立体化的问题。

（2）音频文件。现实世界中的各种声音必须转换成数字信号并经过压缩编码，计算机才能接收和处理。这种数字化的声音信息以文件形式保存，即通常所说的音频文件或声音文件。

（3）音频文件的存储格式。多媒体计算机中的声音文件一般分为两类：WAV 文件和 MIDI 文件。前者是通过外部音响设备输入到计算机的数字化声音，后者完全是通过计算机合成产生的，它们的采集、表示、播放以及使用的软件都各不相同。

① WAV（Wave From Audio）格式。计算机通过声卡对自然界里的真实声音进行采样编码，形成格式为 WAV 的声音文件，它记录的就是数字化的声波，所以也叫波形文件。

常用的录音软件有：Windows XP 附件中的"录音机"程序、声卡附带的录音机程序或专用录音软件，如 Sound Forge、Wave Lab 等，这些软件包不仅可以提供专业水准的录制效果，并且可以对所录制的声音进行复杂的编辑，或者制作各种特技效果。录制语音的时候，几乎都使用 WAV 格式。

② MIDI 格式。乐器数字接口（Musical Instrument Digital Interface，MIDI）是在音乐合成器、乐器和计算机之间交换音乐信息的一种标准协议。MIDI 文件就是一种能够发出音乐指令的数字代码。

与 WAV 文件不同，它记录的不是各种乐器的声音，而是 MIDI 合成器发音的音调、音量、音长等信息。所以 MIDI 总是和音乐联系在一起，它是一种数字式乐曲。MIDI 数据文件紧凑，占用空间少。

③ MP3 格式。MP3 是 MPEG-1 Audio Layer 3 的简称，是当今比较流行的一种数字音频编码的有损压缩格式。MP3 技术可以用来大幅度地降低音频文件存储所需要的空间，达到了较高的压缩比（高达 12:1 ~ 10:1）。

2. 图像信息

图像是多媒体中的可视元素，也称静态图像。在计算机中可分为两类：位图和矢量图，虽然它们的生成方法不同，但在显示器上显示的结果几乎没有什么差别。

（1）位图（Bitmap）。位图图像由一系列像素组成，每个像素用若干个二进制位来指定它的颜色深度。若图像中的每一个像素值只用一位二进制（0 或 1）来存放它的数值，则生成的是单色图像。若用 n 位二进制来存放，则生成彩色图像，且彩色的数目为 2^n。例如，用 4 位存放一个像素的值，则可以生成 16 色的图像；用 8 位存放一个像素的值，则可以生成 256 色的图像。

常见的位图文件格式有 BMP、GIF、JPEG、TIFF 等，其中 JPEG 是一种由国际标准化组织（ISO）和国际电报电话咨询委员会（CCITT）联合制定的，适合于连续色调、多级灰度、彩色或单色静止图像数据压缩的国际标准（它对单色和彩色图像的压缩比通常为 10:1 和 15:1）。

位图可以用画图程序绘制，如 Windows XP 附件中的画图程序，它的功能比较简单。如果要制作更复杂的图形图像则要使用专业的绘图软件和图像处理软件，如 Photoshop、PaintBrush 等。

使用扫描仪可以将印刷品或平面画片中的精美图像方便地转换为计算机中的位图图像。此外，还可以利用专门的捕捉软件获取屏幕上的图像。

（2）矢量图。与生成位图文件的方法完全不同，矢量图采用的是一种计算方法或生成图形的算法。也就是说，它存放的是图形的坐标值。如直线，存放的是首尾两点坐标；圆，存放的是圆心坐标、半径；圆弧，存放的是圆弧中心坐标、半径、起始和终点坐标。

可见使用这种方法生成的图像存储量小、精度高，但显示时要先经过计算，转换成屏幕上的像素。

矢量图文件的类型有 CDR、AI 等，一般是直接用软件程序制作的，如 CorelDraw、Freehand 等。

3. 视频信息

视频也称动态图像或活动影像，是根据人类的眼睛具有"视觉暂留"的特性创造出来的。当多幅连续的图像以每秒 25 帧的速度均匀地播放时，人们就会感到这是一幅真实的活动图像。

（1）动态图像的分类。动态图像一般分为动画和影像视频两类，它们都是由一系列可供实时播放的连续画面组成的。前者画面上的人物和景物等物体是制作出来的，如卡通片，通常将这种动态图像文件称为动画文件；后者的画面则是自然景物或实际人物的真实图像，如影视作品，通常将这种动态图像文件称为视频文件。

（2）动态图像文件格式。常见的视频文件有 AVI、MOV、MPG、DAT 等。AVI（Audio and Video Interleaved，交错存储音频和视频）是 Microsoft 公司出品的 Video for Windows 程序采用的动态视频影像标准存储格式，MOV 文件是 QuickTime for Windows 视频处理软件所采用的视频文件格式。MPG 文件是一种应用在计算机上的全屏幕运动视频标准文件，它采用 MPEG 动态图像压缩和解压缩技术，具有很高的压缩比，并具有 CD 音乐品质的伴音。DAT 格式是 VCD 影碟专用的视频文件格式，并且基于 MPEG 压缩和解压缩标准，在多媒体计算机上都可以播放这种格式的文件。

若计算机中安装了视频采集卡，则可以很方便地将录像带或摄像机中的动态影像转换为计算机中的视频信息。利用捕捉软件，如 Capture Professional 或超级解霸等，可录制屏幕上的动态显示过程，或将现有的视频文件以及 VCD 电影中的片段截取下来。另外，利用 Windows XP 附件中提供的 Movie Maker 视频编辑软件或其他专业的视频编辑软件（如 Adobe Premiere），可以对计算机中的视频文件进行编辑处理。

动画通常是人们利用二维或三维动画制作软件绘制而成的，如 Animator Studio、3D MAX、Flash 等。

9.4.4　Windows XP 环境的多媒体功能

1. 录音机

录音机是 Windows XP 提供的一种声音处理软件，可以录制、播放和编辑 WAV 格式的声音文件，选择"开始"|"所有程序"|"附件"|"娱乐"|"录音机"程序项，可打开录音机窗口，如图 9.51 所示。

2. 媒体播放器

Windows XP 中的媒体播放器（Windows Media Player）是一种通用的多媒体播放工具，可以播放 CD、MP3、MIDI、VCD、DVD 等几乎所有的音频、视频和混合型多媒体文件，甚至收听 Internet 广播，如图 9.52 所示。

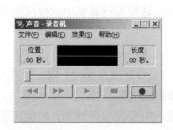

图 9.51　录音机程序界面

图 9.52　Media Player 程序界面

3. 电影制作软件

Windows Movie Maker 是 Windows XP 提供的一个非常实用工具软件，它通过对静态图像文件、视频动画文件以及声音文件的连续处理，完成数字电影的制作，如图 9.53 所示。使用 Movie Maker 制作的电影文件具有存储格式小、分辨率高等特点，非常适合于电子邮件的传输以及在 Web 页面上发布。

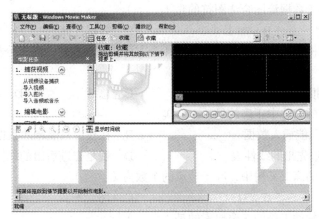

图 9.53　Movie Maker 程序界面

习　　题

一、选择题

1. 以下数据结构中不属于线性数据结构的是（　　）。

　A. 队列　　　　　B. 线性表　　　　　C. 二叉树　　　　D. 栈

2. 在一棵二叉树上第 5 层的节点树最多是（　　）。

　A. 8　　　　　B. 16　　　　　C. 32　　　　D. 15

3. 下面概念中，不属于面向对象方法的是（　　）。

　A. 对象　　　　B. 继承　　　　　C. 类　　　　　D. 过期调用

4. 结构化方法中，用数据流程图（DFD）作为描述工具的软件开发阶段是（　　）。

　A. 可行性分析　　B. 需求分析　　　C. 详细设计　　　D. 程序编码

5. 在软件开发中，下面任务不属于设计阶段的是（　　）。

　A. 数据结构设计　　　　　　　　B. 给出系统模块结构

　C. 定义模块算法　　　　　　　　D. 定义需求并建立系统模型

6. 下列模式中，能够给出数据库物理存储结构与物理存取方法的是（　　）。

　A. 内模式　　　B. 外模式　　　　C. 概念模式　　　D. 逻辑模式

7. 算法的时间复杂度是指（　　）。

　A. 执行算法程序所需要的时间

　B. 算法程序的长度

　C. 算法执行过程中所需要的基本运算次数

　D. 算法程序中的指令条数

8. 设一棵完全二叉树共有 699 个节点，则在该二叉树中的叶子节点数为（　　）。

    A. 349　　　　　　B. 350　　　　　　C. 255　　　　　　D. 351

9. 在软件生命周期中，能准确地确定软件系统必须做什么和必须具备哪些功能的阶段是（　　）。

    A. 概要设计　　　　B. 详细设计　　　　C. 可行性分析　　　　D. 需求分析

10. 数据流图用于抽象描述一个软件的逻辑模型，数据流图由一些特定的图符构成。下列图符名标识的图符不属于数据流图合法图符的是（　　）。

    A. 控制流　　　　　B. 加工　　　　　　C. 数据存储　　　　D. 源和潭

11. 软件需求分析阶段的工作，可以分为 4 个方面：需求获取、需求分析、编写需求规格说明书以及（　　）。

    A. 阶段性报告　　B. 需求评审　　　　C. 总结　　　　　　D. 都不正确

12. 下列关于栈的叙述中正确的是（　　）。

    A. 在栈中只能插入数据　　　　　　　　B. 在栈中只能删除数据

    C. 栈是先进先出的线性表　　　　　　　D. 栈是先进后出的线性表

13. 在深度为 5 的满二叉树中，叶子节点的个数为（　　）。

    A. 32　　　　　　　B. 31　　　　　　　C. 16　　　　　　　D. 15

14. 下面不属于软件工程的 3 个要素的是（　　）。

    A. 工具　　　　　　B. 过程　　　　　　C. 方法　　　　　　D. 环境

15. 程序流程图（PFD）中的箭头代表的是（　　）。

    A. 数据流　　　　　B. 控制流　　　　　C. 调用关系　　　　D. 组成关系

16. 数据的存储结构指的是（　　）。

    A. 数据所占的存储空间量

    B. 数据的逻辑结构在计算机中的表示

    C. 数据在计算机中的顺序存储方式

    D. 存储在外存中的数据

17. 检查软件产品是否符合需求定义的过程称为（　　）。

    A. 确认测试　　　　B. 集成测试　　　　C. 验证测试　　　　D. 验收测试

18. 下列工具中属于需求分析常用工具的是（　　）。

    A. PAD　　　　　　B. PFD　　　　　　C. N-S　　　　　　D. DFD

19. 下面不属于软件设计原则的是（　　）。

    A. 抽象　　　　　　B. 模块化　　　　　C. 自底向上　　　　D. 信息隐蔽

20. 希尔排序法属于哪一种类型的排序法（　　）。

    A. 交换类排序法　　　　　　　　　　　B. 插入类排序法

    C. 选择类排序法　　　　　　　　　　　D. 建堆排序法

21. 对长度为 n 的线性表进行顺序查找，在最坏情况下所需要的比较次数为（　　）。

    A. $n+1$　　　　　B. n　　　　　　　C. $(n+1)/2$　　　D. $n/2$

22. 已知二叉树后序遍历序列是 dabec，中序遍历序列是 debac，它的前序遍历序列是（　　）。

    A. cedba　　　　　B. acbed　　　　　　C. decab　　　　　D. deabc

23. 在数据流图（DFD）中，带有名字的箭头表示（　　）。

    A. 控制程序的执行顺序　　　　　　　　B. 模块之间的调用关系

    C. 数据的流向　　　　　　　　　　　　D. 程序的组成成分

24. 栈底至栈顶依次存放元素 A、B、C、D，在第 5 个元素 E 入栈前，栈中元素可以出栈，则出栈序列可能是（　　　）。

    A．ABCED　　　　　B．DBCEA　　　　　C．CDABE　　　　D．DCBEA

25. 下列不属于结构化分析的常用工具的是（　　　）。

    A．数据流图　　　B．数据字典　　　　　C．判定树　　　　　D．PAD 图

26. 以下关于多媒体技术的描述中，错误的是（　　　）。

    A．多媒体技术将各种媒体以数字化的方式集中在一起

    B．多媒体技术是指将多媒体进行有机组合而成的一种新的媒体应用

    C．多媒体技术就是能用来观看数字电影的技术

    D．多媒体技术与计算机技术的融合开辟出一个多学科的崭新领域

27. 下面的图形图像文件格式中，（　　　）可实现动画。

    A．WMF 格式　　B．GIF 格式　　　C．BMP 格式　　　D．JPG 格式

28. 下面的多媒体软件工具，由 Windows 自带的是（　　　）。

    A．Media Player　B．GoldWave　　　C．Winamp　　　　D．RealPlayer

29. 下面 4 个工具中（　　　）属于多媒体制作软件工具。

    A．Photoshop　　B．Fireworks　　　C．PhotoDraw　　D．Authorware

30. 要把一台普通的计算机变成多媒体计算机，（　　　）不是要解决的关键技术。

    A．视频音频信号的共享

    B．多媒体数据压编码和解码技术

    C．视频音频数据的实时处理和特技

    D．视频音频数据的输出技术

31. 多媒体一般不包括（　　　）媒体类型。

    A．图形　　　　　B．图像　　　　　C．音频　　　　　D．视频

32. 下面各项中，（　　　）不是常用的多媒体信息压缩标准。

    A．JPEG 标准　　B．MP3 压缩　　　C．LWZ 压缩　　　D．MPEG 标准

33. 下面格式中，（　　　）是音频文件格式。

    A．WAV 格式　　B．JPG 格式　　　C．DAT 格式　　　D．MIC 格式

34. 下面程序中，（　　　）属于三维动画制作软件工具。

    A．3D MAX　　　B．Fireworks　　　C．Photoshop　　D．Authorware

35. 使用录音机录制的声音文件格式为（　　　）。

A．MIDI　　　　　B．WAV　　　　　C．MP3　　　　　D．CD

二、问答题

1. 栈与队列有哪些区别和联系？

2. 数据排序有哪些方法？

3. 面向对象程序设计的基本思想是什么？

4. 软件测试有哪些方法？

5. 软件需求分析阶段包括哪几个方面的内容？

6. 什么是多媒体，多媒体信息的类型有哪些？

7. 多媒体数据库的实现方式有哪几种？

8. 多媒体技术有哪些特点？

第二篇　实　验　篇

实验 1 认识计算机

【实验目的】

学会正确启动与关闭计算机。了解计算机系统的基本组成，主机、显示器、键盘和鼠标的连接及作用。了解键盘的布局，熟悉键盘的使用及基本指法。

【实验内容与步骤】

1. 启动计算机

计算机启动分为冷启动和热启动，观察启动过程，思考在启动过程中所做的各种选择和操作的意义，了解主机、显示器和键盘的连接，分析它们在系统中的作用。

（1）冷启动。当计算机处于断电状态下，加电启动计算机系统称为冷启动。

操作方法：按主机箱上标有 Power 字样的按钮。

（2）复位启动。在计算机"死机"（计算机不响应任何操作）情况下可使用复位启动。

操作方法：按主机箱上标有"Reset"字样的按钮。

2. 关闭计算机系统

为了不丢失数据和毁坏系统，在计算机使用完毕准备关机时应遵循如下步骤。

① 关闭所有窗口。

② 单击"开始"按钮，选择开始菜单中的"关闭计算机"命令。

③ 在随后弹出的对话框中，单击"关闭"按钮。

3. 键盘布局与基本知识

（1）键盘分区与键盘布局。整个键盘分为 5 个小区：上面的一行是功能键区和状态指示区；下面的 5 行是主键盘区、编辑键区和辅助键区，如图 A1.1 所示。

（2）常用键的功能。

【Enter】键（回车键）：命令结束，用作确认或换行。

【Shift】键（上档键）：有些键位上有两种字符，分别称为上档字符和下档字符，按住【Shift】键，再按相应键，则输入上档字符。

【Backspace】键（退格键）：按一下，可以删除光标左面的一个字符。

【Delete】键（删除键）：按一下，可以删除光标右面的一个字符。

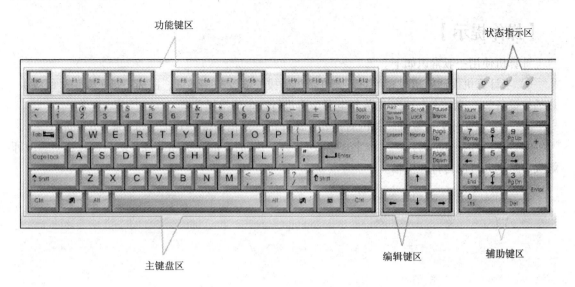

功能键区　　　　　　　　　　　　　　　　　　　　　　状态指示区

主键盘区　　　　　　　　　　　　　　　　　编辑键区　　　　辅助键区

图 A1.1　键盘分布图

【Tab】键（制表键）：按一下，光标或插入点向右移一个制表位。

【Esc】键（退出键）：按一下，可退出或取消操作。

【Alt】键和【Ctrl】键：这两个键要与其他键配合使用，在不同的环境中功能也不同。

【Insert】键（插入键）：在文本编辑状态下，【Insert】键用于在"插入"和"改写"状态间切换。

【Home】键：光标回到行首。

【End】键：光标回到行尾。

【PageUp】键：使光标向上翻一页。

【PageDown】键：使光标向下翻一页。

【CapsLock】键（大小写字母转换键）：按一次【CapsLock】键，键盘右上角 CapsLock 指示灯亮，此时输入的字母均是大写字母；再按一次【CapsLock】键，键盘右上角的 CapsLock 指示灯灭，此时输入的是小写字母。

【NumLock】键（数字锁定键）：按一次【NumLock】键，键盘右上角 NumLock 指示灯灭，表示锁定数字键盘，小键盘区不可用；再按一次【NumLock】键，键盘右上角的 NumLock 指示灯亮，此时小键盘将恢复可用状态。

【PrintScreen】键（屏幕硬拷贝键）：将屏幕当前内容复制到剪贴板或打印机上。

【Windows】键：按一下该键，屏幕出现 Windows 操作系统的开始菜单和任务栏。

（3）键盘输入的正确方法

① 坐姿端正，腰背挺直，两脚自然平放于地面。

② 手指自然弯曲，轻放在基准键位上。

③ 输入时，两眼注视屏幕或要输入的原稿，尽量不要看键盘。

④ 击键要迅速、准确、节奏均匀。

⑤ 按照标准的指法敲击键盘。

4. 在记事本中输入下列符号

/|\、~、^、~、# @ #、(^)、+_=[? - !]、< * >、{；　，　.'　:}、'&'、" $ "。

操作方法：单击"开始"|"程序"|"附件"|"记事本"选项，进入记事本后开始输入。

【操作提示】

计算机使用一般常识如下。

① 当计算机接通电源时，绝对不允许带电插拔外部设备（键盘、鼠标、显示器信号线等）、热插拔设备如U盘除外，必须先关断电源、再进行设备连接操作。

② 不要频繁开关计算机。关机后不要立即开机，要稍等待一会儿（如20s）方可进行。

③ 当机箱内出现"打火"、异常声响或有焦糊气味时，应先关断电源，然后迅速找实验教师解决，绝不允许擅自打开机箱。

实验 2
Windows XP 基本操作

【实验目的】

通过该实验，要求学生了解 Windows XP 操作系统的工作环境，了解 Windows XP 窗口的组成，熟练掌握桌面、窗口、开始菜单、任务栏、"我的电脑"等对象的基本操作。

【相关知识】

① Windows XP 桌面、窗口的基本操作。
② Windows XP "我的电脑"的操作。
③ Windows XP 文件属性的显示与设置。
④ Windows XP 文件搜索。

【实验内容】

将 C 盘下所有扩展名为.txt 的文件收集到 D 盘的"TXT 文件"文件夹内，并为该文件夹分别在桌面和任务栏上创建快捷方式。

具体要求如下。
① 双击"我的电脑"，打开 D 盘，在 D 盘根目录下新建文件夹，命名为"TXT 文件"。
② 利用"开始"菜单的"搜索"选项，查找 C 盘下所有扩展名为.txt 的文件。
③ 将查找到的文件复制到 D 盘的"TXT 文件"文件夹内。
④ 为"TXT 文件"文件夹创建桌面快捷方式。
⑤ 为"TXT 文件"文件夹在任务栏上创建快捷方式。
⑥ 设置"TXT 文件"文件夹的属性为只读和存档。

【操作步骤】

① 打开 D 盘根目录，在空白处单击右键，选择快捷菜单中的"新建"|"文件夹"命令，输入文件夹名"TXT 文件"并确定。

② 单击"开始"|"搜索"选项，在弹出的对话框中单击"所有文件和文件夹"选项，在搜索对话框的"全部或部分文件名"文本框中输入*.txt，单击"搜索"按钮，显示查找结果。

③ 光标定位到文件搜索结果栏中，按【Ctrl】+A 组合键选中全部结果，按【Ctrl】+C 组合键复制所有文件，然后打开 D 盘，双击打开"TXT 文件"文件夹，按【Ctrl】+V 组合键将文件粘贴到该文件夹内（或单击右键，使用"复制"、"粘贴"命令也可）。

④ 建立桌面快捷方式：单击工具栏中的"上一级"按钮返回上一级，右键单击选中"TXT

文件"文件夹，在快捷菜单中选择"发送到"|"桌面快捷方式"命令即可。

⑤ 建立任务栏快捷方式：将上述建立的桌面上的快捷图标，用鼠标直接拖动到任务栏的快捷图标区上即可。

⑥ 右键单击"TXT 文件"，在弹出的快捷菜单中选择"属性"命令，弹出"属性"对话框，单击选中"属性"对话框中的"只读"和"存档"前面的复选框。

实验 3
Windows XP 的文件管理

【实验目的】

通过该实验，要求学生掌握在 Windows XP 下利用资源管理器进行文件和文件夹的操作。

【相关知识】

① 文件和文件夹的创建、命名、保存、选择、删除。
② 文件和文件夹的排列、查看、复制、移动。

【实验内容】

① 按照如图 A3.1 所示的目录在 D 盘根目录下建立文件夹"学生文件"，及其子文件夹 WORD，TXT。

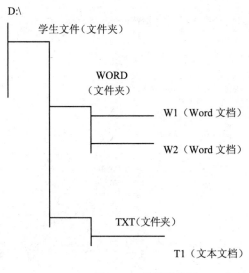

图 A3.1　目录示意图

② 打开 WORD 文件夹分别创建名为 W1，W2 的 Word 文档，分别输入内容并保存（输入内容自定）。

③ 打开 TXT 文件夹创建名为 T1 的文本文档。

④ 将 WORD 文件夹复制到 D 盘根目录下。

⑤ 打开 D 盘根目录下的 WORD 文件夹，将 W1，W2 两个 Word 文档复制到 TXT 文件夹内。

⑥ 将 TXT 文件夹内的 W2 Word 文档永久删除。

【操作步骤】

① 启动"资源管理器"，在左窗口中选中 D 盘（也可打开"我的电脑"，双击打开 D 盘）。在右窗口空白处单击右键，在弹出的快捷菜单中选择"新建"|"文件夹"命令，命名为"学生文件"。双击打开"学生文件"文件夹，重复上面操作，分别创建 WORD，TXT 文件夹。

② 双击打开 WORD 文件夹，右键单击空白处，在弹出的快捷菜单中选择"新建"|"WORD 文档"命令，创建一个 Word 文档，命名为 W1，重复该操作创建 W2 Word 文档。

③ 在 TXT 文件夹内创建 T1 文本文件。

④ 在"资源管理器"左窗格中右键单击 WORD 文件夹，在弹出的快捷菜单中选择"复制"命令，右键单击 D 盘，在弹出的快捷菜单中选择"粘贴"命令，即将 WORD 文件夹复制到 D 盘根目录；或者选中 WORD 文件夹，按住【Ctrl】键拖动鼠标到 D 盘文件夹图标上以后释放鼠标。

⑤ 单击资源管理器左窗口中的"学生文件"文件夹前的"+"号将其展开，再单击 WORD 文件夹图标前的"+"将其展开，按下鼠标左键拖动选中 W1，W2 文件，按住【Ctrl】键和鼠标左键拖动该图标至资源管理器左窗格中的 TXT 图标上释放鼠标，将 W1，W2 文件复制到 TXT 文件夹下。

⑥ 在左窗口中选中"学生文件"文件夹，在右窗口中双击打开 TXT 文件夹，选中 W2 文件，按【Shift】+【Delete】组合键，将该文件永久删除。

实验 4
Windows XP 控制面板的使用

【实验目的】

通过该实验，使学生掌握利用控制面板对 Windows XP 进行环境配置。

【相关知识】

① Windows XP 下"附件"中"画图"程序的使用。
② 桌面背景的设置。
③ 屏幕保护程序的设置。

【实验内容】

① 使用"画图"程序制作一个图片文件，保存在 D 盘根目录下，命名为 aa。
② 将该图片文件设置为系统的桌面背景。
③ 将系统屏幕保护程序设置为三维文字"计算机文化基础"。

【操作步骤】

① 单击"开始"|"程序"|"附件"|"画图"选项，在画板中作图后（内容自定），选择"文件"|"保存"命令，在保存对话框中选择 D 盘，文件名为 aa，确定即可。

② 单击"开始"菜单|"设置"|"控制面板"选项，在对话框中双击"显示"图标，打开"显示属性"对话框（也可在桌面空白处单击右键，选择"属性"命令）。在"桌面"选项卡中单击"浏览"按钮，在对话框中选择 D 盘下的 aa 文件并打开，在"背景"列表框中选择该文件。

③ 单击"屏幕保护程序"选项卡，在下拉列表框中选择"三维文字"，单击"设置"按钮，在显示文字文本框中输入"计算机文化基础"，确定应用即可。

Word 2003 的字符格式化

【实验目的】

掌握文档的相关操作和字符格式化的设置。

【相关知识】

① 文档的创建、保存、打开、关闭、合并。

② 文档的编辑主要包括文本的选择、复制、查找和替换。

③ 字符的格式化主要包括字体、字号、字形、字符间距、文字效果等。

④ 中文版式的设置。

⑤ 格式刷的使用。

【实验内容】

① 首先在 D 盘新建一个文件夹，命名为 Word。利用 Word 创建文档，输入如图 A5.1 所示样文，并以 Ex1.doc 为文件名保存到 D:\Word 文件夹中。

> 在广告、民间艺术和周围的日常生活中，我们常常可以看到一些集艺术造型、字形与字义为一体的画面。这与三千多年以前文字创造者们的构思基本相同。可以说，我们的汉字文化有着惊人的传承性，有着永久的魅力。
>
> 随着打字机和计算机技术的发明，人们对古老汉字的生命力提出了质疑。
>
> 英文 26 个字母，可以拼出所有的字词，只需要有限的按键就可以解决，而汉字成千上万，各不相同，怎么输入呢？

图 A5.1　样文示意图 1

② 新建 Word 文档，输入如图 A5.2 所示样文，并以 Ex2.doc 为文件名保存到 D:\Word 文件夹中，关闭 Ex2.doc 文件。

> 有人断言，汉字与现代世界文化格格不入，汉字必须西化，走拼音字母的路。然而聪明的中国人攻破了这一难关，创造了汉字输入法。特别是五笔字型输入法，只需按四个键就能输入所有的字或词，比英文输入还简洁。

图 A5.2　样文示意图 2

③ 将文档 Ex2.doc 合并到文档 Ex1.doc 的后面。

④ 在文档 Ex1.doc 的第一段前插入一段，输入标题"神奇的汉字"。

⑤ 字体设置：标题为隶书、居中；正文第一段为方正姚体；二、三段为楷体；最后一段为华文新魏。

⑥ 字号设置：标题二号，蓝色字体；正文为四号，深绿色字体。

⑦ 字形设置：标题文字加粗；正文的第一个"艺术"设置为上标形式，二号字体显示；为正文最后一段中的文字"然而聪明的中国人攻破了这一难关，创造了汉字输入法。"加着重号并设为红色字；"五笔字型"加波浪线。

⑧ 间距及效果：正文第三段的字符间距加宽 3 磅；文字效果设为"七彩霓虹"。

⑨ 将正文第一段的"魅"字设置为带圈字符；"艺术造型"设置为合并字符，10 号显示。

⑩ 查找正文中的所有"汉字"并替换成"中华汉字"。

⑪ 格式刷：打开 Ex2.doc 文件，然后使用格式刷设置正文格式为 EX1.doc 第一段的格式。

【操作步骤】

① 选择"开始"|"程序"|"Microsoft Office"|"Microsoft Office Word 2003"选项启动 Word，默认为"文档 1"，然后选择"文件"|"保存"命令，在弹出的"另存为"对话框中，"保存位置"选择 D 盘下的 Word 文件夹，文件名为 Ex1，保存类型默认，单击"保存"按钮。在文档中输入如图 A5.1 所示样文（或复制一个文档）并保存，选择"文件"|"关闭"命令，关闭 Ex1.doc。

② 选择"文件"|"新建"命令，在右窗格中单击"空白文档"，输入如图 A5.2 所示样文，以 Ex2.doc 为文件名存盘，关闭文件 Ex2.doc。

③ 打开 Ex1.doc，将插入点位置定位到文档的末尾，选择"插入"|"文件"命令，打开"插入文件"对话框，在"查找范围"下拉列表框中选择 D:，在列表区中双击 Word 文件夹图标，打开文件夹，选择文件 Ex2.doc，单击"确定"按钮完成文件合并。

④ 单击正文第一段行首，即插入点定位在第一段第一个字前，按【Enter】键，就在文中第一段前插入了一段。输入标题文字"神奇的汉字"。

⑤ 选中标题，在"格式"工具栏中选择"字体"为"隶书"，单击"居中"按钮。同理，设第一段为方正姚体；第二、三段为楷体；最后一段为华文新魏。

⑥ 选中标题，在"格式"工具栏中选择"字号"为"二号"，在"字体颜色"下拉列表中选择"蓝色"；选中正文第一行然后按住【Shift】键单击正文最后一行选定正文，然后在"格式"工具栏中选择"字号"为"四号"，在"字体颜色"下拉列表中选择"深绿色"。

⑦ 选中标题在"格式"工具栏中单击"加粗"按钮；选中正文中的第一个"艺术"，然后选择"格式"|"字体"命令，在"字体"对话框中的"上标"复选框中打上对勾；"字号"设为"二号"，最后确定。接下来选中正文最后一段中的文字"然而聪明的中国人攻破了这一难关，创造了汉字输入法。"，同样打开"字体"对话框然后选择"着重号"并设置字体颜色为"红色"。选中最后一段中的"五笔字型"，在"格式"工具栏中单击下划线右侧的下拉按钮选择"波浪线"。

⑧ 选中正文第三段，选择"格式"|"字体"命令，在"字体"对话框中的"字符间距"选择卡中的"间距"下拉列表框中选择"加宽"，"磅值"设为"3 磅"；切换到"文字效果"选项卡，在"动态效果"列表框中选择"七彩霓虹"，然后单击"确定"按钮。

⑨ 选中正文第一段中的"魅"字，选择"格式"|"中文版式"|"带圈字符"命令，在"带圈字符"对话框中选择"增大圈号"然后选择圈号类型，选好后单击"确定"按钮；选中"艺术

造型"4个字然后选择"格式"|"中文版式"|"合并字符"命令，在"合并字符"对话框中，选择"字号"为"10号"，最后单击"确定"按钮。

⑩ 选择"编辑"|"替换"命令，打开"查找和替换"对话框，在"查找内容"文本框中输入"汉字"，在"替换为"文本框中输入"中华文字"，然后单击"全部替换"按钮。

⑪ 打开 Ex2.doc 文件，单击任务栏中的 Ex1 图标，切换到 Ex1 文件窗口，选中正文第一段，双击（单击）常用工具栏中的"格式刷"按钮，鼠标变成刷子形状，用"格式刷"刷过 Ex2.doc 文件的文字即可。单击格式工具栏中的"保存"按钮或选择"文件"|"保存"命令。

操作结果如图 A5.3 所示。

神奇的汉字

在广告、民间 艺术 和周围的日常生活中，我们常常可以看到一些集 艺术造型 、字形与字义为一体的画面。这与三千多年以前文字创造者们的构思基本相同。可以说，我们的中华汉字文化有着惊人的传承性，有着永久的 魅 力。

随着打字机和计算机技术的发明，人们对古老中华汉字的生命力提出了质疑。

英文 26 个字母，可以拼出所有的字词，只需要有限的按键就可以解决，而中华汉字成千上万，各不相同，怎么输入呢？

有人断言，中华汉字与现代世界文化格格不入，中华汉字必须西化，走拼音字母的路。然而聪明的中国人攻破了这一难关，创造了中华汉字输入法。特别是五笔字型输入法，只需按四个键就能输入所有的字或词，比英文输入还简洁。

图 A5.3 操作结果示意图

实验 6
Word 2003 的段落格式化

【实验目的】

掌握段落格式化及其相关的设置。

【相关知识】

① 段落格式化主要包括段落的对齐、缩进、行间距、段间距等。
② 为文字和段落设置边框和底纹。
③ 设置分栏、首字下沉。
④ 为段落设置项目符号和编号。

【实验内容】

① 创建新文档，输入如图 A6.1 所示样文，并以 Ex3.doc 为文件名保存到 D:\Word 文件夹中。

你会喝水吗？

以下几种水不能喝：

在炉上沸腾了很长时间的水温吞水。

装在热水瓶里多日的水。

经过多次反复煮沸的残留开水。

重煮过的开水。

蒸饭、蒸肉后的"下脚水"。

这几种开水不适宜饮用的原因，简单的说，是在反复沸腾的过程中，水中所含的钙、镁、氯、重金属等微量成分增高了，这样就会对人的肾脏产生不良影响，而温吞水中亚硝酸盐所含的比例最大。

人出生时水分占身体重量的 90%，长大成人后，身体内水分所占的比重逐渐降到 70%，随着年龄增长，这个比例会继续下滑至 50%。这个落差惊人地说明水分含量减少是人衰老的象征。

一般说来，健康的人体每天消耗 2~3 升水，这些水必须及时补充，否则就会影响肠道消化和血液组成。因此建议每天至少喝 2 升水，相当于 8 杯水。天热的时候适量增加，喝 4 升水也不为过。而那些爱运动、服用维他命或正在接受治疗的人，则更应该多喝。

祝愿大家健康！

图 A6.1　样文示意图

② 字体设置：标题隶书、三号；第一段黑体、加粗、五号，二～六、八段华文新魏、五号，最后一段四号。

③ 设置对齐方式：标题居中；最后一段右对齐。

④ 设置段落缩进：正文一、七～九段首行缩进 2 字符；正文二～六段左右缩进 1.5 厘米。

⑤ 设置行距：除正文第七段 1.5 倍行距外，其余各段行距均为 20 磅。

⑥ 设置段间距：第一行和标题间距为 20 磅；标题和正文第一段间距为 1.5 行。

⑦ 边框和底纹：第九段文字加图案样式 10%淡紫色底纹。

⑧ 分栏：将正文第九段分为两栏，第一栏宽 16 字符，间距 2 字符并加分隔线。

⑨ 首字下沉：正文第七段首字下沉 2 行，字体幼圆。

⑩ 项目符号和编号：正文第三～七段和最后一段分别添加项目符号◆和●。

【操作步骤】

① 打开 Word，输入如图 A6.1 所示样文，选择"文件"|"保存"命令，在"另存为"对话框中选择保存位置 D:\Word 文件夹，输入文件名 Ex3，单击"保存"按钮。

② 选中标题，在"格式"工具栏中选择字体为"隶书"，选择字号"三号"。同理，设置其他段字体、字号。

③ 选中标题，在"格式"工具栏中单击"居中"按钮；同理，选中最后一段单击"格式"工具栏中的"右对齐"按钮。

④ 选中正文第一段，按住【Ctrl】键选中第七～九段，选择"格式"|"段落"命令，在"段落"对话框中的"缩进和间距"选项卡的"特殊格式"下拉列表中选择"首行缩进"，设置"度量值"为"2 字符"。选中正文一～六段，选择"格式"|"段落"命令，在"段落"对话框中的"缩进和间距"选择卡中设定左右缩进"1.5 厘米"。

⑤ 按住【Ctrl】+A 组合键选中全文，选择"格式"|"段落"命令，在"段落"对话框中的"缩进和间距"选项卡中，在"行距"下拉列表中选择"固定值"或"最小值"，"设置值"中输入"20 磅"，然后单击"确定"按钮。选中正文第七段，在"行距"下拉列表中选择"1.5 倍行距"，然后单击"确定"按钮。

⑥ 将插入点放入正文第一段或选中第一段，选择"格式"|"段落"命令，在"段落"对话框中的"缩进和间距"选项卡中的"段前"文本框中输入"1.5 行"，然后单击"确定"按钮。

⑦ 选中正文第九段，选择"格式"|"边框和底纹"命令，在"底纹"选项卡"样式"下拉列表中选择 10%，在"颜色"下拉列表中选择"淡紫色"，应用范围选择"文字"然后单击"确定"按钮。

⑧ 选中正文第九段，选择"格式"|"分栏"命令，在"分栏"对话框中选择"两栏"，取消选中"栏宽相等"复选框，第一栏宽设为"16 字符"，间距设为"2 字符"，选中"分隔线"复选框，最后单击"确定"按钮。

⑨ 将插入点放入正文第七段或选中第七段，选择"格式"|"首字下沉"命令，在"首字下沉"对话框中"位置"选项区域选择下沉方式，"字体"选择"幼圆"，"下沉行数"设为 2 行，最后单击"确定"按钮。

⑩ 选中正文二～七段，选择"格式"|"项目符号和编号"命令，在"项目符号"选项卡中选择样文所需要的项目符号，然后单击"确定"按钮。同理，选中最后一段或将插入点放入最后一段，选择"格式"|"项目符号和编号"命令，在"项目符号"选项卡中选择样文所需要的项目

符号，单击"确定"按钮即可。

⑪ 单击格式工具栏中的"保存"按钮或选择"文件"|"保存"命令。

操作结果如图 A6.2 所示。

你会喝水吗?

以下几种水不能喝:

◆ 在炉上沸腾了很长时间的水温吞水。

◆ 装在热水瓶里多日的水。

◆ 经过多次反复煮沸的残留开水。

◆ 重煮过的开水。

◆ 蒸饭、蒸肉后的"下脚水"。

这 几种开水不适宜饮用的原因，简单的说，是在反复沸腾的过程中，水中所含的钙、镁、氯、重金属等微量成分增高了，这样就会对人的肾脏产生不良影响，而温吞水中亚硝酸盐所含的比例最大。

人出生时水分占身体重量的 90%，渐降到 70%，随着年龄增长，这个比例明水分含量减少是人衰老的象征。

长大成人后，身体内水分所占的比重逐会继续下滑至 50%。这个落差惊人地说

一般说来，健康的人体每天消耗 2~3 升水，这些水必须及时补充，否则就会影响肠道消化和血液组成。因此建议每天至少喝 2 升水，相当于 8 杯水。天热的时候适量增加，喝 4 升水也不为过。而那些爱运动、服用维他命或正在接受治疗的人，则更应该多喝。

● 祝愿大家健康

图 A6.2 操作结果示意图

Word 2003 的页面格式化

【实验目的】

掌握页面格式化及其相关设置。

【相关知识】

① 文档的页面设置包括：页边距、纸张等相关的设置，以及页面边框等。

② 为文档添加页眉和页脚。

③ 为文档插入页码。

④ 在需要的时候插入合适的分节符和分页符。

【实验内容】

① 打开文档 D:\Word\Ex3.doc。

② 页面设置：设置页边距上下各 2 厘米，左右各 3 厘米，纸张为 A4。

③ 段落边框和底纹：为正文第七段设置底纹，图案样式为 10%；并为其添加双波浪型边框。

④ 页面边框：整个页面添加苹果艺术型边框。

⑤ 页眉和页脚：按【样文】添加页眉文字"喝水的学问"和页脚文字（可为当前日期或你的姓名等内容），并设置为黑体、四号、加粗。

⑥ 插入页码：在页面底端中心插入页码。

⑦ 插入分隔符：在普通视图下查看在分栏之后会自动插入连续的分节符；在最后一段的前面插入人工分页符同时查看页眉和页脚。

⑧ 再次保存文档，路径同上。

【操作步骤】

① 打开文档 D：\Word\Ex3.doc 文件。

② 选择"文件"|"页面设置"命令，在"页边距"选项卡上设置上下各"2 厘米"，左右各"3 厘米"；切换到"纸张"选项卡，设置"纸张大小"为 A4，单击"确定"按钮。

③ 选中正文第七段，选择"格式"|"边框和底纹"命令，在"边框"选项卡中选择"方框"样式，"线型"选择双波浪线，应用范围选择"段落"；再切换到"底纹"标签，设置图案"样式"为 10%，应用范围选择"文字"，最后单击"确定"按钮。

④ 选择"格式"|"边框和底纹"命令，切换到"页面边框"选项卡，在"艺术型"下拉列表中选择苹果艺术型边框。

⑤ 页眉和页脚。

选择"视图"|"页眉和页脚"命令，在页眉编辑区添加文字"喝水的学问" 并在"格式"工具栏设置为黑体、四号、加粗、居中；仍选中页眉文字，选择"格式"|"边框和底纹"命令，在弹出的"边框和底纹"对话框的"边框"选项卡中选择"方框"样式，"线型"选择双线，在预览区单击上、左、右框线按钮，取消框线，只保留下框线，应用范围选择"段落"，最后单击"确定"按钮。

单击"页眉和页脚"工具栏中的"在页眉和页脚之间切换"按钮，然后在页脚编辑区输入日期或姓名等内容，同样在"格式"工具栏设置为黑体、四号、加粗、居中。

⑥ 可以直接在上一题所设的页脚中插入页码并设居中对齐。也可以选择"插入|页码"命令，"位置"选"页面底端（页脚）"，"对齐方式"选"居中"，选中"首页显示页码"复选框（也可单击"格式"按钮设页码的格式），最后单击"确定"按钮。

⑦ 选择"视图"|"普通视图"命令，观察分栏之后会自动插入连续的分节符，将插入点放在最后一段的前面，选择"插入"|"分隔符"命令，"分隔符类型"选择"分页符"，然后单击"确定"按钮。观察插入效果。

⑧ 单击格式工具栏中的"保存"按钮或选择"文件"|"保存"命令。

操作结果如图 A7.1 所示。

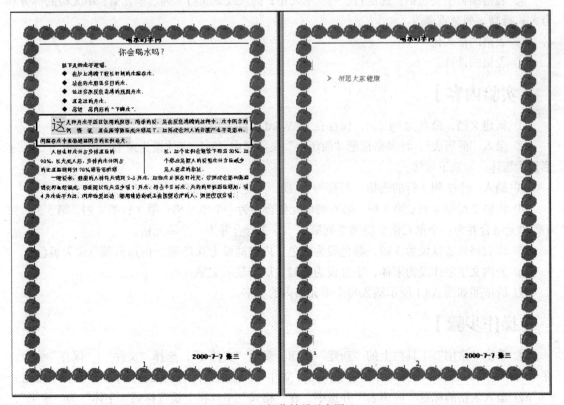

图 A7.1   操作结果示意图

实验 8

Word 2003 的表格制作

【实验目的】

掌握在 Word 文档中制作表格的方法以及表格的编辑与格式化、表格中数据的排序和计算等相关操作。

【相关知识】

① 表格的创建。

② 表格编辑主要包括：选定行、列、单元格；插入或删除行、列、单元格；单元格的拆分和合并；行高、列宽重调等。

③ 表格的格式化。

④ 表格的计算。

【实验内容】

① 新建文档，命名为 bg.doc，保存在 D:\Word 文件夹中。

② 录入"简历表"，将表格标题"简历表"文字居中显示，字体设为隶书，字号设为 20，字形设为粗体，加双下划线。

③ 插入一个 7 列 3 行的表格，行高为 34 磅，列宽为 56.7 磅。

④ 将第 2 行第 4 列、第 5 列、第 6 列单元格合并为一个单元格；第 3 行第 4 列、第 5 列、第 6 列单元格合并为一个单元格。将第 7 列第 1，2，3 行合并为一个单元格。

⑤ 将表格外边框设为 3 磅，颜色设为红色，内边框设为 0.75 磅，内边框颜色设为黄色。

⑥ 表内文字字体设为宋体，字号设为五号，居中显示文字。

⑦ 请依照如图 A8.1 所示输入每个单元格内的文字。

【操作步骤】

① 单击"常用"工具栏上的"新建"按钮，新建"文档 1"，选择"文件"|"保存"命令，在"另存为"对话框中选择保存位置 D:\Word 文件夹，输入文件名 bg.doc，单击"保存"按钮。

② 输入表格的标题"简历表"并选中，在"格式"工具栏上设置标题"字体"为"隶书"，"字号"为"20 号"；居中对齐。在"格式"工具栏上单击"加粗"按钮，单击下划线右侧的下拉按钮，选择"双下划线"。

③ 选择"表格"|"插入"|"表格"命令，在"插入表格"对话框中设"列数"为 7，"行数"为 3；单击"确定"按钮；插入一个 3 行 7 列的表格。右键单击表格，在弹出的快捷菜单中选择"表格属性"命令，打开"表格属性"对话框，单击"选项"按钮，打开"表格选项"对话框，取消选中"自动重调尺寸以适应内容"复选框，单击"确定"按钮，再单击"表格属性"对话框的"行"选项卡，选中"指定高度"复选框，在输入框内输入 34 磅，在"行高值是"列表框中选择"固定值"，类似设置列宽为 56.7 磅。

④ 拖动鼠标选定第 2 行 4、5、6 列，单击右键在弹出的快捷菜单中选择"合并单元格"命令；类似合并第 3 行 4、5、6 列为一个单元格，合并第 7 列 1，2，3 行为一个单元格。

⑤ 选中整个表格，选择"表格"|"绘制表格"命令打开"表格和边框"工具栏，在"表格和边框工具栏"单击"粗细"列表框下拉按钮，选择"3 磅"，单击"边框颜色（自动设置）"按钮打开调色板，单击"红色"，单击"外侧框线"按钮即完成表格外框线的设置；类似设置内框线的线型颜色。

⑥ 选中整个表格，单击工具栏上的"字体"按钮选择字体为"宋体"，单击"字号"按钮选择字号为"五号"。

⑦ 参照图 A8.1 录入表格中文字，存盘。

简历表

姓名	张维山	性别	男	年龄	39	照片
单位	山西太谷师范学校	电话	0354-6221111			
文化程度	硕士	专业	数学和电脑教育			

图 A8.1　样文示意图

③ 执行 "表格" | "插入" | "表格" 命令，在弹出的 "插入表格" 对话框中，将 "列数" 设置为 "2"，将 "行数" 设置为 "4"，行之间的设置及其他具体操作步骤略去，方法参见实验 5，单击 "确定" 按钮后即可。打开 "表格和边框" 工具栏，选择相应按钮即可实现表格中单元格的对齐方式设定。

实验 9

Word 2003 的图文混排

【实验目的】

掌握图文混排的方法和技巧，制作出内容丰富，图文并茂的优秀文档。

【相关知识】

① 文本框的插入与格式化。

② 艺术字的插入与格式化。

③ 图片的插入与格式化。

④ 绘制图形及格式设定。

【实验内容】

① 输入如图 A9.1 所示的文字内容，并将其另存为 "D:\ Word 文件夹" 下，文件名为：twhp。

网络心理学

　　和网络有关的心理学研究可以称为网络心理学，但是随着网络和心理学的发展，另一种意义的网络心理学也将出现，那就是用信息交流观点为核心的心理学。

　　心理学的发展和其他科学的发展、社会的发展一向是息息相关的，我们可以看到格式塔心理学和物理学中的场论的概念有关，认知心理学的发展和控制论、信息论特别是计算机科学的发展有紧密联系。"只有在计算机科学的影响下，才能将人脑和计算机做类比，从而引导出信息加工观点"认知心理学的产生也反映了社会的需要，社会对智力开发、教育的需要，对提高自动化生产中人机系统效率的需要也促成了认知心理学的发展。

　　认知心理学运用信息加工观点研究认知活动，将人脑和计算机类比，认为人和计算机都是操纵符号的。通过这个类比，认知心理学得到了研究人的认知的新的范式，并进一步获得了关于人的问题解决、知觉、记忆和注意等心理活动的大量知识。

　　网络心理学还会产生新的观念是，对人格不再理解为一个相对固定的结构，而更多地看做一个交流中产生的临时的结构，认为与其说有一个较固定的人格，不如更强调在交流中产生意义，是一个交流的结构决定了人的行为方式。

图 A9.1　样文示意图

　　② 插入文本框：在文档中插入一个竖排文本框，设置文本框的高度为 3.3 厘米，宽度 2 厘米；输入文字"计算机与人类"，设置文字格式为楷体、小四、加粗；文本框填充色为黄色，环绕方式为四周型；添加三维样式 2 的三维效果。

　　③ 插入艺术字：在正文第二段的右侧插入艺术字库中第三行第一个样式的艺术字"网络心理学"，字体是宋体，字号是 36；设其为竖排文字，并调整其位置。

　　④ 插入图片：在正文第二段中插入剪贴画；调整其位置与正文的环绕方式为上下型环绕。

　　⑤ 插入自选图形：参照图 A9.1 在文中插入一个云形标注，字体为黑体。

【操作步骤】

　　① 新建 Word 文档，输入如图 A9.1 所示段落中的文字，单击"文件"|"保存"命令，在弹出的"另存为"对话框中选择保存位置 D:\Word 文件夹，文件名为 twhp，然后单击"保存"按钮。

　　② 选择"插入"|"文本框"|"竖排"命令，然后用"十字"形鼠标在文档中拖动，绘制一个竖排文本框，输入文字"计算机与人类"，再单击文本框边缘，在"格式"工具栏中设置文字的"字体"为"楷体"，"字号"为"四号"，"字型"为"加粗"；在文本框上右击鼠标，在快捷菜单中选择"设置文本框格式"命令，弹出"设置文本框格式"对话框，在"颜色和线条"选项卡中选择填充色为"黄色"，在"大小"选项卡中设置"高度"为"3.3 厘米"，"宽度"为"2 厘米"，然后单击"确定"按钮。文本框仍处于选定状态，单击"绘图"工具栏中的三维按钮选择"三维样式 2"。拖动鼠标排列该文本框的位置，选中文本框，单击"图片"工具栏中的"文字环绕"按钮，选择"四周型环绕"。

　　③ 选择"插入"|"图片"|"艺术字"命令，弹出"艺术字库"对话框，选择任意的样式，然后单击"确定"按钮，弹出"编辑'艺术字'文字"对话框，输入题目："网络心理学"，"字体"设为"宋体"，"字号"是 36，然后单击"确定"按钮。选中艺术字，出现"艺术字"工具栏，单击"艺术字竖排文字"按钮将其设为竖排文字，并用鼠标拖动调整到合适的位置。

　　④ 把插入点放在正文第二段中，选择"插入"|"图片"|"剪贴画"命令，弹出"插入剪贴画"任务窗格，选择一种剪贴画，然后确定。选中图片，然后拖动鼠标调整该图片的大小和位置，选中图片，单击"图片"工具栏中的"文字环绕"按钮，选择"上下型环绕"。

　　⑤ 在"绘图"工具栏中单击"自选图形"按钮，选择"标注"中的"云形标注"命令，用鼠标在文档中拖动绘制出云形标注，然后选中该云形标注，在"格式"工具栏中设置"字体"为"黑体"，输入内容"你知道哪个国家上网人最多吗？"，注意调整其位置。按住【Shift】键，选中标注和剪贴画，然后在"绘图"工具栏中的选择"绘图"|"组合"选项，将两个对象组合成一个图形对象，在"图片"工具栏中单击"文字环绕"按钮选择环绕方式为"上下型环绕"。

　　⑥ 单击"格式"工具栏中的"保存"按钮或选择"文件"|"保存"命令。

　　操作结果如图 A9.2 所示。

网络心理学

和网络有关的心理学研究可以称为网络心理学，但是随着网络和心理学的发展，另一种意义的网络心理学也将出现，那就是用信息交流观点为核心的心理学。

心理学的发展和其他科学的发展、社会的发展一向是息息相关的，我们可以看到格式塔心理学和物理学中的场论的概念有关，认知心理学的发展和控制论、信息论特别是计算机科学的发展有紧密联系。"只有在计算机科学的影响下，才能将人脑和计算机做类比，从而引导出信息加工观点"认知心理学的产生也反映了社会的需要，社会对智力开发、教育的需要，对提高自动化生产中人机系统效率的需要也促成了认知心理学的发展。

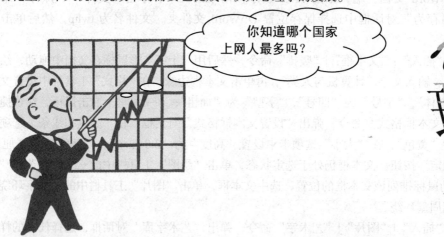

你知道哪个国家上网人最多吗？

认知心理学运用信息加工观点研究认知活动，将人脑和计算机类比，认为人和计算机都是操纵符号的。通过这个类比，认知心理学得到了研究人的认知的新的范式，并进一步获得了关于人的问题解决、知觉、记忆和注意等心理活动的大量知识。

网络心理学还会产生新的观念是，对人格不再理解为一个相对固定的结构，而更多地看做一个交流中产生的临时的结构，认为与其说有一个较固定的人格，不如更强调在交流中产生意义，是一个交流的结构决定了人的行为方式。

图 A9.2　操作结果示意图

实验 10
Excel 2003 的基本操作

【实验目的】

通过该实验，要求学生了解 Excel 电子表格软件的工作环境，熟练掌握 Excel 的启动、退出，理解工作簿，工作表，单元格的相关概念，掌握其基本操作方法。

【相关知识】

① 了解 Excel 的启动、退出，理解工作簿，工作表，单元格的相关概念。
② 掌握创建工作表、编辑工作表的方法。
③ 掌握工作表中数据的输入、字符的格式化。

【操作要求】

① 启动 Excel 电子表格软件，在 Sheet3 后插入一个工作表 Sheet4。
② 将 Sheet1 ~ Sheet4 工作表依次命名为"教师工资表"，"课程表"，"复制表"，"移动表"。
③ 在"教师工资表"工作表中参照样文从 B2 单元格开始输入表格中的内容，输入文本，默认是左对齐，数字作为文本输入需在数字字符串前加单引号，如电话号码。输入数值，默认是右对齐，F4:H11 单元格中数值居中。
④ 将单元格区域 B2:H2 合并及居中，设置字体为方正姚体，字号为 20，加粗，字体颜色为白色，设置深黄色的底纹。
⑤ 将单元格区域 B3:H3 对齐方式设置为水平居中，设置字体为黑体，字体颜色为深红色，设置金色的底纹。
⑥ 将单元格区域 B4:B11 的字体设置为楷体，设置淡紫色的底纹。
⑦ 将单元格区域 C4:E11 的字体设置为楷体，设置浅绿色的底纹。
⑧ 将单元格区域 F4:H11 的字形设置为加粗，设置淡蓝色的底纹。
⑨ 将"教师工资表"工作表复制到"复制表"的后面，然后再将"复制表"删除。
⑩ 将工作簿保存到 D 盘的 Excel 文件夹中，文件名为"教师工资表"。

【操作步骤】

① 单击"开始"|"程序"，"Microsoft Office"|"Microsoft Office Excel 2003"选项，启动电子表格软件，用鼠标指向 Sheet3 工作表，单击右键，在弹出的快捷菜单中选择"插入"命令，弹出"插入"对话框，选择默认的工作表，单击"确定"按钮即可在 Sheet3 前面插入一个 Sheet4，之后鼠标指向 Sheet4，按住鼠标左键将 Sheet4 移动到 Sheet3 后面完成工作表的插入。

② 鼠标指向 Sheet1 工作表，单击右键，在弹出的快捷菜单中选择"重命名"命令，在黑色反白处输入"教师工资表"，回车确定。其他同理。

③ 在"教师工资表"工作表中参照样文从 B2 单元格开始输入表格中的内容，输入文本，默认是左对齐，电话号码这样的数字作为文本，输入时需在数字字符串前加单引号；输入数值，默认是右对齐，选定 F4：H11 单元格区域中的数值，单击"格式"工具栏上的"居中"按钮。

④ 选定的单元格区域 B2：H2，在弹出的"单元格格式"对话框中，选择"对齐"选项卡，"水平对齐"和"垂直对齐"选择"居中"，在"文本控制"中，选中"合并单元格"复选框；选择"字体"选项卡，"字体"选择"方正姚体"，"字号"选择 20，"字形"选择"加粗"，"颜色"选择"白色"；选择"图案"选项卡，"单元格底纹"选择"深黄色"。

⑤ 选定单元格区域 B2:H2，同上，选择"格式"|"单击格"命令，在弹出的"单元格格式"对话框中选择"对齐"选项卡，"水平对齐"选择"居中"；选择"字体"选项卡，"字体"选择"黑体"，"颜色"选择"深红色"；选择"图案"选项卡，"单元格底纹"选择"金色"。

⑥、⑦、⑧步骤同上。

⑨ 鼠标指向"教师工资表"并单击右键，在弹出的快捷菜单中选择"移动或复制工作表"，在弹出的"复制或移动工作表"对话框中的"下列选定工作表之前"列表框中选择"移动表"，再选中"建立副本"复选框，单击"确定"按钮即可生成一个"教师工资表（2）"。鼠标指向"教师工资表（2）"并单击右键，在弹出的快捷菜单选择"删除"命令，然后在弹出的对话框单击"确定"按钮，即可完成删除工作。

⑩ 选择"文件"|"保存"命令，在弹出的"另存为"对话框中，选择"保存位置"为 D 盘，单击工具栏上的"新建文件夹"按钮，名称定义为 Excel，单击"确定"按钮，在"文件名"文本框中输入"教师工资表"，完成保存功能。

操作结果如图 A10.1 所示。

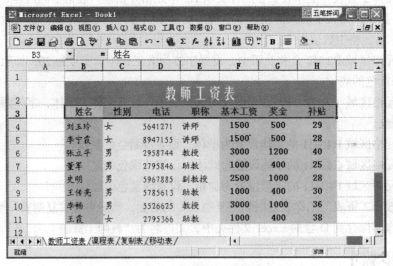

图 A10.1　操作结果示意图

实验 11
Excel 2003 公式和函数的使用

【实验目的】

通过该实验，要求学生熟练掌握 Excel 的公式和函数的使用方法，填充柄的使用方法，区分单元格引用和工作表引用的不同之处。

【相关知识】

① 熟练掌握 Excel 的公式的使用方法。
② 熟练掌握 Excel 的函数的使用方法。
③ 熟练掌握填充柄的使用方法。
④ 学会使用单元格引用和工作表引用。

【实验要求】

① 参照图 A11.3，在工作簿"成绩单"中，将工作表"外语系成绩单"中学生的总分和平均分利用公式计算出来。

② 给 B2:K2 单元格加批注，内容是"外语系 2005 ～ 2006 学年第一学期"。

③ 利用函数计算出图 A11.4 中的最高分和总评成绩（总评要求是：各科成绩均及格的为通过，否则为未通过）。

④ 参照图 A11.5，在工作簿"成绩单"中，利用函数将工作表"学生借书量"中学生借阅情况统计出来。用公式将各书占总借阅量的百分比计算出来。（提示：利用绝对引用和相对引用单元格地址来求）

⑤ 对工作表"外语系成绩单"中的成绩进行分析，分析结果显示在工作表"成绩分析"中。（成绩分析工作表的数据如图 A11.6 所示）

⑥ 将工作表"成绩分析"中的 B2:E2 单元格的名称定义为"成绩分析"。

⑦ 在"成绩统计表"工作表中，按照图 A11.7 提供的内容用函数进行统计表中数据。（提示：首先算出总评的内容，要求是各科成绩均在 85 分以上的为优秀；否则为合格，之后再进行统计）

⑧ 将工作簿保存到 D 盘的 Excel 文件夹中，文件名为"成绩单"。

【操作步骤】

① 创建如图 A11.3 所示的"成绩单"工作簿，选定工作表"外语系成绩单"，使其成为当前工作表，选取 H4 单元格区域，单击"="按钮，在"编辑"栏输入=D4+E4+F4+G4，单击"确定"按钮，在 H4 得出第一个学生的总分，之后鼠标指向 H4 单元格右下角的"填充柄"，拖动到 H7，

完成所有人的总分成绩。平均分的方法同理，只是把公式改成=(D4+E4+F4+G4)/4，计算出所有人的平均分。

② 选定 B2:K2 单元格区域，选择"插入"|"批注"命令，在弹出的页框中输入 2005～2006 学年第一学期，之后在任一单元格上单击表示确定。

③ 选定 J4 单元格区域，选择"插入"|"函数"命令，在弹出"插入函数"对话框中，在"或选择类别"下拉列表框中选择"常用函数"，在"选择函数"列表框中选择 MAX 函数，在 MAX 函数页框中，单击 Number1 列表框右边的"折起"按钮，选取数据区域 D4:H4，再单击"折起"按钮，使其展开，单击"确定"按钮，完成第一个学生最高分的计算，其他人用填充柄填充。选取 K4 单元格区域，按照上述步骤选择 IF 函数，在 IF 函数页框中的 3 个文本框中填入如图 A11.1 所示的内容，之后单击"确定"按钮，计算出第一个人的总评，其他填充。

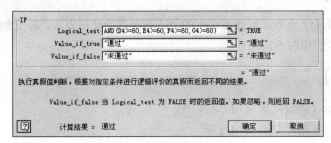

图 A11.1　IF 函数页框

④ 工作表"学生借书量"中的学生借阅情况计算方法同上：借阅总量利用 SUM 函数，10 月借阅平均数利用 AVERAGE 函数，11 月借阅最大值利用 MAX 函数，12 月借阅最小值利用 MIN 函数，占总借阅量的百分比利用相对引用和绝对引用，如公式 = G4/C12，之后选择 H4：H7 单元格区域，单击"格式"工具栏上的"百分比样式"按钮，使该区域的格式改成百分比样式。

⑤ 选择"成绩分析"工作表，使其成为当前工作表，选定 B4 单元格，选择 AVERAGE 函数，单击 Number1 右边的"折起"按钮，再单击"外语系成绩单"工作表；选择数据区域 D4:D7，"折起"按钮展开，单击"确定"按钮，计算出德语的平均分，其他科目的平均分同理。

⑥ 选择"成绩分析"工作表，使其成为当前工作表；选择 B2:E2 单元格区域，然后选择"插入"|"名称"|"定义"命令，在弹出的"定义名称"对话框中，在"当前工作簿中的名称"文本框中输入"成绩分析"，单击"确定"按钮即可。

⑦ 选择"成绩统计表"工作表，使其成为当前工作表，"总评"一列的数据操作方法如上。求"语文成绩高于 85 分的人数"，使用 COUNTIF 函数，按如图 A11.2 所示选择数据区域和编辑条件，单击"确定"按钮即可。"数学成绩低于 85 分的人数"，同理。"总人数"，使用 COUNT 函数，做法同上，选择的数据区域是 B4:B8。

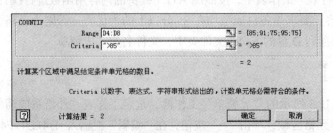

图 A11.2　COUNTIF 函数页框

⑧ 选择"文件"|"保存"命令，在弹出的"另存为"对话框中，选择"保存位置"为 D 盘 Excel 文件夹，"文件名"为"成绩单"。

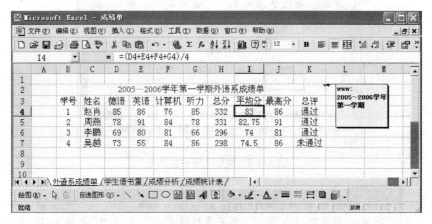

图 A11.3　样文示意图 1

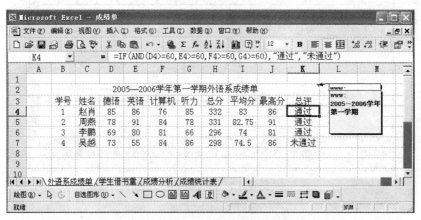

图 A11.4　样文示意图 2

图 A11.5　样文示意图 3

图 A11.6　操作结果示意图 4

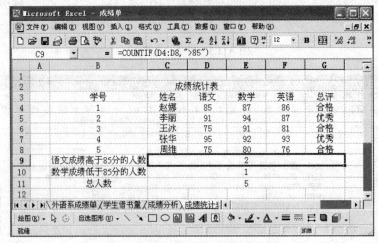

图 A11.7　样文示意图 5

实验 12 Excel 2003 图表的制作

【实验目的】

通过该实验，要求学生熟练掌握在 Excel 中制作各种图表的方法。

【相关知识】

熟练掌握图表的制作方法。

【操作要求】

① 在【样文】所示工作簿“销售统计表”中，根据工作表“各地销售统计”中的数据，在当前工作表中做出南京每季度销售情况的图表。

② 对图表进行格式化，如【样文】所示。

③ 将工作簿保存，文件名为 tblx。

【操作步骤】

1. 步骤如下

① 创建如图 A12.1 所示的工作表，选定 A4:E4 单元格区域，选择“插入”|“图表”命令，弹出“图表向导”对话框，在“图表类型”列表框中选择“折线图”，单击“下一步”按钮。

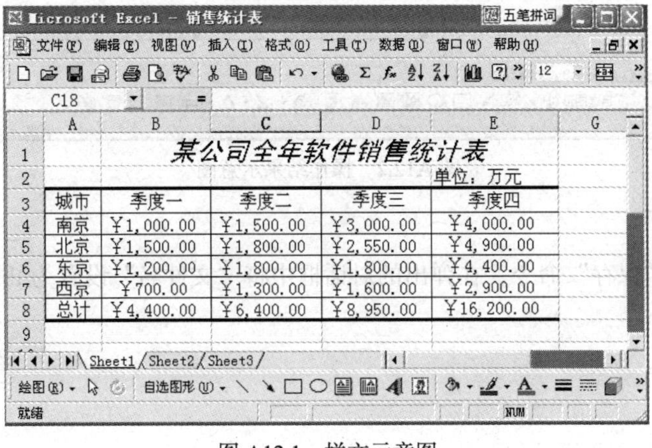

城市	季度一	季度二	季度三	季度四
南京	￥1,000.00	￥1,500.00	￥3,000.00	￥4,000.00
北京	￥1,500.00	￥1,800.00	￥2,550.00	￥4,900.00
东京	￥1,200.00	￥1,800.00	￥1,800.00	￥4,400.00
西京	￥700.00	￥1,300.00	￥1,600.00	￥2,900.00
总计	￥4,400.00	￥6,400.00	￥8,950.00	￥16,200.00

图 A12.1　样文示意图

② 在“图表向导-4 步骤之 2-图表源数据”对话框中，选择“系列”选项卡，单击“分类（X）轴标志”右边的“折起”按钮，选定单元格区域 B3：E3，单击“折起”按钮展开，单击“下一

步"按钮。

③ 在"图表向导-4 步骤之 3-图表选项"对话框中的"标题"选项卡中，在"图表标题"文本框中输入"南京销售统计"，"分类（X）轴"文本框中输入"季度"，"数值（Y）轴"文本框中输入"销售额"；选择"网格线"选项卡，取消选中"数值（Y）轴"的"主要网格线"复选框；选择"数据标志"选项卡，"数据标签包括"选择"值"，单击"下一步"按钮。

④ 在"图表向导-4 步骤之 4-图表位置"对话框中，位置默认为第二项，单击"完成"按钮即可生成图表。

2. 图表格式化

① 鼠标指向图表标题，单击右键，在弹出的快捷菜单中选择"图表标题格式"命令，在弹出的"图表标题格式"对话框种选择"字体"选项卡，"字体"选择"黑体"；其他格式同理。

② "数值（Y）轴"的刻度改变：鼠标指向 y 轴刻度的任意位置，单击右键，在弹出的快捷菜单中选择"坐标轴格式"命令，在弹出的"坐标轴格式"对话框中选择"刻度"选项卡，"最小值"为 500，"最大值"为 5000，"主要刻度单位"为 500，单击"确定"按钮即可。

③ 最后适当地调整位置，大小，整理图表完美化，并对图表进行格式化，如图 A12.2 所示。

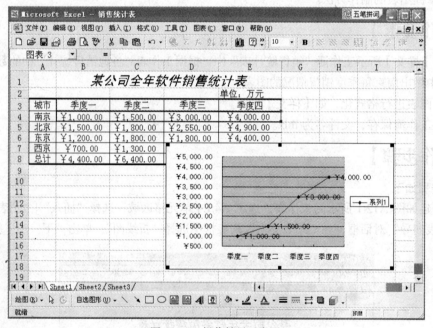

图 A12.2　操作结果示意图

3. 保存文件

选择"文件"|"保存"命令，在弹出的对话框中将"文件名"设置为 tblx。

实验 13
Excel 2003 数据分析

【实验目的】

通过该实验，要求学生熟练掌握数据筛选、数据合并计算、数据分类汇总、建立数据透视表，能对各种数据进行数据分析。

【相关知识】

① 熟练掌握数据排序。
② 熟练掌握数据筛选。
③ 熟练掌握数据分类汇总。

【操作要求】

创建如图 A13.3 所示的工作表。

1. 数据排序

在图 A13.3 中的 Sheet1 工作表中，以"薪水"为主要关键字，以"小时报酬"为次要关键字，升序（递增）排序，结果如图 A13.4 所示。

2. 数据筛选

① 将图 A13.3 中的 Sheet1 工作表中的数据复制到 Sheet2 工作表，使用 Sheet2 工作表中的数据，高级筛选出薪水在 3500 元以下及在 5000 元以上（包括 5000 元）的记录，结果如图 A13.5 所示。

② 使用 Sheet2 工作表中的原表数据源，在下边空白处高级筛选出薪水在 3500 元以上（包括 3500 元）和 5000 元以下的记录，结果如图 A13.6 所示。

③ 使用 Sheet2 工作表中的数据源，自动筛选出性别为男，薪水大于等于 3800 元的记录，结果如图 A13.7 所示。

3. 数据分类汇总

使用 Sheet3 工作表中的数据源，布局以"部门"为分类字段，将各部门薪水进行"平均值"分类汇总，结果如图 A13.8 所示。

4. 保存工作簿

将工作簿保存到 D 盘的 Excel 文件夹中，文件名为"数据分析"。

【操作步骤】

1. 数据排序

创建如图 A13.3 所示的工作表，选定 Sheet1 工作表中"某财务软件北京分公司"表格中的任

一单元格；选择“数据”|“排序”命令，弹出“排序”对话框，“主要关键字”中选择“薪水”，“次要关键字”中选择“小时报酬”，“升序”排序，单击“确定”按钮，即可完成排序功能，结果如图 A13.4 所示。

2. 步骤如下

① 将图 A13.3 中 Sheet1 工作表中的数据复制到 Sheet2 工作表，选择 Sheet2 工作表，以 E15:E17 单元格区域作为条件域，如图 A13.1 所示，选定数据源的任一单元格；选择“数据”|“筛选”|“高级筛选”命令，弹出“高级筛选”对话框，单击“条件区域”右边的“折起”按钮，在条件域中输入筛选条件，单击“确定”按钮即可，结果如图 A13.5 所示。

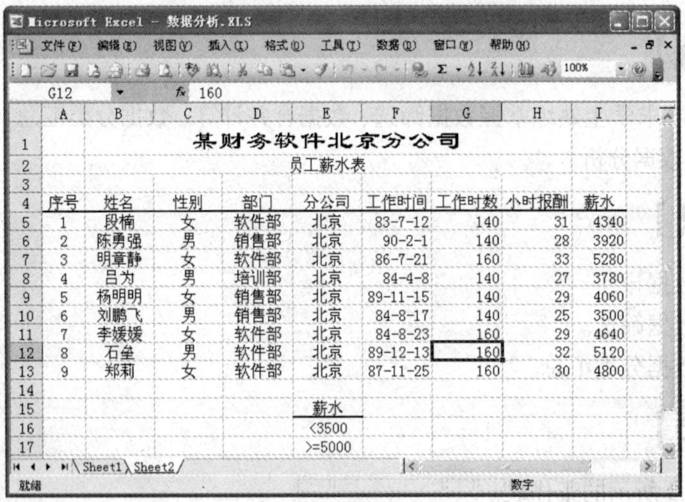

	A	B	C	D	E	F	G	H	I
1	某财务软件北京分公司								
2	员工薪水表								
3									
4	序号	姓名	性别	部门	分公司	工作时间	工作时数	小时报酬	薪水
5	1	段楠	女	软件部	北京	83-7-12	140	31	4340
6	2	陈勇强	男	销售部	北京	90-2-1	140	28	3920
7	3	明章静	女	软件部	北京	86-7-21	160	33	5280
8	4	吕为	男	培训部	北京	84-4-8	140	27	3780
9	5	杨明明	女	销售部	北京	89-11-15	140	29	4060
10	6	刘鹏飞	男	销售部	北京	84-8-17	140	25	3500
11	7	李媛媛	女	软件部	北京	84-8-23	160	29	4640
12	8	石垒	男	软件部	北京	89-12-13	160	32	5120
13	9	郑莉	女	软件部	北京	87-11-25	160	30	4800
14									
15					薪水				
16					<3500				
17					>=5000				

图 A13.1 高级筛选条件域 1

② 选择“数据”|“筛选”|“全部显示”命令，恢复原始数据源，以 E15:F16 单元格区域作为条件域，如图 A13.2 所示，之后打开“高级筛选”对话框；选择“方式”的第二项“将筛选结果复制到其他位置”，单击“条件区域”右边的“折起”按钮，在条件域中输入筛选条件，单击“复制到”右边的“折起”按钮，选定 A18 单元格区域，单击“确定”按钮即可，结果如图 A13.6 所示。

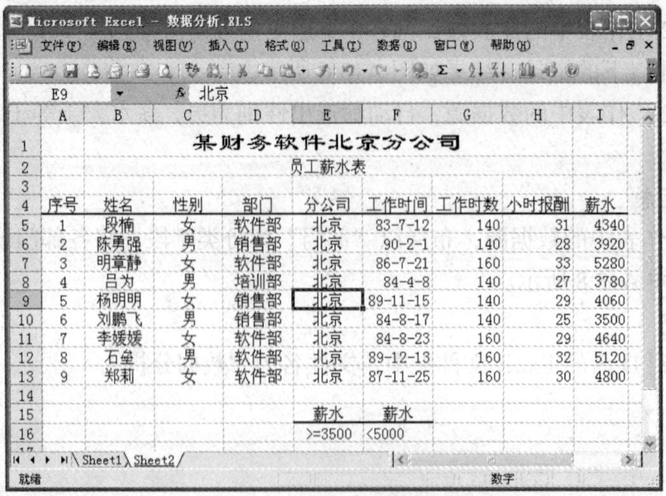

	A	B	C	D	E	F	G	H	I
1	某财务软件北京分公司								
2	员工薪水表								
3									
4	序号	姓名	性别	部门	分公司	工作时间	工作时数	小时报酬	薪水
5	1	段楠	女	软件部	北京	83-7-12	140	31	4340
6	2	陈勇强	男	销售部	北京	90-2-1	140	28	3920
7	3	明章静	女	软件部	北京	86-7-21	160	33	5280
8	4	吕为	男	培训部	北京	84-4-8	140	27	3780
9	5	杨明明	女	销售部	北京	89-11-15	140	29	4060
10	6	刘鹏飞	男	销售部	北京	84-8-17	140	25	3500
11	7	李媛媛	女	软件部	北京	84-8-23	160	29	4640
12	8	石垒	男	软件部	北京	89-12-13	160	32	5120
13	9	郑莉	女	软件部	北京	87-11-25	160	30	4800
14									
15					薪水	薪水			
16					>=3500	<5000			

图 A13.2 高级筛选条件域 2

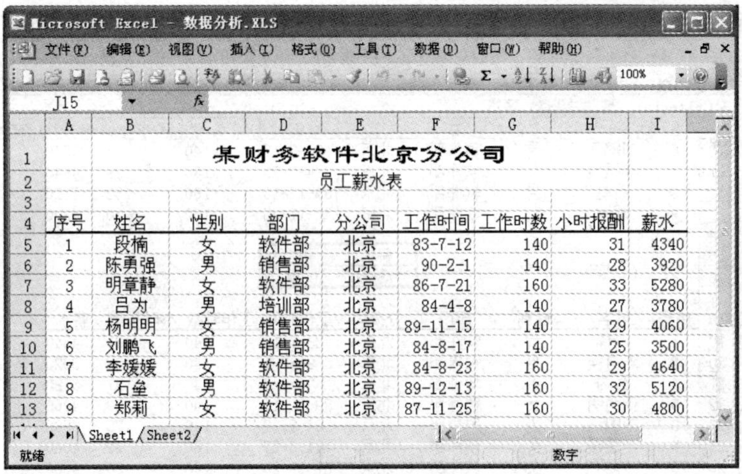

某财务软件北京分公司

员工薪水表

序号	姓名	性别	部门		分公司	工作时间	工作时数	小时报酬	薪水
1	段楠	女	软件部		北京	83-7-12	140	31	4340
2	陈勇强	男	销售部		北京	90-2-1	140	28	3920
3	明章静	女	软件部		北京	86-7-21	160	33	5280
4	吕为	男	培训部		北京	84-4-8	140	27	3780
5	杨明明	女	销售部		北京	89-11-15	140	29	4060
6	刘鹏飞	男	销售部		北京	84-8-17	140	25	3500
7	李媛媛	女	软件部		北京	84-8-23	160	29	4640
8	石垒	男	软件部		北京	89-12-13	160	32	5120
9	郑莉	女	软件部		北京	87-11-25	160	30	4800

图 A13.3　数据源

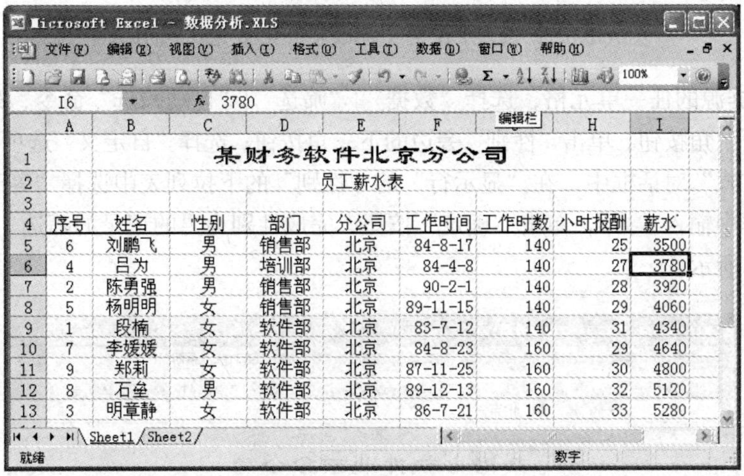

某财务软件北京分公司

员工薪水表

序号	姓名	性别	部门		分公司	工作时间	工作时数	小时报酬	薪水
6	刘鹏飞	男	销售部		北京	84-8-17	140	25	3500
4	吕为	男	培训部		北京	84-4-8	140	27	3780
2	陈勇强	男	销售部		北京	90-2-1	140	28	3920
5	杨明明	女	销售部		北京	89-11-15	140	29	4060
1	段楠	女	软件部		北京	83-7-12	140	31	4340
7	李媛媛	女	软件部		北京	84-8-23	160	29	4640
9	郑莉	女	软件部		北京	87-11-25	160	30	4800
8	石垒	男	软件部		北京	89-12-13	160	32	5120
3	明章静	女	软件部		北京	86-7-21	160	33	5280

图 A13.4　以“薪水”为“主要关键字”的筛选结果

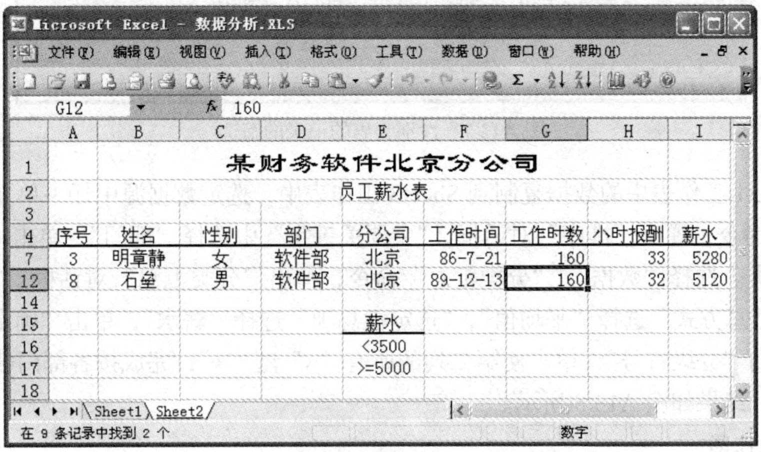

某财务软件北京分公司

员工薪水表

序号	姓名	性别	部门	分公司	工作时间	工作时数	小时报酬	薪水
3	明章静	女	软件部	北京	86-7-21	160	33	5280
8	石垒	男	软件部	北京	89-12-13	160	32	5120

薪水
<3500
>=5000

图 A13.5　筛选薪水在 3500 元以下或 5000 元以上的记录

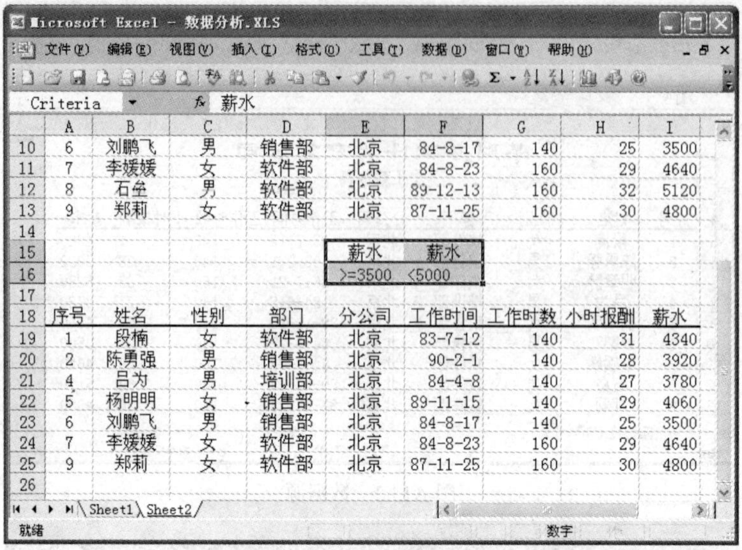

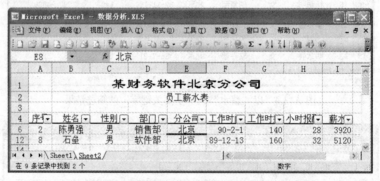

图 A13.6   筛选薪水在 3500 元以上和 5000 元以下的记录

③ 选定数据源的任一单元格，选择"数据"|"筛选"|"自动筛选"命令，列表中每一字段名旁出现一个下三角按钮，单击"性别"旁边的下三角按钮；选择"自定义"选项，在弹出的"自定义自动筛选方式"对话框中，在"显示行"的"性别"的下拉列表中选择"等于"选项，在右边的下拉列表框中输入"男"，单击"确定"按钮，完成性别为男的记录的筛选。其他字段同理，结果如图 A13.7 所示。

图 A13.7   性别为男的记录的筛选

④ 将 Sheet1 工作表中的数据复制到 Sheet3 工作表中，选定数据源中任一单元格，选择"数据"|"排序"命令，弹出"排序"对话框，"主要关键字"中选择"部门"，单击"确定"按钮，完成部门的分类。选择"数据"|"分类汇总"命令，弹出"分类汇总"对话框，"分类字段"选择"部门"，"汇总方式"选择"平均值"，"选定汇总项"选择"薪水"，单击"确定"按钮。最后单击窗口左边的"分级符号"，单击使第二列的所有"-"变"+"，完成按各部门薪水进行"平均值"分类汇总，结果如图 A13.8 所示。

3．保存工作簿

选择"文件"|"保存"命令，在弹出的对话框中设置保存位置为 D 盘的 Excel 文件夹，文件名为"数据分析"。

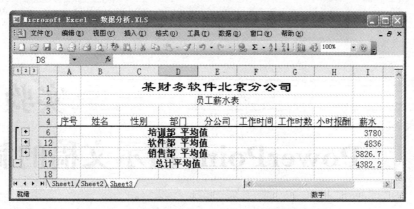

图 A13.8 按各部门薪水进行"平均值"分类汇总

PowerPoint 演示文稿的制作

【实验目的】

通过该实验，要求学生熟悉 PowerPoint 操作界面，熟练掌握利用 PowerPoint 创建、编辑、修饰和放映多媒体演示文稿的方法。

【相关知识】

① 演示文稿的创建与幻灯片的基本操作。

② 演示文稿中的文本编辑。

③ 演示文稿中图形、图像、表格、图表、艺术字、组织结构图的插入。

④ 幻灯片中动画效果的制作。

⑤ 幻灯片之间超级链接的制作。

⑥ 母版与模板的设置。

⑦ 背景和配色方案的设置。

⑧ 演示文稿的放映。

【操作要求】

1. 创建演示文稿

利用名为 capsules 的模板创建一个新的演示文稿，在演示文稿中按照如下要求制作 10 张幻灯片。（注：幻灯片中文字的字体、字号可参照相应的图或根据需要自己确定）

幻灯片 1：

① 选择"标题幻灯片"版式。

② 在标题位置插入艺术字"计算机文化基础"，艺术字样式任意。

③ 副标题为"计算机文化基础"。

④ 在如图 A14.1 所示的位置插入剪贴画，并设置单击鼠标时，该剪贴画以预设动画中的"溶解"效果出现。

幻灯片 2：

① 选择"项目清单"版式插入第 2 张幻灯片。

② 进入幻灯片母版模式，将母版中央的深蓝色装饰条删除，以便以后的每张幻灯片都不包含深蓝色装饰条，并且外观都一致，然后返回到幻灯片编辑状态。

③ 标题为"第 1 章计算机基础知识"。

④ 两行文本清单内容分别为："1.1 计算机的概述"和"1.2 计算机中常用的数制"，如图 A14.2 所示。

图 A14.1   插入剪贴画

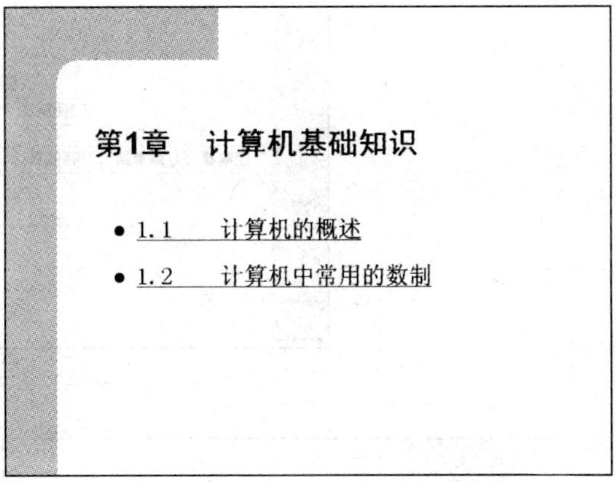

第1章   计算机基础知识

- 1.1   计算机的概述
- 1.2   计算机中常用的数制

图 A14.2   文本清单内容

幻灯片 3：

① 除母版不必再次更改以外，其他要求和第 2 张幻灯片一样，其中文字内容参照图 A14.3。

② 在幻灯片右下脚添加如图 A14.3 所示的按钮，按钮上的文字为"返回本章"。

幻灯片 4：

① 制作要求和第 3 张幻灯片一样，其中文字内容参照图 A14.4。

② 在幻灯片右下脚添加如图 A14.4 所示的按钮，按钮上的文字为"返回本节"。

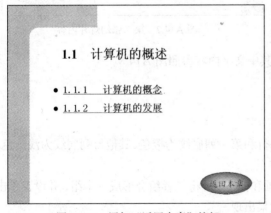

图 A14.3   添加"返回本章"按钮

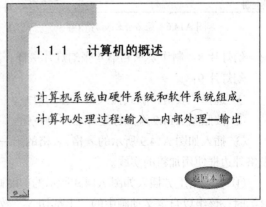

图 A14.4   添加"返回本节"按钮

幻灯片 5：

① 选择"组织结构图"版式插入第 5 张幻灯片。

② 按照图 A14.5 添加标题和右下脚按钮，按钮上的文字为"返回"。

③ 制作如图 A14.5 所示的 3 级组织结构图。

幻灯片 6：制作要求和第 4 张幻灯片一样，其中文字内容参照图 A14.6。

幻灯片 7：制作要求和第 4 张幻灯片一样，其中文字内容参照图 A14.7。

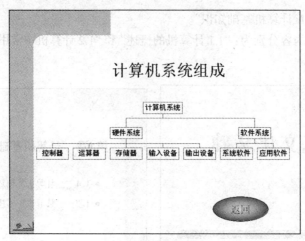

图 A14.5　组织结构图

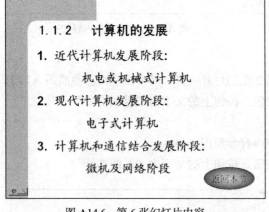

图 A14.6　第 6 张幻灯片内容　　　　　　图 A14.7　第 7 张幻灯片内容

幻灯片 8：制作要求和第 4 张幻灯片一样，其中文字内容参照图 A14.8。

幻灯片 9：

① 选择"表格"版式插入第 9 张幻灯片。

② 按照图 A14.9 添加标题和右下脚按钮。

③ 插入如图 A14.9 所示的表格，表格的第一行和第一列底纹为橙色，其他行列底纹为浅蓝色，表格外边框使用加粗的实线。

④ 在表格上方插入如图 A14.9 所示的剪贴画和标注，再将二者组合形成一个组，并设置单击鼠标时，该组以自定义动画中的"上部切入"效果出现。

幻灯片 10：制作要求和第 4 张幻灯片一样，其中文字内容参照图 A14.10。

2. 设置文字超级链接

根据幻灯片内容之间的层次关系，设置这 10 张幻灯片之间的文字超级链接。

3. 设置对象超级链接

根据幻灯片内容之间的层次关系以及动作按钮上的文字关系，设置这 10 张幻灯片之间的对象超级链接。（即完成动作按钮的超级链接）

4. 设置切换方式

根据个人爱好，设置这 10 张幻灯片之间的切换方式。

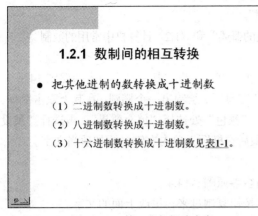

图 A14.8 第 8 张幻灯片内容

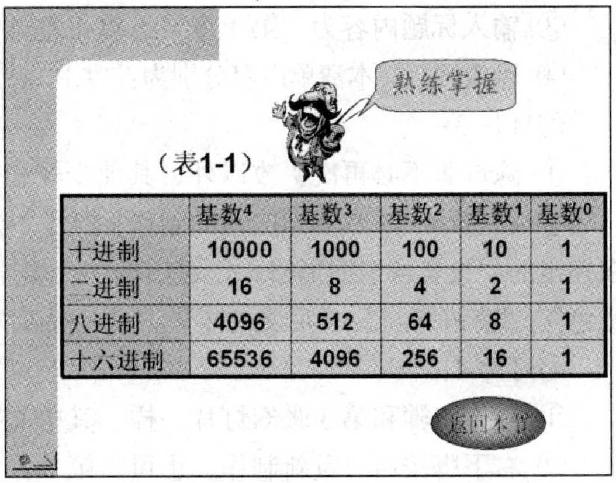

图 A14.9 插入表格和剪贴画

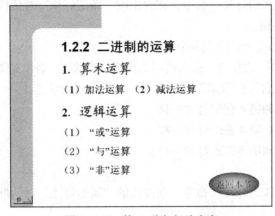

图 A14.10 第 10 张幻灯片内容

【操作步骤】

1. 利用菜单建立演示文稿

启动 PowerPoint 后，选择"文件"|"新建"命令，在弹出的"新建演示文稿"对话框中选择"设计模板"，从中选择名为 capsules 的模板，并单击"确定"按钮。

幻灯片 1：

① 在弹出的"新幻灯片"对话框中选择"标题幻灯片"版式，并单击"确定"按钮。

② 选择"插入"|"图片"|"艺术字"命令，选择某一种艺术字样式，标题为"计算机文化基础"，适当调节大小，拖动到标题所在位置。（原来的标题占位符不必理会）

③ 单击副标题占位符，输入"计算机文化基础"。

④ 选择"插入"|"图片"|"剪贴画"命令，选择"办公室"中"计算机"图片，调节大小、位置。选中该剪贴画，选择"幻灯片放映"|"预设动画"|"溶解"命令，使用"溶解"效果。

幻灯片 2：

① 选择"插入"|"新幻灯片"命令，在弹出的"新幻灯片"对话框中选择"项目清单"版式，并单击"确定"按钮。

② 选择"视图"|"母版"|"幻灯片母版"命令，在母版编辑视图下，选中母版中央的深蓝色装饰条，将其删除。选择"视图"|"普通"命令，返回到幻灯片编辑状态。

③ 输入标题内容为"第1章　计算机基础知识"。

④ 输入两行文本清单内容分别为："1.1　计算机的概述"和"1.2　计算机中常用的数制"。

幻灯片3：

① 除母版不必再次更改以外，其他步骤和第2张幻灯片一样，其中文字内容参照图14.3。

② 图A14.3中右下脚按钮的制作：打开"绘图"工具栏，绘制出一个椭圆，在其上双击鼠标，在弹出的"设置自选图形格式"对话框中"填充"｜"颜色"处选择"填充效果"，再选择"预设颜色"｜"茵茵绿园"，"底纹式样"｜"中心辐射"，最后在椭圆上单击右键，添加适当文字。

幻灯片4：

① 制作步骤和第3张幻灯片一样，其中文字内容参照图A14.4。

② 右下脚按钮可重新制作，也可将第3张中的按钮复制过来，更改上面的文字。

幻灯片5：

① 选择"插入"｜"新幻灯片"命令，在弹出的"新幻灯片"对话框中选择"组织结构图"版式，并单击"确定"按钮。

② 按图A14.5添加标题和右下脚按钮。

③ 双击"组织结构图"占位符，进入组织结构图编辑状态，制作如图A14.5所示的3级组织结构图，完成后选择"文件"｜"更新"命令，返回幻灯片编辑状态。

幻灯片6：制作步骤和第4张幻灯片一样。

幻灯片7：制作步骤和第4张幻灯片一样。

幻灯片8：制作步骤和第4张幻灯片一样。

幻灯片9：

① 选择"插入"｜"新幻灯片"命令，在弹出的"新幻灯片"对话框中选择"表格"版式，并单击"确定"按钮。

② 按图A14.9添加标题和右下脚按钮。

③ 双击"表格"占位符，输入要插入表格的行数、列数。表格完成后，通过选择"格式"｜"设置表格格式"命令来设置表格的底纹和边框。

④ 选择"插入"｜"图片"｜"剪贴画"命令，选择"人"中"马戏团"图片，调节大小、位置；选择"视图"｜"工具栏"｜"绘图"命令，打开"绘图"工具栏，选择"自选图形"｜"标注"｜"圆角矩形标注"命令，画出标注，调节大小、位置，输入相应文字。再按住【Shift】键将图片和标注同时选中，在其上单击右键，选择"组合"｜"组合"命令，将二者组合形成一个组。选择"幻灯片放映"｜"自定义动画"命令，将该组选中，并设置其以"上部"｜"切入"效果出现。

幻灯片10：制作步骤和第4张幻灯片一样。

2. 设置文字超级链接

幻灯片2中的文字"1.1　计算机的概述"链接至幻灯片3。

幻灯片3中的文字"1.1.1　计算机的概念"链接至幻灯片4。

幻灯片4中的文字"计算机系统"链接至幻灯片5。

幻灯片3中的文字"1.1.2　计算机的发展"链接至幻灯片6。

幻灯片2中的文字"1.2　计算机中常用的数制"链接至幻灯片7。

幻灯片7中的文字"1.2.1　数制间的相互转换"链接至幻灯片8。

幻灯片8中的文字"表1-1"链接至幻灯片9。

幻灯片7中的文字"1.2.2　二进制的各种运算"链接至幻灯片10。

3. 设置对象超级链接

幻灯片 3 中的按钮"返回本章"链接至幻灯片 2。

幻灯片 4 中的按钮"返回本节"链接至幻灯片 3。

幻灯片 5 中的按钮"返回"链接至幻灯片 4。

幻灯片 6 中的按钮"返回本节"链接至幻灯片 3。

幻灯片 7 中的按钮"返回本章"链接至幻灯片 2。

幻灯片 9 中的按钮"返回本节"链接至幻灯片 7。

幻灯片 10 中的按钮"返回本节"链接至幻灯片 7。

4. 利用"幻灯片放映"|"幻灯片切换"命令

可以在效果中选择"随机",单击"全部应用"按钮,使 10 张幻灯片的切换效果都是随机选择的。

也可以为每张幻灯片指定不同的切换效果,单击"应用"按钮,使各张幻灯片以规定的效果切换出现。

实验 15

Access 数据库的基本操作

【实验目的】

通过该实验，要求学生了解 Access 数据库的基本概念，熟练掌握通过 Access 建立数据库、表、查询和窗体的方法。

【相关知识】

① 创建数据库的方法。

② 创建 Access 表的方法。

③ 创建表关系的方法。

④ 创建查询的方法。

⑤ 创建窗体的方法。

【操作要求】

① 在 D 盘下创建一个空数据库，名称为学生成绩库。

② 在学生成绩库中创建学生成绩表和学生信息表，表结构和记录内容见表 A15.1、表 A15.2、表 A15.3 和表 A15.4。

表 A15.1　　　　　　　　　　　　　　学生成绩表结构

字 段 名 称	数 据 类 型	默 认 值	主 关 键 字	必 添 字 段
学生编号	数字		是	是
学生姓名	文本			是
数学	数字			
英语	数字	0		
计算机	数字	0		
体育	数字	0		

表 A15.2　　　　　　　　　　　　　　学生成绩表记录

学 生 编 号	学 生 姓 名	数 学	英 语	计 算 机	体 育
200500101	王娜	85	90	85	90
200500102	李加	82	92	80	87

续表

学生编号	学生姓名	数　学	英　语	计 算 机	体　育
200500103	赵月	87	85	81	83
200500104	孙华	91	91	90	93
200500105	范叶	78	82	79	85
200500106	吴红	74	78	84	81
200500107	郑浩	65	55	65	62
200500108	兰天	77	75	78	74
200500109	周易	50	60	68	61
200500110	张兰	55	57	58	56

表 A15.3　　　　　　　　　　　　　　学生信息表结构

字 段 名 称	数 据 类 型	必 添 字 段	主 关 键 字	索 引 字 段
学生编号	数字	是	是	
学生姓名	文本	是		
班级	文本	是		
性别	文本	是		有（有重复）
出生日期	日期	是		
寝室电话	文本	是		
家庭住址	文本	是		

表 A15.4　　　　　　　　　　　　　　学生信息表记录

学 生 编 号	学 生 姓 名	班　级	性　别	出生日期	寝室电话	家庭住址
200500101	王娜	2405001	女	1988-7-5	4533557	湖南长沙
200500102	李加	2405001	男	1987-7-8	4530554	吉林长春
200500103	赵月	2405001	男	1988-8-2	4530554	浙江杭州
200500104	孙华	2405001	女	1987-5-14	4533557	辽宁沈阳
200500105	范叶	2405001	女	1986-12-5	4533557	山东青岛
200500106	吴红	2405001	女	1989-9-13	4533557	吉林长春
200500107	郑浩	2405001	男	1987-8-15	4530554	湖南长沙
200500108	兰天	2405001	女	1988-1-25	4533557	吉林长春
200500109	周易	2405001	男	1987-6-12	4530554	辽宁沈阳
200500110	张兰	2405001	女	1987-2-12	4533557	辽宁沈阳

③ 利用学生编号创建学生成绩表和学生信息表之间的关系。

④ 按要求分别创建如下查询。

创建查询："女生成绩表"，要求：查询所有女同学的学生编号、学生姓名、各科成绩、寝室电话及家庭住址。

创建查询："郑浩成绩表"，要求：查询与郑浩同学相关的所有信息。

创建查询："高低分成绩表"，要求：查询各科成绩均在 90 分以上（包括 90 分）和 60 分以下（不包括 60 分）的学生编号、学生姓名、各科成绩及性别。

创建查询："优秀成绩表"，要求：查询各科成绩均在 80 分以上（包括 80 分）的学生编号、学生姓名、性别、出生日期及家庭住址。

⑤ 按要求分别创建如下窗体。

创建窗体："计算机成绩表"，要求：所有学生的学生编号、学生姓名、计算机成绩、出生日期及家庭住址。

创建窗体："优秀名单表"，要求：所有学生中各科成绩均在 80 分以上（包括 80 分）的学生编号、学生姓名及精读成绩。

【操作步骤】

在 D 盘下创建一个空数据库，名称为学生成绩库。

① 选择"开始"｜"程序"｜"Microsoft Office"｜"Microsoft Office Access 2003"选项，打开 Access 窗口，单击"常用"工具栏上的"新建"按钮，在"新建文件"任务窗格中选择"空数据库"。

② 弹出"文件新建数据库"对话框，如图 A15.1 所示，"保存位置"选择 D 盘，在"文件名"文本框中输入"学生成绩库"单击"创建"按钮。

在学生成绩库中创建学生成绩表和学生信息表。

① 在已创建的"学生成绩库"数据库窗口（如图 A15.2 所示）中单击"表"选项，双击"使用设计器创建表"。

图 A15.1 "文件新建数据库"对话框

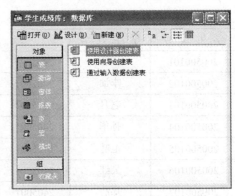

图 A15.2 学生成绩库窗口

② 根据给出的"学生成绩表结构"表格中的内容创建学生成绩表的结构，如图 A15.3 所示，并以"学生成绩表"为表名保存。

③ 打开"学生成绩表"，根据给出的"学生成绩表记录"表格中的内容输入每条记录，如图 A15.4 所示，关闭"学生成绩表"。

④ 重复步骤①，②，③，根据"学生信息表结构"和"学生信息表记录"，创建"学生信息表"。

利用学生编号创建学生成绩表和学生信息表之间的关系。按如下步骤进行操作。

① 在菜单栏中选择"工具"｜"关系"命令，如图 A15.5 所示弹出"显示表"对话框。

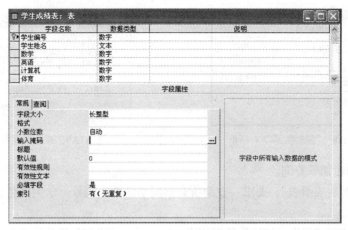

图 A15.3　新建学生成绩表结构

图 A15.4　在"学生成绩表"中输入记录

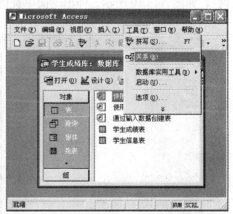

图 A15.5　打开"显示表"对话框

② 在"显示表"对话框中选择"表"选项卡，同时选中"学生成绩表"和"学生信息表"，单击"添加"按钮，如图 A15.6 所示，然后关闭该窗口。

③ 拖动"学生成绩表"中的"学生编号"放置到"学生信息表"中的"学生编号"上，如图 A15.7 所示，弹出"编辑关系"对话框，如图 A15.8 所示。

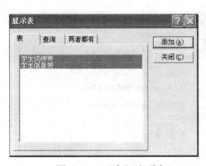

图 A15.6　"表"选项卡

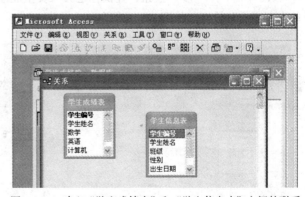

图 A15.7　建立"学生成绩表"和"学生信息表"之间的联系

④ 进行相关选项的选择后单击"创建"按钮，关闭"关系"窗口。

⑤ 结果如图 A15.9 所示。

图 A15.8 "编辑关系"对话框

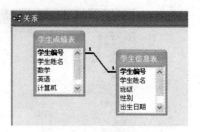

图 A15.9 建立关系的结果

按要求分别创建如下查询。

创建查询："女生成绩表"，要求：查询所有女同学的学生编号、学生姓名、各科成绩、寝室电话及家庭住址。

① 在已经创建的"学生成绩库"数据库窗口中，单击"查询"选项，双击"使用向导创建查询"，如图 A15.10 所示，弹出"简单查询向导"对话框，如图 A15.11 所示。

图 A15.10 使用向导创建查询

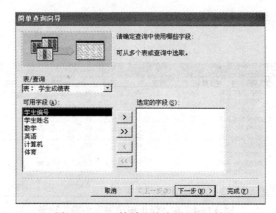

图 A15.11 "简单查询向导"对话框

② 根据"学生成绩表"和"学生信息表"将"学生编号"、"学生姓名"、"各科成绩"、"寝室电话"、"家庭住址"、"性别"字段由"可用字段"列表框添加到"选定的字段"列表框中。

③ 根据向导提示，单击"下一步"按钮，选中"明细"单选按钮，如图 A15.12 所示。

④ 单击"下一步"按钮，查询标题为"女生成绩表"，并选中"修改查询设计"单选按钮，单击"完成"按钮，如图 A15.13 所示。

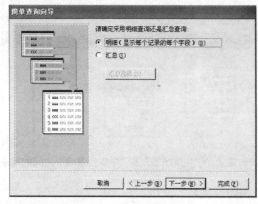

图 A15.12 确定查询类型

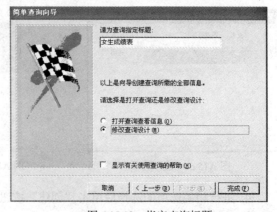

图 A15.13 指定查询标题

⑤ 在弹出的"女生成绩表"查询窗口中，按题目的要求，输入条件性别="女"并让该选项不显示，如图 A15.14 所示，保存并关闭窗口。

⑥ 结果如图 A15.15 所示。

图 A15.14　设置查询条件

图 A15.15　查询结果

⑦ "郑洁成绩表"、"高低分成绩表"、"优秀成绩表"的查询可参照上述步骤完成。

按要求分别创建如下窗体。

创建窗体："计算机成绩表"，要求：所有学生的学生编号、学生姓名、计算机成绩、出生日期及家庭住址。

① 在已经创建的"学生成绩库"数据库窗口中，单击"窗体"选项，双击"使用向导创建窗体"，如图 A15.16 所示，弹出"窗体向导"对话框，如图 A15.17 所示。

图 A15.16　使用向导创建窗体

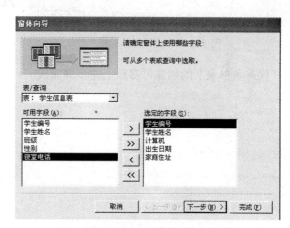

图 A15.17　"窗体向导"对话框

② 根据题目的要求，在已有的表和查询中的"学生编号"、"学生姓名"、"计算机成绩"、"出生日期"、"家庭住址"字段由"可用字段"列表框添加到"选定的字段"列表框中。

③ 单击"下一步"按钮，选择一种窗体使用的布局，如图 A15.18 所示。

④ 单击"下一步"按钮，确定一种所用样式，如图 A15.19 所示。

⑤ 单击"下一步"按钮，窗体标题为"计算机成绩表"，并选中"打开窗体查看或输入信息"单选按钮，如图 A15.20 所示，单击"完成"按钮。

⑥ 结果如图 A15.21 所示。

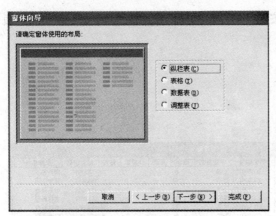

图 A15.18　选择窗体使用布局

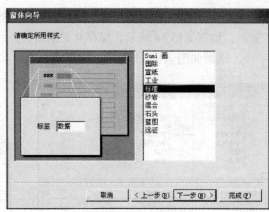

图 A15.19　选择使用样式

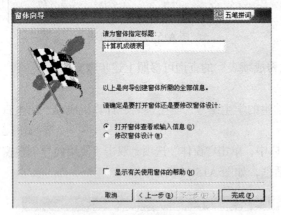

图 A15.20　设置窗体标题

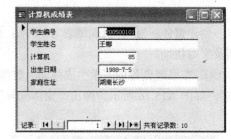

图 A15.21　操作结果

"优秀名单表"的创建可参照上述步骤完成。

实验 16
网页浏览与电子邮箱的使用

【实验目的】

通过该实验使学生掌握如何设置主页，使用浏览器、搜索引擎浏览网页，下载文件等常用的上网技巧。掌握如何申请免费电子邮箱，并使用电子邮箱进行信息交换。

【相关知识】

① 浏览器的使用。
② 搜索引擎的使用。
③ 文件下载。
④ 免费电子邮箱的申请。
⑤ 使用电子邮箱收发邮件。

【操作要求】

① 利用搜索引擎查找"吉林化工学院"网站。
② 登录"吉林化工学院"网站，并将其设为主页。
③ 在"吉林化工学院"主页中，打开"图书馆"页面，将该页添加到收藏夹。
④ 将"吉林化工学院"主页中的"学校概况"这一链接目标另存为 D 盘根目录下名为"吉林化工学院概况"。
⑤ 在某网站上申请免费电子邮箱。
⑥ 使用申请的免费电子邮箱发送邮件。

【操作步骤】

① 启动 IE 浏览器，在"地址"栏输入 www.baidu.com 进入百度搜索引擎，在文本框中输入"吉林化工学院"关键字后，单击"百度一下"按钮，显示搜索结果。

② 在搜索结果中单击相关链接网站，找到"吉林化工学院"网站，并进入主页。选择"工具"|"Internet 选项"命令，打开"Internet 选项"对话框，单击"使用当前页"按钮，将该网页设为主页。

③ 进入"周边环境"页面，选择"收藏"|"添加到收藏夹"命令，在打开的对话框中单击"确定"按钮，再单击"收藏夹"按钮，查看"收藏夹"的内容。

④ 右键单击"学校简介"这一链接目标，在弹出的快捷菜单中选择"目标另存为"命令，在打开的对话框内，在"保存在"后的下列列表框中选择 D 盘，在"文件名"后的文本框中输入"吉

林化工学院概况"，之后单击"确定"按钮完成"学校简介"页面的保存。

【使用电子邮箱操作步骤】

根据不同网站的要求不同，申请邮箱的步骤有所差别，本题以申请网易免费邮箱为例，具体操作步骤如下。

① 启动 IE 浏览器，在地址栏输入 www.163.com 进入网易主页，选择"注册免费邮箱"，进入申请邮箱页面。

② 按系统提示填入用户名、密码等内容，带*项必须填写。

③ 完成后就成功注册了免费邮箱，邮箱地址为用户名@163.com。

④ 注册成功后，使用用户名及申请邮箱的密码即可登录邮箱。如用 jisuanjijsj 作为用户名申请免费邮箱，则邮箱地址为：jisuanjijsj@163.com。

进入邮箱页面后，单击"写信"按钮，在"写信"页中，输入对方邮箱地址及信件内容，单击"发送"按钮即可；在"收件箱"中单击邮件主题即可打开该邮件并进行浏览。

附录 A
常用字符与 ASCII 码对照表

ASCII 值	字符	控制字符	ASCII 值	字符	ASCII 值	字符	ASCII 值	字符
000	null	NUL	032	(space)	064	@	096	`
001	☺	SOH	033	!	065	A	097	a
002	☻	STX	034	"	066	B	098	b
003	♥	ETX	035	#	067	C	099	c
004	♦	EOT	036	$	068	D	100	d
005	♣	END	037	%	069	E	101	e
006	♠	ACK	038	&	070	F	102	f
007	beep	BEL	039	'	071	G	103	g
008	backspace	BS	040	(	072	H	104	h
009	tab	HT	041	)	073	I	105	i
010	换行	LF	042	*	074	J	106	j
011	♂	VT	043	+	075	K	107	k
012	♀	FF	044	,	076	L	108	l
013	回车	CR	045	−	077	M	109	m
014	♫	SO	046	.	078	N	110	n
015	☼	SI	047	/	079	O	111	o
016	►	DLE	048	0	080	P	112	p
017	◄	DC1	049	1	081	Q	113	q
018	↕	DC2	050	2	082	R	114	r
019	‼	DC3	051	3	083	S	115	s
020	¶	DC4	052	4	084	T	116	t
021	§	NAK	053	5	085	U	117	u
022	▬	SYN	054	6	086	V	118	v
023	↨	ETB	055	7	087	W	119	w
024	↑	CAN	056	8	088	X	120	x
025	↓	EM	057	9	089	Y	121	y
026	→	SUB	058	:	090	Z	122	z
027	←	ESC	059	;	091	[	123	{
028	∟	FS	060	<	092	\	124	¦
029	↔	GS	061	=	093	]	125	}
030	▲	RS	062	>	094	^	126	~
031	▼	US	063	?	095	_	127	⌂

注：ASCII 码中 0~31 为不可显示的控制字符。

参考文献

[1] 徐惠民. 大学计算机基础. 北京：人民邮电出版社，2006.

[2] 李丕贤，刘德山. 大学计算机基础. 北京：人民邮电出版社，2008.

[3] 聂克成. 大学计算机基础. 北京：人民邮电出版社，2008.

[4] June Jamrich Parsons，Dan Oja. 计算机文化. 北京：机械工业出版社，2008.

[5] 姜继忱，徐敦波. 计算机应用基础教程. 北京：清华大学出版社，2008.

[6] 徐士良. 大学计算机基础. 北京：清华大学出版社，2008.

[7] 周永恒. 大学计算机基础教程. 北京：高等教育出版社，2004.

[8] 苏长龄，王立君. 大学计算机基础. 北京：中国铁道出版社，2008.

[9] 杨有安，陈维，曹慧雅. 大学计算机基础教程. 北京：人民邮电出版社，2008.

[10] 马玉洁，王春霞．任竞颖. 计算机基础教程. 北京：清华大学出版社，2009.

[11] 黄京莲. 计算机文化基础应用教程. 北京：中国水利水电出版社，2004.